高等学校计算机科学与技术应用型教材

面向对象程序设计

——Visual C++与基于ACIS的几何造型

（第2版）

主编　李少辉　李　焱　刘　弘

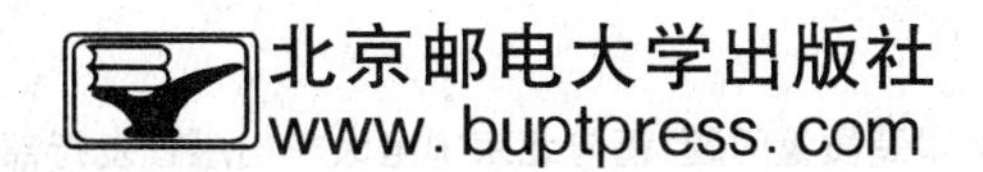

内 容 简 介

本书是面向对象程序设计的基础及提高教程。书中首先全面介绍了C++程序设计的相关知识和面向对象的相关概念，包括C++数据类型、程序结构、类、对象、继承、重载等；然后介绍了Visual C++集成开发环境、MFC及应用程序框架以及MFC程序设计的方法和思路，包括对话框、资源的创建和使用、简单的图形和文本输出、Windows标准控件等内容，还介绍了有关数据库编程以及3D建模引擎ACIS和HOOPS的内容。本书把C++的概念与Visual C++可视化设计结合起来，使学生更容易接受。为了使读者更好地掌握本书重点，各章节均配备大量的练习和编程习题。本书是作者总结多年教学实践和科研开发经验写成的，用简单的例子和简练的叙述讲解C++编程，注重理论和实践的结合，使读者在掌握基本理论的同时，提高实际动手能力，适合学习面向对象程序设计的高等院校学生使用，也适用于自学Visual C++的学生和其他程序设计人员。

图书在版编目(CIP)数据

面向对象程序设计：Visual C++与基于ACIS的几何造型/李少辉等主编. —2版. —北京：北京邮电大学出版社，2012.11(2016.3重印)

ISBN 978-7-5635-3241-4

Ⅰ. ①面… Ⅱ. ①李… Ⅲ. ①C语言-程序设计-高等学校-教材 Ⅳ. ①TP312

中国版本图书馆CIP数据核字(2012)第236573号

书　　名：面向对象程序设计——Visual C++与基于ACIS的几何造型(第2版)
主　　编：李少辉　李　焱　刘　弘
责任编辑：王丹丹
出版发行：北京邮电大学出版社
社　　址：北京市海淀区西土城路10号(邮编：100876)
发 行 部：电话：010-62282185　传真：010-62283578
E-mail：publish@bupt.edu.cn
经　　销：各地新华书店
印　　刷：北京源海印刷有限责任公司
开　　本：787 mm×1 092 mm　1/16
印　　张：30.5
字　　数：794千字
印　　数：3 001—4000册
版　　次：2005年8月第1版　2012年11月第2版　2016年3月第2次印刷

ISBN 978-7-5635-3241-4　　定　价：59.80元

· 如有印装质量问题，请与北京邮电大学出版社发行部联系 ·

本书是面向对象程序设计的入门教材，选用 Visual C++作为语言工具。本书充分体现高校计算机专业的培养目标，在编写过程中突出实践性教学环节，特别是C++程序设计方法的基本技能训练，强调培养学生在实践中的应用能力，进而激发学生的创新能力，推进素质教育。编者严格按照教育部的大纲要求进行编写，内容安排充分体现21世纪高等教育教材的特色，按照学生学习程序设计方法的心理顺序整合知识，按模块组织教学，使用时可以根据需要灵活选择，弹性较大。

在教材的编写中加强了改革意识，汲取国内外教材编写的先进思想，编写体系与内容选取注重培养学生适应信息化社会要求和实际程序设计的需要。通过合理组织课程内容，以当前比较流行的应用软件 Visual C++作为程序设计的平台，使学生掌握 C++的程序结构、面向对象、指针与类等的基本知识和基本技能，能够解决日常生活及工作中的常见问题，在此基础上提高分析问题和解决问题的能力，以及获取计算机新知识、新技术的能力，在毕业后具备较强的实践能力、创新能力和创业能力。

本书从 C++语言最基本的概念入手，由浅入深，综合大量的编程实例，引导初学者从入门到掌握 C++语言的程序设计方法，每一章都有大量的练习和编程习题，帮助读者掌握相关知识点。主要内容包括 C++语言基本数据类型、控制结构、函数、数组、指针、类、面向对象特性、流文件及实践练习，Visual C++集成开发环境，MFC 的应用以及可视化程序设计。本书的特点是通俗易懂、面向应用、重视实践，以任务驱动式介绍 C++语言的编程方法。教材中的例子都配有相应解释或注释语句，方便读者阅读理解。

本书的第1章介绍面向对象程序设计基本概念及学习 C++语言所必需的一些基础知识，第2～6章介绍了 C++程序设计的基本方法，第7～9章介绍面向对象的程序设计方法，内容涉及类、继承、重载、多态、虚函数等方面的知识，第10～16章介绍 Visual C++的 MFC 和应用程序框架以及 MFC 程序设计的方法和思路，包括对话框、资源的创建和使用、简单的图形和文本输出、Windows 标准控件、使用 MFC 进行数据库编程的方法等内容，第17章为3D 建模引擎 ACIS 的简介与环境配置，第18章为 Hoops 简介。

对于本科学生，建议理论课与上机课学时为1∶1，并适当安排一些习题课。

本书在博士生导师刘弘教授的指导下由李少辉、李焱主编，刘弘教授制定了本书的编写要求及编写大纲。李少辉编辑修改了1～10章，第11～18章由李焱编写，书中所有程序在Visual C++6.0下运行通过。

编　者

第1章 概论 …… 1
1.1 面向对象程序设计基本概念 …… 1
1.2 C++的词法及词法规则 …… 7
1.3 C++程序结构的组成 …… 9
1.4 C++程序的书写格式 …… 11
1.5 Visual C++6.0 集成开发环境 …… 12
第2章 数据类型和表达式 …… 21
2.1 基本数据类型 …… 21
2.2 常量和变量 …… 22
2.3 运算符 …… 26
2.4 表达式 …… 33
2.5 类型定义 …… 36
第3章 顺序、条件和循环结构 …… 40
3.1 顺序结构 …… 40
3.2 条件语句 …… 42
3.3 选择语句 …… 46
3.4 循环语句 …… 48
3.5 break 语句和 continue 语句 …… 57
3.6 转向语句 …… 58
第4章 数组 …… 68
4.1 数组类型 …… 68
4.2 字符型数组 …… 73
第5章 函数与编译预处理 …… 83
5.1 函数的定义和分类 …… 83
5.2 函数的调用 …… 87
5.3 函数的参数和函数的值 …… 88
5.4 内联函数 …… 95
5.5 函数的重载 …… 97
5.6 函数的嵌套调用和递归调用 …… 99
5.7 作用域 …… 104

5.8 编译预处理 …… 124
第6章 指针和引用 …… 141
6.1 指针 …… 141
6.2 引用 …… 150
6.3 指针与引用的区别 …… 152
6.4 指向数组的指针 …… 153
6.5 字符串指针 …… 156
6.6 结构体 …… 162
6.7 联合体 …… 180
6.8 枚举类型 …… 181
第7章 类和对象 …… 189
7.1 类的定义 …… 189
7.2 对象的定义 …… 193
7.3 对象的初始化 …… 198
7.4 成员函数的特性 …… 204
7.5 静态成员 …… 205
7.6 友元 …… 210
7.7 类的作用域 …… 213
7.8 局部类和嵌套类 …… 214
7.9 对象的生存期 …… 216
7.10 对象指针和对象引用 …… 216
7.11 对象和数组 …… 221
7.12 常类型 …… 224
7.13 子对象和堆对象 …… 228
7.14 类型转换 …… 233
第8章 继承和派生 …… 255
8.1 继承 …… 255
8.2 基类和派生类 …… 257
8.3 单继承 …… 262
8.4 多继承 …… 267
8.5 虚基类 …… 273
8.6 组合 …… 277
第9章 多态性与虚函数 …… 290
9.1 运算符重载 …… 290
9.2 静态联编与动态联编 …… 299
9.3 虚函数 …… 300
9.4 纯虚函数与抽象类 …… 303

9.5　虚析构函数 …… 306
第10章　MFC应用程序概述 …… 314
10.1　MFC …… 314
10.2　用MFC AppWizard建立应用程序 …… 315
10.3　程序分析 …… 322
第11章　GUI设计及菜单 …… 326
11.1　标准菜单的使用 …… 326
11.2　弹出式子菜单 …… 330
11.3　环境菜单 …… 333
第12章　创建和使用对话框 …… 336
12.1　创建和设计对话框 …… 336
12.2　创建对话框类 …… 346
12.3　使用控件按钮 …… 348
12.4　显示模态对话框 …… 355
12.5　使用对话框数据交换和数据确认函数 …… 360
12.6　使用非模态对话框 …… 360
第13章　应用程序的组成元素 …… 364
13.1　建立图像、位图和图标 …… 364
13.2　在对话框中使用图形资源 …… 369
第14章　简单的图形和文本输出 …… 374
14.1　设备环境 …… 374
14.2　使用画笔 …… 380
14.3　使用刷子 …… 387
14.4　使用字体 …… 395
第15章　Windows标准控件 …… 403
15.1　列表控件 …… 403
15.2　在列表控件中添加项目 …… 407
15.3　进度条控件 …… 415
15.4　滚动条控件 …… 417
15.5　使用滑块控件 …… 422
第16章　Visual C++数据库编程 …… 426
16.1　Visual C++开发数据库的特点 …… 426
16.2　MFC ODBC数据库访问技术 …… 427
16.3　使用DAO技术访问数据库 …… 438
16.4　OLE DB和ADO技术概述 …… 448
第17章　ACIS的简介与环境配置 …… 451
17.1　概述 …… 451

17.2 ACIS 的概念 …… 453
17.3 ACIS 的环境配置 …… 454
第 18 章 Hoops 简介 …… 459
18.1 Hoops 的简介 …… 459
18.2 用 Scheme 语言生成 ACIS 程序 …… 462
18.3 用 Windows 控制台环境编译 ACIS 程序 …… 466
18.4 用 ACIS AppWizard 生成应用程序框架 …… 471
参考文献 …… 477

第1章　概　　论

本章内容提要

面向对象程序设计简介及相关概念；C＋＋语言的起源、特点、与C语言的比较；C＋＋的词法及词法规则；C＋＋程序的结构组成及书写格式；Visual C＋＋6.0集成开发环境

1.1　面向对象程序设计基本概念

1.1.1　面向对象程序设计的起源及有关概念

1. 面向对象的由来和发展

20世纪60年代开发的Simula 67提出了对象的概念，它是面向对象语言的鼻祖。对象是代表着待处理问题中的一个实体，在处理问题过程中，一个对象可以某种形式与其他对象通信。从概念上讲，一个对象是既包含数据又包含有处理这些数据操作的一个程序单元。Simula语言中也使用了类的概念，类是用来描述特性相同或相近的一组对象的结构和行为，该语言还支持类的继承。继承可将多个类组成为层次结构，进而允许共享结构和行为。

20世纪70年代出现的Ada语言是支持数据抽象类型的最重要的语言之一。数据抽象是一种数据结构及作用在数据结构上的操作组成的一个实体。把数据结构隐藏在操作接口的后面，通过操作接口实现外部的交流。对外部来讲，只需知道做什么，而无须知道如何做。再将类型扩展到数据抽象上，即将某种类型的操作汇集起来作为一个整体看待，并与该类型一起看作一个独立的单元，构成了抽象数据类型。因此，可以说，数据抽象类型是数据抽象封装后的类型。它包含了该类型下的操作集和由操作集间接定义的数据类型的值集。Ada语言中面向对象的抽象结构是包，它支持数据抽象类型、函数和运算符重载以及多态性等面向对象的机制。但是，Ada语言不是全面的支持继承，因此人们常称它为一种基于对象的语言。

后来出现的Smalltalk语言是最有影响的面向对象的语言之一。它丰富了面向对象的概念。该语言并入了Simula语言的许多面向对象的特征，包括类和继承等。在该语言中，信息的隐藏更加严格，每种实体都是对象。在Smalltalk环境下，程序设计就是向对象发送信息，这个信息将表示为一种操作，如两个数相乘、创建一个新类的对象等。Smalltalk语言是一种弱类型化的语言，一个程序中的同一个对象可以在不同时间内表现为不同的类型。

20世纪80年代中期以后，面向对象的程序设计语言广泛地应用于程序设计，并且有许多

新的发展，出现了更多的面向对象的语言。归纳起来，大致可分为如下两类。

(1)开发全新的面向对象的语言

其中具有代表性的全新的面向对象的语言有 Object-C，它是在 C 语言上扩展而成的，它是 Smalltalk 语言的变种；Eiffel 语言除了有封装和继承外，还继承了几种强有力的面向对象的特征，它是一种很好的面向对象的语言；Smalltalk 80 语言经历了多次修改和更新，新版本有很大的改进，这类全新的面向对象的语言学习起来要从头开始。

(2)对传统语言进行面向对象的扩展

这类语言又称为混合型语言，它的代表有 C＋＋语言，它是在 C 语言的基础上增加了面向对象程序设计的支持。这类语言的特点是既支持传统的面向过程的程序设计，又支持新型的面向对象的程序设计。对于一些已经较好地掌握了 C 语言的人来讲，学习 C＋＋语言相对容易一些。另外，C＋＋语言具有 C 语言的丰富的应用基础和开发环境的支持，普及起来也相对快些。这些就是 C＋＋语言当前得以广泛应用的主要原因。

2. 抽象在面向对象中的作用

(1)抽象的概念

从前面的介绍计算机语言发展的历史来看，语言所提供的抽象支持程序在不断地提高。面向对象的程序设计比面向过程的程序设计要更加强调抽象的重要性。

什么是抽象？一般地讲，抽象是通过从特定的实例中抽取共同的性质以形成一般化的概念的过程。抽象是对某个系统的简化的描述，即强调了该系统中的某些特征，而忽略了一部分细节。对系统进行抽象的描述称为对它的规范说明，对抽象的解释成为它的实现。抽象是具有层次的，可分高层次抽象和低层次抽象两大类。高层次抽象将其低层次抽象作为它的一种实现。

抽象是人们在理解复杂现象和求解复杂问题中处理复杂性的主要工具。

(2)面向对象抽象的实现

面向对象的原理有 4 个，它们分别是：数据抽象、行为共享、进化和确定性。这 4 个原理概括了面向对象计算的本质。

①数据抽象。它为程序员提供了一种对数据和为操作这些数据所需要的算法的抽象。数据抽象包含了两个概念：模块化和信息隐藏。这两个概念既是相互独立的，又是密切相关的。

模块化是将一个复杂的系统分解为若干个模块，每个模块与系统中某个特定模块有关的信息保持在该模块内。一个模块是对整个系统结构的某一部分的一个自包含的和完整的描述。模块化的优点是便于修改或维护，系统发现问题后，可以确定问题出在哪个模块上。这种模块化的设计方法构成了面向对象计算的本质。

信息隐藏是指将一个模块的细节部分对用户隐藏起来，用户只能通过一个受保护的接口来访问某个模块，而不能直接地访问一个模块内部的细节。这个接口一般由一些操作组成，这些操作定义了一个模块(或称实体)的行为。这是复杂问题处理中的一种主要工具。另外，在支持信息隐藏的系统中，错误的影响也通常被限制在一个模块内，增强了系统的可靠性。

数据抽象包含了模块化和信息隐藏这两种抽象，这是面向对象方法的核心。

②行为共享。支持行为共享是面向对象程序设计的第二个原理。行为是数据抽象引进的概念，行为是由实体的外部接口进行定义的。行为共享是指许多实体具有相同的接口，这将增加系统的灵活性。例如，同样的一个操作(如显示，即行为)，被系统中的几个实体共享，各个实体对该操作的实现可能不同。这就是行为共享的含义。这种行为共享实际上是增强了在一个

系统中的抽象。

分类和层次分类是支持行为共享的最为明显的方式。行为共享是面向对象计算的另一个重要概念，实现面向对象方法的一个重要的任务是对进行分类的研究。

一个分类是由一组实体共同的行为而构成，因此一个特定分类中的所有实体将共享共同的行为。层次分类更是一种普遍的行为共享形式。层次分类允许一个分类包含另一个分类，层次分类是分类的求精。例如，A 分类被包含在 B 分类中，A 分类和 B 分类各自有特定的行为，而 B 分类将共享这些行为。

③进化。它是面向对象计算的第三个原理。进化是考虑到实际中的需求会很快的发生变化。面向对象的方法要支持进化过程就是要适应可能发生的不断变化，这是需求进化。进化的另一个方面是进化式的问题求解。这种观点是从开始到最终结果是以一种增量的方法逐步地对问题进行求解。特别是对于最终目标不能很好定义的问题，这种方法更具有吸引力。进化的问题将涉及一个系统从开始直到后续的维护这一整个生命期。

④确定性。这里确定性是指用于描述一个系统确定的行为。一个确定的系统应该确保其中每个行为项都有一个确切的解释，系统不会因不能响应某一行为而失败。这对一个大型系统或者复杂系统显得更为重要。确定性与类型的正确性有关，这实际上就是要求在一个系统中不会出现类型方面的错误。在面向对象的系统中，特别是行为共享和进化等机制增加了确保确定性的困难。在确定某个行为项是否有一个解释是可能的，但要确定这个解释是不可能的，因为解释可能会随时间而变化。

3. 面向对象计算的基本特征

面向对象的系统包含了三个要素：对象、类和继承。这三个要素反映了面向对象的传统观念。

面向对象的语言应该支持这三种要素。首先，应该包括对象的概念。对象是状态和操作的封装体，状态是记忆操作结果的。满足这一点的语言被认为是基于对象的语言。其次，应该支持类的概念和特征，类是以接口和实现来定义对象行为的样板，对象是由类来创建的。支持对象和类的语言被认为是基于类的语言。最后，应该支持继承，已存在的类具有建立子类的能力，进而建立类的层次。支持上述三个方面的语言成为面向对象的语言。按这一标准来衡量，Ada 语言是基于对象的语言，Clu 是基于类的语言，而 Simula 和 Smalltalk 是面向对象的语言。C＋＋也是面向对象的语言。

4. 面向对象方法中的重要概念

(1)对象

在不同领域中对于对象有不同理解。一般认为，对象就是一种事物，一个实体。在面向对象的领域中，最好从以下两个角度来理解它：一是从概念上讲什么是对象，二是在实际系统中如何实现一个对象。

从概念上讲，对象是代表着正在创建的系统中的一个实体。例如，一个商品销售系统，像顾客、商品、柜台、厂家等都是对象，这些对象对于实现系统的完整功能都是必要的。

从实现形式上讲，对象是一个状态和操作(方法)的封装体。状态是由对象的数据结构的内容和值定义的，方法是一系列的实现步骤，它是由若干操作构成的。

对象实现了信息隐藏，对象与外部是通过操作接口联系的，方法的具体实现外部是不可见的。封装的目的就是阻止非法的访问，操作接口提供了这个对象的功能。

对象是通过消息与另一个对象传递信息的，每当一个操作被调用，就有一条消息被发送到这个对象上，消息带来了将被执行的这个操作的详细内容。一般地讲，消息传递的语法随系统不同而不同，其他组成部分包括目标对象、所请求的方法和参数。

（2）类

类是创建对象的样板，它包含着所创建对象的状态描述和方法的定义。类的完整描述包含了外部接口和内部算法以及数据结构的形式。

由一个特定的类所创建的对象被称为这个类的实例，因此类是对象的抽象及描述，它是具有共同行为的若干对象的统一描述体。类中要包含生成对象的具体方法。

类是抽象数据类型的实现。一个类的所有对象都有相同的数据结构，并且共享相同的实现操作的代码，而各个对象有着各自不同的状态，即私有的存储。因此，类是所有对象的共同的行为和不同状态的集合体。

（3）继承

类提供了说明一组对象结构的机制，再借助于继承这一重要机制扩充了类的定义，实现了面向对象计算的优越性。

继承提供了创建新类的一种方法，这种方法就是说，一个新类可以通过对已有的类进行修改或扩充来满足新类的需求。新类共享已有类的行为，而自己还具有修改的或额外添加的行为。因此，可以说继承的本质特征是行为共享。

从一个类继承定义的新类，将继承了已有类的所有方法和属性，并且还可以添加所需要的新的方法和属性。新类被称为已有类的子类，而已有类称为父类，又叫基类。新类又叫派生类。

1.1.2 C++语言概述

1. C++语言的起源

正如名字上可以猜测到的一样，C++语言是从C语言继承来的，但这种继承主要表现在语句形式、模块化程序设计等方面。如果从更重要的方面——概念和思想方面来看，C++来源于早期的Simula语言，因为C++语言的最大特征是支持“面向对象的程序设计”。Simula语言被广泛的用于系统仿真，设计它的主要目的是模仿现实世界的真实个体，而使用的主要手段是构造计算机领域的对象来表述现实的个体。由于Simula语言的应用领域并不十分广阔，更重要的一点是它缺乏强有力的开发工具支持，它并没有得到很大的重视。随后推出的另外一种面向对象语言Smalltalk也没有取得太大的成功，很多人认为它没有提供给自己足够的灵活性和如同C语言那样丰富的功能，最关键还在于它和人们早已得心应手的语言并不兼容。比如说，一个C程序员可能会对它的新特性退避三舍，因为C的特性对他是十分的熟悉和亲切的，同时C的确是功能强大的，大多数人不愿放弃这些。

C++的产生正是为了解开这样的一个“情结”。面对越来越大、越来越复杂的系统，使用C语言已经感到力不从心了，但C语言作为应用域最为广泛的程序设计语言之一，又不能轻易放弃。必须有一种面向对象的程序设计语言，它对C语言有很高的兼容性，使得C程序员只需在原有的知识上进行一定的扩充，就能够方便地进行面向对象的程序设计。

1980年起，Bell实验室的Bjaren Strotstrup博士及其同事开始为这个目标对C语言进行改进和补充。由于这种被扩充和改进的C语言的大量特性与类(class)相关，它最初被开发者称为“带类的C”。但很快人们就认识到这个称呼太片面了，这个“扩展了的C”不仅以标准ANSI C作为子集保留了C语言的全部精华，同时又吸收了Simula 67、Algol 68和BCPL语言的许多特性,它已远远超过了C语言。随着这个语言的广泛应用和在各个领域取得成果的增多,它给程序设计带来的全新概念和表现出来的远大前景更加卓著,它的开发者因此将C++这一名字赋予它。

2. C++语言的特点

(1)C++是面向对象的程序设计语言

与过去的面向过程的程序设计语言比较,C++的最大特征在于它是面向对象的程序设计语言。面向对象的程序设计是程序设计的一种新思想,该思想认为程序是相互联系的离散的对象的集合。面向对象的程序设计语言即是支持这种思想的程序设计语言。

(2)封装性

C++的封装性,是通过引入"类"而产生的,类将一定数据和关于这些数据的操作封装在一起。这个特点可以显著减少程序各模块之间的不良影响,这在多人协作的程序开发中,好处尤为明显。

(3)继承性

C++的继承性,是指C++原有程序的代码可以方便地移植到C++的新程序中,而新程序在继承旧程序代码的同时可以增添自己的新内容。继承性使得程序代码的重用率得以很大的提高,使得系统开发过程具有更好的连续性,易于应付用户对于软件不断发展的要求。

(4)多态性

C++的多态性,是指相似而实质不同的操作可以有相同的名称。例如,"和"的操作,可以是"整数和",也可以是"矢量和",在C++中,这两种和的操作都可以简单地称为"和"。C++的多态性使得C++与人的思维习惯更趋一致,用C++编制的程序也更方便人的阅读。

3. C++语言与C语言的关系

(1)C++语言与C语言的联系

C语言也诞生在AT&T的Bell实验室,1972年由Dennis Richie为UNIX设计了这个高级语言,今天C语言的使用已遍及计算机的各个领域。

C语言有以下几个显著的特点:

第一,它是一种结构化的语言,要求一个程序由众多的函数组成,程序的逻辑结构由顺序、选择和循环三种基本结构组成,适宜大型程序的模块化设计。

第二,具有很高的可移植性,这使得C语言程序在保证支持不同硬件环境的前提下,具有较高的代码效率。

第三,它提供了丰富的数据类型和运算,具有较强的数据表达能力,因而在许多不同的场合广泛的应用。

总之,C语言反映了设计者追求高效、灵活,支持模块化设计,从而支持大规模软件开发的愿望。

C++语言保留了C语言设计者的良好愿望,并使得C语言语句成为C++语言的一个子集。一般地,用C语言编写的程序可直接在C++编译器下编译。

(2)C++语言与C语言的主要区别

首先,C++提出了类(class)的概念。类是数据和函数的集合,数据用来描述此类对象的行为。例如,大学生代表在大学读书的一类人,即大学生是一个类,每个具体的大学生都是这个类中的对象。大学生这个类中的数据可以是学生的姓名、性别、年龄、学校、专业、入学时间等,描述此类对象的行为可以是入学、学习、毕业等。

C语言中的结构只是数据的集合，这种结构也可在C++语言中使用。不同的是C++语言将C语言中的“结构”概念扩充成近似于上述“类”的概念，即C++语言中的结构既可以有数据，也可以有函数。

C++语言沿用了C语言中的结构，概念上没有变化。

其次，下列关键字是C++语言新增的：class、private、protected、public、this、new、delete、friend、operate、inline、virtual。

(3)C++语言与C语言的细小区别

①C++语言在保留C语言原有注释方式的同时，增加了行注释。以“//”起始的，以换行符结束的部分是行注释。

②const关键字，用这个关键字修饰的标识符为恒值常量。它的引入可以替代C语言中的宏定义。比较下面两个语句：

```
#define Number 1
const int Number = 1;
```

它们的功能相同，但后一语句在编译时，编译器对于用到Number的地方，将进行严格的类型检查。

③说明结构、联合、枚举变量时，不必在结构名、联合名、枚举名前加关键字struct、union和enum。例如：

```
/*C语言的说明*/
struct Astruct aS;
union Aunio aU;
enum Bool aBool;
/*C++语言的说明*/
Astruct aS;
Aunio aU;
Bool aBool;
```

(4)变量的说明可以放在程序的任一位置上，例如：

```
for(int i = 0;i<100;i++)
```

(5)提供了作用域运算符“::”，当有某一全局变量被一个局部变量遮挡时，运用作用域运算符仍可以操作该全局变量。例如：

```
……
int i;
main()
{
    inti;
    i = 5;          //局部变量i赋值
    ::i = 10;       //全局变量i赋值
}
```

(6)标准输入/输出一般不再使用C语言的printf和scanf，而使用三个标准I/O流。它们是：cout(与标准输出设备相联)、cin(与标准输入设备相联)和cerr(与标准错误输出设备相联)。在微机上，各设备一般分别为显示器，键盘和显示器。“≪”和“≫”分别被重定义为流的插入和提取操作，例如：

```
cout<<" welcome!";                //向显示器输出" welcome!"
```

```
cin≫a；                          //从键盘取得数据到 a
cerr≪" there is an error"；      //在显示器上立即显示错误信息
```

4. C++展望

从1983年AT&T的Bell实验室推出了它的C++标准后，C++的应用已经广泛的深入到计算机的各个领域，并取得了很大的成功。对象的概念越来越多的被人们应用。面对越来越复杂的系统，越来越大型的软件，面向对象的程序设计从一个新的角度出发，力图通过使问题空间和解题空间保持更为有效的一致性，使得计算机软件更加有效和易于理解。作为一种成功的面向对象程序设计语言，C++是人们对于客观世界进行清晰和准确描述的有效手段，C++使得软件开发者能方便地仿真客观世界。

面向对象方法学的提出是程序设计思想的革命，很多专家学者都为使得这种思想的更完美实现而努力，不仅是软件在进行巨大变革，计算机硬件也受到这个思想的影响而发生变化。所以，C++也像当年的C语言一样，给软件设计带来一次新的巨大进步，它的应用会迅速地普及到计算机技术的各个领域，成为更有效的工具。

1.2 C++的词法及词法规则

这里主要介绍C++的字符集和单词。

1.2.1 C++的字符集

字符是可以区分的最小符号。C++的字符集由下列字符组成：

1. 大小写英文字母

a～z和A～Z

2. 数字字符

0～9

3. 运算符、特殊字符、不可打印出字符

空格 换行符 制表符 ! # % ^ & * _(下画线) - + = ~ <
> / \ |. , : ; ? ' " ()[]{}

1.2.2 单词及词法规则

单词又称词法记号，它是由若干个字符组成的具有一定意义的最小词法单元。

C++共有六种单词，如下所述。

1. 标识符

标识符是由程序员定义的单词，是对实体进行定义的一种定义符。常见的有函数的名字、类名、变量名、常量名、对象名、标号名、类型名等。C++规定，标识符是由大小写字母、数字字符(0～9)和下画线组成的，并且以字母和下画线开始，其后跟零个或多个字母、数字字符或下画线组成。

定义标识符应该注意以下几点：

(1)标识符的长度(组成标识符的字符的个数)是任意的。但特定的编译系统能够识别的标识符的长度是有限的。有的仅能识别前32个。

(2)标识符中大小写字母是有区别的。例如,XyZ、XYZ、xyz、Xyz等都是不同的标识符。

(3)在实际应用中,尽量使用有意义的单词作标识符。

(4)用户定义标识符时,不要采用系统的保留字,保留字是指系统已预定义的标识符,它包含关键字和设备字等。

2. 关键字

关键字是系统已经预定义的单词,有专用的定义。这些关键词都是保留字,用户不可再重新定义。

auto	break	case	char	class	const
continue	default	delete	do	double	else
enum	explicit	extern	float	for	friend
goto	if	inline	int	long	mutable
new	operator	private	protected	public	register
return	short	signed	sizeof	static	static-cast
struct	switch	this	typedef	union	unsigned
virtual	void	while			

3. 运算符

实际上是系统预定义的函数名字,这些函数作用于被操作的对象,获得一个结果值。运算符通常由一个或多个字符组成。

根据运算符操作的对象的个数不同,可分为单目运算符、双目运算符、三目运算符。单目运算符又称为一元运算符,它只对一个操作数进行操作。例如,求负运算符(—)。双目运算符又称为二元运算符,可以对两个操作数进行操作,如加法运算符(+)。三目运算符又称为三元运算符,它可以对三个操作数进行操作。C++中仅有一个三目运算符,即条件运算符(?:)。

4. 分隔符

分隔符又称为标点符号。分隔符是用来分隔单词或程序正文的,它用来表示某个程序实体的结束和另一个程序实体的开始。以下是C++中常用的分隔符。

(1)空格符:常作为单词与单词之间的分隔符。

(2)逗号:作为说明多个变量或对象类型时变量之间的分隔符;或用来作为函数的多个参数之间的分隔符。逗号还可以用作运算符。

(3)分号:仅用来做for循环语句中for关键字后面括号中三个表达式的分隔符。

(4)冒号:作语句标号与语句之间的分隔符和switch语句中关键字case〈整常型表达式〉与语句序列之间的分隔符。

还有{}等,是用来构造程序的。

5. 常量

常量是在程序中直接使用符号表示的数据,C++中,常量有数字常量,例如,实型常量(浮点常量)和整型常量(十进制常量、八进制常量、十六进制常量)、字符常量、字符串常量等。

6. 注释符

注释在程序中起到对程序的注释说明的作用,注释的目的是为了便于阅读程序,在程序编译的词法分析阶段,注释将在程序中被删除。

C++中，采用了两种注释方法。

一是使用"/*"和"*/"括起来进行注释，这两个符号之间的所有的字符被作为注释处理，该方法适合于多行注释信息的情况。例如：

```
/* this is my first program to send the messages to the next one. and if you want to change the contents of the program, please run the third one */
```

二是使用"//"，从"//"开始，直到它所在行的行尾，所有字符被作为注释处理。这样注释了一行信息。例如：

```
//this is a comment.
```

7. 空白符

空白符是空格符、换行符、水平制表符的统称。空字符是指 ASCII 码值为 0 的那个字符。空字符不同于空白符，它作为字符串的结束符，有特殊的作用。

1.3 C++程序结构的组成

1.3.1 一个C++的示范程序

我们要了解C++程序结构的组成，首先应该了解C++程序结构的特点，下面我们先看一个小的示范程序。

这个程序是用来求两个浮点数之和，这两个浮点数是从键盘上输入的，求得的和由屏幕输出显示。下面给出该程序源代码。

【例 1.1】 C++的一个示例程序。

```
//This is a C++ program
#include <iostream.h>
void main()
{
    double x,y;
    cout<<" Enter two float numbers:";
    cin>>x>>y;
    double z = x + y;
    cout<<" x + y = "<<z<<endl;
}
```

执行该程序，显示如下信息：

```
Enter two float number:7.2  9.3
```

输入两个浮点数，用空格符作分隔，按回车键后，输出如下结果：

```
x + y = 16.5
```

该程序中，只有一个函数 main()，该函数体内有 5 条语句。

1.3.2 C++程序的组成部分

结合上面的示范程序，我们可以看出C++程序有如下的基本组成部分。

1. 预处理命令

C++程序开始经常出现含有以“#”开头的命令，它们是预处理命令。C++提供了三类预处理命令：宏定义命令、文件包含命令和条件编译命令。例 1.1 中出现的预处理命令是文件包含命令：

```
#include <iostream.h>
```

其中，include 是关键字，尖括号内是被包含的文件名，iostream.h 是一个头文件，它以 h 为扩展名。该文件中包含有关于预定义的提取符≫和插入符≪等内容，程序中由于使用了插入符和提取符而需要包含该文件。预处理命令是 C++语言的一个组成部分，后面的章节中会专门讲解。

2. 输入和输出

C++程序中总是少不了输入和输出的语句，实现与程序内部的信息交流。特别是屏幕输出的功能，几乎每个程序都要用到，使用它把计算的结果显示在屏幕上。例 1.1 程序中，共使用了三条输入输出语句，实现输入和输出的功能，它们分别是：

```
cout<<" Enter two float numbers:";
cin>>x>>y;
cout<<" x + y = "<<z<<endl;
```

这里，cout 是输出语句，将信息输出显示到屏幕上；cin 是输入语句，从键盘上获取信息，并保存在变量 x 和 y 中。其中，输出语句的功能是由 cout 和预定义的插入符来完成的，它可以输出显示一个字符串，也可以输出显示一个表达式的值。例 1.1 中，第一个输出语句是用来输出显示一个字符串的，该字符串作为提示信息用。第二个输出语句是用来显示一个字符串（“x+y=”）和一个表达式值（z 的值）的。输入语句是由 cin 和预定义的提取符完成的。它将从键盘上接收两个浮点数，分别将其值存放在已定义好的 x 和 y 这两个 double 型的变量中。

3. 函数

C++的程序是由若干个文件组成的，每个文件又是由若干个函数组成，因此，可以认为 C++的程序就是函数串，即由若干个函数组成，函数与函数之间是相对独立的，并且是并行的，函数之间可以调用。在组成一个程序的若干个函数中，必须有一个并且只能有一个是主函数 main。执行程序时，系统先找到主函数，并且从主函数开始执行。该例中的程序仅包含一个函数，即为主函数，这是很简单的程序。

4. 语句

语句是组成程序的基本单元。函数是由若干条语句组成的。但是，空函数是没有语句的。语句是由单词组成，单词间用空格符分隔，C++程序中的语句又是以分号为结束。一条语句结束时要用分号，一条语句没有结束时不要用分号。在使用分号时初学者一定要注意不能在编写程序时随意加分号，该有分号的一定要加，不该有分号的一定不能加。

该程序的主函数内有 5 条语句组成。

5. 变量

多数程序都需要说明和使用变量。例 1.1 程序中先后说明 3 个变量，它们是 double 型的 x、y 和 z。

6. 注释

注释信息也是 C++程序中的一部分，较为复杂的或大型的程序都少不了注释信息。注释信息是对所编写程序作解释的。因此，加上注释信息自然可以提高对程序的可读性。

1.4　C++程序的书写格式

C++程序的书写格式基本上与C语言程序书写格式相同。

基本原则如下：

一行一般写一条语句。短语句可以一行写多个。长语句可以一条写多行。分行原则是不能将一个单词分开。用双引号引用的一个字符串也最好不分开，如果一定要分开，有的编译系统要求在行尾加续行符（“\”）。

C++程序书写时要尽量提高可读性。为此采用适当的缩格书写方式是很重要的。表示同一类内容的语句行要对齐，例如，一个循环的循环体中各语句要对齐，同一个if语句中的if体内的若干语句或else体内的若干语句都要对齐。

关于程序中大括号的书写方法较多。本书采用的方法如下：

每个大括号占一行，并与使用大括号的语句对齐。大括号内的语句采用缩格书写方式，一般缩进两个字符。

书写对提高可读性帮助很大，下面举个例子来说明这一点。

【例1.2】 分析下列程序的输出结果。

```
#include <iostream.h>
void
main
(){
int a
,b;
a=5;b
 =7;cout
<<" a*b="
<<a*
b<<endl;}
```

该例程序很简单，但是由于书写方法不当，使得阅读起来比较困难，难以分析输出结果。将同样这个程序书写成以下这个程序，分析起来就容易多了。

```
#include <iostream.h>
void main()
{
  int a,b;
  a=5;
  b=7;
  cout<<" a*b=" <<a*b<<endl;
}
```

这样书写显然易读。通过上面两个例子对同样一个程序作了两种不同形式的书写，可以看出正确的书写方法会提高程序的可读性。因此，要求读者在书写程序要做到尽量提高可读性。

1.5 Visual C++6.0集成开发环境

Visual C++提供了一个集源程序编辑、代码编译与调试于一体的开发环境,这个环境称为集成开发环境,对于集成开发环境的熟悉程度直接影响程序设计的效率。开发环境是程序员同 Visual C++的交互界面,通过它程序员可以访问 C++源代码编辑器、资源编辑器,使用内部调试器,并且可以创建工程文件。如表 1.5.1 和表 1.5.2 所示。Microsoft Visual C++是多个产品的集成。Visual C++从本质上讲是一个 Windows 应用程序。Visual C++有两个版本,对于每一个版本,都有对应的文档:

(1)专业版本,它包括一个更高级的优化编译器,更广泛的文档,并能设计基于 DOS 的应用程序。

(2)标准版本,其费用较低,没有那么高级的编译器,文档较少,且不能设计基于 DOS 的应用程序。

表 1.5.1 Visual C++6.0 创建的文件类型

文件类型	说明	文件类型	说明
Active Server Page	活动服务器页面	Binary File	二进制文件
Bitmap File	位图文件	C++ Source File	C++源程序文件
C/C++ Header File	C/C++头文件	Cursor File	光标文件
HTML Page	HTML 文件	Icon File	图标文件
Macro File	宏文件	Resource Script	资源脚本文件
Resource Template	资源模板文件	SQL Script File	SQL 脚本文件
Text File	文本文件		

表 1.5.2 Visual C++6.0 创建的项目类型

项目类型	说明	项目类型	说明
ATL COM AppWizard	ATL 应用程序	Database Project	数据库项目
Win32 Dynamic-Link Library	Win32 动态链接库	DevStudio Add-in Wizard	自动嵌入执行文件宏
Custom AppWizard	自定义的应用程序向导	ISAPI Extension Wizard	Internet 服务器或过滤器
Makefile	Make 文件	MFC Active X Control Wizard	Active X 控件程序
MFC AppWizard(dll)	MFC 动态链接库	MFC AppWizard(exe)	MFC 可执行文件
Win32 Application	Win32 应用程序	Win32 Console Application	Win32 控制台应用程序
Cluster Resource Type Wizard	通过它可以创建两种项目类型(Resource Dll 和 Cluster Administrator Extension Dll)	Utility Project	该项目只作为其他子项目的一个包容器,从而减少子项目的联编时间;但它本身并不包含任何文件
Win32 Static Library	Win32 静态库		

用鼠标单击"开始"、"程序"、"Microsoft Visual Studio 6.0"、"Microsoft Visual C++6.0",然后打开一个工程文件,就会显示如图 1.5.1 所示的窗口,图中标出了窗口中各组成部

分的名称，而且显示了已装入 Graph 工程文件的 Visual C++ 6.0 的开发环境，这是在建立了工程文件之后的结果。

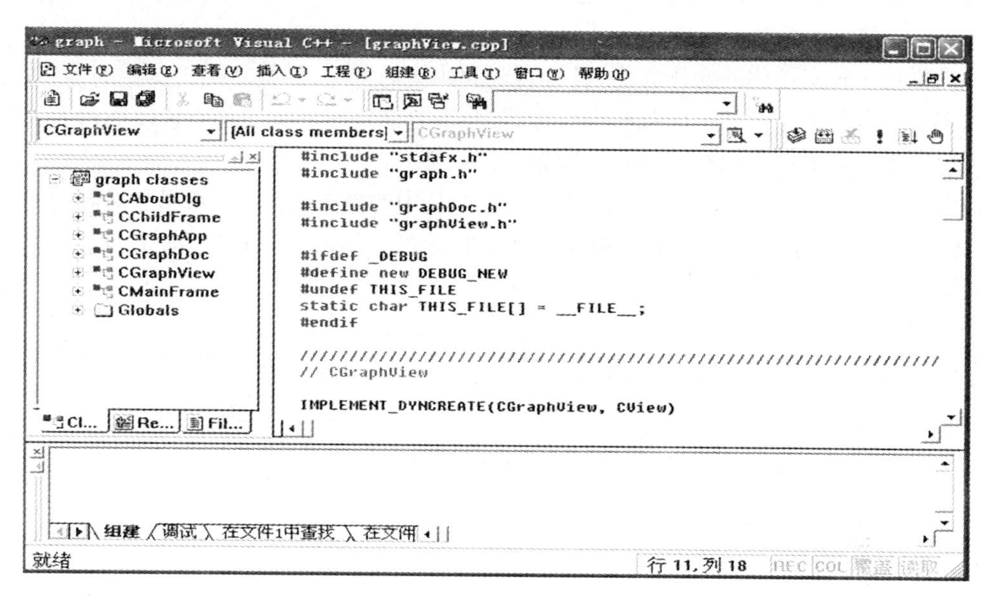

图 1.5.1　建立工程的 VC++开发环境页面

1.5.1　Visual C++ 6.0 的菜单栏

1. File 菜单

File 菜单包括对文件、项目、工作区及文档进行文件操作的相关命令或子菜单。

2. Edit 菜单

除了常用的剪切、复制、粘贴命令外，还有为调试程序设置的 Breakpoints 命令，完成设置、删除、查看断点；此外还有为方便程序员输入源代码的 List Members、Type Info 等命令。

3. View 菜单

View 菜单中的命令主要用来改变窗口和工具栏的显示方式、检查源代码、激活调试时所用的各个窗口等。

4. Insert 菜单

Insert 菜单包括创建新类、新表单、新资源及新的 ATL 对象等命令。

5. Project 菜单

使用 Project 菜单可以创建、修改和存储正在编辑的工程文件。

6. Build 菜单

Builder 菜单用于编译、创建和执行应用程序。

7. Tools 菜单

Tools 菜单允许用户简单快速的访问多个不同的开发工具，如定制工具栏与菜单、激活常用的工具(Spy++等)或者更改选项等。

1.5.2 Visual C++ 6.0 的工具栏

工具栏是一种图形化的操作界面，具有直观和快捷的特点，熟练掌握工具栏的使用对提高编程效率非常有帮助。工具栏由某些操作按钮组成，分别对应着某些菜单选项或命令的功能。用户可以直接用鼠标单击这些按钮来完成指定的功能。

如图 1.5.2 所示，工具栏位于菜单的下面。工具栏中的操作按钮和菜单是相对应的。Visual C++中包含有十几种工具栏。默认时，屏幕工具栏区域显示两个工具栏，即“Standard”工具栏和“Build MiniBar”工具栏。

图 1.5.2 Visual C++ 6.0 的工具栏

1.5.3 联机帮助

Visual C++6.0 提供了详细的帮助信息，用户通过选择集成开发环境中的“Help”菜单下的“Contents”命令就可以进入帮助系统。在源文件编辑器中把光标定位在一个需要查询的单词处，然后按 F1 键也可以进入 Visual C++6.0 的帮助系统，如图 1.5.3 所示。

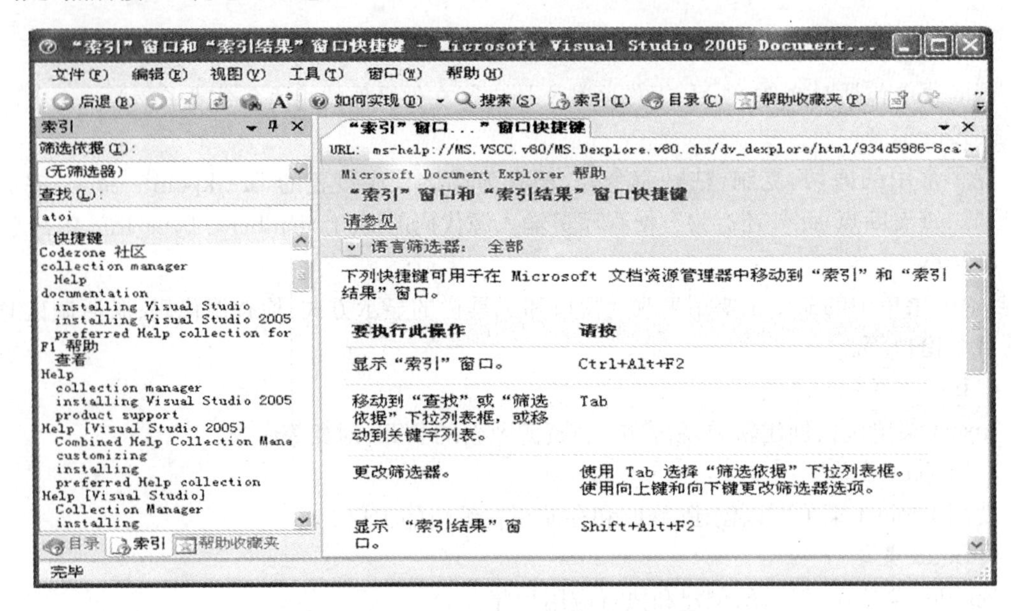

图 1.5.3 Visual C++ 6.0 联机帮助

用户要使用帮助必须安装 MSDN。用户通过 Visual C++6.0 的帮助系统可以获得几乎所有的 Visual C++6.0 的技术信息，这也是 Visual C++作为一个非常友好的开发环境所具有的一个特色。

1.5.4 应用程序框架

Visual C++是一种功能强大的程序设计语言，它提供了各种向导和工具，在一定程度上实现了软件的自动生成和可视化编程。

1. 使用应用程序向导

Appwizard 应用程序向导帮助我们一步步地生成一个新的应用程序框架，并且自动生成应用程序所需的基本代码。

2. 查看类、资源和文件

用户创建应用程序之后可以使用集成开发环境左边的三个属性页分别查看工程中类的情况、资源情况和各种文件中的代码。

具体的情形可以参考图 1.5.4。

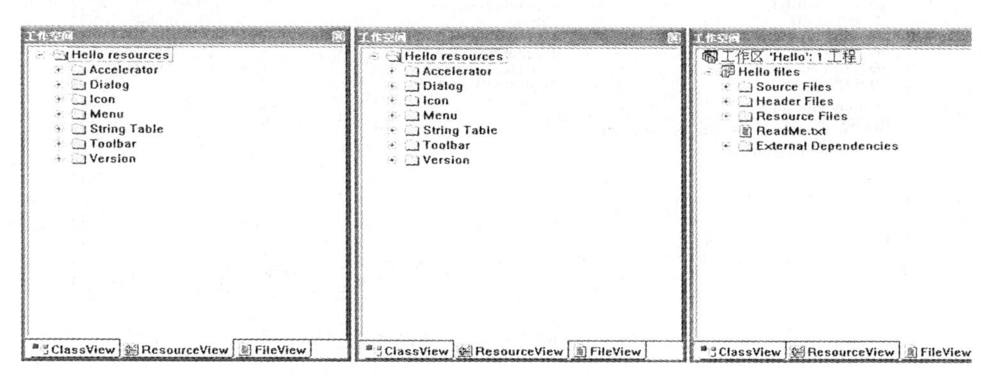

图 1.5.4 Visual C++ 6.0 的类、资源和文件

(1)ClassView 属性页

ClassView 属性页显示工程中使用的所有类的情况，双击其中的任何一个类，可以显示出此类中的函数成员和数据成员。

(2)ResourceView 属性页

ResourceView 属性页显示工程中使用的所有资源的情况，用户可以双击其中的任何资源，然后进行编辑。

(3)FileView 属性页

FileView 属性页显示工程中使用的所有文件的情况，文件是按类型管理的，用户可以双击其中的任何文件进行编辑。

3. 类向导

ClassWizard 类向导主要是用来管理程序中的对象和消息的。这个工具对于 MFC 编程显得尤为重要。

(1)消息映射(Message Maps)

“Classname”下拉列表框列出的是程序当前用到的所有类的名字，“Message”中列出的是一个选中的类所能接收到的所有的消息，在 Windows 程序设计中，用户通过窗口界面的各种操作最后都转化为发送到程序中的对象的消息。

“Member function”一栏中列出的是当前被选中的类已有的成员函数。这些成员函数一般说来是与这个类可以接收的消息一一对应的。如果在"Message"栏中的某个消息在程序中需要处理,但目前还没有相应的类成员函数,可以在此增加类的成员函数,如图 1.5.5 所示。

(2)成员变量

单击 Member Variables 标签,类向导显示成员变量的情况,如图 1.5.6 所示。如果用户使用变量标识一些控件,此时可以增加变量。

下面介绍如何使用 Visual C++ 6.0 版本编译系统编写 C++源程序、编译 C++程序和运行 C++程序以获得结果。

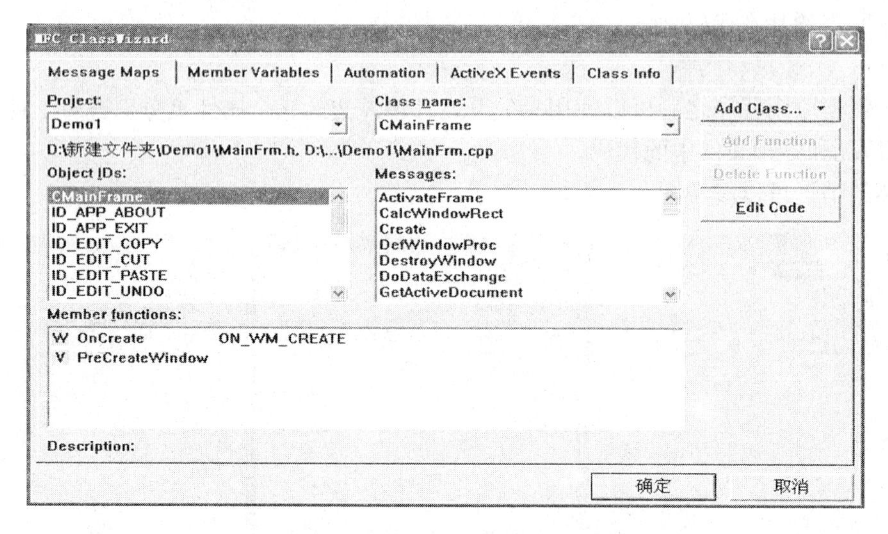

图 1.5.5　Visual C++ 6.0 中的消息映射

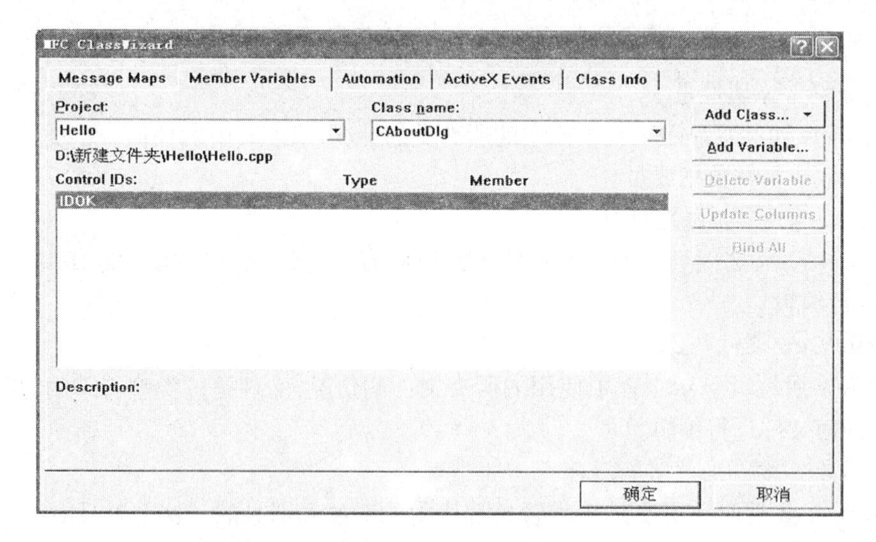

图 1.5.6　Visual C++ 6.0 中的成员变量

1.5.5　编辑 C++源程序

启动 Visual C++ 6.0 编译系统后,出现"Microsoft Developer Studio"窗口,在菜单file→newfile→C++Source File,出现编辑屏幕。在编辑屏幕上可以键入 C++的源程序。

【例 1.3】 一个C++源程序。

```
#include <iostream.h>
int add(int,int);
void main()
{
    int a,b;
    a=5;
    b=7;
    int c=add(a,b);
    cout<<" a+b="<<c<<endl;
}
int add(int x,int y)
{
    return x+y;
}
```

该程序由两个函数组成,一个是main()函数,它是主函数;另一个是add()函数,它是被主函数调用的一个函数。这两个函数存放在一个文件中。

主函数中,先定义两个int型变量a和b,接着给a和b赋了值。又定义一个变量c,并将调用一个函数add()的返回值给c,而函数add()有两个参数x和y,它的函数体内只有一个语句,即是返回语句,将x+y的值返回给调用函数,该调用函数将其和赋值给c,于是变量c中存放着a+b的值。在主函数中,还有一个输出语句,该语句将输出一个字符串"a+b=",又输出一个变量c的值,即a+b的值。

将该函数输入后,先检查一下是否有输入时产生的错误,检查的方法是与源程序对照,发现有错误,则使用全屏幕编辑方法进行修改。修改后,将该源程序存放到磁盘文件中。其方法如下:

选择file菜单,在file下拉菜单中选择save菜单,在出现的save as对话框中输入磁盘文件名,例如该程序名为f1.cpp。按"OK"按钮或在输入的文件名后按回车键完成存盘工作。

1.5.6 连接和运行源程序

这里分单文件程序和多文件程序两种情况进行讲述。

1. 单文件程序

单文件程序是指该程序只有一个文件,比如前面的例子。

选择菜单build→compile f1.cpp,这时系统开始对当前的源程序进行编译,在编译过程中,将所发现的错误显示在屏幕下方的build窗口中。所显示的错误信息中指出该错误所在的行号和该错误的性质。用户可根据这些错误信息进行修改。当用鼠标双击错误信息行时,该错误信息对应的行将加亮显示,或在该行面前用一个箭头加以指示。在修改时采用全屏幕编辑方式根据提示信息中指出的错误性质进行更改。往往因为一个错误而出现多行错误信息,因此,常常在修改一条错误之后,再重新编译,如果有错误,再继续修改,直到没有错误为止。没有错误时,显示错误信息的窗口内将显示如下信息:

```
xx.Obj - 0 error(s),0 Warning(s)
```

编译无错后，再进行连接，这时选择 build 菜单中的 build ××. exe 选项。同样，对出现的错误要根据错误信息行中显示的内容进行更改，直到编译连接无错为止。这时，在 build 窗口中会显示如下信息：

```
xx.Exe - 0 error(s),0 Warning(s)
```

这说明编译连接成功，并生成以源文件名为名字的可执行文件(. exe)。

执行可执行文件的方法是选择 build 菜单中 execute ××. exe 选项。这时，运行该可执行文件，并将结果显示在另外一个显示执行文件输出结果的窗口中。执行上面例子程序的可执行文件后，在屏幕上显示出如下结果：

```
a + b = 12
Press any key to continue
```

按任意键后，屏幕恢复显示源程序窗口。

2. 多文件程序

多文件程序是指该程序至少包含两个文件，可以是两个以上文件组成的一个程序。下面以一个具体例子来说明编译连接和运行这种程序的方法。

【例 1.4】 分析两个文件组成的程序的编译连接和运行方法。

f2. cpp 文件的内容如下：

```
#include <iostream.h>
int add(int,int)
void main()
{
    int a,b;
    a = 5;
    b = 7;
    int c = add(a,b);
    cout<<" a + b = "<<c<<endl;
}
```

f3. cpp 文件内容如下：

```
int add(int x,int y)
{
    return x + y;
}
```

该程序由两个文件 f2. cpp 和 f3. cpp 组成。编译这种程序的方法如下：

(1)在某个指定目录下建好 C++的源文件。例如，在 d:\user 下建好 C++的源文件 f2. cpp和 f3. cpp。

(2)创建一个新项目文件(project file)。方法是先选择菜单条中菜单项 file→new→project→new project，在对话框中做以下三件事。

①选择项目类型为“win32 console application”，这时，项目的目标平台选框中出现 win32。

②输入项目的名字。在“project name”选框中输入指定项目的名字，例如 KKK。

③输入路径名。在 location 选框中，输入要建立项目文件所需的源文件所在的路径名。例如 f2. cpp 和 f3. cpp 在 d:\user 路径下，所以该选取路径为 d:\user。

选择该对话框中“OK”按钮，该项目文件已建立。

(3)向项目文件中添加文件。先从菜单条中选取project→add file to project→file，这时屏幕上显示出“insert file to project”对话框，在该对话框中，从指定的目录下选取所要添加到该项目文件的文件，可以使用鼠标双击文件名。

这里，也可以添加一个文件，也可以添加多个文件。将来需要编译的文件名是项目文件名。

(4)编译连接项目文件。选取菜单条中build→build all，这时便对项目文件中所添加的C＋＋源文件进行编译和连接。如果发现有错误，将在显示错误信息的窗口中显示出错信息，根据错误信息行的内容对源程序中出现的错误进行修改，直到没有错误信息为止，这时生成了可执行文件，其名字是项目文件名。

(5)运行项目文件。经过前面4步后，生成了以项目文件名为名字的可执行文件。执行该文件的方法是选择菜单条中build→execute ××. exe选项。这时执行该文件并将输出结果显示在另一个窗口中。该程序执行后输出结果如下：

```
a + b = 12
```

习　题

一、选择题

1. 下列各种高级语言中，(　　)是面向对象的程序设计语言。

A. Basic　　B. Pascal　　C. C＋＋　　D. Ada

2. 下列高级语言中，(　　)最早提出了对象的概念。

A. Algol 60　　B. Simula 67　　C. Smalltalk　　D. C＋＋

3. 下面面向对象抽象的原理中，(　　)是不对的。

A. 数据抽象　　B. 行为共享　　C. 进化　　D. 兼容

4. (　　)不是面向对象系统所包括的要素。

A. 重载　　B. 对象　　C. 类　　D. 继承

5. 关于C＋＋和C语言的关系的描述中，(　　)是错误的。

A. C语言是C＋＋的一个子集　　B. C语言与C＋＋是兼容的

C. C＋＋对C语言进行了一些改进　　D. C语言和C＋＋都是面向对象的

6. 下面关于对象概念的描述中，(　　)是错误的。

A. 对象就是C语言中的结构变量

B. 对象代表着正在创建的系统中的一个实体

C. 对象是一个状态和操作(或方法)的封装体

D. 对象之间的信息传递是通过消息进行的

7. 下面关于类概念的描述中，(　　)是错误的。

A. 类是抽象数据类型的实现

B. 类是具有共同行为的若干对象的统一描述体

C. 类是创建对象的样板

D. 类就是C语言中的结构类型

8. C++对C语言作了很多改进，下列描述中（　　）使C语言发生了质变，即从面向过程变为面向对象。

A. 增加了一些新的运算符

B. 允许函数重载，并允许设置默认参数

C. 规定函数说明必须用原型

D. 引进了类和对象的概念

9. 按照标识符的要求，（　　）符号不能组成标识符。

A. 连接符　　B. 下画线　　C. 大小写字母　　D. 数字字符

10. 下列符号中，（　　）不可作为分隔符。

A. ，　　B. ：　　C. ？　　D. ；

二、判断题

1. C++引进了引用的概念，对编程带来了很多方便。（　　）

2. C++允许使用友元，但是友元会破坏封装性。（　　）

3. C++中使用了新的注释符（//），C语言中的注释符不能在C++中使用。（　　）

4. C++中为了减轻使用者的负担，与C语言比较C++中减少了一些运算符。（　　）

5. C++程序中，每条语句结束时都加一个分号。（　　）

6. C++中标识符内的大小写字母是没有区别的。（　　）

7. C++中不允许使用宏定义的方法定义符号常量，只能使用关键字 const 来定义符号常量。（　　）

8. 在编写C++程序时，一定要注意采用人们习惯使用的书写格式，否则会降低其可读性。（　　）

9. C++是一种以编译方式实现的高级语言。（　　）

10. 在C++编译过程中，包含预处理过程、编译过程和连接过程，并且这三个过程的顺序是不能改变的。（　　）

11. 预处理过程是一般编译过程之后连接过程之前进行的。（　　）

12. 源程序在编译过程中可能会出现一些错误的信息，但在连接过程中将不会出现错误信息。（　　）

第 2 章　数据类型和表达式

本章内容提要

基本数据类型；常量和变量；运算符；表达式；自定义类型

在 C++中，任何数据使用时都要先定义，后使用。C++中提供了一组预定义的数据类型，如字符型、整型、浮点型，以及一组基本的数据抽象，如 string、vector 和复数等。它还提供了一组运算符，如加、减、等于、小于等来操纵这些类型。C++还为程序流控制提供了一组语句，如 while 循环和 if 语句。这些要素组成了描述 C++语言的符号系统。掌握C++的第一步就是要理解这些基本的组件，本章将重点讲解关于数据类型和表达式的有关内容。

2.1　基本数据类型

C++中定义的基本数据类型有 4 种：

- 整型，说明符为 int；
- 字符型，说明符为 char；
- 浮点型（又称实型），说明符为 float（单精度浮点型）、double（双精度浮点型）；
- 空值型，说明符为 void，用于函数和指针。

为了满足各种情况的需求，除了 void 类型外，上述的三种类型前面还可以加上如下的修饰符，用来改变原有符号的含义。

- signed 表示有符号；
- unsigned 表示无符号；
- long 表示长型；
- short 表示短型。

上述 4 种修饰符都适用于整型和字符型，只有 long 还适用于双精度浮点型。表 2.1.1 给出了 C++中所有的基本类型，它是根据 ANSI 标准给定的类型，字宽和范围是指字长为 32 位机的。而对 16 位字长的机器来讲，int、signed int 和 unsigned int 分别与 short int、signed short int 和 unsigned short int 的值域相同，其他类型的字宽和范围保持不变。

说明：

(1)在表 2.1.1 中，出现的[int]可以省略。即在 int 之前有修饰符出现时，可以省去关键字 int。

(2)在表 2.1.1 中,单精度类型 float、双精度类型 double 和长精度类型 long double 统称为浮点类型。

(3)char 型和各种 int 型有时又统称为整数类型。因为这两种类型的变量/对象是很相似的。char 型变量在内存中是以字符的 ASCII 码值的形式存储的。

(4)在表 2.1.1 中,各种类型的字宽是以字节数为单位的,1 个字节等于 8 个二进制位。

表 2.1.1　C++的基本数据类型

类型名	字宽	范围
char	1	−128～127
signed char	1	−128～127
unsigned char	1	0～255
short [int]	2	−32768～32767
signed short [int]	2	−32768～32767
unsigned short [int]	2	0～65535
int	4	−2147483648～2147483647
signed [int]	4	−2147483648～2147483647
unsigned [int]	4	0～4294967295
long [int]	4	−2147483648～2147483647
signed long [int]	4	−2147483648～2147483647
unsigned long [int]	4	0～4294967295
float	4	约 6 位有效数字
double	8	约 12 位有效数字
long double	10	约 15 位有效数字

2.2　常量和变量

2.2.1　文字常量

当一个数值,例如 1,出现在程序中,它被称为文字常量(literal constant),称之为“文字”是因为我们只能以它的值的形式指代它。称之为“常量”,是因为它的值不能被改变。每个文字都有其相对应的类型。例如,0 是 int 型,而 3.14159 是 double 型的文字常量。文字常量是不可寻址的(nonaddressable),尽管它的值也存储在机器内存的某个地方,但是我们无法访问其地址。

下面分别介绍各种类型的文字常量。

1. 整型常量

整型文字常量可以被写成十进制、八进制或者十六进制的形式(这不会改变该整数值的位序列)。例如,20 可以写成下面三种形式中的任意一种:

```
20        //十进制
```

024　　　//八进制

0x14　　//十六进制

在整型文字常量前面加一个 0，该值将被解释成一个八进制数。而在前面加一个 0x 或 0X，则会使一个整型文字常量被解释成十六进制数。

在默认情况下，整型文字常量被当作是一个 int 型的有符号值。我们可以在文字常量后面加一个"L"或"l"（字母 L 的大写形式或者小写形式），将其指定为 long 类型。一般情况下，我们应该避免使用小写字母，因为它很容易被误当作数字 1。类似地，我们可以在整型文字常量的后面加上"u"或"U"，将其指定为一个无符号数。此外，我们还可以指定无符号 long 型的文字常量。例如：

128u　　1024UL　　1L　　8Lu

2. 浮点型常量

浮点型文字常量可以被写成科学计数法形式或普通的十进制形式。使用科学计数法，指数可写作"e"或"E"。浮点型文字常量在默认情况下被认为是 double 型，单精度文字常量由值后面的"f"或"F"来表示。类似地，扩展精度由值后面跟的"l"或"L"来指示（注意，"f"、"F"、"l"、"L"后缀只能用在十进制形式中。）例如：

3.14159F　0.1f　12.345L　0.0

3el　　1.0E−3　2.　　1.0L

3. 布尔常量

单词 true 和 false 是 bool 型的文字常量。例如，可以这样写：

true　　false

4. 字符型常量

可打印的文字常量可以写成用单引号扩起来的形式。例如：

'a'　'2'　','　' '（空格）

一部分不可打印的字符、单引号、双引号以及反斜杠可以用如表 2.2.1 的转义序列来表示（转义序列以反斜杠开头）。

表 2.2.1　C++特殊字符的转义序列

特殊符号	转义序列
newline（换行符）	\n
horizontal tab（水平制表符）	\t
vertical tab（垂直制表符）	\v
backspace return（退格符）	\b
carriage return（回车符）	\r
formfeed（进纸符）	\f
alert(bell)（响铃符）	\a
backslash（反斜杠符）	\\
question mark（问号）	\?
single quote（单引号）	\'
double quote（双引号）	\"

一般的转移序列采用如下格式：\ooo

这里的 ooo 代表三个八进制数字组成的序列。八进制序列的值代表该字符在机器字符集里的数字值。下面的实例采用 ASCII 码字符集表示文字常量：

```
\7(响铃符)        \14(换行符)
\0(null)          \062('2')
```

另外，字符文字前面可以加“L”，例如 L‘a’。

这称为宽字符文字，类型为 wchar_t。宽字符常量用来支持某些语言的字符集合，如汉语、日语，这些语言中的某些字符不能用单个字符来表示。

5. 字符串常量

字符串文字常量由零个或多个用双引号括起来的字符组成。不可打印字符可以由相应的转移序列来表示，而一个字符串文字可以扩展到多行。在一行的最后加上一个反斜杠，表明字符串文字在下一行继续。例如：

```
""(空字符串)
" a"
" \nCC\toptions\tfile[cC]\n"
" a multi - line\
string literal signals its\
continuation with a backslash"
```

字符串文字的类型是常量字符数组。它由字符串文字本身以及编译器加上的表示结束的空(null)字符构成。例如：

‘A’代表单个字符‘A’；而字符串“A”，则表示单个字符 A 后面跟一个空字符，空字符(null)是 C 和 C++用来标记字符串结束的符号。

正如存在宽字符文字，比如 L‘a’，同样地，也有宽字符串文字，它仍然以“L”开头，如 L “a wide string literal”，宽字符串文字的类型是常量宽字符的数组，它也是一个等价的宽空字符作为结束表示。

如果两个字符串或宽字符串在程序中相邻，C++就会把它们连接在一起，并在最后加上一个空字符。例如：

```
" two" "some"    //它的输出结果是" twosome"
```

如果将一个字符串常量与一个宽字符串常量连接起来，会发生什么后果呢？例如：

```
" two" L" some"    //不建议这样使用
```

结果是未定义的(undefined)——没有为这两种不同类型的连接定义标准行为。使用未定义行为的程序被称为是不可移植的。虽然程序可能在当前编译下能正确执行，但是不能保证相同的程序在不同的编译器或当前编译器的以后版本下编译后，仍然能够正确执行。在本来能够运行的程序中跟踪这类问题是一件很令人不快的任务。因此，建议不要使用未定义的程序特性。

2.2.2 变量

变量是用来存储数据的值的空间，变量为我们提供了一个有名字的内存存储区，可以通过程序对其进行读、写和处理。C++中的每一个变量都与一个特定类型的数据类型相关联，这个类型决定了相关内存的大小、布局、能够存储在该内存区的值的范围以及可以应用在其上的操作集,我们也可以把变量说成是对象(object)。下面是5种不同类型的变量定义(在后面我们将详细介绍变量定义的细节情况):

```
int student_count;
double salary;
bool on_loan;
string street_address;
char delimiter;
```

变量和文字常量都有存储区,并且有相关的类型。区别在于变量是可寻址的(addressable)。变量有三个基本要素:名字、类型和值。

1. 变量的名字

即变量的标识符(identifier),可以由字母、数字以及下画线组成。它必须以字母或下画线开头,并且区分大小写字母。语言本身对变量名的长度没有限制,但是从用户的角度考虑,变量名不应太长。

C++保留了一些词用作关键字,关键字标识符不能再作为变量标识符。表2.2.2列出了C++关键字全集。

表2.2.2 C++关键字

asm	auto	bool	break	case
catch	char	class	const	const_cast
continue	default	delete	do	double
dynamic_cast	else	enum	explicit	export
extern	false	float	for	friend
goto	if	inline	int	long
mutable	namespace	new	operator	private
short	signed	sizeof	static	static_cast
struct	switch	template	this	throw
true	try	sizeof	typeid	typename
union	unsigned	using	virtual	void
volatile	wchar_t	while		

对于变量的命名已经有许多普遍接受的习惯,主要考虑因素是程序的可读性。

• 对象名一般用小写字母。例如,我们往往写成 index,而不是 INDEX。(一般把 index 当作类型名,而 INDEX 则一般被看作变量值,通常用预处理器指示符#define 定义。)

• 标识符一般使用助记的名字——能够对程序中的用法提供提示的名字,如 on_loan 或 salary。至于是应写成 table 还是 tbl,这纯粹是风格问题,而不是正确性的问题。

• 对于多个词构成的标识符,通常用下画线来分隔每一个单词或者中间单词的第一个字母大写。例如,is_byte 或者 isByte,而不要写成 isbyte。(再次说明,使用 isa、is_byte 或 isByte 只是个风格问题,与正确与否无关。)

2. 变量的类型

每一个变量都应该有一种类型,在定义或者说明变量时要指出其类型。变量类型有基本数据类型和构造数据类型。

一个变量的类型不仅决定了该变量在内存中所占的字节大小，而且也规定该变量的合法操作。因此，类型对于变量来说是很重要的。

3. 变量的值

每一个变量，都有两个值与其相关联：

(1)变量的数据值，存储在某个内存地址中。有时这个值也被称为是对象的右值(rvalue，读作 are-value)。我们也可认为右值的意思是被读取的值(read value)。文字常量和变量都可以被用作右值。

(2)变量的地址值。即存储数据值的那块内存的地址。它有时被称为变量的左值(lvalue，读作 ell-value)。我们也认为左值的意思是位置值(location value)。文字常量不能被用作左值。例如：

```
char c;
c = 'a';
```

其中，第一个语句是定义一个变量，其名字为 c，类型为 char 型。第二个语句是给变量 c 赋值，使变量所表示的数据值为‘a’，该值便是存放在变量 c 的内存地址中的值，实际上内存存储的是字符 a 的 ACSII 码值。变量 c 被定义以后，它就在内存中对应存在着一个内存地址值，该地址值可以被输出。

变量的定义：在 C＋＋中，变量可以随用随定义，不必像 C 语言中那样集中在执行语句前定义。定义变量是用一个说明语句进行的，其格式如下：

＜类型名＞＜变量名表＞；

其中，＜类型名＞部分只能有一种类型，而＜变量名表＞部分可以有多个变量名，当有多个变量名时，其间用逗号分隔，例如：

```
int a,b,c;
double x,y,z;
```

其中，a、b、c 被定义为整型变量，x、y、z 被定义为双精度浮点型变量。表 2.2.3 是各种类型的变量的定义方式。

表 2.2.3　C＋＋变量的定义语句

类型名	定义语句
bool	bool senior;
char	char ch;
wchar_t	wchar_t wc;
int	int counter;
double	double BigAmount;
float	float Amount;
long double	long double ReallyBigAmout;

2.3　运　算　符

C＋＋中的运算符非常丰富，主要分为三大类：算术运算符、关系运算符与逻辑运算符、位运算符。除此之外，还有一些用于完成特殊任务的运算符。下面分别进行介绍。

2.3.1 算术运算符

C++的算术运算符如表2.3.1所示。

表2.3.1 C++算术运算符

操作符	作用
+	加，一目取正
-	减，一目取负
*	乘
/	除
%	取模
--	减1
++	加1

1. 一目操作和二目操作

一目操作是指对一个操作数进行操作。例如，-a是对a进行一目负操作。二目操作（或多目操作）是指两个操作数（或多个操作数）进行操作。在C++中加、减、乘、除、取模的运算与其他高级语言相同。需要注意的是除法和取模运算。

例如：

15/2是15除以2商的整数部分7

15%2是15除以2的余数部分1

对于取模运算符“%”，不能用于浮点数。

另外，由于C++中字符型数会自动地转换成整型数，因此字符型数也可以参加二目运算。

例如：

```
main()
{
  char m,n;          //定义字符型变量
  m = 'c';           //给m赋小写字母'c'
  n = m + 'A' - 'a'; //将c中的小写字母变成大写字母'B'后赋给n
  …
}
```

上例中m=‘c’，即m=98，由于字母A和a的ASCII码值分别为65和97。这样可以将小写字母变成大写字母，反之，如果要将大写字母变成小写字母，则可以用c+‘a’-‘A’进行计算。

2. 增量运算

在C++中有两个很有用的运算符，在其他高级语言中通常没有。这两个运算符就是增1和减1运算符“++”和“--”，运算符“++”是操作数加1，而“--”则是操作数减1。例如：

x=x+1　　可写成x++，或++x

x=x-1　　　可写成 x--，或--x

x++(x--)与++x(--x)在上例中没有什么区别，但 x=m++和 x=++m 却有很大差别。x=m++表示将 m 的值赋给 x 后，m 加 1。x=++m 表示 m 先加 1 后，再将新值赋给 x。

3. 赋值语句中的数据类型转换

类型转换是指不同类型的变量混用时的类型改变。在赋值语句中，类型转换规则是等号右边的值换为等号左边变量所属的类型。例如：

```
main()
{
  int i,j;                //定义整型变量
  float f,g = 2.58;       //定义浮点型变量
  f = i * j;              //i与j的乘积是整型数，被转换成为浮点数赋给 f
  i = g;                  //g中的浮点型数转换成为整型数赋给 i
  …
}
```

由于C++按上述数据类型转换规则，因此在作除法运算时应特别注意。例如：

```
main()
{
  float f;
  int i = 15;
  f = i/2;
}
```

上面程序经运行后，f=7 并不等于准确值 7.5。正确的程序应该是：

```
main()
{
  float f;
  int i = 15;
  f = i/2.0;
}
```

也可直接将 i 定义为浮点数。

2.3.2　逻辑运算符和关系运算符

1. 逻辑运算符

逻辑运算符是指用形式逻辑原则来建立数值间关系的符号。C++的逻辑运算符如表 2.3.2所示。

表 2.3.2　C++逻辑运算符

操作符	作用
&&	逻辑与
||	逻辑或
!	逻辑非

2. 关系运算符

关系运算符是比较两个操作数大小的符号。C＋＋的关系运算符如表 2.3.3 所示。

表 2.3.3　C＋＋关系运算符

操作符	作用
＞	大于
＞＝	大于等于
＜	小于
＜＝	小于等于
＝＝	等于
！＝	不等于

关系运算符和逻辑运算符的关键是真(true)和假(false)的概念。C＋＋中 true 可以是不为 0 的任何值,而 false 则为 0。使用关系运算符和逻辑运算符表达式时,若表达式为真(即 true)则返回 1,否则,表达式为假(即 false)时,则返回 0。例如:

100＞99　　　　返回 1
10＞(2＋10)　　　　返回 0
！1&&0　　　　返加 0

对上例中表达式！1&&0,先求！1 和先求 1&&0 将会等于出不同的结果,那么何者优先呢？这在 C＋＋中是有规定的。关系运算符的优先次序如表 2.3.4 所示。

表 2.3.4　C＋＋关系运算符优先次序

关系运算符	含义	优先级与结合方向
＜	小于	优先级相同(高) 结合方向(从左向右)
＜＝	小于或等于	
＞	大于	
＞＝	大于或等于	
＝＝	等于	优先级相同(低) 结合方向(从左向右)
！＝	不等于	

逻辑运算符的优先次序如表 2.3.5 所示。

表 2.3.5　C＋＋逻辑运算符优先次序

！(逻辑非)	高
算术运算符	↓
关系运算符	↓
&& 和 ||	↓
赋值运算符	低

2.3.3　赋值运算符

赋值符号"＝"就是赋值运算符,它的作用是将一个数据赋给一个变量。如"a＝3"的作用是执行一次赋值操作,把常量 3 赋给变量 a。如果赋值运算符两侧的类型不一致,但都是数值型或字符型时，在赋值时要进行类型转换。转换规则如下所述：

(1)将实型数据赋给整型变量时，舍弃实数的小数部分。如 i 为整型变量，执行“i=3.56”的结果是使 i 的值为 3。

(2)将整型数据赋给单、双精度变量时，数值不变，但以浮点形式存储到变量中，如将 23 赋给 float 变量 f，即 f=23，先将 23 转换成 23.00000，再存储到 f 中。

(3)字符型数据赋值给整型变量时，由于字符只占一个字节，而整型变量为 2 个字。因此将字符数据放到整型变量低 8 位中。

(4)将带符号的整型数据赋值给长整型变量时，要进行符号扩展，如果 int 型数据为正值，则 long int 型变量的高 16 位补 1，如果 int 型数据为负值，则将整型数的 16 位送到 long int 型变量的低 16 位，以保持数值不改变。

(5)将 unsigned int 型数据赋给 long int 型变量时，不存在符号扩展问题，只需将高位补 0 即可。

(6)将非 unsigned 型数据赋给长度相同的 unsigned 型变量时，也是原样照赋。

另外，还有各种复合的赋值运算符。在赋值符“=”之前加上其他运算符，可以构成复合的赋值运算符。如果在“=”前加一个“+”运算符就成了复合运算符“+=”。例如，可以有：

```
a+ =3(等价于 a=a+3)
x* =y+8(等价于 x=x*(y+8))
```

以“a+=3”为例来说明，它相当于使 a 进行一次自加的操作，即先使 a 加 3，再赋给 a。同样，“x*=y+8”的作用是使 x 乘以(y+8)，再赋给 x。

2.3.4 位运算符

C++和其他高级语言不同的是它完全支持按位运算符，这与汇编语言的位操作有些相似。C++中按位运算符如表 2.3.6 所示。

表 2.3.6 C++位运算符

<table>
<tr><th>操作符</th><th>作用</th></tr>
<tr><td>&</td><td>位逻辑与</td></tr>
<tr><td>|</td><td>位逻辑或</td></tr>
<tr><td>^</td><td>位逻辑异或</td></tr>
<tr><td>~</td><td>位逻辑反</td></tr>
<tr><td>≫</td><td>右移</td></tr>
<tr><td>≪</td><td>左移</td></tr>
</table>

按位运算是对字节或字中的实际位进行检测、设置或移位，它只适用于字符型和整数型变量以及它们的变体，对其他数据类型不适用。关系运算和逻辑运算表达式的结果只能是 1 或 0。而按位运算的结果可以取 0 或 1 以外的值。

要注意区别按位运算符和逻辑运算符的不同，例如，若 x=7，则 x&&8 的值为真(两个非零值相与仍为非零)，而 x&8 的值为 0。移位运算符“≫”和“≪”是指将变量中的每一位向右或向左移动，其通常形式为：

右移:变量名≫移位的位数

左移:变量名≪移位的位数

经过移位后，一端的位被“挤掉”，而另一端空出的位以 0 填补，所以，C++中的移位不是循环移动的。

2.3.5 其他运算符

1.“?”运算符

“?”运算符是一个三目运算符，其一般形式是：

<表达式 1>? <表达式 2>:<表达式 3>;

“?”运算符的含义是：先求表达式 1 的值，如果为真，则求表达式 2 的值并把它作为整个表达式的值；如果表达式 1 的值为假，则求表达式 3 的值并把它作为整个表达式的值。例如：

```
main()
{
  int x,y;
  x = 50;
  y = x>70? 100:0;
}
```

本例中，y 将被赋值 0。如果 x=80，y 将被赋值 100。因此，“?”运算符可以代替某些 if-then-else 形式的语句。

2.“&”和“*”运算符

“&”运算符是一个返回操作数地址的单目操作符。“*”运算符是对“&”运算符的一个补充，它返回位于这个地址内的变量值，也是单目操作符。例如：

```
main()
{
  int i,j,*m;
  i = 10;
  m = &i; //将变量 i 的地址赋给 m
  j = *m; //地址 m 所指的单元的值赋给 j
}
```

上面程序运行后，i=10，m 为其对应的内存地址，j 的值也为 10。

3.“,”运算符

“,”运算符用于将多个表达式串在一起，“,”运算符的左边总不返回，右边表达式的值才是整个表达式的值。例如：

```
main()
{
  int x,y;
  x = 50;
  y = (x = x - 5,x/5);
}
```

上面程序执行后 y 值为 9，因为 x 的初始值为 50，减 5 后变为 45，45 除 5 为 9 赋给 y。

4. sizeof 运算符

sizeof 运算符是一个单目运算符，它返回变量或类型的字节长度。例如：

sizeof(double)为 8

sizeof(int)为 2

也可以求已定义的变量，例如：

```
float f;
int i;
i = sizeof(f);
```

则 i 的值将为 4。

2.3.6 优先级和结合性

C＋＋规定了运算符的优先次序即优先级。当一个表达式中有多个运算符参加运算时，将按表 2.3.7 所规定的优先级进行运算。表中优先级从上往下逐渐降低，同一行优先级相同。例如：

表达式 10＞4＆＆！(100＜99)||3＜＝5 的值为 1

表达式 10＞4＆＆！(100＜99)＆＆3＜＝5 的值为 0

C＋＋运算符的优先次序如表 2.3.7 所示。

表 2.3.7 C＋＋位运算符的优先级

表达式	优先级
()(小括号) [](数组下标) .(结构成员) －＞(指针型结构成员)	在最高
！(逻辑非) .(位取反) －(负号) ＋＋(加 1) －－(减 1) ＆(变量地址)	↓
*(指针所指内容) type(函数说明) sizeof(长度计算)	
*(乘) /(除) %(取模)	
＋(加) －(减)	
≪(位左移) ≫(位右移)	
＜(小于) ＜＝(小于等于) ＞(大于) ＞＝(大于等于)	
＝＝(等于) ！＝(不等于)	
＆(位与)	
^(位异或)	
|(位或)	
＆＆(逻辑与)	
||(逻辑或)	
?:(? 表达式)	
＝ ＋＝ －＝(联合操作)	
,(逗号运算符)	最低

这里有一个口诀可以方便记忆：

去掉一个最高的成员，去掉一个最低的逗号，剩下的是一、二、三、赋值。

其中，逗号指的是逗号表达式，一、二、三分别指一目、二目和三目运算符，赋值指的是赋值运算符；

关于二目运算符，由于其种类繁多，另有一口诀辅助记忆：算术、关系和逻辑，移位、逻辑位插中间。

2.4 表 达 式

表达式是由运算符和操作数组成的式子。运算符在C++中是很丰富的,操作数包括常量、变量、函数和其他一些命名的标识符。最简单的表达式是常量或变量。C++中由于运算符众多,因此表达式的种类也很多。常见的表达式有如下6种:

(1)算术表达式。例如,a+5。

(2)逻辑表达式。例如,! a&&8||7。

(3)关系表达式。例如,'m'>='x'。

(4)赋值表达式。例如,a=7。

(5)条件表达式。例如,a>4? ++a:--a。

(6)逗号表达式。例如,a+5,a=7,a+=4。

在书写表达式时,应注意如下几点:

(1)在表达式中,连续出现两个运算符时,最好用空格符分隔。例如:

```
int a(3),b(5); //a = 3,b = 5
a+  ++b
```

这里,连续出现+和++两个运算符,中间用空格符分开了。如果上述表达式,写成如下形式:

```
a+++b
```

一般编译系统理解为a++ +b,因为系统是按尽量取大的原则来分隔多个运算符的,这就是说,上例中a后面可以跟+,也可以跟++,而++比+大一些,所以确认a后面跟++,然后再+b。如果要使a+++b等价于a+ ++b,只有用空格符分隔或加括号改变优先级。

(2)在写表达式时,有时对某些运算符的优先级记不清时,可使用括号来改变优先级。

(3)双目运算符的左右可以用空格符与操作数分开。

(4)过长的表达式常常分成几个表达式来写。

2.4.1 赋值表达式

由赋值运算符将一个变量和一个表达式连接起来的式子称为"赋值表达式"。它的一般形式是:

<变量> <赋值运算符> <表达式>

如"a=5"是一个赋值表达式。对赋值表达式求解的过程是:将赋值运算符右侧的"表达式"的值赋给左侧的变量。赋值表达式的值就是被赋值的变量的值。"a=5"这个赋值表达式的值是5。赋值运算符按照"自右向左"的结合顺序。如a+=a-=a*a是一个赋值表达式,如果a等于12,则赋值表达式的求解步骤为:

(1)先进行a-=a*a,相当于a=a-a*a=12-12*12=-132。

(2)再进行a+=-132的运算,相当于a=a+(-132)=-132-132= -264。

2.4.2 逗号表达式

用逗号运算符将两个表达式连接起来，如 3＋5、6＋8 称为逗号表达式。逗号表达式的一般形式为：

表达式 1，表达式 2

逗号表达式的求解过程为：先求解表达式 1，再求解表达式 2。如表达式 a＝3 * 5，a * 4 先求解 a＝3 * 5，得 a 的值为 15，然后求解 a * 4，得 60。

C＋＋语言表达能力强，其中一个重要的方面就是在于它的表达式类型丰富，运算符功能强，因而 C＋＋语言使用灵活，适用性强。

2.4.3 算术表达式

用算术运算符和括号将运算对象连接起来的，符合 C＋＋语法规则的式子，称 C＋＋算术表达式。运算对象包括常量、变量、函数等。例如，下面是一个合法的算术表达式：

```
10 + 'a' + 1.5 - 8765.1234 * 'b'
```

C＋＋语言规定了运算符的优先级与结合性，在表达式求值时，先按运算符的优先级别高低次序执行，先乘除后加减，算术运算符的结合方向为“自左向右”。

如果一个运算符的两侧的数据类型不同，则会先自动进行类型转换，使两者具有同一类型，然后进行运算。可以利用强制类型转换运算符将一个表达式转换成所需类型。例如：

(double)a （将 a 转换成 double 类型）

(int)(x＋y) （将 x＋y 的值转换成整型）

其一般形式为：

（类型名）（表达式）

注意，表达式应用括号括起来。如果写成：(int)x＋y 则只将 x 转换成整型，然后与 y 相加。

需要说明的是在强制类型转换时，得到一个所需类型的中间变量，原来变量的类型未发生变化，例如：(int)x。

如果 x 原来为 float 型，进行强制类型转换运算后得到一个 int 型的中间变量，它的值等于 x 的整数部分，而 x 的类型不变。

【例 2.1】 强制类型变换。

```
#include <iostream.h>
void main()
{ float x;
  int i;
  x = 3.6;
  i = (int)x;
  cout<<" x = " <<x<<",i = " <<i<<endl;
}
```

运行结果如下：

```
x = 3.600000,i = 3
```

x 类型仍为 float 型，值仍等于 3.6。

从上可知，有两种类型转换，第一种是在运算时不必用户指定，系统自动进行类型转换，第二种是强制类型转换。

2.4.4 关系表达式

用关系运算符将两个表达式（可以是算术表达式或关系表达式、逻辑表达式、赋值表达式、字符表达式）连接起来的式子，称关系表达式。例如，下面都是合法的关系表达式：

a＞b，a+b＞b+c，(a=3)＞(b=5)，'a'＜'b'，(a＞b)＞(b＜c)；

关系表达式的值是一个逻辑值，即"真"或"假"。例如，关系表达式"5＝3"的值为"假"，"5＞＝0"的值为"真"。以1代表"真"，以0代表"假"。

例如，若a＝3，b＝2，c＝1，则a＞b的值为"真"，表达式的值为1。

(a＞b)＝＝c的值为"真"（因为a＞b的值为1，等于c的值），表达式的值为1。

b＋c＜a的值为"假"，表达式的值为0。

如果有赋值表达式：

d＝a＞b（d的值为1）

f＝a＞b＞c（f的值为0）

因为"＞"运算符是自左向右的结合方向，先执行"a＞b"的值为1，再执行关系运算："1＞c"的值为0，赋给f。

2.4.5 逻辑表达式

逻辑表达式的值应该是一个逻辑量"真"或"假"。C＋＋语言编译系统在给出逻辑运算结果时，以数值1代表"真"，以0代表"假"，但在判断一个量是否为"真"时，以0代表"假"，以非0代表"真"。

例如：

(1)若a＝4，则！a的值为0。因为a的值为非0，对它进行非运算，值为0。

(2)若a＝4，b＝5，则a&&b的值为1。因为a和b的值都为非0，对它进行与运算，值为1。

(3)a、b同前，a||b的值为1。

(4)a、b同前，！a||b的值为1。

(5)4&&0||2的值为1。

通过这几个例子可以看出，由系统给出的逻辑运算结果不是0就是1。而作为参加逻辑运算的运算对象可以是任何数值。如果在一个表达式中不同位置上出现数值，应区分哪些是作为数值运算或关系运算的对象，哪些是作为逻辑运算的对象。例如：

5＞3&&2||8＜4－！0

表达式自左向右扫描求解。首先处理"5＞3"，在关系运算符两侧的5和3作为数值参加关系运算，"5＞3"的值为1。再进行"1&&2"的运算，此时1和2均是逻辑运算对象，均为"真"处理，因此结果为1。再往下进行"1||8＜4－！0"的运算。根据优先次序，"！0"的结果为1，表达式变成："1||8＜3"，"8＜3"的结果为0。最后得到"1||0"的结果为1。

实际上，逻辑运算符两侧的运算对象可以是任何类型的数据，系统最终以0和1来判定它们属于"真"或"假"，如表2.4.1所示。

表 2.4.1　C＋＋逻辑运算

a	b	! a	! b	a&&b	a||b
非 0	非 0	0	0	1	1
非 0	0	0	1	0	1
0	非 0	1	0	0	1
0	0	1	1	0	0

熟练掌握C＋＋语言的关系运算符和逻辑运算符后，可以巧妙地用一个逻辑表达式来表示一个复杂的条件。例如，判断一个年是否为闰年符合下面两个条件之一：

(1)能被4整除，但不能被100整除；

(2)能被4整除，又能被400整除。

则可用如下的表达式表示：

```
(year % 4 = = 0 && year % 100! = 0)||year % 400 = = 0
```

2.5　类型定义

C＋＋语言不仅提供了丰富的数据类型，而且还允许由用户自己定义类型说明符，也就是说允许由用户为数据类型取“别名”。类型定义符 typedef 即可用来完成此功能。例如，有整型量 a，b，其说明如下：int a，b；其中 int 是整型变量的类型说明符。int 的完整写法为 integer，为了增加程序的可读性，可把整型说明符用 typedef 定义为：typedef int INTEGER 这以后就可用 INTEGER 来代替 int 作整型变量的类型说明了。例如，INTEGER a，b；等效于 int a，b；。

typedef 定义的一般形式为：typedef 原类型名 新类型名

其中原类型名中含有定义部分，新类型名一般用大写表示，以便于区别。有时也可用宏定义来代替 typedef 的功能，但是宏定义是由预处理完成的，而 typedef 则是在编译时完成的，后者更为灵活方便。

习　　题

一、选择题

1. 在16位机中，int 型字宽为(　　)字节。

A. 2　　B. 4　　C. 6　　D. 8

2. 类型修饰符 unsigned 修饰(　　)类型是错误的。

A. char　　B. int　　C. long int　　D. float

3. 下列十六进制的整型常数表示中，(　　)是错误的。

A. oxaf　　B. 0X1b　　C. 2fx　　D. 0xAE

4. 下列 double 型常量表示中，(　　)是错误的。

A. E15　　B. 35　　C. 3E5　　D. 3E－5

5. 下列字符常量表示中,(　　)是错误的。

A. '\105';　　B. '*';　　C. '\4f';　　D. '\a'

6. 下列字符串常量表示中,(　　)是错误的。

A. "\"yes\"or\"No\""　　B. "\'OK! \'"

C. "abcd\n"　　D. "ABC\0"

7. 下列变量中,(　　)是合法的。

A. CHINA　　B. byte-size　　C. double　　D. A+a

8. 在C语言中,合法的字符常量是(　　)。

A. '\084'　　B. '\x43'　　C. 'ab'　　D. "\0"

9. 当c的值不为0时,在下列选项中能正确将c的值赋给变量a、b的是(　　)。

A. c=b=a　　B. (a=c)||(b=c)　　C. (a=c)&&(b=c)　　D. a=c=b

10. 若定义:int a=7;float x=2.5,y=4.7;,则表达式 x+a%3*(int)(x+y)%2/4 的值是(　　)。

A. 7　　B. 2.50000　　C. 3.500000　　D. 0.00000

11. 下列各运算符中,(　　)可以作用于浮点数。

A. ++　　B. %　　C. ≫　　D. &

12. 下列各运算符中,(　　)不能作用于浮点数。

A. /　　B. &&　　C. !　　D. ~

13. 下列各运算符中,(　　)优先级最高。

A. +(双目)　　B. *(单目)　　C. <=　　D. *=

14. 下列各运算符中,(　　)优先级最低。

A. ?:　　B. |　　C. ||　　D. !=

15. 下列各运算符中,(　　)结合性从左到右。

A. 三目　　B. 赋值　　C. 比较　　D. 单目

16. 下列表达式中,(　　)是非法的。

已知:int a=5;float b=5.5;

A. a%3+b　　B. b*b&&++a

C. (a>b)+(int(b)%2)　　D. --- a+b

17. 下列表达式中,(　　)是合法的。

已知:double m=3.2;int n=3;

A. m≪2　　B. (m+n)|n

C. !m*=n　　D. m=5,n=3.1,m+n

18. 下列关于类型转换的描述中,(　　)是错误的。

A. 在不同类型操作数组成的表达式中,其表达式类型一定是最高类型 double 型

B. 逗号表达式的类型是最后一个表达式的类型

C. 赋值表达式的类型是左值的类型

D. 在由低到高的类型转换中是保值映射

19. 下列各表达式中,(　　)具有二义性。

已知:int a(5),b(6);

A. a+b≫3　　B. ++a+b++　　C. b+(a=3)　　D. (a=3)-a++

20. 如果 a＝1,b＝2,c＝3,d＝4,则条件表达式 a＜b? a:c＜d? c:d 的值为(　　)。

A. 1　　B. 2　　C. 3　　D. 4

21. 设 int n＝3,则＋＋n 的结果是(　　),n 的结果是(　　)。

A. 2　　B. 3　　C. 4　　D. 5

22. 设 int n＝3,则 n＋＋的结果是(　　),n 的结果是(　　)。

A. 2　　B. 3　　C. 4　　D. 5

23. 设 int a＝2,b＝2,则＋＋a＋b 的结果是(　　),a 的结果是(　　),b 的结果是(　　)。

A. 2　　B. 3　　C. 4　　D. 5

24. 设 int m＝1,n＝2,则＋＋m＝＝n 的结果是(　　)。

A. 0　　B. 1　　C. 2　　D. 3

25. 设 int x＝2,y＝3,z＝4,则下列表达式中值为 1 的是(　　)。

A. ‘x’ && ‘z’　　B. (! y＝＝1)&&(! z＝＝0)

C. (x＜y)&&! z||1　　D. x||y＋y&&z－y

二、判断题

1. 任何字符常量与一个任意大小的整型数进行加减都是有意义的。(　　)
2. 转义序列表示法只能表示字符而不能表示数字。(　　)
3. 在命名标识符中,大小写字母是不加区分的。(　　)
4. C＋＋的程序中,对变量一定要先说明再使用,说明只要在使用之前就行。(　　)
5. 某个变量的类型高是指该变量被存放在内存的高地址处。(　　)
6. 隐含的类型转换都是保值映射,显式的类型转换都是非保值映射。(　　)
7. 类型定义是用来定义一些 C＋＋中没有的新类型。(　　)
8. 运算符的优先级和结合性可以确定表达式的计算顺序。(　　)
9. 已知:int a(5);表达式(a＝7)＋a 具有两义性。(　　)
10. 移位运算符在移位操作中,无论左移还是右移,所移出的空位一律补 0。(　　)

三、计算题

(注意:下列各表达式是相互独立的,不考虑前面对后面的影响)

1. 已知:unsigned int x＝015,y＝0x2b;计算下面式子的值。

(1)x|y　(2)x^y　(3)x&y　(4)～x＋～y　(5)x≪＝3　(6)y≫＝4

2. 已知:int i(10),j(5);,计算下列式子的值。

(1)＋＋i－j－－　(2)i＝i＊＝j　(3)i＝3/2＊(j＝3－2)

(4)～i^j　(5)i&j|1　(6)i＋i&0xff

3. 已知:int a(5),b(3);,计算下列各表达式的值和 a,b 的值。

(1)! a&b＋＋　(2)a||b＋4&&a＊b　(3)a＝1,b＝2,a＞b? ＋＋a:＋＋b

(4)＋＋b,a＝10,a＋5　(5)a＋＝b%＝a＋b　(6)a! ＝b＞2＜＝a＋1

4. 已知:‘1’的 ASCII 码值为 49;,计算下列各式的值。

(1)3＋2≪1＋1　(2)2＊9|3≪1　(3)5%－3＊2/6－3

(4)8＝＝3＜＝2&5　(5)! (‘3’＞‘5’)||2＜6　(6)6＞＝3＋2－(‘0’－7)

5. 已知:a、b 和 c 都是整数,且值都是 5,求经过各种运算后 a、b 和 c 的结果。

(1)a+=b+c++　　(2)a- =++b+c--

(3)a*=b-c--　　(4)a/=5+b++-c++

四、编程题

1. 从键盘上输入两个 int 型数，比较其大小，并输出显示其中较小的数。

2. 编程实现输入公里数，输出显示其英里数。已知：1 英里=1.60934 公里(用符号常量)。

3. 输入一个摄氏温度，编程输出华氏温度。已知：华氏温度转换为摄氏温度的公式为C=(F-32)*5/9，其中，F 表示华氏温度，C 表示摄氏温度。

4. 编写一个程序从键盘上输入用户购买的商品单价和数量，计算所需金额，并根据用户所交纳的金额计算出找零数。

5. 编写一个程序将输入的一个三位正整数逆转，例如，输入 123，输出 321。

第3章　顺序、条件和循环结构

本章内容提要

顺序结构；条件语句；选择语句；循环语句；break 及 continue 语句

所谓“程序结构”，即指程序中语句的执行顺序。

程序一般由三种基本结构组成，即顺序结构、选择结构和循环结构。

（1）顺序结构是最基本、最简单的结构，它由若干部分组成，按照各部分的排列次序依次执行。

（2）选择结构又称分支结构，是根据给定的条件，从两条或者多条路径中选择下一步要执行的操作路径。

（3）循环结构是根据一定的条件，重复执行给定的一组操作。

由这三种基本结构或三种基本结构的复合嵌套构成的程序称为结构化程序。结构化程序的特点是结构清晰、层次分明、具有良好的可读性。

在实际应用中，程序设计的过程可分为三个步骤：分析问题、设计算法、实现程序。

（1）分析问题

明确要解决的问题是什么，需要输入哪些数据，需要进行什么处理，最终要得到哪些处理结果。对要输入、输出的数据进行分析，确定数据类型。

（2）设计算法

在对输入、输出的数据分析之后，要设计数据的组织方式，设计解决问题的操作步骤，并将操作步骤不断完善，最终得到一个完整的算法。

（3）实现程序

选择一种程序设计语言，将算法设计后得到的数据组织方式、算法具体步骤转化成用具体的程序设计语言来描述，实现整个算法。

3.1　顺序结构

顺序结构是程序中最简单的一种结构。

3.1.1　赋值语句、复合语句、空语句

在C语言程序中，顺序结构主要使用的是赋值语句以及由输入、输出函数构成的语句，结

构如图 3.1.1 所示。

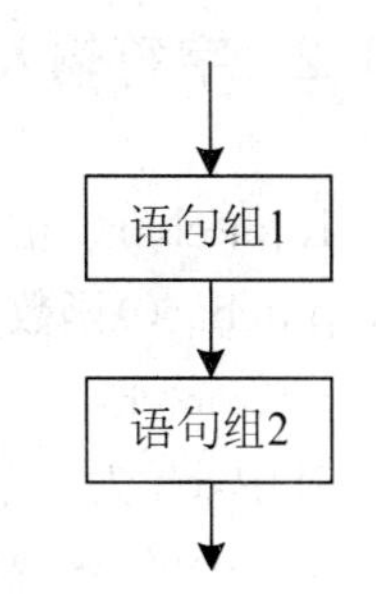

图 3.1.1 顺序结构

【例 3.1】 交换两个变量的值,并输出结果。

```
#include <iostream.h>
void main()
{
  int a,b,t;
  cin>>a>>b;
  t=a;
  a=b;
  b=t;
  cout<<a<<b;
}
```

程序运行情况:

输入:5　9

输出:95

程序说明:交换两个变量的值,需要第三个变量的帮助,上面程序中的 t 就是这种变量,这个道理就像交换两杯水一样,需要第三个杯子的帮助。

【例 3.2】 输入三角形的三条边长,计算并输出三角形的面积。

分析:假设输入的三条边长 a、b、c 能构成一个三角形,利用数学公式:

$$面积 = \sqrt{s(s-a)(s-b)(s-c)},其中\ s=(a+b+c)/2$$

可以求出三角形的面积。

程序如下:

```
#include <iostream.h>
#include <math.h>                    /* math.h为数学函数的头文件 */
void main()
{
  float a,b,c,s,area;
  cin>>a>>b>>c;
  s=1.0/2*(a+b+c);
  area=sqrt(s*(s-a)*(s-b)*(s-c));       /* sqrt为求平方根函数 */
  cout<<" area = " <<area;
}
```

程序运行情况:

输入:1.2　2.4　3.0

输出:area=1.368

程序说明:程序中的函数 sqrt 的功能是求平方根。该函数在数学函数库中声明,因此在程序的开头必须包含头文件"math.h"。

细心的读者可能想,不是任意三个数都能构成三角形的三条边长,必须满足一定的条件。上例程序没有验证输入的三个数能否构成三角形的三条边。在编程解决实际问题时,往往需要根据某些条件作出判断,决定选择哪些语句执行或不执行。用 C 语言中的 if、switch 语句,可以编写出具有选择结构的程序。

3.1.2 字符输入/输出函数

1. putchar()函数

putchar()函数是向标准输出设备输出一个字符，其调用格式为：

putchar(ch);

其中，ch 为一个字符变量或常量。

putchar()函数的作用等同于 cout≪ch；

【例 3.3】

```
#include <iostream.h>
main()
{
  char c;                /*定义字符变量*/
  c = 'B';               /*给字符变量赋值*/
  putchar(c);            /*输出该字符*/
  putchar('\x42');       /*输出字母B*/
  putchar(0x42);         /*直接用ASCII码值输出字母B*/
}
```

从例 3.3 中的连续四个字符输出函数语句可以分清字符变量的不同赋值方法。

2. getchar()函数

getchar()函数是从键盘上读入一个字符。getchar()函数等待输入直到按回车键才结束，回车前的所有输入字符都会逐个显示在屏幕上。但只有第一个字符作为函数的返回值。

getchar()函数的调用格式为：

getchar();

【例 3.4】 getchar 函数使用示例。字符与 ASCII 值。

```
#include <iostream.h>
main()
{
  char c;
  c = getchar();   /*从键盘读入字符直到回车结束*/
  putchar(c);     /*显示输入的第一个字符*/
}
```

3.2 条件语句

条件语句就是根据一个条件是否成立来决定执行哪一块语句。

3.2.1 if 语句的使用格式

if 语句的调用格式为：

if(条件) 语句1 else 语句2

结构如图 3.2.1 所示。

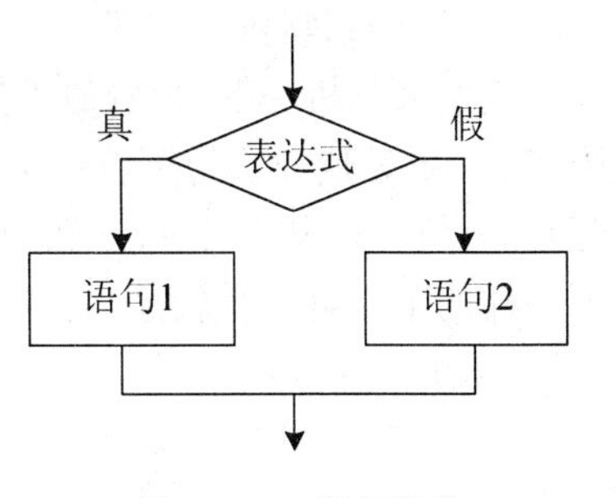

图 3.2.1 选择结构

它表示当条件成立时(值为非 0),执行语句①;当条件不成立时(值为 0),执行语句②。在这个格式中,要注意以下几个方面:

(1)条件指的是一个逻辑表达式,它的两边必须有一对括号。

(2)语句 1 和语句 2 是内嵌在 if 语句中的,并不独立于 if 语句存在,所以整个 if 语句可看作是一条语句。

(3)语句 1 和语句 2 可以是一条语句,也可以是由{}构成的一个复合语句,意为如果想在语句 1 或语句 2 处写多条语句时只能使用复合语句的形式。

(4)else 语句 2 可以省略。意为当条件成立时,执行语句 1。否则执行 if 语句的下一条语句。

(5)else 总是和它上面的 if(未曾配对过)配对。

下面我们来看几个例子:

(1)if(y>0) cout≪y;

(2)if(x>y) cout≪x; else cout≪y; 这条语句也可写在多行上,例如:

```
if(x>y)
    cout≪x;
else
    cout≪y;
```

将 if 语句写在多行上,可大大增强程序的可读性。注意,这段程序中有两个分号,它们并不是表示 if 语句的结束,而只是表示两条内嵌语句的结束。else 部分不能单独使用,必须和 if 一起使用。

```
(3)if((x>y)&&(x>z))
       {max = x; cout≪x;}
   else  if((y>x)&&(y>z))  {max = y; cout≪y;}
         else {max = z; cout≪y;}
```

这一小段程序是从 x、y、z 三个变量中找出最大的一个值是多少并输出到屏幕上。在这里条件(x>y)&&(x>z)是一个逻辑表达式,必须在其两边加上括号。当条件一成立时,执行一个复合语句。在第一个 else 后又跟了一条 if 语句。注意这个 if 语句只是一条内嵌语句。

```
(4)if(条件 1)
        if(条件 2)  语句 1
        else  语句 2
   else
        if(条件 3)  语句 3
        else  语句 4
```

这段程序是由一个 if 语句组成。它有两个内嵌的 if 语句。第一个 else 和它上面的未曾配对的 if 进行配对,第二个 else 和它上面的未曾配对的 if 配对,第三个 else 和它上面的未曾配对的 if 进行配对。else 总是和它上面的未曾配对的 if 进行配对。

```
(5)if(条件 1)
       if(条件 2)  语句 1
       else
```

```
if(条件 3)  语句 3
else 语句 4
```

我们来分析一下，初看似乎这段程序是由一个 if 语句组成，流程和上例是一样的，只少了语句 2。要是这样认为可就错了，根据上面讲过的 else 匹配原则，第一个 else 和它上面的未曾配对的 if 匹配，第二个 else 和第三个 if 匹配。这样匹配下来，这段程序可和上面的例子是很不一样的了。可是我就是想让第一个 else 和第一个 if 匹配怎么办呢？别急，看下一个例子。

```
(6)if(条件 1)
     {if(条件 2)语句 1}
   else
   if(条件 3)  语句 3
   else 语句 4
```

给第二个 if 语句加上大括号，使之成为一个复合语句。这样第一个 else 就和第一个 if 匹配了。

```
(7)if(x>y)  max = x;
    else max = y;
```

这个程序不管条件是否成立，都要给同一个变量赋值。

if 语句是 C++/C 语言中最简单、最常用的语句，然而很多程序员用隐含错误的方式写 if 语句。下面我们以“与零值比较”为例，展开讨论。

3.2.2 布尔变量与零值比较

不可将布尔变量直接与 TRUE、FALSE 或者 1、0 进行比较。根据布尔类型的语义，零值为“假”(记为 FALSE)，任何非零值都是“真”(记为 TRUE)。TRUE 的值究竟是什么并没有统一的标准。例如 Visual C++ 将 TRUE 定义为 1，而 Visual Basic 则将 TRUE 定义为−1。

假设布尔变量名字为 flag，它与零值比较的标准 if 语句如下：

```
if(flag)        //表示 flag 为真
if(! flag)      //表示 flag 为假
```

其他的用法都属于不良风格，例如：

```
if(flag = = TRUE)
if(flag = = 1)
if(flag = = FALSE)
if(flag = = 0)
```

3.2.3 整型变量与零值比较

应当将整型变量用“= =”或“! =”直接与 0 比较。假设整型变量的名字为 value，它与零值比较的标准 if 语句如下：

```
if(value = = 0)
if(value ! = 0)
```

不可模仿布尔变量的风格而写成：

```
if(value)     // 会让人误解 value 是布尔变量
```

```
if(! value)
```

3.2.4 浮点变量与零值比较

不可将浮点变量用“= =”或“! =”与任何数字比较。千万要留意,无论是 float 还是 double 类型的变量,都有精度限制。所以一定要避免将浮点变量用“= =”或“! =”与数字比较,应该设法转化成“>=”或“<=”形式。

假设浮点变量的名字为 x,应当将

```
if(x = = 0.0)      // 隐含错误的比较
```

转化为

```
if((x> = -EPSINON)&&(x< = EPSINON))
```

其中,EPSINON 是允许的误差(即精度)。

3.2.5 指针变量与零值比较

应当将指针变量用“= =”或“! =”与 NULL 比较。指针变量的零值是“空”(记为 NULL)。尽管 NULL 的值与 0 相同,但是两者意义不同。假设指针变量的名字为 p,它与零值比较的标准 if 语句如下:

```
if(p = = NULL)      // p与NULL显式比较,强调p是指针变量
if(p ! = NULL)
```

不要写成:

```
if(p = = 0)   // 容易让人误解p是整型变量
if(p ! = 0)
```

或者

```
if(p)            // 容易让人误解p是布尔变量
if(! p)
```

3.2.6 对 if 语句的补充说明

有时候我们可能会看到 if(NULL = = p)这样古怪的格式。不是程序写错了,是程序员为了防止将 if(p = = NULL)误写成 if(p = NULL),而有意把 p 和 NULL 颠倒。编译器认为 if(p = NULL)是合法的,但是会指出 if(NULL = p)是错误的,因为 NULL 不能被赋值。

程序中有时会遇到 if/else/return 的组合,应该将如下不良风格的程序:

```
if(condition)
return x;
return y;
```

改写为

```
if(condition)
  {
    return x;
  }
```

```
else
  {
    return y;
  }
```

或者改写成更加简练的：

```
return(condition? x : y);
```

3.3 选择语句

有了 if 语句为什么还要 switch 语句？switch 是多分支选择语句，而 if 语句只有两个分支可供选择。虽然可以用嵌套的 if 语句来实现多分支选择，但那样的程序冗长难读。这是 switch 语句存在的理由。例如，常有这样的例子：学生的成绩分类 A、B、C、D、E，人口按年龄分类（老、中、青、幼）等。这些分类可以用 if 语句来完成，但是编写的程序非常长，不容易理解。自从有了 switch 语句以后，这种情形不复存在了。

我们先来看 switch 语句的一般格式：

```
switch(表达式)
{
  case 常量表达式 1:语句 1
  case 常量表达式 2:语句 2
                    ⋮
  case 常量表达式 n:语句 n
  default:语句 n+1
}
```

说明：

(1)switch 后的表达式，可以是整型或字符型，也可以是枚举类型的。

(2)每个 case 后的常量表达式只能是常量组成的表达式，当 switch 后的表达式的值与某一个常量表达式的值一致时。程序就转到此 case 后的语句开始执行。如果没有一个常量表达式的值与 switch 后的值一致，就执行 default 后的语句。

(3)每个 case 后的常量表达式的值必须互不相同，不然的话程序就不知该跳到何处开始执行。

(4)各个 case 的次序不影响执行结果，一般情况下，尽量把出现几率大的 case 放在前面。

(5)在执行完一个 case 后面的语句后，程序流程转到下一个 case 后的语句开始执行。千万不要理解成执行完一个 case 后程序就转到 switch 后的语句去执行了。

【例 3.5】 switch 语句使用示例（无 break）。

```
#include <iostream.h>
main()
{
  char x;
  x='A';
  switch(x)
  {
    case 'A': cout<<" Grade is A" <<endl;
```

```
        case 'B': cout<<" Grade is B" <<endl;
        case 'C': cout<<" Grade is C" <<endl;
        case 'D': cout<<" Grade is D" <<endl;
    }
}
```

运行结果：

```
Grade is A
Grade is B
Grade is C
Grade is D
```

这个程序中变量 x 的值为‘A’，原意是让程序输出一个“Grade is A”就行了，可是结果呢？它把每个 case 后的语句全部执行了一遍。

(6)如果只想执行某个 case 后的语句，那么就要在 case 的语句的最后使用 break 语句以跳出 switch 语句。例 3.5 修改如下：

【例 3.6】 switch 语句示例(有 break)。

```
#include <iostream.h>
main()
{
    char x;
    x='A';
    switch(x)
    {
      case 'A': cout<<" Grade is A" <<endl;
              break;
      case 'B': cout<<" Grade is B" <<endl;
              break;
      case 'C': cout<<" Grade is C" <<endl;
              break;
      case 'D': cout<<" Grade is D" <<endl;
    }
}
```

运行结果：

```
Grade is A
```

现在，程序按我们的要求去运行了。

(7)default 这一行可以省略。

(8)多个 case 可以共用一段程序。

比如我们给判定学生的成绩等级，只区分及格和不及格的。程序如下：

【例 3.7】

```
#include <iostream.h>
main()
{
  char x;
  cin>>x;
```

```
    switch(x)
    {
        case 'A':
        case 'B':
        case 'C': cout<<" Score > 60\n";
                break;
        case 'D': cout<<" Score < 60\n";
    }
}
```

运行结果：

```
A
Score > 60
B
Score > 60
D
Score < 60
```

3.4 循环语句

经过前面的学习，我们已经能够利用顺序结构和选择分支结构来处理一些简单的问题了。但是生活中还有一类情况，好比小学生算加法，100个2相加，总也加不完，式子列了一长串，2+2…+2+2=200。这要是让我们编程序求解，得写到何年何月。每次都加2，这是这个问题的基本规律。怎么利用这个规律呢？数学上我们用乘法100×2表示100个2相加。计算机上我们用循环，让加2这个操作自动重复执行100次。

在C++语言中可以用以下几种语句来实现循环：

(1)for语句；

(2)while语句；

(3)do while语句。

3.4.1 for语句的定义格式及说明

for循环的作用是用来表示循环次数已知的情况，它的使用格式为：

for(表达式1;表达式2;表达式3)循环体语句

它的执行过程如图3.4.1所示。

(1)先求解表达式1。

(2)求解表达式2，若其值为0则结束循环；若其值为非0则执行下面的循环体语句。

(3)执行循环体语句，这个语句代表一条语句或一个复合语句。

(4)求解表达式3。

(5)转到第(2)步去执行。

我们来看例3.8，该例完成100个2相加。

【例 3.8】

```
#include <iostream.h>
main()
{
   int i,sum=0;
   for (i=1;i<=100;i++)
      sum=sum+2;
  cout<<" The sum is" <<sum<<endl;
}
```

运行结果：

```
The sum is 200
```

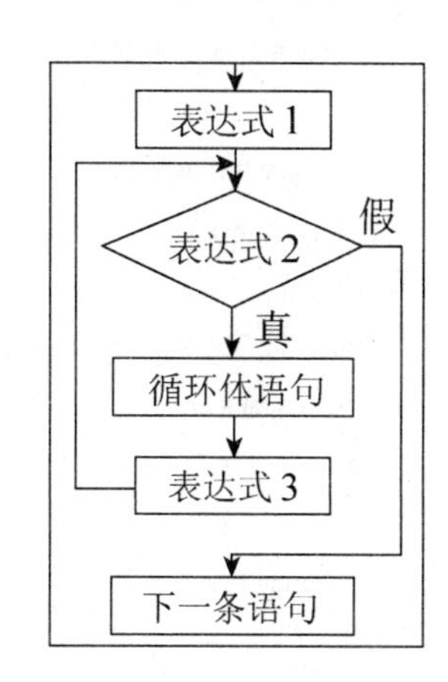

图 3.4.1　for 循环的执行过程

在这个程序中表达式 1 是一个赋值表达式，表达式 2 是一个逻辑表达式，表达式 3 是自增运算表达式，语句是一个自增 2 的赋值语句。按照 for 语句的执行顺序，先使变量 i 的值为 1，然后判断变量 i 是否小于等于 100，如果条件成立，则使变量 sum 自增 2，再使 i++?。这样只要变量 i 是小于等于 100 的话，那么变量 sum 就自增 2。在变量经过 100 次自增后，变量 i 的值变为 101，使得条件 i<=100 不成立，所以退出循环执行打印函数。

如果我们要让一个循环执行 *N* 次，那么应该怎么写呢？

for(i=X;i<Y;i++)或 for(i=Y;i>X;i--)

首先在表达式 1 处设置一个循环变量，初值为整型常量 X；然后在表达式 2 处写一个条件 i<Y(Y 减 X 要等于 N)；最后表达式 3 处写一条改变循环变量值的表达式，这样就行了。

让循环执行三次：for(i=0;i<3;i++)或 for(i=3;i>0;i--)

让循环执行十次：for(i=0;i<10;i++)或 for(i=10;i>0;i--)

我们再来看一下 for 语句的一般格式：

for(表达式 1;表达式 2;表达式 3)循环体语句

说明：

(1)表达式 1 和表达式 3 可以省略，看几个例子。

```
for(;i<100;i++)
for(i=1;i<100;)
for(;i<100;)
```

这三个例子中，分号不能省略，另外在省略了表达式 1 和表达式 3 后，要注意使表达式 2 能够取到 0 值以避免形成死循环。

如利用省略格式来完成 100 个 2 相加的任务。程序如下。

【例 3.9】

```
#include <iostream.h>
main()
{
    int i=1,sum=0;
    for (;i<=100;i++)
       sum=sum+2;
    cout<<" The first sum is" <<sum<<endl;
    sum=0;
```

```
    for(i = 1;i< = 100;)
      {
        sum = sum + 2;
        i+ +;
      }
    cout<<" The second sum is" <<sum<<endl;
    i = 1;sum = 0;
    for(;i< = 100;)
      {
        sum = sum + 2;
        i+ +;
      }
    cout<<" The third sum is " <<sum<<endl;
}
```

运行结果：

```
The first sum is 200
The second sum is 200
The third sum is 200
```

(2)表达式 2 也可以省略，在省略之后系统认为此处的值永远为 1，这样循环永远不结束，形成死循环(永远都不能结束)。所以表达式 2 省略后，一定要在循环体语句部分加上使循环退出的语句。

不过一般情况下，尽量不要省略三个表达式。

(3)for 语句的三个表达式可以放置任何类型的表达式，执行的顺序还是我们一开始讲的。同样是完成 100 个 2 相加，看下面的例子：

【例 3.10】

```
#include <iostream.h>
main()
{
  int i,sum;
  for(sum = 0,i = 1;i< = 100;sum+ = 2,i+ +);
    cout<<" The sum is" <<sum<<endl;
}
```

运行结果：

```
The sum is 200
```

这个程序完成的功能和前面一样，不过看起来简洁得多了。在表达式 1 和表达式 3 处是两个逗号表达式。循环的语句部分我们用了一条语句。这样一个循环语句就写在一行上了。

在表达式 2 处的式子也可以是任何类型的，系统只看它的值，非 0 就执行循环体语句，为 0 就退出循环。我们再来看一个例子，这个例子从键盘接收字符并显示字符的个数：

【例 3.11】

```
#include <iostream.h>
main()
{
```

```
    int i;
    char c;
    for(i = 0;(c = getchar())! = '\n';i + +);
    cout<<" The sum is" <<i;
}
```

运行结果：

```
abcdefg
The sum is 7
```

在表达式 2 处，首先由 c＝getchar()构成一个赋值表达式，它的值就是 c 的值，然后由这个赋值表达式和后面的！＝'\n'构成一个逻辑表达式。意义是由 getchar()函数从键盘读入一个字符，将此字符的 ASCII 码赋给变量 c，然后用变量 c 来判断此字符是否是回车符号。这样只要键盘上输入的不是回车，循环就一直执行，每读入一个变量 i 就自增 1，当循环结束的时候，变量 i 中的值也就是读入的字符个数。

这里要注意一个地方，变量 i 记数的时候不是输入一个字符就记一次，这就又涉及 getchar()函数的工作方式。getchar()在工作的时候，让用户从键盘输入一个字符，只有用户按了回车键后，getchar()函数才能开始工作。所以上面的这个程序是在用户按了回车键后才开始执行循环。对这个特性，我们再来看一个程序。

【例 3.12】

```
#include <iostream.h>
main()
{
    int i;
    char c;
    for (i = 0;(c = getchar())! = '\n';i + +)
        cout<<c<<endl;
    cout<<" The sum is" <<i;
}
```

运行结果：

```
abcdefg
abcdefg
The sum is 7
```

不可能出现下面的结果：

```
aabbccddeeffgg
The sum is 7
```

从上面的例子中，我们可以看到在输出字符 c 的时候是等用户按了回车键后，cout<<c 这个语句才开始执行。

3.4.2 while 语句和 do-while 语句

我们来看另外两种循环语句：while 和 do-while 语句。

1. while 语句（可以实现“当型循环结构”）

使用格式：

while(表达式)　循环体语句

while 语句的执行过程如下：

(1)判断表达式的值，如表达式的值为非 0 则执行循环体语句，如表达式的值为 0 则执行循环体后的语句。

(2)执行循环体语句，这个循环体语句是内嵌语句(或者是一条语句，或者是由多条语句组成的一个复合语句)。

(3)判断表达式。

(4)执行 while 语句后的语句。

下面我们来看一看 100 个 2 相加怎么用 while 语句来实现。

【例 3.13】

```
#include <iostream.h>
main()
{
  int i=1,sum=0;
  while(i<=100)
    {
      sum=sum+2;
      i++;
    }
  cout<<" The sum is" <<sum<<endl;
}
```

运行结果：

```
The sum is 200
```

在这个程序中，循环体语句是一个包含两条语句的复合语句。如果 while 后面不是复合语句那么只有 while 后的第一条语句被认为是循环体语句。在循环体语句中，一定要有一个使循环能够终止的语句。在我们上面的这个程序中，使循环变量 i 自增 1 的语句则一定能够使循环结束。

2. do-while 语句(可以实现“直到型循环结构”)

使用格式：

do 循环体语句　while(表达式)；

do-while 语句的执行过程如下：

(1)执行循环体语句，这个循环体语句是内嵌语句(或者是一条语句，或者是由多条语句组成的一个复合语句)。

(2)判断表达式的值，如表达式的值为非 0 则执行循环体，如表达式的值为 0 则执行后面语句。

(3)执行 do-while 语句后的语句。

注意：在 while(表达式)的后面一定要有一个分号，它用来表示 do-while 语句的结束。

下面我们来看一看 100 个 2 相加怎么用 while 语句来实现。

【例 3.14】

```
#include <iostream.h>
main()
{
  int i=1,sum=0;
  do
  {
    sum+ =2;
    i+ +;
  }
  while(i< =100);
  cout≪" The sum is" ≪sum≪endl;
}
```

运行结果：

```
The sum is 200
```

do-while 语句的特点是在判断条件是否成立前，先执行循环体语句一次。这是与 while 语句的一个根本性的区别。

我们再来仔细地区别一下这两种循环语句，看下面程序。

【例 3.15】

```
#include <iostream.h>
main()
{
  int i,sum=0;
  cin≫i;
  do
  {
    sum+ =2;
    i+ +;
  }
  while(i< =5);
  cout≪" The sum is" ≪sum≪",i=" ≪i≪endl;
}
```

运行结果：

```
1
The sum is 10,i=6


10
The sum is 2,i=11
```

【例 3.16】

```
#include <iostream.h>
main()
{
  int i,sum=0;
```

```
    cin>>i;
    while(i<=5)
    {
      sum+=2;
      i++;
    }
    cout<<"The sum is"<<sum<<",i="<<i<<endl;
}
```

运行结果：

```
1
The sum is 10,i=6


10
The sum is 0,i=10
```

从这两个程序中我们可以看到，当循环条件在第一次判断时就为非 0 时，while 和 do-while语句在执行过程中没有什么区别；而当循环条件在第一次判断时就为 0 时，while 的循环语句一次也不执行，do-while 的循环语句仍要执行一次。

3.4.3 循环语句的嵌套

一个循环体语句中又包含另一个循环语句，称为循环嵌套。实际上前面介绍的三个循环语句(for、while、do-while)本身就相当于一条语句，程序中只要能放语句的地方，就可以放这三个循环语句。

下面我们来看几种循环嵌套的格式：

```
while()
{
  while()
  {  }
}

do
{
  do
  {}
  while();
}
while();

for(;;)
{
  for(;;)
  {}
}

while()
{
  do
   {}
  while();
}

for(;;)
{
while()
  {}
}

do
{
  for(;;)
   {}
}
while
```

我们这里列出了几种双层循环嵌套的格式。实际上循环可以嵌套很多层，记住我们上面讲的原则：程序中只要能放语句的地方，就可以放这三个循环语句。

看看下面的程序，找出其中的问题。

【例 3.17】

```
#include <iostream.h>
```

```
main()
{
  int i,sum = 0;
  do
  {
    i = 1;
    sum + = 2;
    i + + ;
  }
  while(i< = 5);
  cout<<" The sum is" <<sum<<endl;
}
```

可以看出，这个程序是一个无限循环。因为对变量 i 赋值 1 的语句放在了循环体语句内，所以每执行一次循环体变量 i 的值就又变成 1 了。这样循环就永远不可能结束了。在输出屏幕上只会有一个光标在闪烁。此时程序正在不断的循环，怎么就让这个程序停下来呢？按“Ctrl＋Break”键就能终止当前正在执行的程序，回到编辑状态。

那么如何修改这个程序呢？只要将 i＝1 这条语句移到循环语句的前面就行了！这个程序要说明的问题是如果要对循环变量赋初值，一定不能将赋值语句放到循环体语句中，而一定要放到语句之前。

3.4.4 循环语句的效率

C＋＋/C 循环语句中，for 语句使用频率最高，while 语句其次，do-while 语句很少用。本节重点论述循环体的效率。提高循环体效率的基本办法是降低循环体的复杂性。

【建议 1】 在多重循环中，如果有可能，应当将最长的循环放在最内层，最短的循环放在最外层，以减少 CPU 跨切循环层的次数。例如例 3.19 的效率比例 3.18 的高。

【例 3.18】 低效率：长循环在最外层。

```
for(row = 0; row<100; row + + )
{
  for(col = 0; col<5; col + + )
  {
    sum = sum + a[row][col];
  }
}
```

【例 3.19】 高效率：长循环在最内层。

```
for(col = 0; col<5; col + + )
{
  for(row = 0; row<100; row + + )
  {
    sum = sum + a[row][col];
  }
}
```

【建议 2】 如果循环体内存在逻辑判断，并且循环次数很大，宜将逻辑判断移到循环体的外面。例 3.20 的程序比例 3.21 多执行了 N—1 次逻辑判断。并且由于前者老要进行逻辑判断，打断了循环“流水线”作业，使得编译器不能对循环进行优化处理，降低了效率。如果 N 非常大，最好采用例 3.21 的写法，可以提高效率。如果 N 非常小，两者效率差别并不明显，采用例 3.20 的写法比较好，因为程序更加简洁。

【例 3.20】 效率低但程序简洁。

```
for(i = 0; i<N; i+ + )
{
  if(condition)
    DoSomething();
  else
    DoOtherthing();
}
```

【例 3.21】 效率高但程序不简洁。

```
if(condition)
{
  for(i = 0; i<N; i+ + )
    DoSomething();
}
else
{
  for(i = 0; i<N; i+ + )
    DoOtherthing();
}
```

3.4.5 for 语句的循环控制变量

【建议 1】 不可在 for 循环体内修改循环变量，防止 for 循环失去控制。

【建议 2】 建议 for 语句的循环控制变量的取值采用“半开半闭区间”写法。

例 3.22 中的 x 值属于半开半闭区间“0 =< x < N”，起点到终点的间隔为 N，循环次数为 N。例 3.23 中的 x 值属于闭区间“0 =< x <= N—1”，起点到终点的间隔为 N—1，循环次数为 N。

相比之下，例 3.22 的写法更加直观，尽管两者的功能是相同的。

【例 3.22】 循环变量属于半开半闭区间。

```
for(int x = 0; x<N; x+ + )
{
  …
}
```

【例 3.23】 循环变量属于闭区间。

```
for(int x = 0; x< = N - 1; x+ + )
{
  …
}
```

3.5 break 语句和 continue 语句

前面讲的循环，只能在循环条件不成立的情况下才能退出循环。可是有时候我们希望从循环中直接退出来而不想等到循环条件不成立的时候才退出。要想实现这样的功能就要用到下面的语句。

1. break 语句

我们在前面已经接触过 break 语句了，它用来从 switch 语句中跳出。现在，这个 break 语句还能从循环语句中跳出，然后执行循环语句后的语句。看下面的例子。

【例 3.24】

```
#include <iostream.h>
main()
{
  int i=1,sum=0;
  do
  {
    if(sum>4)break;
    sum+=2;
    i++;
  }
  while(i<=5);
  cout<<" The sum is" <<sum<<",i=" <<i<<endl;
}
```

运行结果：

The sum is 6,i=4

我们来仔细分析一下这个程序：

在第一次执行循环语句体时，sum 的初值为 0，sum>4 不成立，sum 的值变为 2，i 的值变为 2，i<=5 成立。

在第二次执行循环语句体时，sum 的值为 2，sum>4 不成立，sum 的值变为 4，i 的值变为 3，i<=5 成立。

在第三次执行循环语句体时，sum 的值为 4，sum>4 不成立，sum 的值变为 6，i 的值变为 4，i<=5 成立。

在第四次执行循环语句体时，sum 的值为 6，sum>4 成立，此时执行 break 语句退出循环。Sum 的值为 4，i 的值仍为 3。

另外要注意一点，break 语句只能跳出它所在的循环语句，而不能从内层的循环一下跳出最外层循环。break 语句只能用在循环语句和 switch 语句中。

2. continue 语句

continue 语句的作用是结束本次循环。比如循环执行到第九次时遇到 continue 语句，那么程序就跳过剩余的循环体语句，直接开始执行第十次循环。我们来看下面这个程序。

【例 3.25】

```
#include <iostream.h>
main()
{
  int i;
  for(i=1;i<=20;i++)
    {
      if(i%2==0)continue;
      cout<<i;
    }
}
```

运行结果：

1 3 5 7 9 11 13 15 17 19

这个程序是将 1～20 不能被 2 整除的数输出到屏幕上。当变量 i 对 2 取模，如果为 0 意为 i 能整除 2，此时执行 continue 语句，程序将跳到循环条件判断处继续执行，输出函数在此时将不会被执行。这个程序是针对 for 语句的。如果在其他两种循环中使用了 continue 语句，程序将跳过剩余的循环体内的语句，直接转到条件表达式处开始判断表达式是否成立，然后继续执行程序。

3.6 转向语句

自从提倡结构化设计以来，goto 就成了有争议的语句。首先，由于 goto 语句可以灵活跳转，如果不加限制，它的确会破坏结构化设计风格。其次，goto 语句经常带来错误或隐患。它可能跳过了某些对象的构造、变量的初始化、重要的计算等语句，例如：

```
goto state;
float s1,s2;          // 被 goto 跳过
int sum = 0;          // 被 goto 跳过
…
state:
…
```

如果编译器不能发觉此类错误，每用一次 goto 语句都可能留下隐患。

很多人建议废除 C++/C 的 goto 语句，以绝后患。但实事求是地说，错误是程序员自己造成的，不是 goto 的过错。goto 语句至少有一处可显神通，它能从多重循环体中一下子跳到外面，用不着写很多次的 break 语句，例如：

```
{ …
  { …
    { …
        goto error;
    }
  }
}
```

```
error:
...
```

就像楼房着火了,来不及从楼梯一级一级往下走,可从窗口跳出来。所以我们主张少用、慎用 goto 语句,而不是禁用。

习　　题

一、选择题

1. 若 w=1,x=2,y=3,z=4,则条件表达式 w<x? w : y<z? y : z 的值是(　　)。

A. 4　　B. 3　　C. 2　　D. 1

2. 有如下程序:

```
main()
{
  int x = 1,a = 0,b = 0;
  switch(x)
  {
    case 0: b+ +;
    case 1: a+ +;
    case 2: a+ +;b+ +;
  }
  cout<<" a = " <<a<<"," <<" b = " <<b<<endl;
}
```

该程序的输出结果是(　　)。

A. a=2,b=1　　B. a=1,b=1　　C. a=1,b=0　　D. a=2,b=2

3. 有以下程序:

```
main()
{
  int a = 5,b = 4,c = 3,d = 2;
  if(a>b>c)
    cout<<d<<endl;
  else if((c - 1 >= d) = = 1)
    cout<<d + 1<<endl;
    else  cout<<d + 2<<endl;
}
```

执行后输出结果是(　　)。

A. 2　　B. 3　　C. 编译时出错　　D. 4

4. 有以下程序:

```
#include " iostream.h"
main()
{
  int i = 1,j = 1,k = 2;
```

```
    if((j++||k++)&&i++)
  cout<<i<<","<<j<<","<<k<<endl;
}
```

执行后输出结果是(　　)。

A. 1,1,2　　B. 2,2,1
C. 2,2,2　　D. 2,2,3

5. 下列(　　)是语句。

A. ;　　B. a=17
C. x+y　　D. cout<<"\n"

6. 下列 for 循环的次数为(　　)。

```
for(int j(0),x=0;! x&&j<=5,j++)
```

A. 5　　B. 6　　C. 1　　D. 无限

7. 下列 while 循环次数是(　　)。

```
While(int j=0)j--;
```

A. 0　　B. 1　　C. 5　　D. 无限

8. 下列 do-while 循环的次数是(　　)。

```
int j(5);
do
{
cout<<j--<<ENDL;
j--;
}while(j! =0);
```

A. 0　　B. 1　　C. 5　　D. 无限

9. 下列 for 循环的循环体执行次数为(　　)。

```
for int j(0),k(10);j=k=10;j++,k--
```

A. 0　　B. 1　　C. 10　　D. 无限

10. 已知:int a,b;,下列 switch 语句中,(　　)是正确的。

A.
```
switch(a)
    {
      case a: a++; break;
      case b: b++; break;
    }
```

B.
```
switch(a+b)
    {
      case1:a+b;break;
      case 2:a-b;
    }
```

C.
```
switch(a*a)
    {
      case 1,2: ++a;
      case 3,4: ++b;
    }
```

D.
```
switch(a/10+b)
    {
      case 5:a/5;break;
      default:a+b;
    }
```

11. 下列关于循环体的描述中,(　　)是错误的。

A. 循环体中可以出现 break 语句和 continue 语句
B. 循环体中还可以出现循环语句
C. 循环体中不能出现 goto 语句
D. 循环体中可以出现开关语句

12. 下列关于goto语句的描述，(　　)是正确的。

A. goto语句可以在一个文件中随意转向

B. goto语句后面要跟上一个它所转向的语句

C. goto语句可以同时转向多条语句

D. goto语句可以从循环体内转向循环体外

13. 下列关于break语句的描述中，(　　)是不正确的。

A. break语句可以用在循环体内，它将推出该重循环

B. break语句可以用在开关语句中，它将推出开关语句

C. break语句可以用在if体内，它将推出if语句

D. break语句在一个循环体中可以循环多次

14. 下列关于开关语句的描述中，(　　)是不正确的。

A. 开关语句的default子句可以没有，也可以有一个

B. 开关语句中，每个子句序列必须有一个break语句

C. 开关语句中，defalut语句只能放在最后

D. 开关语句中case子句后面的表达式可以是整型表达式

15. 下列关于条件语句的描述中，(　　)是错误的。

A. if语句中只有一个else子句

B. if语句中可以有多个else if子句

C. if语句中if体内不能是开关语句

D. if语句的if体中可以是循环语句

16. 选择出合法的if语句(设有int x,a,b,c;)(　　)。

A. if(a= =b)x++;　　B. if(a=<b)x++;

C. if(a<>b)x++;　　D. f(a=>b)x++;

17. 以下程序段(　　)。

```
x = -1;
do
{x = x * x;}while(! x);
```

A. 是死循环　　B. 循环执行二次　　C. 循环执行一次　　D. 有语法错误

18. 以下程序的输出结果是(　　)。

```
#include <iostream.h>
main()
{
        int i;
        for(i = 4;i< = 10;i + + )
            {
             if(i % 3 =  = 0)continue;
             cout<<i;
            }
}
```

A. 45　　B. 457810

C. 69　　D. 678910

19. 与以下程序段等价的是(　　)。

```
while (a)
{ if(b) continue;
  c;
}
```

A. while(a)
  {if(! b) c;}

B. while(c)
  {if(! b)break; c;}

C. while(c)
  {if(b)c;}

D. while(a)
  {if(b)break;c;}

20. C++语言中，while 和 do-while 循环的主要区别是(　　)。

A. do-while 的循环体至少无条件执行一次

B. while 的循环控制条件比 do-while 的循环控制条件严格

C. do-while 允许从外部转到循环体内

D. do-while 的循环体不能是复合语句

二、判断题

1. if 语句中的表达式不限于逻辑表达式，可以是任意的数值类型。(　　)
2. switch 语句可以用 if 语句完全代替。(　　)
3. switch 语句的 case 表达式必须是常量表达式。(　　)
4. if 语句，switch 语句可以嵌套，而且嵌套的层数没有限制。(　　)
5. 条件表达式可以取代 if 语句，或者用 if 语句取代条件表达式。(　　)
6. switch 语句的各个 case 和 default 的出现次序不影响执行结果。(　　)
7. 复合语句就是分程序。(　　)
8. 条件语句不能作为多路分支语句。(　　)
9. 开关语句不可以嵌套，在开关语句的语句序列中不能再有开关语句。(　　)
10. 开关语句的 default 关键字，只能放在该语句的末尾，不能放在开头或中间。(　　)
11. switch 语句中必须有 break 语句，否则无法退出 switch 语句。(　　)
12. while 循环语句的循环体至少执行一次。(　　)
13. do-while 循环可以写成 while 循环的格式。(　　)
14. for 循环是只有可以确定次数时才可以使用，否则不能用 for 循环。(　　)
15. 只有 for 循环的循环体可以是空语句，其他种循环的循环体不能为空语句。(　　)
16. 当循环体为空语句时，将说明该循环不做任何工作，只起延时作用。(　　)
17. 循环是可以嵌套的，一个循环体内可以包含另一种循环语句。(　　)
18. 在多重循环中，内重循环的循环变量引用的次数比外重的多。(　　)
19. break 语句可以出现在各种循环体中。(　　)
20. continue 语句只能出现在循环体中。(　　)

三、程序分析题

分析下列程序的输出结果。

1.
```
#include <iostream.h>
```

```
voidmain()
{
    int k = 8;
    switch(k)
    {
      case  9: k+ =1;
      case 10: k+ =1;
      case 11: k+ =1; break;
      default: k+ =1;
    }
    cout<<k<<endl;
}
```

2.
```
#include <iostream.h>
void main()
{
   int x,y,z;
   x = 1; y = 2; z = 3;
   if(x>y)
    if(x>z)  cout<<x;
    else cout<<y;
    cout<<z<<endl;
}
```

3.
```
#include <iostream.h>
#include " f1.cpp"
void main()
{
   int a(5),b;
   b=f1(a);
   cout<<b<<endl;
}
```

f1.cpp 文件内容如下：

```
#define M(m)m*m
f1(int x)
{
   int a(3);
   return -M(x+a);
}
```

4.
```
#include <iostream.h>
void main()
{
     int i(0);
     while(++i)
     {
         if(i= =10)break;
```

```
            if(i%3! =1)continue;
            cout<<i<<endl;
        }
    }
```

5.
```
#include <iostream.h>
void main()
{
    int i(1);
    do{
            i++;
            cout<<++i<<endl;
            if(i==7)break;
    }while(i==3);
    cout<<" OK! \n";
}
```

6.
```
#include <iostream.h>
void main()
{
    int i(1),j(2),k(3),a(10);
    if(! i)
    a--;
else if(j)
    if(k)  a=5;
    else  a=6;
a++;
cout<<a<<endl;
if(i<j)
      if(i! =3)
        if(! k)
          a=1;
        else if(k)
          a=5;
a+=2;
cout<<a<<endl;
}
```

7.
```
#include <iostream.h>
void main()
{
    int i,j,a[8][8];
    **a=1;
    for(i=1;i<8;i++)
  {
      **(a+i)=1;
      *(*(a+i)+i)=1;
```

```
        for(j=1;j<i;j++)
            *(*(a+i)+j)=*(*(a+i-1)+j-1)+*(*(a+i-1)+j);
    }
    for(i=0;i<8;i++)
    {
        for(j=0;j<=i;j++)
            cout<<" "<<*(*(a+i)+j);
        cout<<endl;
    }
}
```

8.
```
#include <iostream.h>
void main()
{
    int x(5);
    do{
            switch(x%2)
            {
              case 1: x--;
                      break;
              case 0: x++;
                      break;
            }
            x--;
            cout<<x<<endl;
    }while(x>0);
}
```

9.
```
#include <iostream.h>
void main()
{
    int a(5),b(6),i(0),j(0);
    switch(a)
    {
      case 5: switch(b)
      {
        case 5:i++;break;
        case 6: j++;break;
        default: i++;j++;
      }
      case 6: i++;
              j++;
              break;
      default:i++;j++;
    }
      cout<<i<<","<<j<<endl;
```

```
    }
10. #include <iostream.h>
    char input[] = " SSSWILTECH1\1\11W\1WALLMP1";
    void main()
    {
      int i;
      char c;
        for(i = 2;(c = input[i])! = '\0';i + + )
        {
               switch(c)
               {
                 case 'a':cout<<" i";
                        continue;
                 case'1': break;
                 case 1: while((c = input[ + + i])! = '\1'&&c! = '\0');
                 case 9: cout<<'S';
                 case 'E':
                 case 'L': continue;
                 default: cout<<c;
                          continue;
               }
               cout<<' ';
        }
        cout<<endl;
    }
```

四、编程题

按下列要求编写程序。

1. 求 100 之内的自然数中奇数之和。

2. 求 100 之内的自然数中被 13 整除的最大数。

3. 求输入两个正整数的最大公约数和最小公倍数。

4. 求下列分数序列的前 15 项之和。

$\frac{2}{1},\frac{3}{2},\frac{5}{3},\frac{8}{5},\frac{13}{8},\frac{21}{13},\cdots$

5. 求 $\sum_{i=1}^{10} i!$（即求 1！+2！+3！+…+10！之和）。

6. 求出 1～1000 之内的完全平方数。所谓的完全平方数是指能够表示成为另一个整数的平方的整数。要求每行输出 8 个数。

7. 输入 4 个 int 型数，按其大小顺序输出。

8. 有一个函数如下：

$$y=\begin{cases}x(x<1)\\x+5(1\leqslant x<10)\\x-5(x\geqslant 10)\end{cases}$$

已知 x 值时,输出 y 值。

9.求一元二次方程 $ax^2+bx+c=0$ 的解。

讨论下述情况:

(1)$b^2-4ac=0$,有两个相等的实根;

(2)$b^2-4ac>0$,有两个不等的实根;

(3)$b^2-4ac<0$,有两个共轭复根;

(4)$a=0$,不是二次方程。

10.编写程序输出如下图案:

```
        *
      * * *
    * * * * *
  * * * * * * *
* * * * * * * * *
  * * * * * * *
    * * * * *
      * * *
        *
```

第4章 数　　组

本章内容提要

数组类型;一维数组;二维数组;数组应用;字符数组;字符串;字符串处理函数

在C++中,数组是非常重要的一种构造类型,在高级语言程序设计中占据极其重要的地位,对于处理具有线性关系的大批同一类型的数据来说,采用数组存放数据是最为方便和有效的。本章主要介绍了数组的基本概念,一维数组、二维数组和字符数组的定义和使用,介绍了基本的字符和字符串处理库函数的基本功能。要求熟练掌握并能利用数组进行程序设计。

4.1 数组类型

数组是一种构造类型,它是数目固定、类型相同的若干个变量的有序集合。其中单个变量并没有被命名,但是我们可以通过它在数组中的位置对它进行访问。这种访问方式被称作索引访问(indexing)或下标访问(subscripting)。

4.1.1 数组的声明

声明数组的语法是在数组名后面加上用方括号括起来的维数说明。其一般形式为:

<类型说明符><数组名>[<大小1>][<大小2>]…

例如,int ia[10];则声明了一个包含10个整型元素的名为ia的数组。这些整数在内存中是连续存储的。数组所占空间的大小等于每个元素的大小乘上数组元素的个数。方括号中的维数表达式可以包含运算符,但其计算结果必须是一个长整型值。

数组定义由类型名、标识符和维数组成。维数指定数组中包含的元素的数目,它被写在一对方括号内。数组的维数必须是一个大于等于1的数。维数值必须是常量表达式——必须能在编译时刻就能够确定的值,这意味着非const类型的变量是不能用来指定数组的维数的。下面的例子包含合法和非法的数组定义:

```
const int buf_size = 512,max_files = 20; //buf_size和max_files都是const;
int staff_size = 27;
char input_buffer[buf_size];            //正确:const变量
char fileTable[max_files - 3];          //正确:常量表达式:20 - 3
```

```
double salaries[staff_size];          //错误:非 const 变量
```

由于 staff_size 是一个变量,系统只能在运行时刻访问它的值。因此,它作为数组维数是非法的。另外,表达式 max_files－3 是常量表达式。因为 max_files 是用 20 做初始值的 const 变量,所以这个表达式在编译时刻被计算成 17。

数组元素的计数是从 0 开始的。对于一个包含 10 个元素的数组,正确的索引值是 0～9,而非 1～10。

对于数组类型说明应注意以下几点:

(1)数组的类型实际上是指数组元素的取值类型。对于同一个数组,其所有元素的数据类型都是相同的。

(2)数组名的书写规则应符合标识符的书写规定。

(3)数组名不能与其他变量名相同,例如:

```
void main()
{
  int a;
  float a[10];
…
}
```

是错误的。

(4)方括号中常量表达式表示数组元素的个数,如 a[5]表示数组 a 有 5 个元素。但是其下标从 0 开始计算。因此 5 个元素分别为 a[0]、a[1]、a[2]、a[3]、a[4]。

(5)不能在方括号中用变量来表示元素的个数,但是可以是符号常数或常量表达式。例如:

```
#define FD 5
void main()
{
  int a[3+2],b[7+FD];
  ……
}
```

是合法的。但是下述说明方式是错误的。

```
void main()
{
  int n=5;
  int a[n];
  ……
}
```

(6)允许在同一个类型说明中,说明多个数组和多个变量。例如:int a,b,c,d,k1[10],k2[20];

4.1.2 利用下标访问数组元素

数组元素的访问采用下标的方式,需要在表示数组的标识符后加上用方括号括起来的下标表达式,例如,ia[3]＝123。

下标表达式可以是任何能计算出整型值的表达式。若非程序特别要求,它不必是常量表达式。由于下标是从 0 开始计数的，因此上面的例子实现的功能是把 123 赋给了整型数组 ia 的第 4 个元素。

4.1.3 数组的初始化

在定义数组时，可以用放在大括号中的初始化表对其进行初始化。初始化值的个数可以和数组元素个数一样多，也可以比数组元素个数少，例如：

```
int Zones[5] = {43,77,22,33,89}; // 5 - element array
```

如果初始化值的个数大于元素个数，将产生编译错误；如果少于元素个数，其余的元素被初始化为 0；如果维数表达式为空，则用初始化值的个数来隐式的指定数组元素的个数，例如：

```
int Zones[] = {43,77,22,33,89}; //Five elements by default
```

例 4.1 给出了一个简单数组的例子。

【例 4.1】 整型数组。

```
#include <iostream.h>
int main()
{
  int Values[] = {1,2,3,5,8,13,21};
  for(int i = 0; i<7;i + + )
    cout<<Values[i]<<endl;
  return 0;
}
```

例 4.1 程序声明了一个有 7 个元素的整型数组。然后，用一个 for 循环从下标 0～6 依次访问每一个数组元素。图 4.1.1 显示了内存中的数组元素的值，Values[4]下标表达式指向第 5 个元素。

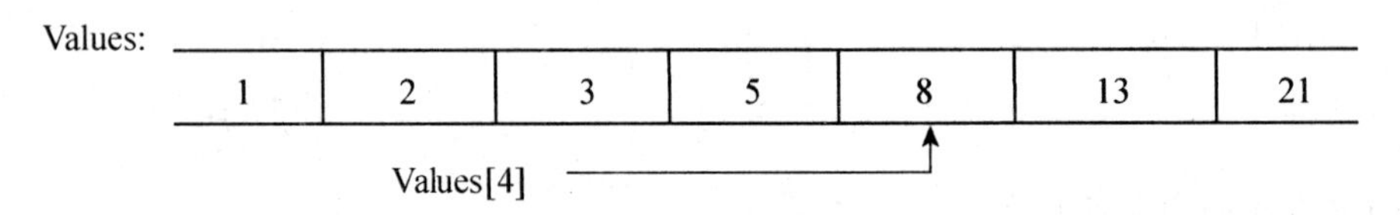

图 4.1.1 一个整型数组

4.1.4 多维数组

有时，数组的维数不只一维。例如，一个记录消费中心在一个季度里各个月的税收的数据表格就可以用二维数组来表示。定义一个二维数组的方法是在一维数组定义的后面再加上一个用方括号括起来的维数说明，例如：

```
float Revenues[3][8];
```

这个数组实际上可以看作是三个连续的具有 8 个元素的数组。该数组在内存中的存储格式为按行存储，即首先存储第一行 8 个元素，其次是第二行，最后是第三行。例 4.2 利用上面定义的这个数组说明了多维数组是如何工作的。

【例 4.2】 二维数组。

```
#include <iostream.h>
float Revenues[3][8] =
```

```
{
  {45.33,55.55,89.00,37.88,56.43,45.43,32.99,89.55},
  {22.00,43.42,21.90,90.43,34.67,32.89,78.56,65.56},
  {66.66,77.77,88.88,99.99,33.33,44.44,22.22,11.11}
};
void main()
{
  for(int mon=0;mon<3;mon++)
  {
     cout<<mon+1<<':';
     for(int cc=0;cc<8;cc++)
       cout<<' '<<Revenues[mon][cc];
     cout<<endl;
  }
}
```

若内层初始化表中初始化值的个数少于相应的数组元素的个数，剩余的元素将被置为0。如果对内层数组的每一个元素都提供了初始化值，那么只要保留最外层的大括号就可以了。例4.2中的数组也可以用如下的格式进行初始化：

```
float Revenues[3][8]=
{
  45.33,55.55,89.00,37.88,56.43,45.43,32.99,89.55,
  22.00,43.42,21.90,90.43,34.67,32.89,78.56,65.56,
  66.66,77.77,88.88,99.99,33.33,44.44,22.22,11.11
};
```

数组可以是二维、三维乃至更高维的。标准C++对于数组的维数没有上限，不过处理高维数组是令人头疼的事，因此我们一般只用到三维。

二维数组类型说明的一般形式是：

类型说明符　数组名[常量表达式1][常量表达式2]；

其中常量表达式1表示第一维下标的长度，常量表达式2表示第二维下标的长度。例如：

```
int a[3][4];
```

说明了一个三行四列的数组，数组名为a，其下标变量的类型为整型。该数组的下标变量共有3×4个，即：

```
a[0][0],a[0][1],a[0][2],a[0][3]
a[1][0],a[1][1],a[1][2],a[1][3]
a[2][0],a[2][1],a[2][2],a[2][3]
```

二维数组在概念上是二维的，即也就是说其下标在两个方向上变化，下标变量在数组中的位置也处于一个平面之中，而不是像一维数组只是一个向量。但是，实际的硬件存储器却是连续编址的，也就是说存储器单元是按一维线性排列的。在一维存储器中存放二维数组，可有两种方式：一种是按行排列，即放完一行之后顺次放入第二行；另一种是按列排列，即放完一列之后再顺次放入第二列。在C++语言中，二维数组是按行排列的。例如数组int a[3][4]，按行顺次存放，先存放a[0]行，再存放a[1]行，最后存放a[2]行。每行中有四个元素也是依次存放。由于数组a说明为int类型，该类型占两个字节的内存空间，所以每个元素均占有两个字节。

二维数组的元素也称为双下标变量，其表示的形式为：数组名[下标][下标]，其中下标应为整型常量或整型表达式。例如，a[3][4]表示 a 数组三行四列的元素。下标变量和数组说明在形式上有些相似，但这两者具有完全不同的含义。数组说明的方括号中给出的是某一维的长度，即可取下标的最大值；而数组元素中的下标是该元素在数组中的位置标识。前者只能是常量，后者可以是常量，变量或表达式。

【例 4.3】 一个学习小组有 5 个人，每个人有三门课的考试成绩。求全组分科的平均成绩和各科总平均成绩。

姓名	Math	C	DBASE
张	80	75	92
王	61	65	71
李	59	63	70
赵	85	87	90
周	76	77	85

可设一个二维数组 a[5][3]存放五个人三门课的成绩，再设一个一维数组 v[3]存放所求得各科平均成绩。编程如下：

```
#include <iostream.h>
void main()
{
  int a[5][3] = {80,75,92,61,65,71,59,63,70,85,87,90,76,77,85};
  float v[3] = {0,0,0};
  for(int i = 0;i<5;i + + )
   {
     v[0] + = a[i][1];
     v[1] + = a[i][2];
     v[2] + = a[i][3];
   }
  for(i = 0;i<3;i + + )
    v[i]/ = 5;
  for(i = 0;i<3;i + + )
    cout<<v[i]<<'';
    cout<<endl;
}
```

二维数组的初始化：二维数组初始化也是在类型说明时给各下标变量赋以初值。二维数组可按行分段赋值，也可按行连续赋值。

例如对数组 a[5][3]，按行分段赋值可写为：

```
int a[5][3] = { {80,75,92},{61,65,71},{59,63,70},{85,87,90},{76,77,85}};
```

按行连续赋值可写为：

```
int a[5][3] = { 80,75,92,61,65,71,59,63,70,85,87,90,76,77,85};
```

这两种赋初值的结果是完全相同的。

【例 4.4】

```
#include <iostream.h>
void main()
{
  int i,j,s=0,l,v[3];
  int a[5][3]={{80,75,92},{61,65,71},{59,63,70},{85,87,90},{76,77,85}};
  for(i=0;i<3;i++)
     { for(j=0;j<5;j++)
          s=s+a[j][i];
        v[i]=s/5;
        s=0;
     }
  floatl=(v[0]+v[1]+v[2])/3;
  cout<<" math: "<<v[0]<<endl;
  cout<< " c languag: "<<v[1]<<endl;
  cout<< " dbase: "<<v[2]<<endl;
  cout<<" total: "<<l<<endl;
}
```

对于二维数组初始化赋值还有以下说明：

(1)可以只对部分元素赋初值，未赋初值的元素自动取 0 值。

例如，int a[3][3]={{1},{2},{3}}；是对每一行的第一列元素赋值，未赋值的元素取 0 值。赋值后各元素的值为：1 0 0 2 0 0 3 0 0。

int a [3][3]={{0,1},{0,0,2},{3}}；赋值后的元素值为 0 1 0 0 0 2 3 0 0。

(2)如对全部元素赋初值，则第一维的长度可以不给出。

例如，int a[3][3]={1,2,3,4,5,6,7,8,9}；可以写为：int a[][3]={1,2,3,4,5,6,7,8,9}；

数组是一种构造类型的数据。二维数组可以看作是由一维数组的嵌套而构成的。设一维数组的每个元素又都是一个数组，就组成了二维数组。当然，前提是各元素类型必须相同。根据这样的分析，一个二维数组也可以分解为多个一维数组。C++语言允许这种分解，有二维数组 a[3][4]，可分解为三个一维数组，其数组名分别为 a[0]、a[1]、a[2]。对这三个一维数组不需另作说明即可使用。这三个一维数组都有 4 个元素，例如，一维数组 a[0]的元素为 a[0][0]、a[0][1]、a[0][2]、a[0][3]。必须强调的是，a[0]、a[1]、a[2]不能当作下标变量使用，它们是数组名，不是一个单纯的下标变量。

4.2 字符型数组

4.2.1 字符数组

C++中提供了两种字符串的表示：C 风格的字符串和标准 C++引入的 string 类类型。尽管 C++有一个标准的 string 类，但它并不像 BASIC 或其他语言那样有一个字符串内部数据类型。C++采取的处理字符串的方法是字符型数组。C++中的字符串实际上就是以空字符(NULL)结尾的字符型数组。考虑如下所示的字符串常量:

```
cout<<" Hello";
```

编译器将会建立一个内部的无名字符型数组。如果能看见的话,其声明应该是这样的:

```
char[] = {'H','e','l','l','o','\0'};
```

编译器将把内部数组的地址传递给能识别字符型指针的 cout 对象(指针和地址将在后面介绍)。因为没有任何字面上的标识符赋给字符串,所以上面所给出的内部标识也没有任何标识符。程序员不能像这样来声明字符型数组,只有编译器才可以。注意上面数组中的最后一个字符常量,它被初始化为 0,这是 C++中字符串常量的结束符。

可以用字符串常量来初始化字符型数组。例 4.5 说明了如何初始化字符型数组。

【例 4.5】 字符串数组的初始化。

```
#include <iostream.h>
int main()
{
  char str[] = " Hello,Dolly";
  char str1[] = {'H','e','l','l','o','\0'};
  int i = 0;
  while(str[i]! = '\0')
   cout<<str[i+ +];
  return 0;
}
```

在上面的例子中,我们定义了两个字符串数组 str 和 str1,其中 str 的初始化是采用字符串常量的形式整体赋值,str1 的初始化则是采用传统的一维数组的初始化形式。

有一点需要注意的是:字符数组在赋初值时,可以用字符串常量,但是,在赋值时不能将一个字符串直接赋给一个字符数组名,只能对字符数组的元素逐个赋以字符值。

```
char str2[10];
str2 = " good"; //错误,不能直接用字符串赋值
```

4.2.2 字符串和字符串结束标志

在 C++语言中没有专门的字符串变量,通常用一个字符数组来存放一个字符串。字符串总是以'\0'作为串的结束符。因此当把一个字符串存入一个数组时,也把结束符'\0'存入数组,并以此作为该字符串是否结束的标志。有了'\0'标志后,就不必再用字符数组的长度来判断字符串的长度了。

C++语言允许用字符串的方式对数组做初始化赋值。

例如:

```
char c[] = {'C',' ','p','r','o','g','r','a','m'};
```

可写为

```
char c[] = {" C program\0" };
```

或去掉{}写为

```
char c[] = " C program";
```

用字符串方式赋值比用字符逐个赋值要多占一个字节，用于存放字符串结束标志'\0'。上面的数组 c 在内存中的实际存放情况为：

C		p	r	o	g	r	a	m	\0

'\0'是由 C 编译系统自动加上的。由于采用了'\0'标志，所以在用字符串赋初值时一般无须指定数组的长度，而由系统自行处理。

4.2.3 字符数组常用函数

使用其他字符串函数则应包含头文件"string"。

常用的字符串函数主要有以下几种。

(1)字符串输出函数 puts

格式：puts(字符数组名)

功能：把字符数组中的字符串输出到显示器。即在屏幕上显示该字符串。

【例 4.6】

```
#include "iostream.h"
#include <string>
main()
{
  char c[]="BASIC\ndBASE";
  puts(c);
}
```

从程序中可以看出 puts 函数中可以使用转义字符，因此输出结果成为两行。puts 函数完全可以由 cout 函数取代。

(2)字符串输入函数 gets

格式：gets(字符数组名)

功能：从标准输入设备键盘上输入一个字符串。

【例 4.7】

```
#include "iostream.h"
#include <string>
main()
{
  char st[15];
  gets(st);
  puts(st);
}
```

可以看出当输入的字符串中含有空格时，输出仍为全部字符串。说明 gets 函数并不以空格作为字符串输入结束的标志，而只以回车符作为输入结束。这是与 cin 函数不同的。

(3)字符串连接函数 strcat

格式：strcat(字符数组名 1，字符数组名 2)

功能：把字符数组 2 中的字符串连接到字符数组 1 中字符串的后面，并删去字符串 1 后的串标志"\0"。本函数返回值是字符数组 1 的首地址。

【例 4.8】

```
#include " iostream.h"
#include <string>
main()
{
  char st1[30] = " My name is ";
  char st2[10];
  cout<<" input your name:" <<endl;
  gets(st2);
  strcat(st1,st2);
  puts(st1);
}
```

本程序把初始化赋值的字符数组与动态赋值的字符串连接起来。要注意的是，字符数组 1 应定义足够的长度，否则不能全部装入被连接的字符串。

(4)字符串复制函数 strcpy

格式：strcpy(字符数组名 1，字符数组名 2)

功能：把字符数组 2 中的字符串复制到字符数组 1 中。串结束标志"\0"也一同复制。字符数名 2，也可以是一个字符串常量。这时相当于把一个字符串赋予一个字符数组。

【例 4.9】

```
#include " iostream.h"
#include <string>
main()
{
  char st1[15],st2[] = " C Language";
  strcpy(st1,st2);
  puts(st1);printf(" \n");
}
```

本函数要求字符数组 1 应有足够的长度，否则不能全部装入所复制的字符串。

(5)字符串比较函数 strcmp

格式：strcmp(字符数组名 1，字符数组名 2)

功能：按照 ASCII 码顺序比较两个数组中的字符串，并由函数返回值返回比较结果。

字符串 1＝字符串 2，返回值＝0；

字符串 1＞字符串 2，返回值＞0；

字符串 1＜字符串 2，返回值＜0。

本函数也可用于比较两个字符串常量，或比较数组和字符串常量。

【例 4.10】

```
#include" iostream.h"
#include <string>
main()
{
  int k;
```

```
    char st1[15],st2[]=" C Language";
    cout<<" input a string:" <<endl;
    gets(st1);
    k=strcmp(st1,st2);
    if(k==0)cout<<" st1=st2\n";
    if(k>0)cout<<" st1>st2\n";
    if(k<0)cout<<" st1<st2\n";
}
```

本程序中把输入的字符串和数组 st2 中的串比较，比较结果返回到 k 中，根据 k 值再输出结果提示串。当输入为 dBASE 时，由 ASCII 码可知“dBASE”大于“C Language”，故 k>0，输出结果“st1>st2”。

(6)测字符串长度函数 strlen

格式：strlen(字符数组名)

功能：测字符串的实际长度(不含字符串结束标志‘\0’)并作为函数返回值。

习 题

一、选择题

1. 若有说明 int a[3][4];，则 a 数组元素的非法引用是( )。

A. a[0][2*1]　　B. a[1][3]　　C. a[4−2][0]　　D. a[0][4]

2. 在 C++语言中，引用数组元素时，其数组下标的数据类型允许是( )。

A. 整型常量　　B. 整型表达式

C. 整型常量或整型表达式　　D. 任何类型的表达式

3. 以下不正确的定义语句是( )。

A. double x[5]={2.0,4.0,6.0,8.0,10.0};

B. int y[5]={0,1,3,5,7,9};

C. char c1[]={'1','2','3','4','5'};

D. char c2[]={'\x10','\xa','\x8'};

4. 对以下说明语句的正确理解是( )。

int a[10]={6,7,8,9,10};

A. 将 5 个初值依次赋给 a[1]至 a[5]

B. 将 5 个初值依次赋给 a[0]至 a[4]

C. 将 5 个初值依次赋给 a[6]至 a[10]

D. 因为数组长度与初值的个数不相同，所以此语句不正确

5. 若有说明：int a[ ][4]={0,0};，则下面不正确的叙述是( )。

A. 数组 a 的每个元素都可得到初值 0

B. 二维数组 a 的第一维大小为 1

C. 当初值的个数能被第二维的常量表达式的值除尽时，所得商数就是第一维的大小

D. 只有元素 a[0][0]和 a[0][1]可得到初值，其余元素均得不到确定的初值

6. 以下能对二维数组 c 进行正确的初始化的语句是(　　)。

A. int c[3][]={{3},{3},{4}};　　B. int c[][3]={{3},{3},{4}};

C. nt c[3][2]={{3},{3},{4},{5}};　　D. int c[][3]={{3},{},{3}};

7. 以下不能对二维数组 a 进行正确初始化的语句是(　　)。

A. int a[2][3]={0};　　B. int a[][3]={{1,2},{0}};

C. int a[2][3]={{1,2},{3,4},{5,6}};　　D. int a[][3]={1,2,3,4,5,6};

8. 阅读下面程序，则程序段的功能是(　　)。

```
#include<iostream.h>
void main()
{
  int c[] = {23,1,56,234,7,0,34},i,j,t;
  for(i = 1;i<7;i + + )
  {
      t = c[i];j = i - 1;
            while(j> = 0 && t>c[j])
            {c[j + 1] = c[j];j - - ;}
      c[j + 1] = t;
    }
  for(i = 0;i<7;i + + )
      cout<<c[i]<<'\t';
      putchar('\n');
}
```

A. 对数组元素的升序排列　　B. 对数组元素的降序排列

C. 对数组元素的倒序排列　　D. 对数组元素的随机排列

9. 下列选项中错误的说明语句是(　　)。

A. char a[]={'t','o','y','o','u','\0'};　　B. char a[]={" toyou\0" };

C. char a[]=" toyou\0";　　D. char a[]='toyou\0';

10. 下述对 C++语言字符数组的描述中错误的是(　　)。

A. 字符数组的下标从 0 开始

B. 字符数组中的字符串可以进行整体输入/输出

C. 可以在赋值语句中通过赋值运算符“=”对字符数组整体赋值

D. 字符数组可以存放字符串

11. 以下二维数组 c 的定义形式正确的是(　　)。

A. int c[3][]　　B. float c[3,4]　　C. double c[3][4]　　D. float c(3)(4)

12. 已知：int c[3][4];，则对数组元素引用正确的是(　　)。

A. c[1][4]　　B. c[1.5][0]　　C. c[1+0][0]　　D. 以上表达都错误

13. 若有以下语句，则正确的描述是(　　)。

```
char a[] = " toyou";
char b[] = {'t','o','y','o','u'};
```

A. a 数组和 b 数组的长度相同　　B. a 数组长度小于 b 数组长度

C. a 数组长度大于 b 数组长度　　D. a 数组等价于 b 数组

二、填空题

1. 若有说明:int a[][3]={1,2,3,4,5,6,7};,则 a 数组第一维的大小是________。

2. 设有数组定义:char array[]=" China";,则数组 array 所占的空间为________个字节。

3. 假定 int 类型变量占用两个字节,其有定义:int x[10]={0,2,4};,则数组 x 在内存中所占字节数是________。

4. 下面程序的功能是输出数组 s 中最大元素的下标,请填空。

```
#include <iostream.h>
void main()
{
  int k,p,s[]={1,-9,7,2,-10,3};
  for(p =0,k =p; p< 6; p++)
     if(s[p]>s[k])  ________
  cout<< k<<endl;
}
```

5. 下面程序是删除输入的字符串中的字符'H',请填空。

```
#include<iostream.h>
#include <string>
int main()
{
  char s[80];
  int i,j;
  gets(s);
  for(i=j=0;s[i]! ='\0';i++)
    if(s[i]! ='H')
    {________}
  s[j]='\0';
  puts(s);
  return 0;
}
```

6. 已知:char a[20]= " abc",b[20]= " defghi";,则执行 cout<<strlen(strcpy(a,b));语句后的输出结果为________。

7. 有如下定义语句:int aa[][3]={12,23,34,4,5,6,78,89,45};,则 45 在数组 aa 中的行列坐标各为________。

8. 若二维数组 a 有 m 列,则计算任一元素 a[i][j]在数组中相对位置的公式为(假设 a[0][0]位于数组的第一个位置上)________。

9. 定义如下变量和数组:

```
int k;
int a[3][3]={9,8,7,6,5,4,3,2,1};
```

则语句 for(k=0;k<3;k++)cout<<a[k][k];的输出结果是________。

10. 已知:char a[15],b[15]={" I love china"};,则在程序中能将字符串 I love china 赋给数组 a 的语句是________。

三、程序分析题

分析下列程序的输出结果。

1.
```
#include<iostream.h>
#include <string>
void main()
{
    char arr[2][4];
    strcpy(arr[0]," you");
    strcpy(arr[1]," me");
    arr[0][3]='&';
    cout<<arr[0]<<endl;
}
```

2.
```
#include<iostream.h>
#include <string>
void main()
{
    char a[]={'a','b','c','d','e','f','g','h','\0'};
    int i,j;
    i=sizeof(a);
    j=strlen(a);
    cout<< i <<"," <<j<<endl;
}
```

3.
```
#include<iostream.h>
void main()
{
    int i;
    int a[3][3]={1,2,3,4,5,6,7,8,9};
    for(i=0;i<3;i++)
        cout<<a[2-i][i];
}
```

4.
```
#include<iostream.h>
#include <string>
voidmain()
{
    char a[30]=" nice to meet you!";
    strcpy(a+strlen(a)/2," you");
    cout<<a<<endl;
}
```

5.
```
#include<iostream.h>
void main()
{
    int k[30]={12,324,45,6,768,98,21,34,453,456};
```

```
    int count = 0,i = 0;
    while(k[i])
    {
      if(k[i] % 2 = = 0||k[i] % 5 = = 0)
      count + + ;
      i+ + ;
    }
    cout<< count <<","<<i<<endl;
  }
```

6.
```
  #include<iostream.h>
  #include <string>
  void main()
  {
    char a[30],b[30];
    int k;
    gets(a);
    gets(b);
    k = strcmp(a,b);
    if(k>0)  puts(a);
    else if(k<0)  puts(b);
  }
```

输入love↙

China↙

输出结果是________。

四、编程题

1. 删去一维数组中所有相同的数,使之只剩一个。数组中的数已按由小到大的顺序排列。例如,若一维数组中的数据是:2 2 2 3 4 4 5 6 6 6 6 7 7 8 9 9 10 10 10

删除后,数组中的内容应该是:2 3 4 5 6 7 8 9 10。

2. 从键盘上输入若干个学生的成绩,当输入负数时表示输入结束,计算学生的平均成绩,并输出低于平均分的学生成绩。

3. 对从键盘上输入的两个字符串进行比较,然后输出两个字符串中第一个不相同字符的ASCII码值之差。例如,输入的两个字符串分别为abcdefg和abceef,则输出为-1。

思路:题目要求实现的功能,相当于字符串处理函数strcmp的功能

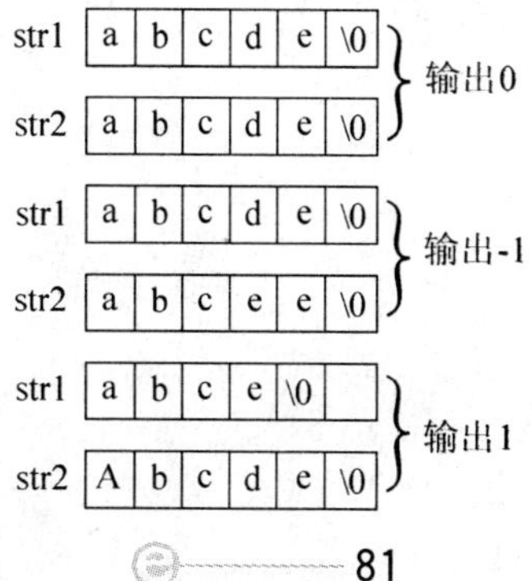

使用循环逐个比较两个字符串的每个字符，当字符出现不相等时，跳出循环求不相同的两个字符的 ASCII 码值的差输出。

4. 求二维数组周边元素之和。

思路：二维数组中的数据可以看成一个二维矩阵，例如下面的二维数组，输出周边元素之和为：sum＝48，用两个并列的 for 循环实现求累加和。

1　2　3　4

2　3　4　5

3　4　5　6

4　5　6　7

5. 编程序求 Fibonacci 数列的前 10 项，并按每行 3 个数的格式输出该数列。Fibonacci 数列的定义为：

$$f_n = \begin{cases} 1 & (n = 1) \\ 1 & (n = 2) \\ f_{n-1} + f_{n-2} & (n > 2) \end{cases}$$

第 5 章　函数与编译预处理

本章内容提要

函数的定义和作用；函数的调用；函数的参；内联函数；函数的重载；函数的嵌套调用和递归调用；作用域；编译预处理

本章将介绍构成 C++程序的基本单元——函数。函数中包含了程序的可执行代码。每个 C++程序的入口和出口都位于函数 main()之中(Visual C++6.0 生成的应用程序框架将其封装在 WinMain 例程中)。main()函数可以调用其他函数，这些函数执行完毕后程序的控制又返回到 main()函数中。

5.1　函数的定义和分类

5.1.1　函数的定义及说明

函数可以被看作是一个由用户定义的操作。函数用一个函数名来表示。函数的操作数称为参数，由一个位于括号中并且用逗号分隔的参数表指定。函数的结果被称为返回值，返问值的类型被称为函数返回类型，不产生值的函数返回类型是 void，意思是什么都不返回。函数执行的动作在函数体中指定。函数体包含在花括号中有时也称为函数块。函数返回类型以及其后的函数名、参数表和函数体构成了函数定义。

函数定义的一般形式有如下两种。

1. 无参函数的一般形式

```
类型说明符　函数名()
{
    类型说明符
    语句
}
```

其中，类型说明符和函数名称为函数头。类型说明符指明了本函数的类型，函数的类型实际上是函数返回值的类型。该类型说明符与第 2 章介绍的各种说明符相同。函数名是由用户定义的标识符，函数名后有一个空括号，其中无参数，但括号不可少。{} 中的内容称为函数体。在函数体中也有类型说明，这是对函数体内部所用到的变量的类型说明。在很多情况下都不要求无参函数有返回值，此时函数类型符可以写为 void。

例如，我们可以将"Hello world"程序改为一个函数定义。

```
void Hello()
{
  cout<<" Hello world" <<endl;
}
```

这里，只把 main 改为 Hello 作为函数名，其余不变。Hello 函数是一个无参函数，当被其他函数调用时，输出 Hello world 字符串。

2. 有参函数的一般形式

```
类型说明符 函数名(形式参数表)
形式参数类型说明
{
    类型说明
    语句
}
```

有参函数比无参函数多了两个内容，其一是形式参数表，其二是形式参数类型说明。在形参表中给出的参数称为形式参数，它们可以是各种类型的变量，各参数之间用逗号间隔。在进行函数调用时，主调函数将赋予这些形式参数实际的值。形参既然是变量，当然必须给以类型说明。

例如，定义一个函数，用于求两个数中的大数，可写为：

```
int max(a,b)
int a,b;
{
  if(a>b)return a;
  else return b;
}
```

第一行说明 max 函数是一个整型函数，其返回的函数值是一个整数，形参为 a、b。第二行说明 a、b 均为整型量。a、b 的具体值是由主调函数在调用时传送过来的。在{}中的函数体内，除形参外没有使用其他变量，因此只有语句而没有变量类型说明。上边这种定义方法称为"传统格式"。这种格式不易于编译系统检查，从而会引起一些非常细微而且难于跟踪的错误。新标准中把对形参的类型说明合并到形参表中，称为"现代格式"。

例如，max 函数用现代格式可定义为：

```
int max(int a,int b)
{
    if(a>b)return a;
    else return b;
}
```

现代格式在函数定义和函数说明(后面将要介绍)时，给出了形式参数及其类型，在编译时易于对它们进行查错，从而保证了函数说明和定义的一致性。上例即采用了这种现代格式。在 max 函数体中的 return 语句是把 a(或 b)的值作为函数的值返回给主调函数。有返回值函数中至少应有一个 return 语句。在 C++程序中，一个函数的定义可以放在任意位置，既可放在主函数 main 之前,也可放在 main 之后。例如例 5.1 中定义了一个 max 函数,其位置在 main 之后,也可以把它放在 main 之前。

【例 5.1】

```
#include <iostream.h>
int max(int a,int b)
{
    if(a>b)return a;
    else return b;
}
void main()
{
    int max(int a,int b);
    int x,y,z;
    cout<<" input two numbers:" <<endl);
    cin>>x>>y;
    z = max(x,y);
    cout<<" maxmum = " <<z<<endl;
}
```

现在我们可以从函数定义、函数说明及函数调用的角度来分析整个程序,从中进一步了解函数的各种特点。程序的第 1～5 行为 max 函数定义。进入主函数后,因为准备调用 max 函数,故先对 max 函数进行说明(程序第 8 行)。函数定义和函数说明并不是一回事,在后面还要专门讨论。可以看出函数说明与函数定义中的函数头部分相同,但是末尾要加分号。程序第 12 行为调用 max 函数,并把 x、y 中的值传送给 max 的形参 a、b。max 函数执行的。结果(a 或 b)将返回给变量 z。最后由主函数输出 z 的值。

5.1.2 函数的分类

在 C++语言中可从不同的角度对函数分类。

(1)从函数定义的角度看,函数可分为库函数和用户定义函数两种。

①库函数

由 C 系统提供,用户无须定义,也不必在程序中作类型说明,只需在程序前包含有该函数原型的头文件即可在程序中直接调用。在前面各章的例题中反复用到 cout、cin、getchar、putchar、gets、puts、strcat 等函数均属此类。使用此类函数时,仅需要包含相应的头文件即可。

②用户定义函数

由用户按需要写的函数。对于用户自定义函数,不仅要在程序中定义函数本身,而且在主调函数模块中还必须对该被调函数进行类型说明,然后才能使用。

(2)C++语言的函数兼有其他语言中的函数和过程两种功能,从这个角度看,又可把函数分为有返回值函数和无返回值函数两种。

①有返回值函数

此类函数被调用执行完后将向调用者返回一个执行结果,称为函数返回值。如数学函数(sqrt)即属于此类函数。由用户定义的这种要返回函数值的函数,必须在函数定义和函数说明中明确返回值的类型。

②无返回值函数

此类函数用于完成某项特定的处理任务,执行完成后不向调用者返回函数值。这类函数类似于其他语言的过程。由于函数无须返回值,用户在定义此类函数时可指定它的返回为“空类型”,空类型的说明符为“void”。

(3)从主调函数和被调函数之间数据传送的角度看又可分为无参函数和有参函数两种。

①无参函数

函数定义、函数说明及函数调用中均不带参数。主调函数和被调函数之间不进行参数传送。此类函数通常用来完成一组指定的功能,可以返回或不返回函数值。

②有参函数

也称为带参函数。在函数定义及函数说明时都有参数,称为形式参数(简称为形参)。在函数调用时也必须给出参数,称为实际参数(简称为实参)。进行函数调用时,主调函数将把实参的值传送给形参,供被调函数使用。

(4)C++语言提供了极为丰富的库函数,这些库函数又可从功能角度作以下分类。

①字符类型分类函数

用于对字符按ASCII码分类:字母、数字、控制字符、分隔符、大小写字母等。

②转换函数

用于字符或字符串的转换;在字符量和各类数字量(整型、实型等)之间进行转换;在大、小写之间进行转换。

③目录路径函数

用于文件目录和路径操作。

④诊断函数

用于内部错误检测。

⑤图形函数

用于屏幕管理和各种图形功能。

⑥输入/输出函数

用于完成输入/输出功能。

⑦接口函数

用于与DOS、BIOS和硬件的接口。

⑧字符串函数

用于字符串操作和处理。

⑨内存管理函数

用于内存管理。

⑩数学函数

用于数学函数计算。

⑪日期和时间函数

用于日期、时间转换操作。

⑫进程控制函数

用于进程管理和控制。

以上各类函数不仅数量多,而且有的还需要硬件知识才会使用,因此要想全部掌握则需要一个较长的学习过程。应首先掌握一些最基本、最常用的函数，再逐步深入。由于篇幅关系，本书只介绍了很少一部分库函数，其余部分读者可根据需要查阅有关手册。

还应该指出的是，在C++语言中，所有的函数定义，包括主函数main在内，都是平行的。也就是说，在一个函数的函数体内，不能再定义另一个函数，即不能嵌套定义。但是函数之间允许相互调用，也允许嵌套调用。习惯上把调用者称为主调函数。函数还可以自己调用自己，称为递归调用。main函数是主函数，它可以调用其他函数，而不允许被其他函数调用。因此，C++程序的执行总是从main函数开始，完成对其他函数的调用后再返回到main函数，最后由main函数结束整个程序。一个C++源程序必须有，也只能有一个主函数main。

5.2 函数的调用

一旦函数完成定义，我们就可以通过函数名来调用函数完成函数的使用。函数调用的一般形式为：

函数名(实际参数表)

对无参函数调用时则无实际参数表。实际参数表中的参数可以是常数，变量或其他构造类型数据及表达式。各实参之间用逗号分隔。

在C++语言中，可以用以下几种方式调用函数。

1. 函数表达式

函数作表达式中的一项出现在表达式中，以函数返回值参与表达式的运算。这种方式要求函数是有返回值的。例如，z=max(x,y)是一个赋值表达式，把max的返回值赋予变量z。

2. 函数语句

函数调用的一般形式加上分号即构成函数语句。

3. 函数实参

函数作为另一个函数调用的实际参数出现。这种情况是把该函数的返回值作为实参进行传送，因此要求该函数必须是有返回值的。

在函数调用中还应该注意的一个问题是求值顺序的问题。所谓求值顺序是指对实参表中各量是自左至右使用呢，还是自右至左使用。对此，各系统的规定不一定相同。

【例5.2】

```
#include <iostream.h>
void main()
{
    int i = 8;
    cout<< + + i<<" \n" << - - i<<" \n" <<i + + <<" \n" <<i - - <<endl;
}
```

如按照从右至左的顺序求值。例5.2的运行结果应为：

```
8
7
7
8
```

应特别注意的是，无论是从左至右求值，还是自右至左求值，其输出顺序都是不变的，即输出顺序总是和实参表中实参的顺序相同。由于 Visual C++ 6.0 中现定是自右至左求值，所以结果为 8、7、7、8。

5.3 函数的参数和函数的值

5.3.1 函数的参数

函数的参数分为形参和实参两种。形参出现在函数定义中，在整个函数体内都可以使用，离开该函数则不能使用。实参出现在主调函数中，进入被调函数后，实参变量也不能使用。形参和实参的功能是作数据传送。发生函数调用时，主调函数把实参的值传送给被调函数的形参从而实现主调函数向被调函数的数据传送。

函数的形参和实参具有以下特点：

(1)形参变量只有在被调用时才分配内存单元，在调用结束时，即刻释放所分配的内存单元。因此，形参只有在函数内部有效。函数调用结束返回主调函数后则不能再使用该形参变量。

(2)实参可以是常量、变量、表达式、函数等，无论实参是何种类型的量，在进行函数调用时，它们都必须具有确定的值，以便把这些值传送给形参。因此应预先用赋值，输入等办法使实参获得确定值。

(3)实参和形参在数量、类型、顺序上应严格一致，否则会发生"类型不匹配"的错误。

(4)函数调用中发生的数据传送是单向的。即只能把实参的值传送给形参，而不能把形参的值反向地传送给实参。因此在函数调用过程中，形参的值发生改变，而实参中的值不会变化。例 5.3 可以说明这个问题。

【例 5.3】

```
#include <iostream.h>
int s(int n);
void main()
{
  int n;
  cout<<" input number" <<endl;
  cin>>n;
  s(n);
  cout<<n<<endl;
}
int s(int n)
{
   int i;
   for(i=n-1;i>=1;i--)
     n+=i;
   cout<<n<<endl;
}
```

本程序中定义了一个函数 s,该函数的功能是求 $\sum_{i=1}^{n}$ 的值。在主函数中输入 n 值,并作为实参,在调用时传送给 s 函数的形参量 n(注意,例 5.3 的形参变量和实参变量的标识符都为 n,但这是两个不同的量,各自的作用域不同)。在主函数中用 cout 语句输出一次 n 值,这个 n 值是实参 n 的值。在函数 s 中也用 cout 语句输出了一次 n 值,这个 n 值是形参最后取得的 n 值 0。从运行情况看,输入 n 值为 100。即实参 n 的值为 100。把此值传给函数 s 时,形参 n 的初值也为 100,在执行函数过程中,形参 n 的值变为 5050。返回主函数之后,输出实参 n 的值仍为 100。可见实参的值不随形参的变化而变化。

5.3.2 函数的值

函数的值是指函数被调用之后,执行函数体中的程序段所取得的并返回给主调函数的值。如调用正弦函数取得正弦值,调用例 5.1 的 max 函数取得的最大数等。对函数的值(或称函数返回值)有以下一些说明。

(1)函数的值只能通过 return 语句返回主调函数。return 语句的一般形式为:

return 表达式;

或者为:

return(表达式);

该语句的功能是计算表达式的值,并返回给主调函数。在函数中允许有多个 return 语句,但每次调用只能有一个 return 语句被执行,因此只能返回一个函数值。

(2)函数值的类型和函数定义中函数的类型应保持一致。如果两者不一致,则以函数类型为准,自动进行类型转换。

(3)不返回函数值的函数,可以明确定义为“空类型”,类型说明符为“void”。如例 5.3 中函数 s 并不向主函数返函数值,因此可定义为:

```
void s(int n)
{
    …
}
```

一旦函数被定义为空类型后,就不能在主调函数中使用被调函数的函数值了。例如,在定义 s 为空类型后,在主函数中写下述语句 sum=s(n); 就是错误的。为了使程序有良好的可读性并减少出错,凡不要求返回值的函数都应定义为空类型。函数说明在主调函数中调用某函数之前应对该被调函数进行说明,这与使用变量之前要先进行变量说明是一样的。在主调函数中对被调函数作说明的目的是使编译系统知道被调函数返回值的类型,以便在主调函数中按此种类型对返回值作相应的处理。

对被调函数的说明也有两种格式,一种为传统格式,其一般格式为:

类型说明符被调函数名();

这种格式只给出函数返回值的类型,被调函数名及一个空括号。这种格式由于在括号中没有任何参数信息,因此不便于编译系统进行错误检查,易于发生错误。

另一种为现代格式,其一般形式为:

类型说明符 被调函数名(类型 形参,类型 形参…);

或者为：

类型说明符 被调函数名(类型,类型…)；

现代格式的括号内给出了形参的类型和形参名,或只给出形参类型。这便于编译系统进行检错,以防止可能出现的错误。例 5.1 main 函数中对 max 函数的说明若用传统格式可写为：

```
int max();
```

用现代格式可写为：

```
int max(int a,int b);
```

或写为：

```
int max(int,int);
```

C++语言中又规定在以下几种情况时可以省去主调函数中对被调函数的函数说明：

(1)如果被调函数的返回值是整型或字符型时,可以不对被调函数作说明,而直接调用。这时系统将自动对被调函数返回值按整型处理。例 5.3 的主函数中未对函数 s 作说明而直接调用即属此种情形。

(2)当被调函数的函数定义出现在主调函数之前时,在主调函数中也可以不对被调函数再作说明而直接调用。例 5.1 中,函数 max 的定义放在 main 函数之前,因此可在 main 函数中省去对 max 函数的函数说明 int max(int a,int b)。

(3)如在所有函数定义之前,在函数外预先说明了各个函数的类型,则在以后的各主调函数中,可不再对被调函数作说明。例如：

```
char str(int a);
float f(float b);
void main()
{
  …
}
char str(int a)
{
  …
}
float f(float b)
{
  …
}
```

其中第 1、2 行对 str 函数和 f 函数预先作了说明。因此在以后各函数中无须对 str 和 f 函数再作说明就可直接调用。

(4)对库函数的调用不需要再作说明,但必须把该函数的头文件用 include 命令包含在源文件前部。数组作为函数参数数组可以作为函数的参数使用,进行数据传送。数组用作函数参数有两种形式,一种是把数组元素(下标变量)作为实参使用;另一种是把数组名作为函数的形参和实参使用。

数组元素作函数实参数组元素就是下标变量,它与普通变量并无区别。因此它作为函数实参使用与普通变量是完全相同的,在发生函数调用时,把作为实参的数组元素的值传送给形参,实现单向的值传送。例 5.4 说明了这种情况。

【例 5.4】 判别一个整数数组中各元素的值,若大于 0 则输出该值,若小于等于 0 则输出 0 值。编程如下:

```
#include <iostream.h>
void nzp(int v)
{
    if(v>0)
      cout<<v;
    else
      cout<<0;
}
void main()
{
    int a[5],i;
    cout<<" input 5 numbers" <<endl;
    for(i=0;i<5;i++)
    {
        cin>>a[i];
        nzp(a[i]);
    }
}
```

本程序中首先定义一个无返回值函数 nzp,并说明其形参 v 为整型变量。在函数体中根据 v 值输出相应的结果。在 main 函数中用一个 for 语句输入数组各元素,每输入一个就以该元素作实参调用一次 nzp 函数,即把 a[i]的值传送给形参 v,供 nzp 函数使用。

5.3.3 数组名作为函数参数

用数组名作函数参数与用数组元素作实参有几点不同:

(1)用数组元素作实参时,只要数组类型和函数的形参变量的类型一致,那么作为下标变量的数组元素的类型也和函数形参变量的类型是一致的。因此,并不要求函数的形参也是下标变量。换句话说,对数组元素的处理是按普通变量对待的。用数组名作函数参数时,则要求形参和相对应的实参都必须是类型相同的数组,都必须有明确的数组说明。当形参和实参二者不一致时,即会发生错误。

在普通变量或下标变量作函数参数时,形参变量和实参变量是由编译系统分配的两个不同的内存单元。在函数调用时发生的值传送是把实参变量的值赋予形参变量。在用数组名作函数参数时,不是进行值的传送,即不是把实参数组的每一个元素的值都赋予形参数组的各个元素。因为实际上形参数组并不存在,编译系统不为形参数组分配内存。那么,数据的传送是如何实现的呢?在第 4 章中我们曾介绍过,数组名就是数组的首地址。因此在数组名作函数参数时所进行的传送只是地址的传送,也就是说把实参数组的首地址赋予形参数组名。形参数组名取得该首地址之后,也就等于有了实在的数组。实际上是形参数组和实参数组为同一数组,共同拥有一段内存空间。

【例 5.5】 数组 a 中存放了一个学生 5 门课程的成绩,求平均成绩。

```
#include <iostream.h>
```

```
float aver(float a[5])
{
    int i;
    float av,s = a[0];
    for(i = 1;i<5;i + +)
      s = s + a[i];
    av = s/5;
    return av;
}
void main()
{
    float sco[5],av;
    int i;
    cout<<" input 5 scores: " <<endl;
    for(i = 0;i<5;i + +)
      cin>>sco[i];
    av = aver(sco);
    cout<<" average score is " <<av<<endl;
}
```

本程序首先定义了一个实型函数 aver，有一个形参为实型数组 a，长度为 5。在函数 aver 中，把各元素值相加求出平均值，返回给主函数。主函数 main 中首先完成数组 sco 的输入，然后以 sco 作为实参调用 aver 函数，函数返回值送 av，最后输出 av 值。从运行情况可以看出，程序实现了所要求的功能。

(2)前面已经讨论过，在变量作函数参数时，所进行的值传送是单向的。即只能从实参传向形参，不能从形参传回实参。形参的初值和实参相同，而形参的值发生改变后，实参并不变化，两者的终值是不同的。例 5.4 证实了这个结论。而当用数组名作函数参数时，情况则不同。由于实际上形参和实参为同一数组，因此当形参数组发生变化时，实参数组也随之变化。当然这种情况不能理解为发生了“双向”的值传递。但从实际情况来看，调用函数之后实参数组的值将由于形参数组值的变化而变化。为了说明这种情况，把例 5.4 改为例 5.6 的形式。

【例 5.6】 题目同例 5.4，改用数组名作函数参数。

```
#include <iostream.h>
void nzp(int a[5])
{
    int i;
    cout<<" values of array a are: " <<endl;
    for(i = 0;i<5;i + +)
    {
      if(a[i]<0)a[i] = 0;
      cout<<a[i];
    }
}
void main()
{
```

```
    int b[5],i;
    cout<<" input 5 numbers:" <<endl;
    for(i=0;i<5;i++)
      cin>>b[i];
    cout<<" initial values of array b are:" <<endl;
    for(i=0;i<5;i++)
      cin>>b[i];
    nzp(b);
    cout<<endl<<" last values of array b are:" <<endl;
    for(i=0;i<5;i++)
      cin>>b[i];
}
```

本程序中函数 nzp 的形参为整数组 a,长度为 5。主函数中实参数组 b 也为整型,长度也为 5。在主函数中首先输入数组 b 的值,然后输出数组 b 的初始值。然后以数组名 b 为实参调用 nzp 函数。在 nzp 中,按要求把负值单元清 0,并输出形参数组 a 的值。返回主函数之后,再次输出数组 b 的值。从运行结果可以看出,数组 b 的初值和终值是不同的,数组 b 的终值和数组 a 是相同的。这说明实参形参为同一数组,它们的值同时得以改变。用数组名作为函数参数时还应注意以下几点。

(1)形参数组和实参数组的类型必须一致,否则将引起错误。

(2)形参数组和实参数组的长度可以不相同,因为在调用时,只传送首地址而不检查形参数组的长度。当形参数组的长度与实参数组不一致时,虽不至于出现语法错误(编译能通过),但程序执行结果将与实际不符,这是应予以注意的。如把例 5.6 修改如下:

```
#include <iostream.h>
void nzp(int a[8])
{
    int i;
    cout<<" values of array aare: " <<endl;
    for(i=0;i<8;i++)
    {
        if(a[i]<0)a[i]=0;
        cout<<a[i];
    }
}
void main()
{
    int b[5],i;
    cout<<endl" input 5 numbers:" <<endl;
    for(i=0;i<5;i++)
      cin>>b[i];
    cout<<" initial values of array b are: " <<endl;
    for(i=0;i<5;i++)
      cout<<b[i];
    nzp(b);
```

```
    cout<<" last values of array b are:" <<endl;
    for(i=0;i<5;i++)
      cout<<b[i];
}
```

本程序与例 5.6 程序比，nzp 函数的形参数组长度改为 8，函数体中，for 语句的循环条件也改为 i<8。因此，形参数组 a 和实参数组 b 的长度不一致。编译能够通过，但从结果看，数组 a 的元素 a[5]，a[6]，a[7]显然是无意义的。

(3)在函数形参表中，允许不给出形参数组的长度，或用一个变量来表示数组元素的个数。

例如例 5.6 中，可以写为：

```
void nzp(int a[])
```

或写为

```
void nzp(int a[],int n)
```

其中形参数组 a 没有给出长度，而由 n 值动态地表示数组的长度。n 的值由主调函数的实参进行传送。

由此，例 5.6 又可改为例 5.7 的形式。

【例 5.7】

```
#include <iostream.h>
void nzp(int a[],int n)
{
    int i;
    cout<<endl<<" values of array a are: " <<endl;
    for(i=0;i<n;i++)
    {
        if(a[i]<0)a[i]=0;
        cout<<a[i];
    }
}
voidmain()
{
    int b[5],i;
    cout<<" input 5 numbers:" endl;
    for(i=0;i<5;i++)
      cin>>b[i];
    cout<<" initial values of array b are:" <<endl;
    for(i=0;i<5;i++)
      cout<<b[i];
    nzp(b,5);
    cout<<" last values of array b are:" <<endl;
    for(i=0;i<5;i++)
      cout<<b[i];
}
```

本程序 nzp 函数形参数组 a 没有给出长度，由 n 动态确定该长度。在 main 函数中，函数调用语句为 nzp(b,5)，其中实参 5 将赋予形参 n 作为形参数组的长度。

(4)多维数组也可以作为函数的参数。在函数定义时对形参数组可以指定每一维的长度，也可省去第一维的长度。因此，以下写法都是合法的：

int MA(int a[3][10])或　int MA(int a[][10])。

5.4 内联函数

引入内联函数的目的是解决程序中函数的调用效率问题。具体分析如下：前面讲过的函数是一种更高级的抽象。它的引入使得编程者只关心函数的功能和使用方法，而不必关心函数功能的具体实现；另外，函数的引入可以减少程序的目标代码，实现程序代码和数据的共享。但是，函数调用也会带来效率降低的问题，因为调用函数实际上将程序执行顺序转移到函数所存放的内存中某个地址，将函数的程序内容执行完后，再返回去转去执行该函数前的地方。这种转移操作要求在转去前要保护现场并记忆执行的地址，转回后先要恢复现场，并按原来保存地址继续执行。因此，函数调用要有一定的时间及空间上的开销，于是将影响其效率。特别是对于一些函数体代码不是很大，但又频繁地被调用的函数来讲，解决其效率问题更为重要。引入内联函数实际上就是为了解决这一问题。

在程序编译时，编译器将程序中出现的内联函数的调用表达式用内联函数的函数体来替换。显然，这种做法不会产生转去转向的问题，但是由于在编译时将函数体中的代码被替代到程序中，因此会增加目标程序代码量，进而增加空间开销，而在时间开销上不像函数调用时那么大，可见它是以目标代码的增加为代价来换取时间的节省。

考虑下列 min()函数：

```
int min(int v1,int v2)
{
    return(v1 < v2? v1 : v2);
}
```

为这样的小操作定义一个函数的好处是：

(1)如果一段代码包含 min()的调用那么阅读这样的代码并解释它的含义比读一个条件操作符的实例以及理解代码在做什么，尤其是复杂表达式时要容易得多；

(2)改变一个局部化的实现比更改一个应用中的 300 个出现要容易得多。例如，如果决定测试条件应该是(v1 == v2 || v1 < v2)，那么找到该代码的每一个出现将非常乏味而且容易出错；

(3)语义是统一的，每个测试都保证以相同的方式实现；

(4)函数可以被重用，不必为其他的应用重写代码。

但是将 min()写成函数有一个严重的缺点调用函数比直接计算条件操作符要慢得多。不但必须复制两个实参保存机器的寄存器，程序还必须转向一个新位置，比较而言，直接使用条件表达式来作判断要快得多。

inline 内联函数给出了一种解决方案。若一个函数被指定为 inline 函数，则它将在程序中每个调用点上被内联地展开。例如：

```
int minVal2 = min(i,j);
```

在编译时被展开为

```
int minVal2 = i < j? i : j;
```

min()写成函数的额外执行从而就被消除了。

在函数声明或定义中的函数返回类型前加上关键字 inline 即把 min()指定成为 inline：

```
inline int min(int v1,int v2){ /*…*/}
```

但是注意 inline 指示对编译器来说只是一个建议，编译器可以选择忽略该建议。因为把一个函数声明为 inline 函数，并不见得真的适合在调用点上展开。例如，一个递归函数如 rgcd()并不能在调用点完全展开(虽然它的第一个调用可以)。一个 1200 行的函数也不太可能在调用点展开。一般地，inline 机制用来优化小的只有几行的经常被调用的函数。在抽象数据类的设计中它对支持信息隐藏起着主要作用。

inline 函数对编译器而言必须是可见的，以便它能够在调用点内联展开该函数。与非 inline函数不同的是 inline 函数必须在调用该函数的每个文本文件中定义。当然对于同一程序的不同文件，如果 inline 函数出现的话，其定义必须相同。对于由两个文件 compute. cpp 和 draw. cpp 构成的程序来说程序员不能定义这样的 min()函数：它在 compute. cpp 中指一件事情；而在 draw. cpp 中指另外一件事情。如果两个定义不相同程序，将会有未定义的行为，编译器最终会使用这些不同定义中的哪一个作为非 inline 函数调用的定义是不确定的，因而程序的行为可能并不像你所期望的。

为保证不会发生这样的事情，建议把 inline 函数的定义放到头文件中。在每个调用该 inline函数的文件中包含该头文件。这种方法保证对每个 inline 函数只有一个定义且程序员无须复制代码，并且不可能在程序的生命期中引起无意的不匹配的事情。

5.4.1 内联函数的定义方法

定义内联函数的方法很简单，只要在函数定义的头前加上关键字 inline 即可。内联函数的定义方法与一般函数一样。例如：

```
inline int add_int(int x,int y,int z)
{
    return x+y+z;
}
```

其中，inline 是关键字，函数 add_int()是一个内联函数。

【例 5.8】 编程求 1～10 中各个数的平方。

```
#include <iostream.h>
inline int power_int(int x)
{
  return(x)*(x);
}
void main()
{
   for(int i=1;i<10;i++)
   {
      int p=power_int(i);
      cout<<i<<"*"<<i<<"="<<p<<endl;
   }
}
```

该程序中，函数 power_int()是一个内联函数，其特点是该函数在编译时被替代，而不是像一般函数那样是在运行时被调用。

还有一个问题需要读者思考，为什么在 power_int()函数体中的 x 要加括号？考虑这样的一个例子，若在某个函数体内，需要调用 power_int()函数，传递的参数是表达式 a+b，那么展开后的结果为 a+b*a+b，显然与本意不符，故加括号以避免此类现象发生。

5.4.2 使用内联函数应注意的事项

内联函数具有一般函数的特性，它与一般函数所不同之处在于函数调用的处理。一般函数进行调用时，要将程序执行权转到被调用函数中，然后再返回到调用它的函数中；而内联函数在调用时，是将调用表达式用内联函数体来替换。在使用内联函数时，应注意如下几点：

(1)在内联函数内不允许用循环语句和开关语句；

(2)内联函数的定义必须出现在内联函数第一次被调用之前；

(3)本书讲到的类结构中所有在类说明内部定义的函数是内联函数。

5.5 函数的重载

所谓函数重载是指同一个函数名可以对应着多个函数的实现。例如，可以给函数名add()定义多个函数实现，该函数的功能是求和，即求两个操作数的和。其中，一个函数实现是求两个 int 型数之和，另一个实现是求两个浮点型数之和，再一个实现是求两个复数的和。每种实现对应着一个函数体，这些函数的名字相同，但是函数的参数的类型不同。这就是函数重载的概念。函数重载在类和对象的应用尤其重要。

函数重载要求编译器能够唯一地确定调用一个函数时应执行哪个函数代码，即采用哪个函数实现。确定函数实现时，要求从函数参数的个数和类型上来区分。这就是说，进行函数重载时，要求同名函数在参数个数上不同，或者参数类型上不同。否则，将无法实现重载。

5.5.1 参数类型上不同的重载函数

下面举一个在参数类型不同的重载函数的例子。

【例 5.9】

```
#include <iostream.h>
int add(int,int);
double add(double,double);
void main()
{
    cout<<add(5,10)<<endl;
    cout<<add(5.0,10.5)<<endl;
}
int add(int x,int y)
{
```

```
    return x + y;
}
double add(double a,double b)
{
    return a + b;
}
```

该程序中，main()函数中调用相同名字 add 的两个函数，前边一个 add()函数对应的是两个 int 型数求和的函数实现，而后边一个 add()函数对应的是两个 double 型数求和的函数实现。这便是函数的重载。

以上程序输出结果为：

```
15
15.5
```

5.5.2 参数个数不同的重载函数

下面是一个参数个数不相同的重载函数的例子。

【例 5.10】

```
#include <iostream.h>
int min(int a,int b);
int min(int a,int b,int c);
int min(int a,int b,int c,int d);
void main()
{
    cout<<min(13,5,4,9)<<endl;
    cout<<min(-2,8,0)<<endl;
}
int min(int a,int b)
{
    return a<b? a:b;
}
int min(int a,int b,int c)
{
    int t = min(a,b);
    return min(t,c);
}
int min(int a,int b,int c,int d)
{
    int t1 = min(a,b);
    int t2 = min(c,d);
    return min(t1,t2);
}
```

该程序中出现了函数重载，函数名 min 对应有三个不同的实现，函数的区分依据参数个数不同，这里的三个函数实现中，参数个数分别为 2、3 和 4，在调用函数时根据实参的个数来选取不同的函数实现。

函数重载在类和对象应用比较多，尤其是在类的多态性中。在以后我们将碰到更多的在类型不同的函数重载，尤其是在结合类的继承性和指针类型的不同，而这些都是我们以后用 Visual C＋＋编程中经常要用到的。

5.6 函数的嵌套调用和递归调用

5.6.1 函数的嵌套调用

C＋＋语言中不允许作嵌套的函数定义。因此各函数之间是平行的，不存在上一级函数和下一级函数的问题。但是 C＋＋语言允许在一个函数的定义中出现对另一个函数的调用。这样就出现了函数的嵌套调用，即在被调函数中又调用其他函数。这与其他语言的子程序嵌套的情形是类似的。其关系可表示如图 5.6.1 所示。

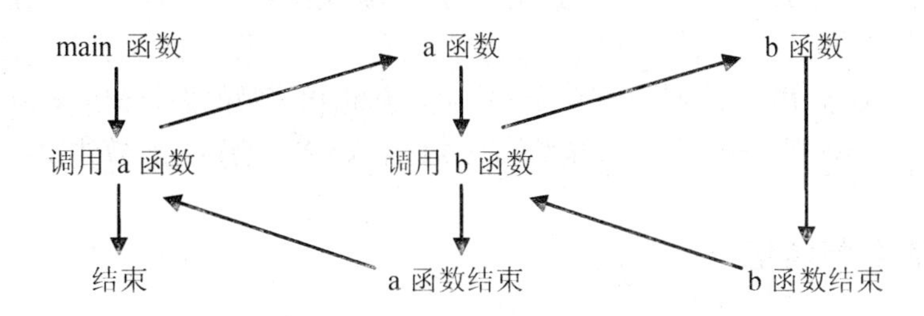

图 5.6.1 函数的嵌套调用

图 5.6.1 表示了两层嵌套的情形。其执行过程是：执行 main 函数中调用 a 函数的语句时，即转去执行 a 函数，在 a 函数中调用 b 函数时，又转去执行 b 函数，b 函数执行完毕返回 a 函数的断点继续执行，a 函数执行完毕返回 main 函数的断点继续执行。

【例 5.11】 计算 s＝2×2！＋3×2!。

分析：本题可编写两个函数，一个是用来计算平方值的函数 f1，另一个是用来计算阶乘值的函数 f2。主函数先调 f1 计算出平方值，再在 f1 中以平方值为实参，调用 f2 计算其阶乘值，然后返回 f1，再返回主函数，在循环程序中计算累加和。

```
#include <iostream.h>
long f1(int p)
{
  int k;
  long r;
  long f2(int);
  k = p * p;
  r = f2(k);
  return r;
}
long f2(int q)
```

```
{
  long c = 1;
  int i;
  for(i = 1;i< = q;i + +)
    c = c * i;
  return c;
}
voidmain()
{
  int i;
  long s = 0;
  for(i = 2;i< = 3;i + +)
  s = s + f1(i);
  cout<<" s = " <<s<<endl;
}
```

在程序中，函数f1和f2均为长整型，都在主函数之前定义，故不必再在主函数中对f1和f2加以说明。在主程序中，执行循环程序依次把i值作为实参调用函数f1求i×2值。在f1中又发生对函数f2的调用，这时是把i×2的值作为实参去调f2，在f2中完成求i×2！的计算。f2执行完毕把C值(即i×2!)返回给f1，再由f1返回主函数实现累加。至此，由函数的嵌套调用实现了题目的要求。由于数值很大，所以函数和一些变量的类型都说明为长整型，否则会造成计算错误。

5.6.2 函数的递归调用

一个函数在它的函数体内调用它自身称为递归调用。这种函数称为递归函数。C语言允许函数的递归调用。在递归调用中，主调函数又是被调函数。执行递归函数将反复调用其自身。每调用一次就进入新的一层。例如有函数f如下：

```
int f(int x)
{
    int y;
    z = f(y);
    return z;
}
```

这个函数是一个递归函数。但是运行该函数将无休止地调用其自身，这当然是不正确的。为了防止递归调用无终止地进行，必须在函数内有终止递归调用的手段。常用的办法是加条件判断，满足某种条件后就不再作递归调用，然后逐层返回。下面举例说明递归调用的执行过程。

【例5.12】 递归法计算$n!$可用下述公式表示：

$$n! = \begin{cases} 1 & (n = 0 \mid\mid n = 1) \\ n \times (n-1)! & (n > 1) \end{cases}$$

按公式可编程如下：

```
# include <iostream.h>
long ff(int n)
```

```
{
    long f;
    if(n<0)cout<<(" n<0,input error);
    else if(n= =0||n= =1)f=1;
        else f=ff(n-1)*n;
    return(f);
}
void main()
{
    int n;
    long y;
    cout<<" input a inteager number:"<<endl;
    cin>>n;
    y=ff(n);
    cout<<n<<"! ="<<y<<endl;
}
```

程序中给出的函数 ff 是一个递归函数。主函数调用 ff 后即进入函数 ff 执行，如果 $n<0$，$n=0$ 或 $n=1$ 时都将结束函数的执行，否则就递归调用 ff 函数自身。由于每次递归调用的实参为 $n-1$，即把 $n-1$ 的值赋予形参 n，最后当 $n-1$ 的值为 1 时再作递归调用，形参 n 的值也为 1，将使递归终止。然后可逐层退回。下面我们再举例说明该过程。设执行本程序时输入为 5，即求 5!。在主函数中的调用语句即为 y=ff(5)，进入 ff 函数后，由于 $n=5$，不等于 0 或 1，故应执行 f=ff($n-1$)×n，即 f=ff(5−1)×5。该语句对 ff 作递归调用即 ff(4)。进行四次递归调用后，ff 函数形参取得的值变为 1，故不再继续递归调用而开始逐层返回主调函数。ff(1)的函数返回值为 1，ff(2)的返回值为 1×2=2，ff(3)的返回值为 2×3=6，ff(4)的返回值为 6×4=24，最后返回值 ff(5)为 24×5=120。

例 5.12 也可以不用递归的方法来完成。如可以用递推法，即从 1 开始乘以 2，再乘以3…直到 n。递推法比递归法更容易理解和实现，但是有些问题则只能用递归算法才能实现。典型的问题是汉诺(Hanoi)塔问题。

【例 5.13】 汉诺塔问题。

一块板上有三根针 A、B、C。A 针上套有 64 个大小不等的圆盘，大的在下，小的在上。如图 5.6.2(a)所示。要把这 64 个圆盘从 A 针移动 C 针上，每次只能移动一个圆盘，移动可以借助 B 针进行。但在任何时候，任何针上的圆盘都必须保持大盘在下，小盘在上。求移动的步骤。

本题算法分析如下，设 A 上有 n 个盘子。

如果 $n=1$，则将圆盘从 A 直接移动到 C。

如果 $n=2$，则：

1. 将 A 上的 $n-1$(等于 1)个圆盘移到 B 上；
2. 再将 A 上的一个圆盘移到 C 上；
3. 最后将 B 上的 $n-1$(等于 1)个圆盘移到 C 上。

如果 $n=3$，则：

A. 将 A 上的 $n-1$(等于 2，令其为 n')个圆盘移到 B(借助于 C)，步骤如下：

(1)将 A 上的 $n'-1$(等于 1)个圆盘移到 C 上，见图 5.6.2(b)。

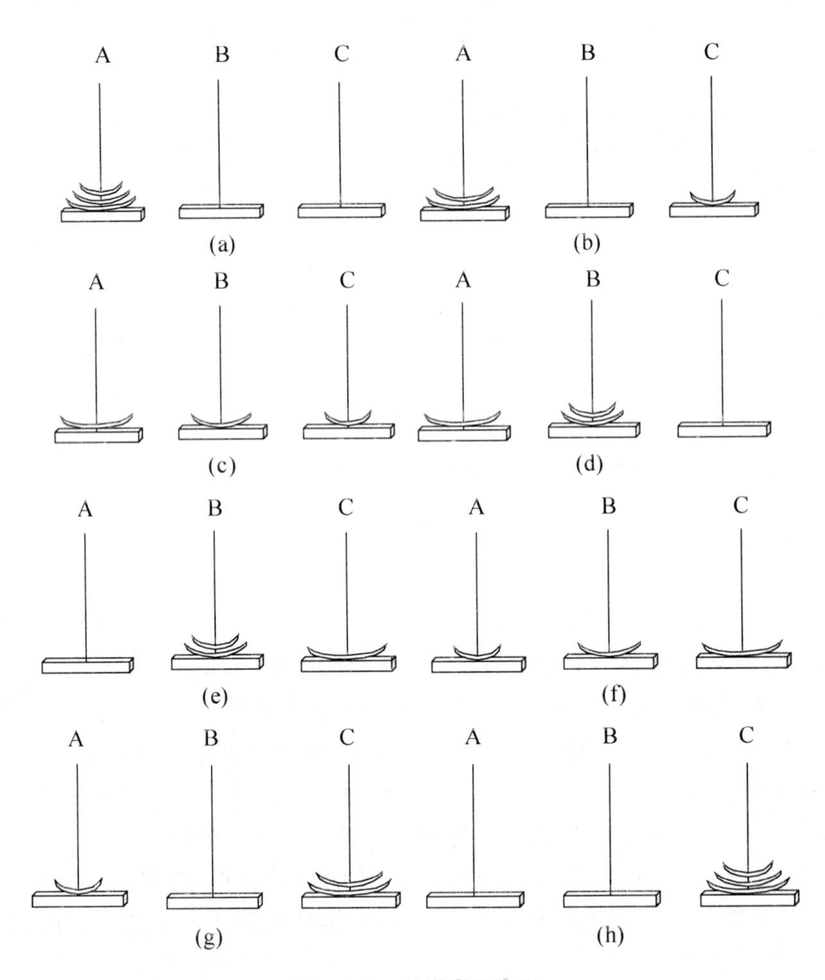

图 5.6.2　汉诺塔示意图

(2)将 A 上的一个圆盘移到 B,见图 5.6.2(c)。

(3)将 C 上的 $n'-1$(等于 1)个圆盘移到 B,见图 5.6.2(d)。

B. 将 A 上的一个圆盘移到 C,见图 5.6.2(e)。

C. 将 B 上的 $n-1$(等于 2,令其为 n')个圆盘移到 C(借助 A),步骤如下:

(1)将 B 上的 $n'-1$(等于 1)个圆盘移到 A,见图 5.6.2(f)。

(2)将 B 上的一个盘子移到 C,见图 5.6.2(g)。

(3)将 A 上的 $n'-1$(等于 1)个圆盘移到 C,见图 5.6.2(h)。

到此,完成了三个圆盘的移动过程。

从上面分析可以看出,当 n 大于等于 2 时,移动的过程可分解为三个步骤:

第一步,把 A 上的 $n-1$ 个圆盘移到 B 上;

第二步,把 A 上的一个圆盘移到 C 上;

第三步,把 B 上的 $n-1$ 个圆盘移到 C 上;其中第一步和第三步是类同的。

当 $n=3$ 时,第一步和第三步又分解为类同的三步,即把 $n'-1$ 个圆盘从一个针移到另一个针上,这里的 $n'=n-1$。显然这是一个递归过程,据此算法可编程如下:

```
#include <iostream.h>
void move(int n,int x,int y,int z)
```

```
{
    if(n= =1)
      cout≪x≪" →" ≪z≪endl;
    else
    {
        move(n-1,x,z,y);
        cout≪x≪" →" ≪z≪endl;
        move(n-1,y,x,z);
    }
}
void main()
{
    int h;
    cout≪" input number:" ≪endl;
    cin≫&h;
    cout≪" the step to moving" ≪h≪" diskes" ≪endl;
    move(h,'a','b','c');
}
```

从程序中可以看出，move函数是一个递归函数，它有四个形参n，x，y，z。n表示圆盘数，x、y、z分别表示三根柱子。move函数的功能是把x上的n个圆盘移动到z上。当n==1时，直接把x上的圆盘移至z上，输出x→z。如n! =1则分为三步:递归调用move函数，把n-1个圆盘从x移到y;输出x→z;递归调用move函数，把n-1个圆盘从y移到z。在递归调用过程中n=n-1，故n的值逐次递减，最后n=1时，终止递归，逐层返回。当n=4时程序运行的结果为：

```
input number:
4
the step to moving 4 diskes:
a→b
a→c
b→c
a→b
c→a
c→b
a→b
a→c
b→c
b→a
c→a
b→c
a→b
a→c
b→c
```

5.7 作 用 域

在讨论函数的形参变量时曾经提到,形参变量只在被调用期间才分配内存单元,调用结束立即释放。这一点表明形参变量只有在函数内才是有效的,离开该函数就不能再使用了。这种变量有效性的范围称变量的作用域。不仅对于形参变量,C 语言中所有的量都有自己的作用域。变量说明的方式不同,其作用域也不同。C 语言中的变量,按作用域范围可分为两种,即局部变量和全局变量。

5.7.1 局部变量

局部变量也称为内部变量。局部变量是在函数内作定义说明的。其作用域仅限于函数内,离开该函数后再使用这种变量是非法的。

例如:

```
#include <iostream.h>
int f1(int a)/*函数 f1*/
{
    int a,b,c;
    …
}   //b,c 作用域
int f2(int x)/*函数 f2*/
{
    int y,z;
}   //x,y,z 作用域
void main()
{
    int m,n;
}   //m,n 作用域
```

在函数 f1 内定义了三个变量,a 为形参,b、c 为一般变量。在 f1 的范围内 a、b、c 有效,或者说 a、b、c 变量的作用域限于 f1 内。同理,x、y、z 的作用域限于 f2 内。m、n 的作用域限于 main 函数内。关于局部变量的作用域还要说明以下几点:

(1)主函数中定义的变量也只能在主函数中使用,不能在其他函数中使用。同时,主函数中也不能使用其他函数中定义的变量。因为主函数也是一个函数,它与其他函数是平行关系。这一点是与其他语言不同的,应予以注意。

(2)形参变量是属于被调函数的局部变量,实参变量是属于主调函数的局部变量。

(3)允许在不同的函数中使用相同的变量名,它们代表不同的对象,分配不同的单元,互不干扰,也不会发生混淆。如在例 5.3 中,形参和实参的变量名都为 n,是完全允许的。

(4)在复合语句中也可定义变量,其作用域只在复合语句范围内。例如:

```
void main()
{
```

```
    int s,a;
    …
    {
        int b;
        s = a + b;
        …
        //b作用域
    }
    …
    //s,a作用域
}
```

【例 5.14】

```
void main()
{
    int i = 2,j = 3,k;
    k = i + j;
    {
        int k = 8;
        if(i = = 3)cout<<k<<endl;
    }
    cout<<i<<endl<<k<<endl;
}
```

本程序在 main 中定义了 i、j、k 三个变量,其中 k 未赋初值。而在复合语句内又定义了一个变量 k,并赋初值为 8。应该注意这两个 k 不是同一个变量。在复合语句外由 main 定义的 k 起作用,而在复合语句内则由在复合语句内定义的 k 起作用。因此程序第 4 行的 k 为 main 所定义,其值应为 5。第 7 行输出 k 值,该行在复合语句内,由复合语句内定义的 k 起作用,其初值为 8,故输出值为 8,第 9 行输出 i、k 值。i 是在整个程序中有效的,第 7 行对 i 赋值为 3,故以输出也为 3。而第 9 行已在复合语句之外,输出的 k 应为 main 所定义的 k,此 k 值由第 4 行已获得为 5,故输出也为 5。

5.7.2 全局变量

全局变量也称为外部变量,它是在函数外部定义的变量。它不属于哪一个函数,它属于一个源程序文件。其作用域是整个源程序。在函数中使用全局变量,一般应作全局变量说明。只有在函数内经过说明的全局变量才能使用。全局变量的说明符为 extern。但在一个函数之前定义的全局变量,在该函数内使用可不再加以说明。例如:

```
int a,b;   /*外部变量*/
void f1()/*函数 f1*/
{
    …
}
float x,y; /*外部变量*/
```

```
int fz()    /*函数fz*/
{
    …
}
void main()    /*主函数*/
{
    …
}        /*全局变量x、y作用域,全局变量a、b作用域*/
```

从上例可以看出a、b、x、y都是在函数外部定义的外部变量,都是全局变量。但x、y定义在函数f1之后,而在f1内又无对x、y的说明,所以它们在f1内无效。a、b定义在源程序最前面,因此在f1、f2及main内不加说明也可使用。

【例5.15】 输入正方体的长宽高L、w、h。求体积及三个面x*y、x*z、y*z的面积。

```
#include <iostream.h>
int s1,s2,s3;
int vs(int a,int b,int c)
{
    int v;
    v=a*b*c;
    s1=a*b;
    s2=b*c;
    s3=a*c;
    return v;
}
void main()
{
    int v,l,w,h;
    cout<<" input length,width and height" <<endl;
    cin>>l>>w>>h;
    v=vs(l,w,h);
    cout<<v<<s1<<s2<<s3;
}
```

本程序中定义了三个外部变量s1、s2、s3,用来存放三个面积,其作用域为整个程序。函数vs用来求正方体体积和三个面积,函数的返回值为体积v。由主函数完成长宽高的输入及结果输出。由于C++语言规定函数返回值只有一个,当需要增加函数的返回数据时,用外部变量是一种很好的方式。本例中,如不使用外部变量,在主函数中就不可能取得v、s1、s2、s3四个值。而采用了外部变量,在函数vs中求得的s1、s2、s3值在main中仍然有效。因此外部变量是实现函数之间数据通信的有效手段。对于全局变量还有以下几点说明：

(1)对于局部变量的定义和说明,可以不加区分。而对于外部变量则不然,外部变量的定义和外部变量的说明并不是一回事。外部变量定义必须在所有的函数之外,且只能定义一次。其一般形式为：

[extern]类型说明符 变量名,变量名…

其中方括号内的extern可以省去不写。例如,int a,b。

等效于：

```
extern int a,b;
```

而外部变量说明出现在要使用该外部变量的各个函数内，在整个程序内，可能出现多次，外部变量说明的一般形式为：

extern 类型说明符 变量名，变量名，…；

外部变量在定义时就已分配了内存单元，外部变量定义可作初始赋值，外部变量说明不能再赋初始值，只是表明在函数内要使用某外部变量。

(2)外部变量可加强函数模块之间的数据联系，但是又使函数要依赖这些变量，因而使得函数的独立性降低。从模块化程序设计的观点来看这是不利的，因此在不必要时尽量不要使用全局变量。

(3)在同一源文件中，允许全局变量和局部变量同名。在局部变量的作用域内，全局变量不起作用。

【例5.16】 extern 应用示例。

```
#include <iostream.h>
int vs(int l,int w)
{
    extern int h;
    int v;
    v = l * w * h;
    return v;
}
void main()
{
    extern int l,w,h;
    int l = 5;
    cout<<vs(l,w);
}
int l = 3,w = 4,h = 5;
```

本例程序中，外部变量在最后定义，因此在前面函数中对要用的外部变量必须进行说明。外部变量 l、w 和 vs 函数的形参 l、w 同名。外部变量都作了初始赋值，mian 函数中也对 1 作了初始化赋值。执行程序时，在输出语句中调用 vs 函数，实参 1 的值应为 main 中定义的 1 值，等于 5，外部变量 1 在 main 内不起作用；实参 w 的值为外部变量 w 的值为 4，进入 vs 后这两个值传送给形参 1，vs 函数中使用的 h 为外部变量，其值为 5，因此 v 的计算结果为 100，返回主函数后输出。

变量的存储类型各种变量的作用域不同，就其本质来说是因变量的存储类型相同。所谓存储类型是指变量占用内存空间的方式，也称为存储方式。变量的存储方式可分为“静态存储”和“动态存储”两种。

静态存储变量通常是在变量定义时就分定存储单元并一直保持不变，直至整个程序结束。5.5.1 节中介绍的全局变量即属于此类存储方式。动态存储变量是在程序执行过程中，使用它时才分配存储单元，使用完毕立即释放。典型的例子是函数的形式参数，在函数定义时并不给形参分配存储单元，只是在函数被调用时，才予以分配，调用函数完毕立即释放。如果一个函数被多次调用，则反复地分配、释放形参变量的存储单元。从以上分析可知，静态存储变量是一直存在的，而动态存储变量则时而存在时而消失。我们又把这种由于变量存储方式不同而产生的特性称变量的生存期。生存期表示了变量存在的时间。生存期和作用域是从时间和空间这两个不同的角度来描述变量的特性，这两者既有联系，又有区别。一个变量究竟属于哪一种存储方式，并不能仅从其作用域来判断，还应有明确的存储类型说明。

在C++语言中，对变量的存储类型说明有以下四种：

auto　　　　自动变量
register　　寄存器变量
extern　　　外部变量
static　　　静态变量

自动变量和寄存器变量属于动态存储方式，外部变量和静态变量属于静态存储方式。在介绍了变量的存储类型之后，可以知道对一个变量的说明不仅应说明其数据类型，还应说明其存储类型。因此变量说明的完整形式应为：

存储类型说明符 数据类型说明符 变量名，变量名…；

例如：

static int a,b;　　　　说明a、b为静态类型变量
auto char c1,c2;　　　　说明c1、c2为自动字符变量
static int a[5]={1,2,3,4,5};　　　　说明a为静整型数组
extern int x,y;　　　　说明x、y为外部整型变量

下面分别介绍以上四种存储类型。

5.7.3 自动存储类型

这种存储类型是C++语言程序中使用最广泛的一种类型。C++语言规定，函数内凡未加存储类型说明的变量均视为自动变量，也就是说自动变量可省去说明符auto。在前面各章的程序中所定义的变量凡未加存储类型说明符的都是自动变量。例如：

```
{
    int i,j,k;
    char c;
    …
}
```

等价于：

```
{
    auto int i,j,k;
    auto char c;
    …
}
```

自动变量具有以下特点：

(1)自动变量的作用域仅限于定义该变量的个体内。在函数中定义的自动变量，只在该函数内有效。在复合语句中定义的自动变量只在该复合语句中有效。例如：

```
int kv(int a)
```

```
{
    auto int x,y;
    {
        auto char c;
    }    /*c的作用域*/
    …
}    /*a、x、y的作用域*/
```

(2)自动变量属于动态存储方式,只有在使用它,即定义该变量的函数被调用时才给它分配存储单元,开始它的生存期。函数调用结束,释放存储单元,结束生存期。因此函数调用结束之后,自动变量的值不能保留。在复合语句中定义的自动变量,在退出复合语句后也不能再使用,否则将引起错误。例如:

```
void main()
{
    auto int a,s,p;
    cout<<" input a number: " <<endl;
    cin>>n;
    if(a>0)
    {
        s=a+a;
        p=a*a;
    }
    cout<<s<<p;
}
```

如果改成:

```
void main()
{
    auto int a;
    cout<<" input a number:" <<endl;
    cin>>a;
    if(a>0)
    {
        auto int s,p;
        s=a+a;
        p=a*a;
    }
    cout<<s<<p;
}
```

s、p是在复合语句内定义的自动变量,只能在该复合语句内有效。而程序的第9行却是退出复合语句之后用cout语句输出s、p的值,这显然会引起错误。

(3)由于自动变量的作用域和生存期都局限于定义它的个体内(函数或复合语句内),因此不同的个体中允许使用同名的变量而不会混淆。即使在函数内定义的自动变量也可与该函数内部的复合语句中定义的自动变量同名。例5.17表明了这种情况。

【例 5.17】

```
#include <iostream.h>
void main()
{
    auto int a,s=100,p=100;
    cout<<" input a number:" <<endl;
    cin>>a;
    if(a>0)
    {
        auto int s,p;
        s=a+a;
        p=a*a;
        cout<<s<<p;
    }
    cout<<s<<p;
}
```

本程序在 main 函数中和复合语句内两次定义了变量 s、p 为自动变量。按照 C++语言的规定，在复合语句内，应由复合语句中定义的 s、p 起作用，故 s 的值应为 a+a，p 的值为 a*a。退出复合语句后的 s、p 应为 main 所定义的 s、p，其值在初始化时给定，均为 100。从输出结果可以分析出两个 s 和两个 p 虽变量名相同，但却是两个不同的变量。

(4)对构造类型的自动变量如数组等，不可作初始化赋值。

5.7.4 外部变量类型

在前面介绍全局变量时已介绍过外部变量，这里再补充说明外部变量的几个特点：

(1)外部变量和全局变量是对同一类变量的两种不同角度的提法。全局变量是从它的作用域提出的，外部变量从它的存储方式提出的，表示了它的生存期。

(2)当一个源程序由若干个源文件组成时，在一个源文件中定义的外部变量在其他的源文件中也有效。例如有一个源程序由源文件 F1.cpp 和 F2.cpp 组成：

F1.cpp

```
int a,b; /*外部变量定义*/
char c; /*外部变量定义*/
void main()
{
  …
}
```

F2.cpp

```
extern int a,b; /*外部变量说明*/
extern char c; /*外部变量说明*/
func(int x,y)
{
  …
```

```
}
```

在 F1.cpp 和 F2.cpp 两个文件中都要使用 a、b、c 三个变量。在 F1.cpp 文件中把 a、b、c 都定义为外部变量。在 F2.cpp 文件中用 extern 把三个变量说明为外部变量，表示这些变量已在其他文件中定义，并把这些变量的类型和变量名，编译系统不再为它们分配内存空间。对构造类型的外部变量，如数组等可以在说明时作初始化赋值，若不赋初值，则系统自动定义它们的初值为 0。

5.7.5 静态存储类型

静态变量的类型说明符是 static。静态变量当然是属于静态存储方式，但是属于静态存储方式的量不一定就是静态变量，例如外部变量虽属于静态存储方式，但不一定是静态变量，必须由 static 加以定义后才能成为静态外部变量，或称静态全局变量。对于自动变量，前面已经介绍它属于动态存储方式。但是也可以用 static 定义它为静态自动变量，或称静态局部变量，从而成为静态存储方式。

由此看来，一个变量可由 static 进行再说明，并改变其原有的存储方式。

1. 静态局部变量

在局部变量的说明前再加上 static 说明符就构成静态局部变量。

例如：

```
static int a,b;
static float array[5] = {1,2,3,4,5};
```

静态局部变量属于静态存储方式，它具有以下特点：

(1)静态局部变量在函数内定义，但不像自动变量那样，当调用时就存在，退出函数时就消失。静态局部变量始终存在着，也就是说它的生存期为整个源程序。

(2)静态局部变量的生存期虽然为整个源程序，但是其作用域仍与自动变量相同，即只能在定义该变量的函数内使用该变量。退出该函数后，尽管该变量还继续存在，但不能使用它。

(3)允许对构造类静态局部量赋初值。在数组一章中，介绍数组初始化时已作过说明。若未赋以初值，则由系统自动赋以 0 值。

(4)对基本类型的静态局部变量若在说明时未赋以初值，则系统自动赋予 0 值。而对自动变量不赋初值，则其值是不定的。根据静态局部变量的特点，可以看出它是一种生存期为整个源程序的量。虽然离开定义它的函数后不能使用，但如再次调用定义它的函数时，它又可继续使用，而且保存了前次被调用后留下的值。因此，当多次调用一个函数且要求在调用之间保留某些变量的值时，可考虑采用静态局部变量。虽然用全局变量也可以达到上述目的，但全局变量有时会造成意外的副作用，因此仍以采用局部静态变量为宜。

【例 5.18】

```
#include <iostream.h>
void main()
{
   int i;
   void f(); /* 函数说明 */
   for(i = 1;i <= 5;i++)
   f(); /* 函数调用 */
```

```
}
void f()/*函数定义*/
{
  auto int j=0;
  ++j;
  cout<<j;
}
```

程序中定义了函数f，其中的变量j说明为自动变量并赋予初始值为0。当main中多次调用f时，j均赋初值为0，故每次输出值均为1。现在把j改为静态局部变量，程序如下：

```
#include <iostream.h>
void main()
{
  int i;
  void f();
  for(i=1;i<=5;i++)
  f();
}
void f()
{
  static int j=0;
  ++j;
  cout<<j<<endl;
}
```

由于j为静态变量，能在每次调用后保留其值并在下一次调用时继续使用，所以输出值成为累加的结果。

2. 静态全局变量

全局变量（外部变量）的说明之前再冠以static就构成了静态的全局变量。全局变量本身就是静态存储方式，静态全局变量当然也是静态存储方式。这两者在存储方式上并无不同。这两者的区别虽在于非静态全局变量的作用域是整个源程序，当一个源程序由多个源文件组成时，非静态的全局变量在各个源文件中都是有效的。而静态全局变量则限制了其作用域，即只在定义该变量的源文件内有效，在同一源程序的其他源文件中不能使用它。由于静态全局变量的作用域局限于一个源文件内，只能为该源文件内的函数公用，因此可以避免在其他源文件中引起错误。从以上分析可以看出，把局部变量改变为静态变量后是改变了它的存储方式即改变了它的生存期。把全局变量改变为静态变量后是改变了它的作用域，限制了它的使用范围。因此static这个说明符在不同的地方所起的作用是不同的。

5.7.6 寄存器存储类型

上述各类变量都存放在存储器内，因此当对一个变量频繁读写时，必须要反复访问内存储器，从而花费大量的存取时间。为此，C++语言提供了另一种变量，即寄存器变量。这种变量存放在CPU的寄存器中，使用时，不需要访问内存，而直接从寄存器中读写，这样可提高效率。寄存器变量的说明符是register。对于循环次数较多的循环控制变量及循环体内反复使用的变量均可定义为寄存器变量。

【例 5.19】 求 $\sum_{i=1}^{200}$。

```
#include <iostream.h>
void main()
{
  register i,s=0;
  for(i=1;i<=200;i++)
       s=s+i;
  cout<<s;
}
```

本程序循环 200 次,i 和 s 都将频繁地使用,因此可定义为寄存器变量。

对寄存器变量还要说明以下几点:

(1)只有局部自动变量和形式参数才可以定义为寄存器变量。因为寄存器变量属于动态存储方式。凡需要采用静态存储方式的量不能定义为寄存器变量。

(2)在 Turbo C、MS C 等计算机上使用的 C++语言中,实际上是把寄存器变量当成自动变量处理的。因此速度并不能提高。而在程序中允许使用寄存器变量只是为了与标准 C 保持一致。

(3)即使能真正使用寄存器变量的机器,由于 CPU 中寄存器的个数是有限的,因此使用寄存器变量的个数也是有限的。

5.7.7 动态分配的对象

全局对象和局部对象的生命期是严格定义的程序员不能以任何方式改变它们的生命期。但是有时候需要创建一些生命期能被程序员控制的对象,它们的分配和释放可以根据程序运行中的操作来决定。例如,有人可能希望只在程序运行中遇到错误时,才分配一个字符串来包含错误消息的文本。如果程序不只产生一种错误消息那么分配的字符串的长度会随着遇到的错误文本的长度而变化。我们无法预先知道应该分配多长的字符串,因为字符串的长度取决于在程序执行期间遇到的错误种类。

第三种对象允许程序员完全控制它的分配与释放,这样的对象被称为动态分配的对象。动态分配的对象被分配在程序的空闲存储区的可用内存池中。程序员用 new 表达式创建动态分配的对象用 delete 表达式结束此类对象的生命期。动态分配中的对象可以是单个对象,也可以是对象的数组。在空闲存储区中分配的数组的长度可以在运行时刻计算。

在本节中,关于动态分配的对象,我们将会了解到三种形式的 new 表达式:第一种支持单个对象的动态分配,第二种支持数组的动态分配,第三种形式被称为定位 new 表达式。当空闲存储区被耗尽时,new 表达式会抛出异常,我们将在后面讨论有关异常的内容。

1. 单个对象的动态分配和释放

new 表达式是由关键字 new 及其后面的类型指示符构成的,该类型指示符可以是内置类型或 class 类型。例如,new int。

从空闲存储区分配了一个 int 型的对象。类似地,new iStack;分配了一个 iStack 类对象。

通过 new 表达式，返回了一个指向所分配的对象的指针，对该对象的全部操作都要通过这个指针间接的完成。例如：int *pi = new int;，该 new 表达式创建了一个 int 型的对象，由 pi 指向它。

在运行时刻从空闲存储区中分配内存，比如通过上面的 new 表达式，我们称之为动态内存分配。我们说 pi 指向的内存是被动态分配的。空闲存储区的第二个特点是分配的内存是为初始化的。空闲存储区的内存包含随机的位模式，它是程序运行前该内存上次被使用留下的结果。测试 if(*pi = = 0)总是失败，因为由 pi 指向的对象含有随机的位。因此我们建议对用 new 表达式创建的对象进行初始化。程序员可以按如下方式初始化上个例子中的 int 型对象：

```
int *pi = new int(0);
```

括号内的常量给出了一个初始值它被用来初始化 new 表达式创建的对象。因此，pi 指向一个 int 型的对象，该对象的值为 0。括号中的表达式被称作初始化式。初始化式的值不一定是常量，任意的能够被转换成 int 型结果的表达式都是有效的初始化式。

new 表达式的操作序列如下：从空闲存储区分配对象，然后用括号内的值初始化该对象。为从空闲存储区分配对象，new 表达式调用库操作符 new()。前面的 new 表达式与下列代码序列大体上等价：

```
int ival = 0;          //创建一个用 0 初始化的 int 对象
int *pi = &ival;       //现在指针指向这个对象
```

当然，不同的是，pi 指向的对象是由库操作符 new()分配的，位于程序的自由存储区中。类似地，例如：

```
iStack *ps = new iStack(512);
```

创建了一个包含 512 个元素的 iStack 型的对象。在类对象的情况下，括号中的值被传递给该类的相关的构造函数，它在该对象被成功分配之后才被调用。

但是，由于空闲存储区的有限性，我们不能无限制的请求内存分配。在程序执行的某一个点上，空闲存储区可能会被耗尽，从而导致 new 表达式失败。如果 new 表达式调用的 new()操作符不能得到要求的内存，通常会抛出一个 bad_alloc 异常。

当指针 pi 所指对象的内存被释放时，它的生命期也随之结束。当 pi 成为 delete 表达式的操作数时，该内存被释放。例如：delete pi;释放了 pi 指向的内存，结束了 int 型对象的生命期。通过把 delete 表达式放在程序中的适当位置上，程序员就可以控制在何时结束对象的生命期。delete 表达式调用库操作符 delete()，把内存还给空闲存储区。因为空闲存储区是有限的资源，所以当我们不再需要已分配的内存时，应马上将其返还给空闲存储区，这是很重要的。

看过前面的 delete 表达式，可能读者会问，如果 pi 因为某种原因被设置为 0，又会怎么样呢？代码不应该像这样吗？

```
//这样做有必要吗
if(pi ! = 0)
delete pi;
```

答案是不。如果指针操作数被设置为 0，则 C++会保证 delete 表达式不会调用操作符 delete()，没有必要测试其是否为 0(实际上，在多数实现下，如果增加了指针的显式测试，那么该测试实际上会被执行两次)。

在这里讨论 pi 的生命期和 pi 指向的对象的生命期之间的区别是很重要的。指针 pi 本身是个在全局域中声明的全局对象。结果,pi 的存储区在程序开始之前就被分配且一直保持到程序结束。这与 pi 指向的对象的生命期不同,后者是在程序执行过程中遇到 new 表达式时才被创建的。pi 指向的内存是动态分配的,它拥有的对象是动态分配的对象。因此 pi 是一个全局指针,指向一个动态分配的 int 型对象。当程序运行期间遇到 delete 表达式时,pi 指向的内存就被释放了。但是,指针 pi 的内存及其内容并没有受 delete 表达式的影响。在 delete 表达式之后,pi 被称作空悬指针,即指向无效内存的指针。空悬指针是程序错误的一个根源,它很难被检测到。一个比较好的办法是在指针指向的对象被释放后将该指针设置为 0。这样可以清楚地表明该指针不再指向任何对象。

delete 表达式只能应用在指向的内存是用 new 表达式从空闲存储区分配的指针上。将 delete 表达式应用在指向空闲存储区以外内存的指针上,会使程序运行期间出现未定义的行为。但是正如前面看到的,delete 表达式应用在值为 0 的指针(即不指向任何对象的指针)上不会引起任何麻烦。下面的例子给出了安全的和不安全的 delete 表达式。

```
void f()
{
    int i;
    string str = " dwarves";
    int *pi = &i;
    short *ps = 0;
    double *pd = new double(33);
    delete str;        // 糟糕:" dwarves" 不是动态对象
    delete pi;         // 糟糕:pi 指向 i,一个局部对象
    delete ps;         // 安全
    delete pd;         // 安全
}
```

下面三个常见程序错误都与动态内存分配有关:

(1)应用 delete 表达式失败使内存无法返回空闲存储区这被称作内存泄漏;

(2)对同一内存区应用了两次 delete 表达式。这通常发生在两个指针指向同一个动态分配对象的时候。这是一个很难跟踪的问题。若多个指针指向同一个对象当通过某一个指针释放了该对象时就会发生这样的情况。此时,该对象的内存被返回给空闲存储区,然后又被分配给某个别的对象。接着指向旧对象的第二个指针被释放,新对象也就跟着消失了;

(3)在对象被释放后读写该对象。这常常会发生,因为 delete 表达式应用的指针没有被设置为 0。

2.数组的动态分配和释放

new 表达式也可以在空闲存储区中分配数组。在这种情况下,new 表达式中的类型指示符后面必须有一对方括号,里面的维数是数组的长度,且该组数可以是一个复杂的表达式。new 表达式返回指向数组第一个元素的指针。例如:

```
int *pi = new int(1024);                    // 分配单个 int 型的对象,用 1 024 初始化
int *pia = new int[1024];                   // 分配一个含有 1 024 个元素的数组,未被初始化
int(*pia2)[1024] = new int[4][1024];        // 分配一个含 4×1 024 个元素的二维数组
```

pi 指向一个 int 型的单个对象,初始值为 1 024。pia 指向数组的第一个元素,该数组有

1 024 个元素。pia2 指向一个由四个 1 024 个元素的数组构成的数组的第一个元素——pia2 指向一个有 1 024 个元素的数组。

一般地在空闲存储区上分配的数组不能给出初始化值集。我们不可能在前面的 new 表达式中通过指定初始值来初始化数组的元素。在空闲存储区中创建的内置类型的数组必须在 for 循环中被初始化，即数组的元素被一个接一个地初始化：

```
for(int index = 0; index < 1024; ++index)
pia[ index ] = 0;
```

动态分配数组的主要好处是，它的第一维不必是常量值，即在编译时刻不需要知道维数，就像局部域或全局域中的定义所引入的数组的维数一样。这意味着我们可以分配符合当前程序所需要大小的内存。例如，在实际的 C++程序中如果在程序执行期间，一个指针可能会指向许多个 C 风格的字符串，那么，被用来存放 C 风格字符串的内存（也就是该指针所指的字符串），通常是在程序执行期间根据字符串的长度动态分配所得。该技术比分配能够存放所有字符串的固定长度的数组更为有效。因为固定长度的字符串必须足够大，以便能够存放最大可能的字符串，尽管多数情况下字符串的长度可能都比较短。而且，如果有一个字符串实例比我们确定的固定长度还要长，则我们的程序就会失败。

下面的例子说明了怎样用 new 表达式将数组的第一维指定为运行时刻的一个值。假设有下列 C 风格的字符串：

```
const char * noerr = " success";
...
const char * err189 = " Error: a function declaration must "
" specify a function return type!";
```

由 new 表达式分配的数组的维数可被指定为一个在运行时刻才被计算出来的值，如下所示：

```
#include <string.h>
void main()
{
    ...
    const char * errorTxt;
    if(errorFound)
      errorTxt = err189;
    else
      errorTxt = noerr;
    int dimension = strlen(errorTxt) + 1;
   char * str1 = new char[ dimension ];
   strcpy(str1,errorTxt);     // 将错误文本复制到 str1
   ...
}
```

我们也可以用一个在运行时刻才被计算的表达式代替 dimension：

```
char * str1 = new char[ strlen(errorTxt) + 1 ]; // 典型的编程习惯，有时会让初学者迷惑
```

对 strlen()返回的值加 1 是必需的，这样才能容纳 C 风格字符串的结尾空字符。忘记分配这个空字符是个常见错误，并且很难跟踪，因为这样的错误通常是在程序的其他部分读写内存失败时才会表现出来。为什么呢？因为大多数处理 C 风格字符串数组的例程都要遍历数

组直到结尾空字符。缺少该空字符常常导致严重的程序错误，因为程序会读写到其他不该读写的内存。我们建议使用C++标准库 string，这正是避免此类错误的一个原因。

注意，对于用 new 表达式分配的数组只有第一维可以用运行时刻计算的表达式来指定，其他维必须是在编译时刻已知的常量值。例如：

```
int getDim();
int(*pia3)[ 1024 ] = new int[ getDim()][ 1024 ];      //分配一个二维数组,ok
int **pia4 = new int[ 4 ][ getDim()];                  //错误：数组的第二维不是常量
```

用来释放数组的 delete 表达式形式如下：

```
delete [] str1;
```

空的方括号是必需的。它告诉编译器，该指针指向空闲存储区中的数组而不是单个对象。因为 str1 类型是 char 型的指针，所以，如果编译器没有看到空方括号对，它就无法判断出要被删除的存储区是否为数组。

如果不小心忘了该空括号对会怎么样呢？编译器不会捕捉到这样的错误，并且不保证程序会正确执行(当数组的类型有析构函数时，这更加会是真的)。

为避免动态分配数组的内存管理带来的问题，一般建议使用标准库 vector list 或 string 容器类型。

3. 常量对象的动态分配与释放

程序员可能希望在空闲存储区创建一个对象，但是一旦它被初始化了就要防止程序改变该对象的值。我们可以使用 new 表达式在空闲存储区内创建一个 const 对象，如下所示：

```
const int *pci = new const int(1024);
```

在空闲存储区创建的 const 对象有一些特殊的属性。首先，const 对象必须被初始化，如果省略了括号中的初始值，就会产生编译错误(除此之外，对于具有默认构造函数的 class 类型的对象，初始值可以省略)。其次，用 new 表达式返回的值作为初始值的指针必须是一个指向 const 类型的指针。在前面的例子中，pci 是一个指向 const int 的指针类型。它指向由 new 表达式分配的 const int 对象。

对于一个位于空闲存储区内的对象，const 意味着什么呢？它意味着一旦该对象被初始化后，它的值就不能再被改变了。虽然该对象的值不能被修改，但是它的生命期也用 delete 表达式来结束。例如：

```
delete pci;
```

即使 delete 表达式的操作数是一个指向 const int 的指针，delete 表达式仍然是有效的，并且使 pci 指向的内存被释放。

我们不能在空闲存储区内创建内置类型元素的 const 数组。一个简单的原因是，我们不能初始化用 new 表达式创建的内置类型数组的元素。所有在空闲存储区内被创建的 const 对象都必须被初始化，而且，因为 const 数组不能被初始化(除了类数组)，所以试图用 new 表达式创建一个内置类型的 const 数组会导致编译错误：

```
const int *pci = new const int[100]; //错误
```

4. 定位 new 表达式

new 表达式的第三种形式可以允许程序员要求将对象创建在已经被分配好的内存中。这种形式的 new 表达式被称为定位 new 表达式。程序员在 new 表达式中指定待创建对象所在的内存地址。new 表达式的形式如下：

```
new(place_address)type - specifier
```

place_address 必须是个指针。为了使用这种形式的 new 表达式我们必须包含头文件 <new>。这项设施允许程序员预分配大量的内存供以后通过这种形式的 new 表达式创建对象。例如：

【例 5.20】

```
#include <iostream.h>
#include <new>
const int chunk = 16;
class Foo
{
    public:
      int val(){ return _val;}
      Foo(){ _val = 0;}
    private:
      int _val;
};
char * buf = new char[ sizeof(Foo) * chunk ];    // 预分配内存但没有 Foo 对象
int main()
{
    Foo * pb = new(buf)Foo;           // 在 buf 中创建一个 Foo 对象
    if(pb->val() = = 0)            // 检查一个对象是否被放在 buf 中
    cout << " new expression worked!" << endl;
    delete[] buf;                  // 到这里不能再使用 pb
    return 0;
}
```

编译并执行该程序产生下列输出：

```
new expression worked
```

不存在与定位 new 表达式相匹配的 delete 表达式。其实我们并不需要这样的 delete 表达式，因为定位 new 表达式并不分配内存。在前面的例子中我们删除的不是指针 pb 指向的内存，而是 buf 指向的内存，这是必须的。当程序结尾处不再需要字符缓冲时，buf 指向的内存被删除。因为 buf 指向一个字符数组，所以 delete 表达式形式为：

```
delete [] buf;
```

当字符缓冲被删除时，它所包含的任何对象的生命期也就都结束了。在例 5.20 中，pb 不再指向一个有效的 Foo 型的对象。

5.7.8 名字空间定义

默认情况下，在全局域也被称作全局名字空间域中声明的每个对象、函数、类型或模板都引入了一个全局实体。在全局名字空间域引入的全局实体必须有唯一的名字。例如，函数和对象不能有相同的名字，无论它们是否在同一程序文本文件中被声明。

这意味着如果我们希望在程序中使用一个库，那么我们必须保证程序中的全局实体的名字不能与库中的全局实体名字冲突。如果程序是由许多厂商提供的库构成的，那么这将很难保证，各种库会将许多名字引入到全局名字空间域中。在组合不同厂商的库时，我们该怎样确保程序中的全局实体的名字不会与这些库中声明的全局实体名冲突？名字冲突问题也被称为全局名字空间污染问题。

程序员可以通过使全局实体名字很长或与在程序中的名字前面加个特殊的字符序列前缀，从而避免这些问题。例如：

```
class cplusplus_primer_matrix {…};
void inverse(cplusplus_primer_matrix &);
```

但是这种方案不是很理想。用C++写的程序中可能有相当数目的全局类、函数和模板在整个程序中都是可见的。对程序员来说，用这么长的名字写程序实在是个累赘。名字空间允许我们更好地处理全局名字空间污染问题。库的作者可以定义一个名字空间，从而把库中的名字隐藏在全局名字空间之外。例如：

```
namespace cplusplus_primer
{
    class matrix
    {
      /*…*/
    };
    void inverse(matrix &);
}
```

名字空间 cplusplus_primer 是用户声明的名字空间(和全局名字空间不同。后者被隐式声明并且存在于每个程序之中)。名字空间是一个命名范围区域，名字空间中所有的由程序员创建的标识符可以确保是唯一的——假设程序员在名字空间中没有声明两个重名的标识符；并假设以前已定义的同名的名字空间已不存在。可以像这样定义一个简单的名字空间：

```
namespace MyNames
{
   int val1 = 10;
   int val2 = 20;
}
```

这里有两个整型变量 var1 和 var2，被定义为 MyNames 名字空间的组成部分。当然，这仅仅是一个介绍性的例子。在本章的后续部分，可以更详细的考察名字空间的定义。

名字空间的一个例子是 std，它是 C++定义其库标识符的名字空间。为使用 cout 流对象，你必须告诉编译器 cout 已存在于 std 名字空间中。为达到上述目的可以指定名字空间的名称和作用域限定操作符(::)作为 cout 标识符的前缀。如例 5.21 所示。

【例 5.21】 使用 std 名字空间。

```
#include <iostream.h>
int main()
{
    std::cout<<" Coming to you from cout.";
    return 0;
}
```

例 5.21 通过使用 cout 对象将流文本输出到屏幕上来显示短消息。注意：cout 对象名称是如何出现在 std 名字空间前面的。

1. using namespace 语句

使用已在名字空间定义的标识符的另一种方法是将 using namespace 语句包含在涉及名字空间的源代码文件中。例 5.22 是例 5.21 的另一种形式，它包含了 using namespace 语句。

【例 5.22】 using namespace 语句。

```
#include <iostream.h>
using namespace std;
int main()
{
    cout<<" Coming to you from cout.";
    return 0;
}
```

例 5.22 的结果与例 5.21 完全一样。然而，应该感谢 using namespace 语句，程序员不再需要在 cout 流对象名称前加上 std 名字空间名称。不仅 cout 标识符不再需要 std 前缀，而且 std 名字空间定义的其他任何标识符都是如此，因此这种方式可能节约大量的时间。然而，请注意，并没有一种可以推荐的程序设计惯例，因为使用名字空间语句基本上是在全局层次设置特定的名字空间，这几乎完全违背了名字空间最初的目标。例 5.23 在将 using namespace 语句包含于程序中时可能遇到的问题。

【例 5.23】 using namespace 语句的问题。

```
#include <iostream.h>
namespace MyNames
{
    int val1 = 10;
    int val2 = 20;
}
namespace MyOtherNames
{
    int val1 = 30;
    int val2 = 50;
}
using namespace std;
using namespace MyNames;
using namespace MyOtherNames;
int main()
{
    cout<<" Coming to you from cout.";
    val1 = 100;
    return 0;
}
```

当试图编译程序时，Visual C++6.0 会提供下面的错误信息：

```
E:\VC\Temp\Temp.cpp(23): error C2872: 'val1' : ambiguous symbol
```

这里编译器告诉用户，在语句 val1＝100 中，编译器并不知道程序所指的 val1 时那种版本。是在 myname 中定义的 val1 还是在 MyOtherNames 中定义的 val1 呢？编译器并没有办法识别。为避免出现这种类型的问题，应该将程序改写如下，程序将会被正确编译和执行。

```
#include <iostream.h>
namespace MyNames
{
   int val1 = 10;
   int val2 = 20;
}
namespace MyOtherNames
{
   int val1 = 30;
   int val2 = 50;
}
using namespace MyNames;
using namespace MyOtherNames;
int main()
{
   std::cout<<" Coming to you from cout.";
   MyNames::val1 = 100;
   return 0;
}
```

2. 定义名字空间

一个名字空间可以包含多种类型的标识符，如下面所列：

- 变量名
- 常量名
- 函数名
- 结构名
- 类名
- 名字空间名

一个名字空间可以在两个地方被定义：在全局范围层次或者是在另一个名字空间中被定义(这样形成一个嵌套名字空间)。例 5.24 给出了一个定义了各种类型变量和函数的名字空间定义。

【例 5.24】 名字空间定义。

```
#include <iostream.h>
namespace MyNames
{
   const int OFFSET = 15;
   int val1 = 10;
   int val2 = 20;
   char ch = 'A';
   int ReturnSum()
   {
```

```
        int total = val1 + val2 + OFFSET;
        return total;
    }
    char ReturnCharSum()
    {
        char result = ch + OFFSET;
        return result;
    }
}
int main()
{
    cout<<" namespace member values:" <<endl;
    cout<<MyNames::val1<<endl;
    cout<<MyNames::val2<<endl;
    cout<<MyNames::ch<<endl;
    cout<<" result of namespace functions:" <<endl;
    cout<<MyNames::ReturnSum()<<endl;
    cout<<MyNames::ReturnCharSum()<<endl;
}
```

输出如下：

```
namespace member values:
10
20
A
result of namespace functions:
45
P
```

3. 嵌套名字空间

名字空间可以在其他名字空间中被定义。在这种情况下，仅仅通过使用外部的名字空间作为前缀，一个程序就可引用在名字空间之外定义的其他标识符。然而在名字空间内部定义的标识符需要作为外部和内部名字空间名城的前缀出现。例 5.25 实现了嵌套名字空间。

【例 5.25】

```
#include <iostream.h>
namespace MyNames
{
    int val1 = 10;
    int val2 = 20;
    namespace MyInnerNames
    {
        int val3 = 30;
        int val4 = 40;
    }
```

```
}
int main()
{
   cout<<" namespace values:" <<endl;
   cout<<MyNames::val1<<endl;
   cout<< MyNames::val2<<endl;
   cout<< MyNames::MyInnerNames::val3<<endl;
   cout<< MyNames::MyInnerNames::val4<<endl;
   return 0;
}
```

输出如下：

```
namespace values:
10
20
30
40
```

4. 无名名字空间

尽管给定名字空间的名称是有益的，但用户可以通过在定义中省略名字空间的名称简单的声明无名名字空间，下面的例子定义了一个无名名字空间，它包含了两个整型变量。

```
Namespace
{
   int val1 = 10;
   int val2 = 20;
}
```

事实上，在无名名字空间中定义的标识符被设置为全局的名字空间，它几乎彻底破坏了名字空间设置的最初目标。基于这个原因，无名名字空间并未被广泛应用。

5. 名字空间的别名

可以给定名字空间的别名，它是已定义的名字空间的可替换的名称。通过将别名指定给当前的名字空间的名称，读者可以简单的创建一个名字空间的别名。如下所示：

```
Namespace MyNames
{
   int val1 = 10;
   int val2 = 20;
}
Namespace MyAlias = MyNames;
```

【例 5.26】 说明名字空间别名的使用。

```
#include <iostream.h>
namespace MyNames
{
   int val1 = 10;
   int val2 = 20;
}
Namespace MyAlias = MyNames;
```

```
int main()
{
    cout<<" namespace values:" <<endl;
    cout<<MyNames::val1<<endl;
    cout<< MyNames::val2<<endl;
    cout<<"Alias namespace values:"<<endl;
    cout<< MyAlias:: val1<<endl;
    cout<< MyAlias:: val2<<endl;
    return 0;
}
```

输出如下：

```
namespace values:
10
20
Alias namespace values:
10
20
```

5.8 编译预处理

在前面各章中，已多次使用过以"＃"号开头的预处理命令，如包含命令＃include、宏定义命令＃define等。在源程序中这些命令都放在函数之外，而且一般都放在源文件的前面，它们称为预处理部分。

所谓预处理是指在进行编译的第一遍扫描（词法扫描和语法分析）之前所做的工作。预处理是C＋＋语言的一个重要功能，它由预处理程序负责完成。当对一个源文件进行编译时，系统将自动引用预处理程序对源程序中的预处理部分作处理，处理完毕自动进入对源程序的编译。

C＋＋语言提供了多种预处理功能，如宏定义、文件包含、条件编译等。合理地使用预处理功能编写的程序便于阅读、修改、移植和调试，也有利于模块化程序设计。本章介绍常用的几种预处理功能，同时还介绍C＋＋的各种语句，这些语句包括条件语句、循环语句和转向语句等。

5.8.1 宏定义

在C＋＋语言源程序中允许用一个标识符来表示一个字符串，称为"宏"。被定义为"宏"的标识符称为"宏名"。在编译预处理时，对程序中所有出现的"宏名"，都用宏定义中的字符串去代换，这称为"宏代换"或"宏展开"。

宏定义是由源程序中的宏定义命令完成的。宏代换是由预处理程序自动完成的。在C＋＋语言中，"宏"分为有参数和无参数两种。下面分别讨论这两种"宏"的定义和调用。

1. 无参宏定义

无参宏的宏名后不带参数。其定义的一般形式为：＃define 标识符字符串，其中的"＃"表示这是一条预处理命令。凡是以“＃”开头的均为预处理命令。“define”为宏定义命令。“标识符”为所定义的宏名。“字符串”可以是常数、表达式、格式串等。在前面介绍过的符号常量的定义就是一种无参宏定义。此外，常对程序中反复使用的表达式进行宏定义。例如，＃ define M(y＊y+3＊y)，定义 M 表达式(y＊y+3＊y)。在编写源程序时，所有的(y＊y+3＊y)都可由 M 代替，而对源程序作编译时，将先由预处理程序进行宏代换，即用(y＊y+3＊y)表达式去置换所有的宏名 M，然后再进行编译。如例 5.27 所示。

【例 5.27】

```
#include <iostream.h>
#define M(y*y+3*y)
main()
{
    int s,y;
    cout<<" input a number: ";
    cin>>y;
    s=3*M+4*M+5*M;
    cout<<" s= "<<s<<endl;
}
```

例 5.27 程序中首先进行宏定义，定义 M 表达式(y＊y+3＊y)，在 s= 3＊M+4＊M+5＊M中作了宏调用。在预处理时经宏展开后该语句变为：s=3＊(y＊y+3＊y)+4(y＊y+3＊y)+5(y＊y+3＊y)；。但要注意的是，在宏定义中表达式(y＊y+3＊y)两边的括号不能少。否则会发生错误。当作以下定义后：＃define M y＊y+3＊y 在宏展开时将得到以下语句：s=3＊y＊y+3＊y+4＊y＊y+3＊y+5＊y＊y+3＊y；，这显然与原题意要求不符。计算结果当然是错误的。因此在作宏定义时必须十分注意，应保证在宏代换之后不发生错误。对于宏定义还要说明以下几点：

(1)宏定义是用宏名来表示一个字符串，在宏展开时又以该字符串取代宏名，这只是一种简单的代换，字符串中可以含任何字符，可以是常数，也可以是表达式，预处理程序对它不作任何检查。如有错误，只能在编译已被宏展开后的源程序时发现。

(2)宏定义不是说明或语句，在行末不必加分号，如加上分号则连分号也一起置换。

(3)定义必须写在函数之外，其作用域为宏定义命令起到源程序结束。如要终止其作用域可使用＃ undef 命令，例如：

```
# define PI 3.14159
main()
{
   ...
}
# undef PI
f1()
```

…表示 PI 只在 main 函数中有效，在 f1 中无效。

(4)宏名在源程序中若用引号括起来，则预处理程序不对其作宏代换。例如：

```
#include <iostream.h>
#define OK 100
main()
```

```
{
  cout<<" OK" <<endl;
}
```

上例中定义宏名OK表示100,但在cout语句中OK被引号括起来,因此不作宏代换。程序的运行结果为:OK这表示把“OK”当字符串处理。

(5)宏定义允许嵌套,在宏定义的字符串中可以使用已经定义的宏名。在宏展开时由预处理程序层层代换。例如:

```
#define PI 3.1415926
#define S PI*y*y // PI是已定义的宏名
```

对语句:cout<<S;在宏代换后变为:cout<<3.1415926*y*y;。

(6)习惯上宏名用大写字母表示,以便于与变量区别。但也允许用小写字母。

(7)可用宏定义表示数据类型,使书写方便。例如,#define STU struct stu 在程序中可用STU作变量说明:STU body[5],*p; #define INTEGER int 在程序中即可用INTEGER作整型变量说明:INTEGER a,b;,应注意用宏定义表示数据类型和用typedef定义数据说明符的区别。宏定义只是简单的字符串代换,是在预处理完成的,而typedef是在编译时处理的,它不是作简单的代换,而是对类型说明符重新命名。被命名的标识符具有类型定义说明的功能。请看下面的例子:

```
#define PIN1 int* 和 typedef(int*)PIN2;
```

从形式上看这两者相似,但在实际使用中却不相同。下面用PIN1、PIN2说明变量时就可以看出它们的区别:PIN1 a,b;在宏代换后变成int *a,b;表示a是指向整型的指针变量,而b是整型变量。然而:PIN2 a,b;表示a,b都是指向整型的指针变量。因为PIN2是一个类型说明符。由这个例子可见,宏定义虽然也可表示数据类型,但毕竟是作字符代换。在使用时要分外小心,以避免出错。

(8)对“输出格式”作宏定义,可以减少书写麻烦。例如:

```
#include <stdio.h>
#define P printf
#define D " %d\n"
#define F " %f\n"
main()
{
   int a=5,c=8,e=11;
   float b=3.8,d=9.7,f=21.08;
   P(D F,a,b);
   P(D F,c,d);
   P(D F,e,f);
}
```

2. 带参数的宏定义

C++语言允许宏带有参数。在宏定义中的参数称为形式参数,在宏调用中的参数称为实际参数。对带参数的宏,在调用中,不仅要宏展开,而且要用实参去代换形参。

带参宏定义的一般形式为:

#define 宏名(形参表)字符串

字符串中含有各个形参。

带参宏调用的一般形式为：

宏名(实参表)；

例如：

```
#define M(y)y*y+3*y  //宏定义
k=M(5); //宏调用,在宏调用时,用实参5去代替形参y,经预处理宏展开后的语句为:k=5*5+3*5
```

【例5.28】

```
#include <iostream.h>
#define MAX(a,b)(a>b)? a:b
main()
{
    int x,y,max;
    cout<<" input two numbers: \n";
    cin>>x>>y;
    max=MAX(x,y);
    cout<<" max=" <<max<<endl;
}
```

上例程序的第二行进行带参宏定义,用宏名MAX表示条件表达式(a>b)? a:b,形参a、b均出现在条件表达式中。程序第八行max=MAX(x,y)为宏调用,实参x、y将代换形参a、b。宏展开后该语句为:max=(x>y)? x:y;用于计算x、y中的大数。对于带参的宏定义有以下问题需要说明：

(1)带参宏定义中,宏名和形参表之间不能有空格出现。例如把#define MAX(a,b)(a>b)? a:b写为:#define MAX(a,b)(a>b)? a:b将被认为是无参宏定义,宏名MAX代表字符串(a,b)(a>b)? a:b。宏展开时,宏调用语句:max=MAX(x,y);将变为:max=(a,b)(a>b)? a:b(x,y);,这显然是错误的。

(2)在带参宏定义中,形式参数不分配内存单元,因此不必作类型定义。而宏调用中的实参有具体的值。要用它们去代换形参,因此必须作类型说明。这是与函数中的情况不同的。在函数中,形参和实参是两个不同的量,各有自己的作用域,调用时要把实参值赋予形参,进行“值传递”。而在带参宏中,只是符号代换,不存在值传递的问题。

(3)在宏定义中的形参是标识符,而宏调用中的实参可以是表达式。

【例5.29】

```
#include <iostream.h>
#define SQ(y)(y)*(y)
main()
{
    int a,sq;
    cout<<" input a number: ";
    cin>>a;
    sq=SQ(a+1);
    cout<<" sq=" <<sq<<endl;
}
```

例5.29中第二行为宏定义,形参为y。程序第八行宏调用中实参为a+1,是一个表达式,在宏展开时,用a+1代换y,再用(y)*(y)代换SQ,得到如下语句：sq=(a+1)*(a+1);。

这与函数的调用是不同的，函数调用时要把实参表达式的值求出来再赋予形参。而宏代换中对实参表达式不作计算直接地照原样代换。

(4)在宏定义中，字符串内的形参通常要用括号括起来以避免出错。在例5.29中的宏定义中(y)*(y)表达式的y都用括号括起来，因此结果是正确的。如果去掉括号，把程序改为以下形式：

【例5.30】

```
#include <iostream.h>
#define SQ(y)y*y
main()
{
    int a,sq;
    cout<<" input a number: ";
    cin>>a;
    sq=SQ(a+1);
    cout<<" sq=" <<sq<<endl;
}
```

运行结果为：

```
input a number:3
sq=7
```

同样输入3，但结果却是不一样的。问题在哪里呢？这是由于代换只作符号代换而不作其他处理而造成的。宏代换后将得到以下语句：sq=a+1*a+1;，由于a为3故sq的值为7。这显然与题意相违，因此参数两边的括号是不能少的。即使在参数两边加括号还是不够的，看下面的程序。

【例5.31】

```
#include <iostream.h>
#define SQ(y)(y)*(y)
main()
{
  int a,sq;
  cout<<" input a number: ";
  cin>>a;
  sq=160/SQ(a+1);
  cout<<" sq=" <<sq<<endl;
}
```

本程序与前例相比，只把宏调用语句改为：sq=160/SQ(a+1);，运行本程序如输入值仍为3时，希望结果为10。但实际运行的结果如下：input a number:3 sq=160，为什么会得这样的结果呢？

分析宏调用语句，在宏代换之后变为：sq=160/(a+1)*(a+1);，a为3时，由于“/”和“*”运算符优先级和结合性相同，则先运算160/(3+1)得40，再运算40*(3+1)，最后得160。为了得到正确答案应在宏定义中的整个字符串外加括号，程序修改如下：

【例5.32】

```
#include <iostream.h>
#define SQ(y)((y)*(y))
main()
```

```
{
    int a,sq;
    cout<<" input a number: ";
    cin>>a;
    sq=160/SQ(a+1);
    cout<<" sq=" <<sq<<endl;
}
```

以上讨论说明,对于宏定义不仅应在参数两侧加括号,也应在整个字符串外加括号。

(5)带参的宏和带参函数很相似,但有本质上的不同,除上面已谈到的各点外,把同一表达式用函数处理与用宏处理两者的结果有可能是不同的。例如:

【例 5.33】

```
#include <iostream.h>
main()
{
  int i=1;
  while(i<=5)
    cout<< SQ(i++)<<endl;
}
SQ(int y)
{
  return((y)*(y));
}
```

【例 5.34】

```
#include <iostream.h>
#define SQ(y)((y)*(y))
main()
{
  int i=1;
  while(i<=5)
    cout<< SQ(i++)<<endl;
}
```

在例 5.33 中函数名为 SQ,形参为 y,函数体表达式为((y)*(y))。在例 5.34 中宏名为 SQ,形参也为 y,字符串表达式为((y)*(y))。两个例子是相同的。例 5.33 的函数调用为 SQ(i++),例 5.34 的宏调用为 SQ(i++),实参也是相同的。从输出结果来看,却大不相同。分析如下:在例 5.33 中,函数调用是把实参 i 值传给形参 y 后自增 1。然后输出函数值。因而要循环 5 次。输出 1~5 的平方值。而在例 5.34 中宏调用时,只作代换。SQ(i++)被代换为((i++)*(i++))。在第一次循环时,由于 i 等于 1,其计算过程为:表达式中前一个 i 初值为 1,然后 i 自增 1 变为 2,因此表达式中第 2 个 i 初值为 2,两相乘的结果也为 2,然后 i 值再自增 1,得 3。在第二次循环时,i 值已有初值为 3,因此表达式中前一个 i 为 3,后一个 i 为 4,乘积为 12,然后 i 再自增 1 变为 5。进入第三次循环,由于 i 值已为 5,所以这将是最后一次循环。计算表达式的值为 5*6 等于 30。i 值再自增 1 变为 6,不再满足循环条件,停止循环。从以上分析可以看出函数调用和宏调用二者在形式上相似,而在本质上是完全不同的。

(6)宏定义也可用来定义多个语句,在宏调用时,把这些语句又代换到源程序内。看下面的例子:

【例 5.35】

```
#include <iostream.h>
#define SSSV(s1,s2,s3,v)s1 = l * w;s2 = l * h;s3 = w * h;v = w * l * h;
main()
{
    int l = 3,w = 4,h = 5,sa,sb,sc,vv;
    SSSV(sa,sb,sc,vv);
    cout<<" sa = " <<sa<<" \n";
    cout<<" sb = " <<sb<<" \n";
    cout<<" sc = " <<sc<<" \n";
    cout<<" vv = " <<vv<<endl;
}
```

程序第二行为宏定义,用宏名 SSSV 表示 4 个赋值语句,4 个形参分别为 4 个赋值符左部的变量。在宏调用时,把 4 个语句展开并用实参代替形参。使计算结果送入实参之中。

5.8.2 文件包含

文件包含是 C++预处理程序的另一个重要功能。文件包含命令行的一般形式为:

#include“文件名”

在前面我们已多次用此命令包含过库函数的头文件。例如:

```
#include <stdio.h>
#include <math.h>
```

文件包含命令的功能是把指定的文件插入该命令行位置取代该命令行,从而把指定的文件和当前的源程序文件连成一个源文件。在程序设计中,文件包含是很有用的。一个大的程序可以分为多个模块,由多个程序员分别编程。有些公用的符号常量或宏定义等可单独组成一个文件,在其他文件的开头用包含命令包含该文件即可使用。这样,可避免在每个文件开头都去书写那些公用量,从而节省时间,并减少出错。

对文件包含命令还要说明以下几点:

(1)包含命令中的文件名可以用双引号括起来,也可以用尖括号括起来。例如以下写法都是允许的:#include “stdio.h”和#include <math.h>。但是这两种形式是有区别的:使用尖括号表示在包含文件目录中去查找(包含目录是由用户在设置环境时设置的),而不在源文件目录去查找;使用双引号则表示首先在当前的源文件目录中查找,若未找到才到包含目录中去查找。用户编程时可根据自己文件所在的目录来选择某一种命令形式。

(2)一个 include 命令只能指定一个被包含文件,若有多个文件要包含,则需用多个include命令。

(3)文件包含允许嵌套,即在一个被包含的文件中又可以包含另一个文件。

5.8.3 条件编译

预处理程序提供了条件编译的功能。可以按不同的条件去编译不同的程序部分,因而产生不同的目标代码文件,这对于程序的移植和调试是很有用的。条件编译有三种形式,下面分别介绍。

1. 第一种形式

#ifdef 标识符
程序段 1
#else
程序段 2
#endif

它的功能是，如果标识符已被 #define 命令定义过则对程序段 1 进行编译；否则对程序段 2 进行编译。如果没有程序段 2(它为空)，本格式中的#else 可以没有，即可以写为：

#ifdef 标识符
程序段 #endif

【例 5.36】

```
#include <iostream.h>
#define NUM ok
main()
{
    struct stu
    {
      int num;
      char *name;
      char sex;
      float score;
    } *ps;
    ps=(struct stu*)malloc(sizeof(struct stu));
    ps->num=102;
    ps->name="Zhang ping";
    ps->sex='M';
    ps->score=62.5;
    #ifdef NUM
    cout<<"Number="<<ps->num<<"\n";
    cout<<"Score="<<ps->score<<endl;
    #else
    cout<<"Name="<<ps->name<<"\n";
    cout<<"Sex="<<ps->sex<<endl;
    #endif
    free(ps);
}
```

由于在程序的第 17 行插入了条件编译预处理命令，因此要根据 NUM 是否被定义过来决定编译哪一个 cout 语句。而在程序的第二行已对 NUM 作过宏定义，因此应对第一个 cout 语句作编译故运行结果是输出了学号和成绩。在程序的第二行宏定义中，定义 NUM 表示字符串 OK，其实也可以为任何字符串，甚至不给出任何字符串，写为#define NUM 也具有同样的意义。只有取消程序的第一行才会去编译第二个 cout 语句。

2. 第二种形式

```
#ifndef 标识符
程序段 1
#else
程序段 2
#endif
```

与第一种形式的区别是将“ifdef”改为“ifndef”。它的功能是，如果标识符未被#define 命令定义过，则对程序段 1 进行编译，否则对程序段 2 进行编译。这与第一种形式的功能正相反。

3. 第三种形式

```
#if 常量表达式
程序段 1
#else
程序段 2
#endif
```

它的功能是：如常量表达式的值为真（非 0），则对程序段 1 进行编译，否则对程序段 2 进行编译。因此可以使程序在不同条件下，完成不同的功能。

【例 5.37】

```
#include <iostream.h>
#define R 1
main()
{
    float c,r,s;
    cout<<" input a number:";
    cin>>c;
    #if R
    r = 3.14159 * c * c;
    cout<<" area of round is:" <<r<<endl;
    #else
    s = c * c;
    cout<<" area of square is:" <<s<<endl;
    #endif
}
```

例 5.37 中采用了第三种形式的条件编译。在程序第二行宏定义中，定义 R 为 1，因此在条件编译时，常量表达式的值为真，故计算并输出圆面积。上面介绍的条件编译当然也可以用条件语句来实现。但是用条件语句将会对整个源程序进行编译，生成的目标代码程序很长，而采用条件编译，则根据条件只编译其中的程序段 1 或程序段 2，生成的目标程序较短。如果条件选择的程序段很长，采用条件编译的方法是十分必要的。

习　题

一、选择题

1. 当一个函数无返回值时，定义它时函数的类型应为(　　)。

A. void　　B. 任意　　C. int　　D. 无

2. 在函数说明时，下列(　　)项是不必要的。

A. 函数的类型　　B. 函数参数类型和名字

C. 函数名字　　D. 返回值表达式

3. 在函数的返回值类型与返回值表达式的类型的描述中，(　　)是错误的。

A. 函数返回值类型是在定义函数是确定，在函数调用时是不能改变的

B. 函数返回值的类型就是返回值表达式的类型

C. 函数返回值表达式类型与函数返回值不同时，表达式类型应该转换为函数返回值类型

D. 函数返回值类型决定了函数表达式类型

4. 在一个被调用函数中，关于 return 语句使用的描述，(　　)是错误的。

A. 被调用函数中可以不用 return 语句

B. 被调用函数中，可以使用多个 return 语句

C. 被调用函数中，如果有返回值，就一定要有 return 语句

D. 被调用函数中，一个 return 语句可以返回多个值给调用函数

5. 下列的(　　)是引用调用。

A. 形参是指针，实参是地址值　　B. 形参和实参都是变量

C. 形参是数组名，实参是数组名　　D. 形参是引用，实参是变量

6. 在传值调用中，要求(　　)。

A. 实参和形参类型任意，个数相等　　B. 实参和形参类型都完全一致，个数相等

C. 实参和形参对应的类型一致，个数相等　　D. 实参和形参对应的类型一致，个数任意

7. 在传值调用中，要求(　　)。

A. 实参和形参类型任意，个数相等　　B. 实参和形参类型都完全一致，个数相等

C. 实参和形参对应的类型一致，个数相等　　D. 实参和形参对应的类型一致，个数任意

8. 重载函数再调用时选择的依据中，(　　)是错误的。

A. 参数个数　　B. 参数类型　　C. 函数名字　　D. 函数类型

9. 下列的标识符中，(　　)是文件级作用域的。

A. 函数形参　　B. 语句标号

C. 外部静态类标识符　　D. 自动类标识符

10. 有一个 int 型变量，在程序中使用频度很高，最好定义它为(　　)。

A. register　　B. auto　　C. extern　　D. static

11. 下列标识符中，(　　)不是局部变量。

A. register 类　　B. 外部 static 类

C. auto 类　　D. 函数形参

12. 下列存储类标识符中，(　　)的可见性与存在性不一致。

A. 外部类　　B. 自动类　　C. 内部静态类　　D. 寄存器类

13. 在一个函数中，要求通过函数来实现一种不太复杂的功能，并且要求加快执行速度，选用(　　)合适。

A. 内联函数　　B. 重载函数　　C. 递归调用　　D. 嵌套调用

14. 采用函数重载的目的在于(　　)。

A. 实现共享　　B. 减少空间

C. 提高速度　　D. 使用方便，提高可读性

15. 在两个字符串连接起来组成一个字符串时，选用(　　)函数。

A. strlen()　　B. strcpy()　　C. strcat()　　D. strcmp()

16. 以下对宏替换的叙述不正确的是(　　)。

A. 宏替换只是字符的替换

B. 宏替换不占运行时间

C. 宏名无类型，其参数也无类型

D. 带参的宏替换在替换时，先求出实参表达式的值，然后代入形参运算求值

17. 有以下宏定义：

```
#define  k 2
#define  X(k)  ((k+1)*k)
```

当C程序中的语句 y = 2 *(k + X(5))；被执行后，结果为(　　)。

A. y中的值不确定　　B. y中的值为65

C. 语句报错　　D. y中的值为64

18. 以下程序的输出结果是(　　)。

```
#define  MIN(x,y)  (x)<(y)?(x):(y)
main()
{
  int i,j,k;
  i = 10;  j = 15;
  k = 10 * MIN(i,j);
  cout<<k<<endl;
}
```

A. 15　　B. 100　　C. 10　　D. 150

19. 以下程序中的for循环执行的次数是(　　)。

```
#define  N  2
#define  M  N + 1
#define  NUM  (M + 1) * M / 2
main()
{
  int  i;
  for(i = 1;  i <= NUM; i++);
    cout<<i<<endl;
}
```

A. 5　　B. 6　　C. 8　　D. 9

20. 执行下面的程序后，a 的值是（　　）。

```
#define SQR(X)  X*X
main()
{
  int a=10,k=2,m=1;
  a/=SQR(k+m)/SQR(k+m);
  cout<<a;
}
```

A. 10　　B. 1　　C. 9　　D. 0

二、判断题

1. C++中定义函数时必须给出函数的类型。（　　）
2. C++中说明函数时要用函数原型，即定义函数时的函数头部分。（　　）
3. C++中所有函数在调用之前都要说明。（　　）
4. 如果一个函数没有返回值，定义时需要用 void 说明。（　　）
5. 在 C++中，传址调用将被引用调用取代。（　　）
6. 使用内联函数是以牺牲增大空间开销为代价的。（　　）
7. 返回值类型，参数个数和类型都相同的函数也可以重载。（　　）
8. 在设置了参数默认值之后，调用函数的对应实参就必须省略。（　　）
9. 计算函数参数顺序引起的二义性完全是由不同的编译系统决定的。（　　）
10. for 循环中，循环变量的作用域是该循环的循环体内。（　　）
11. 语句标号的作用域是定义该语句标号的文件内。（　　）
12. 函数形参的作用域是该函数的函数体。（　　）
13. 定义外部变量时，不用存储类说明符 extern，而说明外部变量时用它。（　　）
14. 内部静态变量与自动类变量的作用域相同，但是生存期不同。（　　）
15. 静态生存期的标识符的寿命是短的，而动态生存期标识符的寿命是长的。（　　）
16. 重新定义的标识符在定义它的区域内是可见的，而与其同名的原标识符在此区域内是不可见的，但是它是存在的。（　　）
17. 静态类标识符在它的作用域之外是不存在的。（　　）
18. 所有的函数在定义它的程序中都是可见的。（　　）
19. 编译系统所提供的系统函数都被定义在它所对应的头文件中。（　　）
20. 调用系统函数时，要先将该系统函数的原型说明所在的头文件包含进去。（　　）

三、程序分析题

分析下列程序的输出结果。

1.

```
#include<iostream.h>
#define N 5
void fun();
void main()
{
```

```
    for(int i(1);i<N;i++)
        fun();
}
void fun()
{
    static int a;
    int b(2);
    cout<<(a+=3,a+b)<<endl;
}
```

2.

```
#include<iostream.h>
int add(int a,int b);
void main()
{
    extern int x,y;
    cout<<add(x,y)<<endl;
}
int x(20),y(5);
int add(int a,int b)
{
    int s=a+b;
    return s;
}
```

3.

```
#include<iostream.h>
void f(int j);
void main()
{
    for(int i(1);i<=4;i++)
        f(i);
}
void f(int j)
{
    static int a(10);
    int b(1);
    b++;
    cout<<a<<" + "<<b<<" + "<<j<<" = "<<a+b+j<<endl;
    a+=10;
}
```

4.

```
#include<iostream.h>
void f(int n)
{
    int x(5);
```

```
    static int y(10);
    if(n>0)
    {
        ++x;
        ++y;
        cout<<x<<","<<y<<endl;
    }
}
void main()
{
    int m(1);
    f(m);
}
```

5.

```
#include<iostream.h>
int fac(int a);
void main()
{
    int s(0);
    for(int i(1);i<=5;i++)
        s+=fac(I);
    cout<<" 5! +4! +3! +2! +1! ="<<s<<endl;
}
int fac(int a)
{
    static int b=1;
    b*=a;
    return b;
}
```

6.

```
#include<iostream.h>
void fun(int,int,int *);
void main()
{
    int x,y,z;
    fun(5,6,&x);
    fun(7,x,&y);
    fun(x,y,&z);
    cout<<x<<","<<y<<","<<z<<endl;
}
void fun(int a,int b,int *c)
{
    b+=a;
    *c=b-a;
```

```
}
```

7.

```
#include<iostream.h>
int add(int x,int y=8);
void main()
{
    int a(5);
    cout<<"sum1="<<add(a)<<endl;
    cout<<"sum2="<<add(a,add(a))<<endl;
    cout<<"sum3="<<add(a,add(a,add(a)))<<endl;
}
int add(int x,int y)
{
    return x+y;
}
```

8.

```
#include<iostream.h>
#define N 6
int f1(int a);
void main()
{
    int a(N);
    cout<<f1(a)<<endl;
}
int f1(int a)
{
    return(a= =0)? 1:a*f1(a-1);
}
```

9.

```
#include<iostream.h>
void swap(int &,int &);
void main()
{
    int a(5),b(8);
    cout<<"a="<<a<<","<<"b="<<b<<endl;
    swap(a,b);
    cout<<"a="<<a<<","<<"b="<<b<<endl;
}
void swap(int &x,int &y)
{
    int temp;
    temp=x;
    x=y;
    y=temp;
```

```
}
```

10.

```
#include<iostream.h>
int &f1(int n,int s[])
{
    int &m = s[n];
    return m;
}
void main()
{
    int s[] = {5,4,3,2,1,0};
    f1(3,s) = 10;
    cout<<f1(3,s)<<endl;
}
```

11.

```
#include<iostream.h>
void ff(int),ff(double);
void main()
{
    float a(88.18);
    ff(a);
    char b('a');
    ff(b);
}
void ff(int x)
{
    cout<<" ff(int):" <<x<<endl;
}
void ff(double x)
{
    cout<<" ff(double):" <<x<<endl;
}
```

12.

```
#include <iostream.h>
#include <iomanip.h>
void print(int i)
{
if(n!  =0)
{
    print(n-1);
    for(int i=1;i<=n;i++)
      cout<<setw(3)<<i;
    cout<<endl;
}
```

```
}
void main()
{
int n = 4;
print(4);
}
```

四、编程题

按下列要求编程，并上机验证。

1. 从键盘上输入 15 个浮点数，求其和及平均值。要求写出求和及平均值的函数。

2. 从键盘上输入 10 个 int 型数，去掉重复的。将其剩余的由大到小排序输出。

3. 给定某个年月日的值，例如，1998 年 4 月 17 日。计算这一天属于该年的第几天。要求写出计算润年的函数和计算日期的函数。

4. 写出一个函数，该函数是从键盘上输入的字符串反序排放，并在主函数中输入和输出该字符串。

5. 写一个函数，要求将输入的十六进制转换成十进制。要求函数调用时，使用指针作函数形参。

6. 编写两个函数：一个将一个 5 位的 int 型数转换为每两个数字间加一个空格的空符串；另一个是求出转换后的字符串的长度。由主函数输入 int 型数，并输出转换后的字符串和长度。

7. 输入 5 个学生 4 门功课的成绩，然后求出：

(1)每个学生的总分；

(2)每门课程的平均分；

(3)输出总分最高的学生的姓名和总分数。

8. 使用递归调用方法将一个 *n* 位整数转换成字符串。

9. 使用函数重载的方法定义两个重名函数，分别求出 int 型数的两个点之间的距离和浮点型数的两点间的距离。

10. 已知二维字符数组 s[][5]={" abcd"," efgh"," ijkl"," mnop" };，使用字符串处理函数，将该数组的四个字符串连接起来，组成一个字符串：abcdefghijklmnop。

11. 编程求下式的值：已知：f(1)=n，f(2)=n * n，f(3)=n * n * n，其中 n=1，2，3。求 f(1)+f(2)+…+f(10)。编写函数时，设置参数 n 的默认值为 2。

12. 编写一个程序验证歌德巴赫猜想：任何一个充分大的偶数(大于等于 6)总可以表示成两个素数之和。要求编一个求素数的函数 prime()，它有一个 int 型参数，当参数值为素数时返回 1，否则返回 0。

13. 编写一个程序判定一个字符在一个字符串中出现的次数，如果该字符不出现则返回值 0。

14. 编写一个程序执行通配符“?”的匹配，该通配符可以与任何一个字符匹配成功。

第 6 章　指针和引用

本章内容提要

指针；引用；指针的引用；字符指针；指向数组的指针；结构体；联合体；枚举类型

在学习 C++的过程中，指针是一个比较让人头痛的问题，稍微不注意将会使程序编译无法通过，甚至造成死机。在程序设计过程中，指针也往往是产生隐含 bug 的原因。本章将来谈一下指针的应用以及需要注意的一些问题，C++中引用的一些基本知识，以及引用与指针的区别，同时我们介绍一下结构体、联合体和枚举类型。

6.1　指　　针

6.1.1　指针的定义和赋值

在计算机中，所有的数据都是存放在存储器中的。一般把存储器中的一个字节称为一个内存单元，不同的数据类型所占用的内存单元数不同，如整型量占 2 个单元，字符量占 1 个单元等。为了正确地访问这些内存单元，必须为每个内存单元编上号。根据一个内存单元的编号即可准确地找到该内存单元。内存单元的编号也称为地址。既然根据内存单元的编号或地址就可以找到所需的内存单元，所以通常也把这个地址称为指针。内存单元的指针和内存单元的内容是两个不同的概念。可以用一个通俗的例子来说明它们之间的关系。我们到银行去存、取款时，银行工作人员将根据我们的账号去找我们的存款单，找到之后在存单上写入存款、取款的金额。在这里，账号就是存单的指针，存款数是存单的内容。对于一个内存单元来说，单元的地址即为指针，其中存放的数据才是该单元的内容。在 C++语言中，允许用一个变量来存放指针，这种变量称为指针变量。因此，一个指针变量的值就是某个内存单元的地址或称为某内存单元的指针。图 6.1.1 中，设有字符变量 C，其内容为“K”（ASCII 码为十进制数 75），C 占用了 011A 号单元（地址用十六进制数表示）。设有指针变量 P，内容为 011A，这种情况我们称为 P 指向变量 C，或说 P 是指向变量 C 的指针。严格地说，一个指针是一个地址，它是一个常量。而一个指针变量却可以被赋予不同的指针值，是变量。但常把指针变量简称为指针。为了避免混淆，我们在本书中约定：“指针”是指地址，是常量，“指针变量”是指取值为地址的变量。定义指针的目的是为了通过指针去访问内存单元。

指针是存放地址值的变量或者常量。例如,int a=1; &a 就表示指针常量("&"表示取地址运算符,也即引用)。int *b; b 表示的是指针变量(注意,是 b 表示指针变量而不是 *b),* 表示要说明的是指针变量。大家注意:int *b[2]和 int(*b)[2]是不同的,int *b[2]表示 b 是一个具有两个元素的数组变量,该数组中的元素为指针类型,即 b 是一个指针数组,而 int(*b)[2]则表示 b 是一个指针,该指针指向一个含有两个 int 型元素的数组类型。这里要注意运算优先级问题,有助于理解指针问题。下面是指针定义的例子:

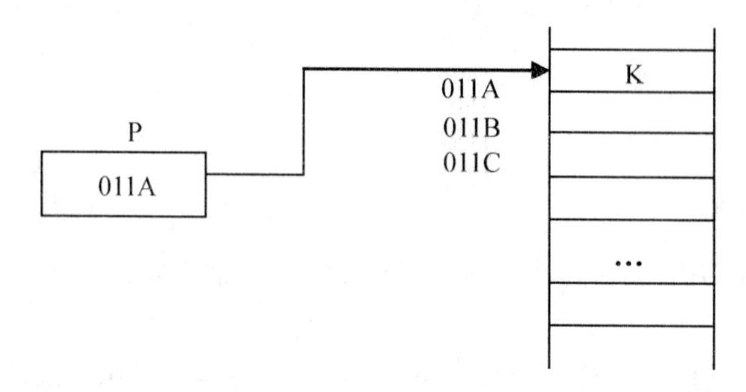

图 6.1.1 内存单元的指针

```
int *ip1, *ip2;
string *pstring;
double *dp;
```

我们通过在标识符前加一个解引用操作符(*)来定义指针。在逗号分隔的标识符列表中,每个将被用作指针的标识符前都必须加上解引用操作符。在下面的例子中,lp 是一个指向 long 型对象的指针,而 lp2 则是一个 long 型的数据对象,而不是指针:

```
long *lp,lp2;
```

为清楚起见,最好写成:string *ps;,而不是:string* ps;。

有可能发生的情况是,当程序员后来想定义第二个字符串指针时,会错误的修改定义如下:

```
string *ps,ps2; //错误:ps2 不是一个字符串指针
```

当指针持有 0 值时,表明它没有指向任何对象,或持有一个同类型的数据对象的地址。已知 ival 的定义:int ival=1024;

下面的定义以及对两个指针 pi 和 pi2 的赋值都是合法的。

```
int *pi = 0;          //pi 被初始化为没有指向任何对象
int *pi2 = &ival;     //pi2 被初始化为 ival 的地址
pi = pi2; //ok:       pi 和 pi2 现在都指向 ival
pi2 = 0;              //现在 pi2 没有指向任何对象
```

指针不能持有非地址值。例如,下面的赋值将导致编译错误:

```
pi = ival; //错误:pi 被赋以 int 值 ival
```

指针不能被初始化或赋值为其他类型对象的地址值。例如,已知如下定义:

```
double dval;
double *pd = &dval;
```

那么,下面两条语句都会引起编译时刻错误:

```
pi = pd; //无效的类型赋值:int *<= double *
pi = &dval;
```

不能说 pi 在物理上不能持有与 dval 相关联的内存地址。但是不允许,虽然 pi 和 pd 能够

持有同样的地址值，但对那块内存的存储布局和内容的解释却完全不同。当然，我们要做的仅仅是持有地址值（可能是一个地址同另一个地址作比较），那么指针的实际类型就不重要了。C++提供了一种特殊的指针类型来支持这种需求：空（void *）类型指针，它可以被任何数据指针类型的地址值赋值（函数指针除外）。

```
void *pv = pi; //ok:void *可以持有任何指针类型的地址值
pv = pd;
```

void *表明相关的值是个地址，但该地址的对象类型不知道。我们不能够操作空类型指针所指向的对象，只能传送该地址值或将它与其他地址值作比较。

已知一个 int 型指针对象 pi，当我们写下 pi 时，表示 pi 当前持有的地址值。当我们写下 &pi 时，表示指针对象 pi 被存储的位置的地址。要想操作指针所指向对象的值，我们必须使用解引用操作符（*），来间接的读和写指针所指向的对象。例如，已知下列定义：

```
int ival = 1024,ival2 = 2048;
int *pi = &ival;
```

下面给出了如何解引用 pi 以便间接访问 ival：

```
*pi = ival2;            //解除 pi 的引用，为它所指向的对象的 ival，赋以 ival2 的值
                        //对于右边的实例，读取 pi 所指对象的值
                        //对于左边的实例，则把右边的表达式赋给对象
*pi = abs(*pi);         //ival = abs(ival);
*pi = *pi + 1;          //ival = ival + 1;
```

我们知道，当取一个 int 型对象的地址时：int *pi=&ival；结果是 int *，即指向 int 的指针。

但我们取指向 int 型的指针的地址时：int **ppi=&pi；结果是 int**，即指向 int 指针的指针。

当我们解引用 ppi 时：int *pi2=*ppi;，这样，我们就获得了指针 ppi 所持有的地址值——在本例中，即 pi 持有的地址值，而 pi 又是 ival 的指针。为了实际访问到 ival，我们需要两次解引用 ppi。例如：

```
cout<<" the value of ival\n"
    <<" direct value:" <<ival<<" \n"
    <<" indirect value:" << *ppi<<" \n"
    <<" doubly indirect value:" << **ppi
    <<endl;
```

下面两条赋值语句的行为截然不同，但它们都是合法的。第一条语句增加了 pi 指向的数据对象的值，而第二条语句增加了 pi 包含的地址的值。

```
int i,j,k;
int *pi = &i;
*pi = *pi + 2; //i 加 2(i = i + 2)
pi = pi + 2; //加到 pi 包含的地址上
```

指针可以让它的地址值增加或减少一个整数值。这类指针操作，被称为指针的算术运算。这种操作看上去并不乐观，我们总认为是数据对象的加法，而非离散的十进制数值的加法。指针加 2 意味着给指针持有的地址值增加了该类型的两个对象的长度。例如，假设一个 char 是一个字节，一个 int 是 4 个字节，double 是 8 个字节，那么指针加 2 是给其持有的地址值加 2、8 还是 16，完全取决于指针的类型是 char、int 还是 double。

实际上，只有指针指向数组元素时，我们才能保证较好的运用指针的算术运算。在前面的

例子中，我们不能保证三个整数变量连续存储在内存中。因此 ip＋2 可能产生也可能不产生一个有效的地址，这取决于该位置上实际存储的是什么。指针算术运算的典型用法是遍历一个数组，例如：

```
int ia[10];
int * iter = &ia[0];
int * iter_end = &ia[10];
while(iter! = iter_end)
{
  do_something_with_value( * iter);
  + + iter;
}
```

6.1.2 指针变量的运算

指针变量可以进行某些运算，但其运算的种类是有限的。它只能进行赋值运算和部分算术运算及关系运算。

1. 指针运算符

(1)取地址运算符 &

取地址运算符 & 是单目运算符，其结合性为自右向左，其功能是取变量的地址。前面介绍指针变量赋值中，我们已经了解并使用了 & 运算符。

(2)取内容运算符 *

取内容运算符 * 是单目运算符，其结合性为自右向左，用来表示指针变量所指的变量。在 * 运算符之后跟的变量必须是指针变量。需要注意的是指针运算符 * 和指针变量说明中的指针说明符 * 不是一回事。在指针变量说明中，“ * ”是类型说明符，表示其后的变量是指针类型。而表达式中出现的“ * ”则是一个运算符，用以表示指针变量所指的变量。例如：

```
main()
{
  int a = 5, * p = &a;
  cout<< * p;
}
…
```

表示指针变量 p 取得了整型变量 a 的地址，输出语句输出变量 a 的值。

2. 指针变量的运算

(1)赋值运算

指针变量的赋值运算有以下几种形式：

①指针变量初始化赋值，前面已作介绍。

②把一个变量的地址赋予指向相同数据类型的指针变量。例如：

```
int a, * pa;
pa = &a; //把整型变量 a 的地址赋予整型指针变量 pa
```

③把一个指针变量的值赋予指向相同类型变量的另一个指针变量。例如：

```
int a, * pa = &a, * pb;
```

```
pb = pa; //把 a 的地址赋予指针变量 pb
```

由于 pa、pb 均为指向整型变量的指针变量，因此可以相互赋值。

④把数组的首地址赋予指向数组的指针变量。例如：

```
int a[5], * pa;
pa = a; //数组名表示数组的首地址，故可赋予指向数组的指针变量 pa
```

也可写为：

```
pa = &a[0]; //数组第一个元素的地址也是整个数组的首地址，也可赋予 pa
```

当然也可采取初始化赋值的方法：

```
int a[5], * pa = a;
```

⑤把字符串的首地址赋予指向字符类型的指针变量。例如：

```
char * pc; pc = " C language";
```

或用初始化赋值的方法写为：

```
char * pc = " C Language";
```

这里应说明的是并不是把整个字符串装入指针变量，而是把存放该字符串的字符数组的首地址装入指针变量。

⑥把函数的入口地址赋予指向函数的指针变量。例如：

```
int( * pf)(); pf = f; //f 为函数名
```

(2)加减算术运算

对于指向数组的指针变量，可以加上或减去一个整数 n。设 pa 是指向数组 a 的指针变量，则 pa＋n、pa－n、pa＋＋、＋＋pa、pa－－、－－pa 运算都是合法的。指针变量加或减一个整数 n 的意义是把指针指向的当前位置(指向某数组元素)向前或向后移动 n 个位置。应该注意，数组指针变量向前或向后移动一个位置和地址加 1 或减 1 在概念上是不同的。因为数组可以有不同的类型，各种类型的数组元素所占的字节长度是不同的。如指针变量加 1，即向后移动 1 个位置表示指针变量指向下一个数据元素的首地址，而不是在原地址基础上加 1。例如：

```
int a[5], * pa;
pa＝a;                    //pa 指向数组 a，也是指向 a[0]
pa＝pa＋2;                //pa 指向 a[2]，即 pa 的值为 &pa[2]
```

指针变量的加减运算只能对数组指针变量进行，对指向其他类型变量的指针变量作加减运算是毫无意义的。

(3)两个指针变量之间的运算只有指向同一数组的两个指针变量之间才能进行运算，否则运算毫无意义。

①两指针变量相减

两指针变量相减所得之差是两个指针所指数组元素之间相差的元素个数。实际上是两个指针值(地址)相减之差再除以该数组元素的长度(字节数)。例如 pf1 和 pf2 是指向同一浮点数组的两个指针变量，设 pf1 的值为 2010H，pf2 的值为 2000H，而浮点数组每个元素占 4 个字节，所以 pf1－pf2 的结果为(2000H－2010H)/4＝4，表示 pf1 和 pf2 之间相差 4 个元素。两个指针变量不能进行加法运算。例如，pf1＋pf2 是什么意思呢？毫无实际意义。

②两指针变量进行关系运算

指向同一数组的两指针变量进行关系运算可表示它们所指数组元素之间的关系。例如：

pf1＝＝pf2　表示 pf1 和 pf2 指向同一数组元素

pf1＞pf2　　表示 pf1 处于高地址位置

pf1<pf2　　表示 pf1 处于低地址位置

【例 6.1】

```
#include <iostream.h>
main()
{
  int a=10,b=20,s,t,*pa,*pb;
  pa=&a;
  pb=&b;
  s=*pa+*pb;
  t=*pa**pb;
  cout<<"a="<<a<<"\nb="<<b<<"\na+b="<<a+b<<"\na*b="<<a*b<<endl;
  cout<<"s="<<s<<"\nt="<<t<<endl;
}
```

…

程序说明如下：

说明 pa、pb 为整型指针变量。

给指针变量 pa 赋值，pa 指向变量 a。

给指针变量 pb 赋值，pb 指向变量 b。

本行的意义是求 a+b 之和（*pa 就是 a，*pb 就是 b）。

本行是求 a*b 之积。

输出结果。

输出结果。

…

指针变量还可以与 0 比较。设 p 为指针变量，则 p==0 表明 p 是空指针，它不指向任何变量；p!=0 表示 p 不是空指针。空指针是由对指针变量赋予 0 值而得到的。例如，#define NULL 0 int *p=NULL；对指针变量赋 0 值和不赋值是不同的。指针变量未赋值时，可以是任意值，是不能使用的，否则将造成意外错误。而指针变量赋 0 值后，则可以使用，只是它不指向具体的变量而已。

【例 6.2】

```
#include <iostream.h>
main()
{
  int a,b,c,*pmax,*pmin;
  cout<<"input three numbers:"<<endl;
  cin>>a>>b>>c;
  if(a>b)
  {
    pmax=&a;
    pmin=&b;
  }
  else
  {
```

```
        pmax = &b;
        pmin = &a;
      }
      if(c> * pmax)pmax = &c;
      if(c< * pmin)pmin = &c;
      cout<<" max = " << * pmax<<endl;
      cout<<" min = " << * pmin<<endl;
    }
…
```

程序说明如下：
说明 pmax、pmin 为整型指针变量。
输入提示。
输入三个数字。
如果第一个数字大于第二个数字…
指针变量赋值
指针变量赋值
指针变量赋值
指针变量赋值
判断并赋值
判断并赋值
输出结果
…

6.1.3 指针的应用及注意的问题

(1)理解指针的关键所在——对指针类型和指针所指向的类型的理解。

指针类型：可以把指针名字去掉，剩下的就是这个指针，例如：

```
int * a; //指针类型为 int *
int * * a ;//指针类型为 int * *
int * ( * a)[8]; //指针类型为 int * ( * )[8]
```

指针所指向的类型：是指编译器将把那一片内存所看待成的类型。这里只要把指针声明语句中的指针名字和名字右边的“ * ”号去掉就可以了，剩下的就是指针所指向的类型。

(2)指针的应用——传递参数。

实际上它可以相当于隐式的返回值，这比 return 方法要灵活得多，因为它可以返回更多的值，我们看下面的程序。

【例 6.3】

```
# include <iostream.h>
void example(int * a1,int &b1,int c1)
{
    * a1 * = 3;
    + + b1;
```

```
    ++c1;
}
void main()
{
    int *a;
    int b,c;
    *a=6;
    b=7;
    c=10;
    example(a,b,c);
    cout<<" *a="<<*a<<endl;
    cout<<" b="<<b<<endl;
    cout<<" c="<<c<<endl;
}
```

输出：

```
*a=18
b=8
c=10
```

我们可以看到，*a和b的值都改变了，而c没有变。这是由于a1是指向*a(=6)的指针，也即与a是指向同一个地址，所以当a1指向的值改变了，*a的值也就改变了。在函数中的参数使用了引用(int &b1)，b1是b的别名，也可以把它当作特殊的指针来理解，所以b的值会改变。函数中的参数int c1只是在函数中起作用，当函数结束时候便消失了，所以在main()中不起作用。

(3)关于全局变量和局部变量的一个问题，我们先看下面的程序。

【例6.4】

```
#include <iostream.h>
int a=5;
int *example1(int b)
{
    a+=b;
    return &a;
}
int *example2(int b)
{
    int c=5;
    b+=c;
    return &b;
}
void main()
{
    int *a1=example1(10);
    int *b1=example2(10);
    cout<<" a1="<<*a1<<endl;
```

```
  cout <<" b1 = " << * b1<endl;
}
```

输出结果:

```
a1 = 15
b1 = 4135
```

* b1 怎么会是 4135,而不是 15 呢?是程序的问题?没错吧?

由于 a 是全局变量,存放在全局变量的内存区,它一直是存在的;而局部变量则是存在于函数的栈区,当函数 example2()调用结束后便消失,是 b 指向了一个不确定的区域,产生指针悬挂。

下面是对 example1()和 example2()的反汇编(用 TC++ 3.0 编译)。

【例 6.5】

```
example1():
push bp;                //入栈
mov bp,sp;
mov ax,[bp + 04];       //传递参数
add [00AA],ax;          //相加
mov ax,00AA ;           //返回了结果所在的地址
pop bp;                 //恢复栈,出栈
ret;                    //退出函数
example2():
push bp;                //入栈
mov bp,sp;
sub sp,02;
mov word ptr [bp - 02],0005;
mov ax,[bp - 02];       //传递参数
add [bp + 04],ax;       //相加
lea ax,[bp + 04];       //问题就出在这里
⋮
mov sp,bp;
pop bp;                 //恢复栈,出栈
ret;                    //退出函数
```

对比之后看出来了吧?ax 应该存储的是结果的地址。在 example1()中,ax 返回了正确的结果的地址。而在 example2()中,返回的却是[bp+04]的内容,因此指针指向了一个不确定的地方,由此产生的指针悬挂。

(4)内存问题:使用指针注意内存的分配和边界。

使用指针的过程中应该给变量一个适当的空间,以免产生不可见的错误。请看以下代码。

【例 6.6】

```
#include <iostream.h>
main()
{
  char * a1;
  char * a2;
  cin >>a1;
  cin >>a2;
```

```
  cout <<" a1 = " <<a1<<endl;
  cout <<" a2 = " <<a1<<endl;
}
```

输入：

```
abc
123
```

输出：

```
a1 = 123
a2 =
Null pointer assignment
```

指针指向了“空”，解决办法就是分配适当的内存给这两个字符串。修正后的代码如下。

【例 6.7】

```
include <iostream.h>
void main()
{
char *a1;
char *a2;
a1 = new char [10];
a2 = new char [10];
cin >>a1;
cin >>a2;
cout <<" a1 = " <<a1<<endl;
cout <<" a2 = " <<a2<<endl;
delete(a1); //注意，别忘了要释放内存空间
delete(a2);
}
```

到此就能输出正确的结果了。分配了适当的内存之后要注意释放内存空间，同时还应该注意不要超出所分配的内存的大小，否则会有溢出现象产生，导致不可预料的结果。

6.2 引　用

引用(reference)又称别名(alias)，它可以用作对象的另一个名字。通过引用我们可以间接的操纵对象，使用方式类似于指针，但是不需要指针的语法。在实际应用中，引用主要被用作函数的形式参数——通常将类对象传递给一个函数。但是现在我们用独立的对象来介绍并示范引用的用法。

引用类型用类型标识符和一个取地址操作符来定义，引用必须被初始化。例如：

```
int ival = 1024;
int &refVal = ival;        //正确:refval 是一个指向 ival 的引用
int &refVal2;              //错误:引用必须被初始化为指向一个对象
```

虽然引用也可以被用作一种指针，但是相对指针那样用一个对象的地址来初始化引用却是错误的。下面我们定义一个指针引用，例如：

```
int ival = 1024;
int &refVal = &ival; //错误:refVal 是 int 类型,不是 int *
int * pi = &ival;
int * &ptrVal2 = pi; //ok:refPtr 是一个指向指针的引用
```

一旦引用已经定义,它就不能再指向其他的对象(这是它为什么必须被初始化的原因)。例如,下列的赋值不会使 refVal 指向 min_val,相反,它会使 refVal 指向的对象被设置为min_val 的值。

```
int min_val = 0;
refVal = min_val; //ival 被设置为 min_val 的值,并没有引用到 min_val 上
```

引用的所有操作实际上都是应用在它所指的对象身上,包括取地址操作符。例如:

```
refVal + = 2; //将 refVal 指向的对象 ival 加 2
```

类似地,如下语句:

```
int ii = refVal; //把与 ival 相关联的值赋给 ii
int * pi = &refVal; //用 ival 的地址初始化 pi
```

每个引用的定义都必须以取地址操作符开始(这与前面我们对指针的讨论是同样的问题)。例如:

```
int ival = 1024,ival2 = 2048; //定义两个 int 类型的对象
int &rval = ival,rval2 = ival2; //定义一个引用和一个对象
int ival3 = 1024, * pi = &ival3,&ri = ival3; //定义一个对象、一个指针和一个引用
int &rval3 = ival3,&rval4 = ival2; //定义两个引用
```

const 引用可以用不同类型的对象初始化(只要能从一种类型转换到另一种类型即可),也可以是不可寻址的值,如文字常量。例如:

```
double dval = 3.14159;
const int &ir = 1024;
const int &ir2 = dval; //仅对于 const 引用才是合法的
const double &dr = dval + 1.0;
```

同样的初始化对于非 const 引用是不合法的,将导致编译错误。原因在于:引用实际上在内部存放的是同一个对象的地址,它是该对象的别名。对于不可寻址的值,如文字常量,以及不同类型的对象,编译器为了实现引用,必须生成一个临时对象,引用实际上指向该对象,但用户不能访问它。例如,当我们写:

```
double dval = 1024;
const int &ri = dval;
```

编译器将其转换成:

```
int temp = dval;
const int &ri = temp;
```

如果我们给 ri 赋一个新值,则这样不会改变 dval,而是改变 temp。对用户来说,就好像修改动作没有生效(这对于用户来说,并不总是一件好事)。

const 引用不会暴露这个问题,因为它们是只读的。不允许非 const 引用指向需要临时对象的对象或值,一般来说,这比“只允许定义这样的引用,但实际上不会生效”的方案要好得多。

下面给出的例子很难在第一次就能正确声明。我们希望用一个 const 对象的地址来初始化引用。非 const 引用定义是非法的,将导致编译时刻错误:

```
const int ival = 1024;
```

```
int * &pi_ref = &ival; //错误:要求一个 const 引用
```

下面是我们在打算修正 pi_ref 定义时首先想到的做法，但是它不能生效。

```
const int ival = 1024;
const int * &pi_ref = &ival; //仍然错误
```

如果我们从右向左读这个定义，会发现 pi_ref 是一个指向定义为 const 的 int 型对象的指针。我们的引用不是指向一个常量，而是指向一个非常量指针，指针指向一个 const 对象。正确的定义如下：

```
const int ival = 1024;
const int * const &pi_ref = &ival; // 正确:这是可以被编译器接受的
```

6.3　指针与引用的区别

指针与引用看上去完全不同(指针用操作符“ * ”和“－＞”，引用使用操作符“&”)，但是它们似乎有相同的功能。指针与引用都是让用户间接引用其他对象。你如何决定在什么时候使用指针，在什么时候使用引用呢？

首先，要认识到在任何情况下都不能使用指向空值的引用。一个引用必须总是指向某些对象。因此如果用户使用一个变量并让它指向一个对象，但是该变量在某些时候也可能不指向任何对象，这时用户应该把变量声明为指针，因为这样用户可以赋空值给该变量。相反，如果变量肯定指向一个对象，例如当设计不允许变量为空时，用户就可以把变量声明为引用。考虑一下，这样的代码会产生什么样的后果？

```
char * pc = 0; //设置指针为空值
char& rc = * pc; //让引用指向空值
```

这是非常有害的，毫无疑问。结果将是不确定的(编译器能产生一些输出，导致任何事情都有可能发生)。应该躲开写出这样代码的人，除非他们同意改正错误。如果读者担心这样的代码会出现在自己的软件里，那么最好完全避免使用引用，要不然就去让更优秀的程序员去做。我们以后将忽略一个引用指向空值的可能性。

因为引用肯定会指向一个对象，在C＋＋里引用应被初始化。

```
string & rs; //错误,引用必须被初始化
string s(" xyzzy");
string & rs = s; //正确,rs 指向 s
```

指针没有这样的限制。

```
string * ps; //未初始化的指针,合法但危险
```

不存在指向空值的引用这个事实意味着使用引用的代码效率比使用指针的要高。因为在使用引用之前不需要测试它的合法性。例如：

```
void printDouble(const double &rd)
{
    cout << rd; //不需要测试 rd,它肯定指向一个 double 值
}
```

相反，指针则应该总是被测试，防止其为空。例如：

```
void printDouble(const double * pd)
```

```
{
  if(pd)  //检查是否为 NULL
  {cout << *pd;}
}
```

指针与引用的另一个重要的不同是指针可以被重新赋值以指向另一个不同的对象。但是引用则总是指向在初始化时被指定的对象,以后不能改变。

```
string s1(" Nancy");
string s2(" Clancy");
string &rs = s1;          // rs 引用 s1
string *ps = &s1;         // ps 指向 s1
rs = s2;                  // rs 仍旧引用 s1,但是 s1 的值现在是" Clancy"
ps = &s2;                 // ps 现在指向 s2,s1 没有改变
```

总的来说,在以下情况下读者应该使用指针,一是考虑到存在不指向任何对象的可能(在这种情况下,能够设置指针为空),二是需要能够在不同的时刻指向不同的对象(在这种情况下,能改变指针的指向)。

如果总是指向一个对象并且一旦指向一个对象后就不会改变指向,那么应该使用引用。还有一种情况,就是当重载某个操作符时,应该使用引用。最普通的例子是操作符[]。这个操作符典型的用法是返回一个目标对象,其能被赋值。例如:

```
vector<int> v(10);        //建立整形向量(vector),大小为 10;
                          //向量是一个在标准 C++库中的一个模板
v[5] = 10;                //这个被赋值的目标对象就是操作符[]返回的值
```

如果操作符[]返回一个指针,那么后一个语句就得这样写:*v[5] = 10;

但是这样会使得 v 看上去像是一个向量指针。因此读者会选择让操作符返回一个引用。

当读者知道必须指向一个对象并且不想改变其指向时,或者在重载操作符并为防止不必要的语义误解时,不应该使用指针。而在除此之外的其他情况下,则应使用指针。

6.4 指向数组的指针

前面说过,指针变量的值是一个地址,那么这个地址不仅可以是变量的地址,也可以是其他数据结构的地址。在一个指针变量中存放一个数组或一个函数的首地址有何意义呢?因为数组或函数都是连续存放的。通过访问指针变量取得了数组或函数的首地址,也就找到了该数组或函数。这样一来,凡是出现数组、函数的地方都可以用一个指针变量来表示,只要该指针变量中赋予数组或函数的首地址即可。这样做将会使程序的概念十分清楚,程序本身也精练、高效。在C++语言中,一种数据类型或数据结构往往都占有一组连续的内存单元。用"地址"这个概念并不能很好地描述一种数据类型或数据结构,而"指针"虽然实际上也是一个地址,但它却是一个数据结构的首地址,它是"指向"一个数据结构的,因而概念更为清楚,表示更为明确。

如果有如下数组定义:

```
int *ia[]={0,1,1,2,3,5,8,13,21};
```

那么,数组名 ia 就表示数组中第一个元素的地址,它的类型是数组元素类型的指针。在 ia 这个例子中,它的类型是 int *。因此,下面两种形式是等价的,它们都返回数组的第一个

元素的地址：ia 或者是 &ia[0]；。

类似地，为了访问相应的值，我们可以取下列两种方式之一。

```
* ia 或者是 ia[0]；//两者都得到第一个元素的值
```

要访问数组的第二个元素，我们可以通过两种方式：*(ia+1)或者是 ia[1]；但是表达式 *ia+1 却与之完全不同。

由于解引用操作符比加法运算符的优先级高，所以它先被计算。解引用 ia 将返回数组的第一个元素的值。然后对其加 1，实际上就相当于 ia[0]+1。如果在表达式里加上括号，那么 ia 将先加 1，然后解引用新的地址值。对 ia 加 1 将使 ia 增加其元素类型的大小，ia+1 指向数组的下一个元素。

数组元素遍历可以通过下标操作符来实现，到目前为止我们一直这样做，或者我们也可以通过直接操作指针来实现数组元素遍历。

【例 6.8】

```
#include <iostream.h>
int main()
{
  int ia[9] = {0,1,1,3,5,8,13,21};
  int *pbegin = ia;
  int *pend = ia + 9;
  while(pbegin! = pend)
    {
      cout<< *pbeging<<' ';
      ++pbegin;
    }
}
```

pbegin 被初始化指向数组的第一个元素。在 while 循环的每次迭代中它都被递增以指向数组的下一个元素，最难的是判断何时停止。在例 6.8 中，我们将 pend 初始化指向数组最末元素的下一个地址。当 pbegin 等于 pend 时，表示已经迭代了整个数组。

如果我们把这一对指向数组头和最末元素下一个元素的指针，抽取到一个独立的函数中，那么，就有了一个能够迭代整个数组的工具，却无须知道数组的实际大小(当然，调用函数的程序员必须知道)。

【例 6.9】

```
#include <iostream.h>
void ia_print(int *pbegin,int *pend)
{
    while(pbegin! = pend)
    {
      cout<< *pbegin<<' ';
      pbegin++;
    }
}
int main()
{
```

```
    int_ia[9] = {0,1,1,2,3,5,8,13,21};
    ia_print(ia,ia + 9);
}
```

下面我们以二维数组为例介绍多维数组的指针变量。

6.4.1 多维数组地址的表示方法

设有整型二维数组 a[3][4]如下：

0 1 2 3

4 5 6 7

8 9 10 11

设数组 a 的首地址为 1000，各下标变量的首地址及其值如图 6.4.1 所示。

数组下标	数组a	地址值
a[0][0]	0	1000
a[0][1]	1	1002
a[0][2]	2	1004
a[0][3]	3	1006
a[1][0]	4	1008
a[1][1]	5	1010
a[1][2]	6	1012
a[1][3]	7	1014
a[2][0]	8	1016
a[2][1]	9	1018
a[2][2]	10	1020
a[2][3]	11	1022

图 6.4.1 下标变量的首地址及其值

在第 4 章中介绍过，C++语言允许把一个二维数组分解为多个一维数组来处理。因此数组 a 可分解为三个一维数组，即 a[0]、a[1]、a[2]，每一个一维数组又含有四个元素。例如 a[0]数组，含有 a[0][0]、a[0][1]、a[0][2]、a[0][3]四个元素。数组及数组元素的地址表示如下：a 是二维数组名，也是二维数组 0 行的首地址，等于 1000。a[0]是第一个一维数组的数组名和首地址，因此也为 1000。*(a+0)或 * a 是与 a[0]等效的，它表示一维数组 a[0]0 号元素的首地址，也为 1000。&a[0][0]是二维数组 a 的 0 行 0 列元素首地址，同样是 1000。因此 a、a[0]、*(a+0)、* a、&a[0][0]是相等的。同理，a+1 是二维数组 1 行的首地址，等于 1008。a[1]是第二个一维数组的数组名和首地址，因此也为 1008。&a[1][0]是二维数组 a 的 1 行 0 列元素地址，也是 1008。因此 a+1、a[1]、*(a+1)、&a[1][0]是等同的。由此可得出：a+i、a[i]、*(a+i)、&a[i][0]是等同的。此外，&a[i]和 a[i]也是等同的。因为在二维数组中不能把 &a[i]理解为元素 a[i]的地址，不存在元素 a[i]。

C++语言规定，它是一种地址计算方法，表示数组 a 第 i 行首地址。由此，我们得出：a[i]、&a[i]、*(a+i)和 a+i 也都是等同的。另外，a[0]也可以看成是 a[0]+0，是一维数组 a[0]的 0 号元素的首地址，而 a[0]+1 则是 a[0]的 1 号元素首地址，由此可得出 a[i]+j 则是一维数组 a[i]的 j 号元素首地址，它等于 &a[i][j]。由 a[i]=*(a+i)得 a[i]+j=*(a+i)+j，由于*(a+i)+j 是二维数组 a 的 i 行 j 列元素的首地址。该元素的值等于*(*(a+i)+j)。

6.4.2 多维数组的指针变量

把二维数组 a 分解为一维数组 a[0]、a[1]、a[2]之后，设 p 为指向二维数组的指针变量。可定义为：int(*p)[4]，它表示 p 是一个指针变量，它指向二维数组 a 或指向第一个一维数组

a[0]，其值等于 a、a[0]或 &a[0][0]等。而 p+i 则指向一维数组 a[i]。从前面的分析可得出 *(p+i)+j 是二维数组 i 行 j 列的元素的地址，而 *(*(p+i)+j)则是 i 行 j 列元素的值。

二维数组指针变量说明的一般形式为：

类型说明符(*指针变量名)[长度]

其中“类型说明符”为所指数组的数据类型。“*”表示其后的变量是指针类型。“长度”表示二维数组分解为多个一维数组时，一维数组的长度，也就是二维数组的列数。应注意“(*指针变量名)”两边的括号不可少，如缺少括号则表示是指针数组（本章后面介绍），意义就完全不同了。

【例 6.10】

```
#include <iostream.h>
main()
{
  int a[3][4]={0,1,2,3,4,5,6,7,8,9,10,11};
  int(*p)[4];
  int i,j;
  p=a;
  for(i=0;i<3;i++)
    for(j=0;j<4;j++)
      cout<<*(*(p+i)+j);
  cout<<endl;
}
```

6.5 字符串指针

6.5.1 字符串的表示形式

(1)字符数组：将字符串的各字符（包括结尾标志‘\0’）依次存放到字符数组中，利用下标变量或数组名对数组进行操作。

```
main()
{
  char string[]=" I am a student.";
  cout<<string;
}
```

运行结果：

```
I am a student.
```

程序说明：

①字符数组 string 长度未明确定义，默认的长度是字符串中字符个数外加结尾标志，string 数组长度应该为 16。

②string 是数组名，它表示字符数组首地址，string+4 表示序号为 4 的元素的地址，它指向 m。string[4]，*(string+4)表示数组中序号为 4 的元素的值(m)。

③字符数组允许用%s 格式进行整体输出。

(2)字符指针:对字符串而言,也可以不定义字符数组,直接定义指向字符串的指针变量,利用该指针变量对字符串进行操作。

```
main()
{
  char *string = " I am a student.";
  cout<<string;
}
```

运行结果:

I am a student.

程序说明:

在这里没有定义字符数组,在程序中定义了一个字符指针变量 string。

C 程序将字符串常量“I am a student.”按字符数组处理的,在内存中开辟一个字符数组用来存放字符串常量,并把字符数组的首地址赋值字符指针变量 string,这里的 char *string=“I am a student.”;语句仅是一种 C 语言表示形式,其真正的含义是:

```
char a[] = " I am a student.", *string;
string = a;
```

但省略了数组 a,数组 a 由 C++环境隐含给出,如图 6.5.1 所示。在输出时,用 cout<<string;语句,表示输出一个字符串,输出项指定为字符指针变量 string,系统先输出它所指向的第一个字符,然后自动使 string 加 1,使之指向下一个字符,然后再输出一个字符……,直到遇到字符串结束标志‘\0’为止。

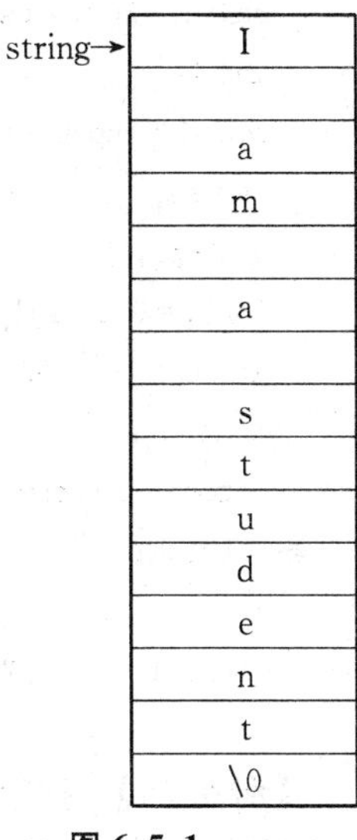

图 6.5.1

字符串指针变量的说明和使用字符串指针变量的定义说明与指向字符变量的指针变量说明是相同的。只能按对指针变量的赋值不同来区别。对指向字符变量的指针变量应赋予该字符变量的地址。如 char c, *p=&c;表示 p 是一个指向字符变量 c 的指针变量。而 char *s=“C Language”;则表示 s 是一个指向字符串的指针变量,把字符串的首地址赋予 s。

【例 6.11】

```
#include <iostream.h>
main()
{
  char *ps;
  ps = " C Language";
  cout<<ps<<endl;
}
```

运行结果为:

C Language

例 6.11 中,首先定义 ps 是一个字符指针变量,然后把字符串的首地址赋予 ps(应写出整个字符串,以便编译系统把该串装入连续的一块内存单元),并把首地址送入 ps。程序中的 char *ps;ps=" C Language";等效于 char *ps=" C Language";。

【例 6.12】 输出字符串中 n 个字符后的所有字符。

```
#include <iostream.h>
main()
{
    char *ps=" this is a book";
    int n=10;
    ps=ps+n;
    cout<<ps<<endl;
}
```

运行结果为：

book

例6.12程序中，对ps初始化时，即把字符串首地址赋予ps，当ps= ps+10之后，ps指向字符“b”，因此输出为“book”。

【例6.13】 在输入的字符串中查找有无‘k’字符。

```
#include <iostream.h>
main()
{
  char st[20],*ps;
  int i;
  cout<<" input a string:"<<endl;
  ps=st;
  cin>>ps;
  for(i=0;ps[i]!='\0';i++)
  if(ps[i]=='k')
  {
    cout<<" there is a 'k' in the string"<<endl;
    break;
  }
  if(ps[i]=='\0')  cout<<" There is no 'k' in the string"<<endl;
}
```

【例6.14】 把字符串指针作为函数参数的使用。要求把一个字符串的内容复制到另一个字符串中，并且不能使用strcpy函数。

```
#include <iostream.h>
cprstr(char *pss,char *pds)
{
  while((*pds=*pss)!='\0')
   { pds++;
    pss++;
  }
}
main()
{
    char *pa=" CHINA",b[10],*pb;
    pb=b;
```

```
    cprstr(pa,pb);
    cout<<" string a = " <<pa<<" \nstring b = " <<pb<<endl;
}
```

在例 6.14 中，函数 cprstr 的形参为两个字符指针变量。pss 指向源字符串，pds 指向目标字符串。函数完成了两项工作：一是把 pss 指向的源字符复制到 pds 所指向的目标字符中，二是判断所复制的字符是否为'\0'，若是则表明源字符串结束，不再循环。否则，pds 和 pss 都加 1，指向下一字符。在主函数中，以指针变量 pa、pb 为实参，分别取得确定值后调用 cprstr 函数。由于采用的指针变量 pa 和 pss、pb 和 pds 均指向同一字符串，因此在主函数和 cprstr 函数中均可使用这些字符串。也可以把 cprstr 函数简化为以下形式：

```
cprstr(char *pss,char *pds)
{while((*pds++ = *pss++)! ='\0');}
```

即把指针的移动和赋值合并在一个语句中。进一步分析还可发现'\0'的 ASCII 码为 0，对于 while 语句只看表达式的值为非 0 就循环，为 0 则结束循环，因此也可省去"! = '\0'"这一判断部分，而写为以下形式：

```
cprstr(char *pss,char *pds)
{while(*pdss++ = *pss++);}
```

表达式的意义可解释为：源字符向目标字符赋值，移动指针，若所赋值为非 0 则循环，否则结束循环。这样使程序更加简洁。简化后的程序如下所示。

【例 6.15】

```
#include <iostream.h>
cpystr(char *pss,char *pds)
{
    while(*pds++ = *pss++);
}
main()
{
    char *pa = " CHINA",b[10],*pb;
    pb = b;
    cpystr(pa,pb);
    cout<<" string a = " <<pa<<" \nstring b = " <<pb<<endl;
}
```

使用字符串指针变量与字符数组的区别：用字符数组和字符指针变量都可实现字符串的存储和运算。但是两者是有区别的。在使用时应注意以下几个问题：

(1)字符串指针变量本身是一个变量，用于存放字符串的首地址。而字符串本身是存放在以该首地址为首的一块连续的内存空间中并以'\0'作为串的结束。字符数组是由若干个数组元素组成的，它可用来存放整个字符串。

(2)对字符数组作初始化赋值，必须采用外部类型或静态类型，如 static char st[]={"C Language"};，而对字符串指针变量则无此限制，如 char *ps="C Language";。

(3)对字符串指针方式 char *ps="C Language";可以写为：char *ps;ps="C Language";，而对数组方式：static char st[]={"C Language"};。不能写为：char st[20];st={"C Language"};，而只能对字符数组的各元素逐个赋值。

6.5.2 字符串指针作为函数参数

将一个字符串从一个函数传递到另一个函数，一方面可以用字符数组名作参数，另一方面可以用指向字符串的指针变量作参数，在被调函数中改变字符串的内容，在主调函数中得到改变了的字符串。

【例 6.16】 将输入字符串中的大写字母改成小写字母，然后输出字符串。

```
#include " iostream.h"
#include " string.h"
void inv(char *s)
{
  int i;
  for(i=1;i<=strlen(s);i++)
    if(*(s+i)>65 && *(s+i)<92)
      *(s+i)+=32;
}
main()
{
  char *string;
  gets(string);
  inv(string);
  puts(string);
}
```

运行结果为：

```
ACeBd↙
acebd
```

程序说明：

主函数中，通过 gets 函数从终端获得一个字符串，并由指针变量 string 指向该字符串的第一个字符，调用函数 inv，将指向字符串的指针 string 作为实参传递给 inv 中的形参 s，函数 inv 的作用是逐个检查字符串的每个字符是否为大写字符，若是将其加 32 转换成相应的小写字符，若不是则不处理。

函数 inv 无返回值，由于从主调函数传递来的指针 string 与形参 s 指向同一内存空间，所以字符串在函数 inv 中的处理结果也就是指针 string 所指向空间的数据改变。

用指向字符串的指针对字符串进行操作，比字符数组操作起来更方便灵活。例如，可将例 6.16 中 inv 函数改写成下面两种形式。

【例 6.17】

```
(1)void inv(char *s)
{
  while(*s!='\0')
  {
    if(*s>65 && *s<92)
      *s+=32;
```

```
    s++;
  }
}
(2)void inv(char *s)
{
  for(;*s!='\0';s++)
    if(*s>65 && *s<92)
      *s+=32;
}
```

6.5.3 字符数组与字符串指针区别

虽然使用字符数组和字符串指针都能实现对字符串的操作，但二者是有区别的，主要区别如下。

(1)存储方式的区别

字符数组由若干元素组成，每个元素存放一个字符，而字符串指针中存放的是地址(字符串的首地址)，绝不是将整个字符串放到字符指针变量中。

(2)赋值方式的区别

对字符数组只能对各个元素赋值，不能用下列方法对字符数组赋值。

```
char str[16];
str=" I am a student.";
```

但若将 str 定义成字符串指针，就可以采用下列方法赋值。

```
char *str;
str=" I am a student.";
```

(3)定义方式的区别

定义一个数组后，编译系统分配具体的内存单元，各单元有确切的地址；定义一个指针变量，编译系统分配一个存储地址单元，在其中可以存放地址值，也就是说，该指针变量可以指向一个字符型数据。但在对它赋以一个具体地址值前，它并未指向哪一个字符数据。

例如：

```
char  str[10];
cin>>str;
```

是可以的。如果用下面的方法：

```
char  *str;
cin>>str;
```

其目的也是输入一个字符串，虽然一般也能运行，但这种方法很危险，不宜提倡。

(4)运算方面的区别

指针变量的值允许改变，如果定义了指针变量 s，则 s 可以进行++、--等运算。

```
main()
{
  char *string=" I am a student.";
  string=string+7;
  cout<<string;
```

```
}
```

运行结果为：

```
student.
```

指针变量 s 的值可以改变，输出字符串时从 s 当前所指向的单元开始输出各个字符，直到遇到'\0'结束。而字符数组名是地址常量，不允许进行++、--等运算。下面形式是错误的。

```
main()
{
  char string[] = " I am a student.";
  string = string + 7;
  cout<<string<<endl;
}
```

6.6 结 构 体

6.6.1 结构类型定义和结构变量说明

在实际问题中，一组数据往往具有不同的数据类型。例如，在学生登记表中，姓名应为字符型；学号可为整型或字符型；年龄应为整型；性别应为字符型；成绩可为整型或实型。显然不能用一个数组来存放这一组数据。因为数组中各元素的类型和长度都必须一致，以便于编译系统处理。为了解决这个问题，C++语言中给出了另一种构造数据类型——"结构体"。它相当于其他高级语言中的记录。

"结构体"是一种构造类型，它是由若干"成员"组成的。每一个成员可以是一个基本数据类型或者又是一个构造类型。结构体既然是一种"构造"而成的数据类型，那么在说明和使用之前必须先定义它，也就是构造它。如同在说明和调用函数之前要先定义函数一样。

1. 结构体的定义

定义一个结构体的一般形式为：

```
struct 结构名
{
      成员表列
};
```

成员表由若干个成员组成，每个成员都是该结构的一个组成部分。对每个成员也必须作类型说明，其形式为：

类型说明符 成员名；

成员名的命名应符合标识符的书写规定。例如：

```
struct stu
{
  int num;
  char name[20];
  char sex;
```

```
  float score;
};
```

在这个结构体定义中，结构体名为 stu，该结构体由 4 个成员组成。第一个成员为 num，整型变量；第二个成员为 name，字符数组；第三个成员为 sex，字符变量；第四个成员为 score，实型变量。应注意在括号后的分号是不可少的。结构体定义之后，即可进行变量说明。凡说明为结构体 stu 的变量都由上述 4 个成员组成。由此可见，结构体是一种复杂的数据类型，是数目固定、类型不同的若干有序变量的集合。

2. 结构体类型变量的说明

说明结构体变量有以下三种方法。以上面定义的 stu 为例来加以说明。

(1)先定义结构体，再说明结构体变量。

```
struct stu
{
  int num;
  char name[20];
  char sex;
  float score;
};
struct stu boy1,boy2;
```

说明了两个变量 boy1 和 boy2 为 stu 结构体类型，也可以用宏定义使一个符号常量来表示一个结构体类型，例如：

```
#define STU struct stu
STU
{
  int num;
  char name[20];
  char sex;
  float score;
};
STU boy1,boy2;
```

(2)在定义结构体类型的同时说明结构体变量。例如：

```
struct stu
{
  int num;
  char name[20];
  char sex;
  float score;
}boy1,boy2;
```

(3)直接说明结构体变量。例如：

```
struct
{
  int num;
  char name[20];
  char sex;
```

```
  float score;
}boy1,boy2;
```

第三种方法与第二种方法的区别在于第三种方法中省去了结构体名，而直接给出结构体变量。三种方法中说明的 boy1、boy2 变量都具有相同的结构。说明了 boy1、boy2 变量为 stu 类型后，即可向这两个变量中的各个成员赋值。在上述 stu 结构体定义中，所有的成员都是基本数据类型或数组类型。成员也可以是一个结构体，即构成了嵌套的结构体。例如：

```
struct date
{
  int month;
  int day;
  int year;
};
struct
{
  int num;
  char name[20];
  char sex;
  struct date birthday;
  float score;
}boy1,boy2;
```

首先定义一个结构体 date，由 month(月)、day(日)、year(年)三个成员组成。在定义并说明变量 boy1 和 boy2 时，其中的成员 birthday 被说明为 data 结构体类型。成员名可与程序中其他变量同名，互不干扰。结构体变量成员的表示方法在程序中使用结构体变量时，往往不把它作为一个整体来使用。

在 ANSI C++中除了允许具有相同类型的结构体变量相互赋值以外，一般对结构体变量的使用，包括赋值、输入、输出、运算等都是通过结构体变量的成员来实现的。

表示结构体变量成员的一般形式是：

结构体变量名．成员名。

例如，boy1. num 即第一个人的学号，boy2. sex 即第二个人的性别，如果成员本身又是一个结构体则必须逐级找到最低级的成员才能使用。例如，boy1. birthday. month 即第一个人出生的月份成员可以在程序中单独使用，与普通变量完全相同。

6.6.2 结构体变量的赋值

前面已经介绍，结构体变量的赋值就是给各成员赋值。可用输入语句或赋值语句来完成。

【例 6.18】 给结构体变量赋值并输出其值。

```
#include <iostream.h>
struct stu
{
  int num;
  char *name;
  char sex;
```

```
    float score;
} boy1,boy2;
mian()
{
    boy1.num = 102;
    boy1.name = " Zhang ping";
    cout<<" input sex and score" <<endl;
    cin>>&boy1.sex>>&boy1.score;
    boy2 = boy1;
    cout<<" Number = " <<boy2.num<<" \nName = " <<boy2.name<<endl;
    cout<<" Sex = " <<boy2.sex<<" \nScore = " <<boy2.score<<endl;
}
```

本程序中用赋值语句给 num 和 name 两个成员赋值，name 是一个字符串指针变量。用 cin 函数动态地输入 sex 和 score 成员值，然后把 boy1 的所有成员的值整体赋予 boy2。最后分别输出 boy2 的各个成员值。例 6.18 表示了结构体变量的赋值、输入和输出的方法。

6.6.3 结构体变量的初始化

如果结构体变量是全局变量或为静态变量，则可对它作初始化赋值。对局部或自动结构体变量不能作初始化赋值。

【例 6.19】 外部结构体变量初始化。

```
#include <iostream.h>
struct stu    //定义结构体
{
    int num;
    char *name;
    char sex;
    float score;
} boy2,boy1 = {102," Zhang ping",'M',78.5};
main()
{
    boy2 = boy1;
    cout<<" Number = " <<boy2.num<<" \nName = " <<boy2.name<<endl;
    cout<<" Sex = " <<boy2.sex<<" \nScore = " <<boy2.score<<endl;
}
```

本例中，boy2、boy1 均被定义为外部结构体变量，并对 boy1 作了初始化赋值。在 main 函数中，把 boy1 的值整体赋予 boy2，然后用两个 cout 语句输出 boy2 各成员的值。

【例 6.20】 静态结构体变量初始化。

```
#include <iostream.h>
main()
{
    static struct stu    //定义静态结构体变量
    {
```

```
    int num;
    char *name;
    char sex;
    float score;
  }boy2,boy1 = {102," Zhang ping",'M',78.5};
  boy2 = boy1;
cout<<" Number = " <<boy2.num<<" \nName = " <<boy2.name<<endl;
cout<<" Sex = " <<boy2.sex<<" \nScore = " <<boy2.score<<endl;
}
```

例 6.20 是把 boy1、boy2 都定义为静态局部的结构体变量，同样可以作初始化赋值。

6.6.4 结构体数组

数组的元素也可以是结构体类型的，因此可以构成结构型数组。结构体数组的每一个元素都是具有相同结构体类型的下标结构变量。在实际应用中，经常用结构体数组来表示具有相同数据结构的一个群体。如一个班的学生档案、一个车间职工的工资表等。

结构体数组的定义方法和结构变量相似，只需说明它为数组类型即可。例如：

```
struct stu
{
  int num;
  char *name;
  char sex;
  float score;
}boy[5];
```

定义了一个结构体数组 boy，共有 5 个元素，boy[0]～boy[4]。每个数组体元素都具有 struct stu 的结构形式。对外部结构体数组或静态结构体数组可以作初始化赋值，例如：

```
struct stu
{
  int num;
  char *name;
  char sex;
  float score;
}boy[5] = {
{101," Li ping"," M",45},
{102," Zhang ping"," M",62.5},
{103," He fang"," F",92.5},
{104," Cheng ling"," F",87},
{105," Wang ming"," M",58};
}
```

当对全部元素作初始化赋值时，也可不给出数组长度。

【例 6.21】 计算学生的平均成绩和不及格的人数。

```
#include <iostream.h>
struct stu
```

```
{
  int num;
  char *name;
  char sex;
  float score;
}boy[5] = {
{101," Li ping",'M',45},
{102," Zhang ping",'M',62.5},
{103," He fang",'F',92.5},
{104," Cheng ling",'F',87},
{105," Wang ming",'M',58},
};
main()
{
  int i,c = 0;
  float ave,s = 0;
  for(i = 0;i<5;i++)
  {
    s += boy[i].score;
    if(boy[i].score<60)c += 1;
  }
  cout<<" s = "<<s<<endl;
  ave = s/5;
  cout<<" average = "<<ave<<" \ncount = "<<c<<endl;
}
```

例 6.21 程序中定义了一个外部结构体数组 boy,共 5 个元素,并作了初始化赋值。在 main 函数中用 for 语句逐个累加各元素的 score 成员值存于 s 之中,如 score 的值小于 60(不及格)即计数器 C 加 1,循环完毕后计算平均成绩,并输出全班总分、平均分和不及格人数。

【例 6.22】 建立同学通讯录。

```
#include <iostream.h>
#define NUM 3
struct mem
{
  char name[20];
  char phone[10];
};
main()
{
  struct mem man[NUM];
  int i;
  for(i = 0;i<NUM;i++)
  {
    printf(" input name:\n");
```

```
    gets(man[i].name);
    cout<<" input phone:\n";
    gets(man[i].phone);
  }
  cout<<" name" <<" \t" <<" phone" <<" \n";
  for(i = 0;i<NUM;i + + )
  cout<<man[i].name<<" \t" <<man[i].phone<<" \n";
}
```

本程序中定义了一个结构体 mem，它有两个成员 name 和 phone 用来表示姓名和电话号码。在主函数中定义 man 为具有 mem 类型的结构体数组。在 for 语句中，用 gets 函数分别输入各个元素中两个成员的值。然后又在 for 语句中用 cout 语句输出各元素中两个成员值。

6.6.5 结构体指针变量

一个指针变量当用来指向一个结构体变量时，称之为结构体指针变量。结构体指针变量中的值是所指向的结构体变量的首地址。通过结构体指针即可访问该结构体变量，这与数组指针和函数指针的情况是相同的。

结构体指针变量说明的一般形式为：

struct 结构名 * 结构体指针变量名

例如，在前面的程序中我们已经定义了 stu 这个结构体，如要说明一个指向 stu 的指针变量 pstu，可写为：struct stu *pstu;。

当然也可在定义 stu 结构体时，同时说明 pstu。与前面讨论的各类指针变量相同，结构体指针变量也必须要先赋值后才能使用。赋值是把结构体变量的首地址赋予该指针变量，不能把结构体名赋予该指针变量。如果 boy 是被说明为 stu 类型的结构体变量，则 pstu＝&boy 是正确的，而 pstu＝&stu 是错误的。

结构体名和结构体变量是两个不同的概念，不能混淆。结构体名只能表示一个结构形式，编译系统并不对它分配内存空间。只有当某变量被说明为这种类型的结构体时，才对该变量分配存储空间。因此上面 &stu 这种写法是错误的，不可能去取一个结构体名的首地址。有了结构体指针变量，就能更方便地访问结构体变量的各个成员。

其访问的一般形式为：

(*结构体指针变量).成员名 或为:结构体指针变量－>成员名

例如，(*pstu).num 或者：pstu－>num。

应该注意(*pstu)两侧的括号不可少，因为成员符“.”的优先级高于“*”。如去掉括号写作 *pstu.num 则等效于 *(pstu.num)，这样，意义就完全不对了。

下面通过例 6.23 来说明结构指针体变量的具体说明和使用方法。

【例 6.23】

```
#include <iostream.h>
struct stu
{
  int num;
  char *name;
```

```
  char sex;
  float score;
}boy1 = {102," Zhang ping",'M',78.5}, * pstu;
main()
{
  pstu = &boy1;
  cout<<" Number = " <<boy1.num<<" \nName = " <<boy1.name<<endl;
  cout<<" Sex = " <<boy1.sex<<" \nScore = " <<boy1.score<<endl;
  cout<<" Number = " <<( * pstu).num<<" \nName = " <<( * pstu).name<<endl;
  cout<<" Sex = " <<( * pstu).sex<<" \nScore = " <<( * pstu).score<<endl;
  cout<<" Number = " <<pstu->num<<" \nName = " <<pstu->name<<endl;
  cout<<" Sex = " <<pstu->sex<<" \nScore = " <<pstu->score<<endl;
}
```

例 6.23 程序定义了一个结构体 stu，定义了 stu 类型结构体变量 boy1 并作了初始化赋值，还定义了一个指向 stu 类型结构体的指针变量 pstu。在 main 函数中，pstu 被赋予 boy1 的地址，因此 pstu 指向 boy1。然后在 cout 语句内用三种形式输出 boy1 的各个成员值。从运行结果可以看出：

结构体变量.成员名

（*结构体指针变量）.成员名

结构体指针变量－>成员名

这三种用于表示结构体成员的形式是完全等效的。结构体数组指针变量，结构体指针变量可以指向一个结构体数组，这时结构体指针变量的值是整个结构体数组的首地址。结构体指针变量也可指向结构体数组的一个元素，这时结构体指针变量的值是该结构体数组元素的首地址。设 ps 为指向结构体数组的指针变量，则 ps 也指向该结构体数组的 0 号元素，ps＋1 指向 1 号元素，ps＋i 则指向 i 号元素。这与普通数组的情况是一致的。

【例 6.24】 用指针变量输出结构体数组。

```
#include <iostream.h>
struct stu
{
  int num;
  char * name;
  char sex;
  float score;
}boy[5] = {
{101," Zhou ping",'M',45},
{102," Zhang ping",'M',62.5},
{103," Liou fang",'F',92.5},
{104," Cheng ling",'F',87},
{105," Wang ming",'M',58},
};
main()
{
  struct stu * ps;
  cout<<" No\tName\t\t\tSex\tScore\t" <<endl;
```

```
    for(ps = boy;ps<boy + 5;ps + + )
      cout<<ps - >num<<" \t" <<ps - >name<<" \t\t\t" <<ps - >sex<<" \t" <<ps - >score<<" \t";
    cout<<endl;
  }
```

在程序中，定义了 stu 结构体类型的外部数组 boy 并作了初始化赋值。在 main 函数内定义 ps 为指向 stu 类型的指针。在循环语句 for 的表达式 1 中，ps 被赋予 boy 的首地址，然后循环 5 次，输出 boy 数组中各成员值。应该注意的是，一个结构体指针变量虽然可以用来访问结构体变量或结构体数组元素的成员，但是，不能使它指向一个成员。也就是说不允许取一个成员的地址来赋予它。因此，ps＝&boy[1]. sex;错误的，而只能是 ps＝boy;（赋予数组首地址）或者是 ps＝&boy[0];（赋予 0 号元素首地址）。

6.6.6 结构体指针变量作函数参数

在 ANSI C＋＋标准中允许用结构体变量作函数参数进行整体传送。但是这种传送要将全部成员逐个传送，特别是成员为数组时将会使传送的时间和空间开销很大，严重地降低了程序的效率。因此最好的办法就是使用指针，即用指针变量作函数参数进行传送。这时由实参传向形参的只是地址，从而减少了时间和空间的开销。

【例 6.25】 题目与例 6.21 相同，计算一组学生的平均成绩和不及格人数，用结构体指针变量作函数参数编程。

```
#include <iostream.h>
struct stu
{
  int num;
  char *name;
  char sex;
  float score;
}boy[5] = {
{101," Li ping",'M',45},
{102," Zhang ping",'M',62.5},
{103," He fang",'F',92.5},
{104," Cheng ling",'F',87},
{105," Wang ming",'M',58},
};
main()
{
  struct stu *ps;
  void ave(struct stu *ps);
  ps = boy;
  ave(ps);
}
void ave(struct stu *ps)
{
```

```
    int c=0,i;
    float ave,s=0;
    for(i=0;i<5;i++,ps++)
    {
      s+=ps->score;
      if(ps->score<60)  c+=1;
    }
    cout<<"s="<<s<<endl;
    ave=s/5;
    cout<<"average="<<ave<<"\ncount="<<c<<endl;
  }
```

本程序中定义了函数 ave,其形参为结构体指针变量 ps。boy 被定义为外部结构体数组,因此在整个源程序中有效。在 main 函数中定义说明了结构体指针变量 ps,并把 boy 的首地址赋予它,使 ps 指向 boy 数组,然后以 ps 作实参调用函数 ave。在函数 ave 中完成计算平均成绩和统计不及格人数的工作并输出结果。与例 6.21 程序相比,由于本程序全部采用指针变量作运算和处理,故速度更快,程序效率更高。

6.6.7 动态存储分配

在第 4 章中,曾介绍过数组的长度是预先定义好的,在整个程序中固定不变。C++语言中不允许动态数组类型。例如,int n;cin>>n;int a[n];,用变量表示长度,想对数组的大小作动态说明,这是错误的。但是在实际的编程中,往往会发生这种情况,即所需的内存空间取决于实际输入的数据,而无法预先确定。对于这种问题,用数组的办法很难解决。为了解决上述问题,C++语言提供了一些内存管理函数,这些内存管理函数可以按需要动态地分配内存空间,也可把不再使用的空间回收待用,为有效地利用内存资源提供了手段。常用的内存管理函数有以下三个。

1. 分配内存空间函数 malloc

调用形式:(类型说明符 *)malloc(size)

功能:在内存的动态存储区中分配一块长度为"size"字节的连续区域。函数的返回值为该区域的首地址。"类型说明符"表示把该区域用于何种数据类型。(类型说明符 *)表示把返回值强制转换为该类型指针。"size"是一个无符号数。例如,pc=(char *)malloc(100); 表示分配 100 个字节的内存空间,并强制转换为字符数组类型,函数的返回值为指向该字符数组的指针,把该指针赋予指针变量 pc。

2. 分配内存空间函数 calloc

calloc 也用于分配内存空间。调用形式:(类型说明符 *)calloc(n,size)

功能:在内存动态存储区中分配 n 块长度为"size"字节的连续区域。函数的返回值为该区域的首地址。(类型说明符 *)用于强制类型转换。calloc 函数与 malloc 函数的区别仅在于一次可以分配 n 块区域。例如,ps=(struct stu *)calloc(2,sizeof(struct stu));,其中的 sizeof(struct stu)是求 stu 的结构长度。因此该语句的意思是:按 stu 的长度分配 2 块连续区域,强制转换为 stu 类型,并把其首地址赋予指针变量 ps。

3. 释放内存空间函数 free

调用形式:free(void * ptr);

功能：释放 ptr 所指向的一块内存空间，ptr 是一个任意类型的指针变量，它指向被释放区域的首地址。被释放区应是由 malloc 或 calloc 函数所分配的区域。

【例 6.26】 分配一块区域，输入一个学生数据。

```
#include <iostream.h>
main()
{
  struct stu
  {
    int num;
    char *name;
    char sex;
    float score;
  } *ps;
  ps=(struct stu*)malloc(sizeof(struct stu));
  ps->num=102;
  ps->name=" Zhang ping";
  ps->sex='M';
  ps->score=62.5;
  cout<<" Number=" <<ps->num<<" \nName=" <<ps->name<<endl;
  cout<<" Sex=" <<ps->sex<<" \nScore=" <<ps->score<<endl;
  free(ps);
}
```

例 6.26 中，定义了结构体 stu，定义了 stu 类型指针变量 ps。然后分配一块 stu 大内存区，并把首地址赋予 ps，使 ps 指向该区域。再以 ps 为指向结构体的指针变量对各成员赋值，并用 cout 输出各成员值。最后用 free 函数释放 ps 指向的内存空间。整个程序包含了申请内存空间、使用内存空间、释放内存空间三个步骤，实现存储空间的动态分配。

6.6.8 链表的概念

在例 6.26 中采用了动态分配的办法为一个结构体分配内存空间。每一次分配一块空间可用来存放一个学生的数据，我们可称之为一个结点。有多少个学生就应该申请分配多少块内存空间，也就是说要建立多少个结点。当然用结构体数组也可以完成上述工作，但如果预先不能准确把握学生人数，也就无法确定数组大小。而且当学生留级、退学之后也不能把该元素占用的空间从数组中释放出来。用动态存储的方法可以很好地解决这些问题。有一个学生就分配一个结点，无须预先确定学生的准确人数，某学生退学，可删去该结点，并释放该结点占用的存储空间，从而节约了宝贵的内存资源。另外，用数组的方法必须占用一块连续的内存区域。而使用动态分配时，每个结点之间可以是不连续的(结点内是连续的)，结点之间的联系可以用指针实现。即在结点结构中定义一个成员项用来存放下一结点的首地址，这个用于存放地址的成员，常把它称为指针域。可在第一个结点的指针域内存入第二个结点的首地址，在第二个结点的指针域内又存放第三个结点的首地址，如此串连下去直到最后一个结点。最后一个结点因无后续结点连接，其指针域可赋为 0。这样一种连接方式，在数据结构中称为“链表”。图 6.6.1 为链表的示意图。

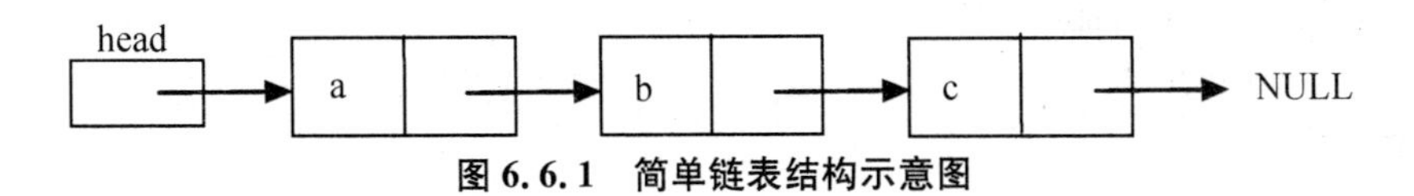

图 6.6.1　简单链表结构示意图

在图 6.6.1 中，第 0 个结点称为头结点，它存放有第一个结点的首地址，它没有数据，只是一个指针变量。以下的每个结点都分为两个域，一个是数据域，存放各种实际的数据，如学号 num、姓名 name、性别 sex 和成绩 score 等。另一个域为指针域，存放下一结点的首地址。链表中的每一个结点都是同一种结构体类型。例如，一个存放学生学号和成绩的结点应为以下结构：

```
struct stu
{   int num;
    int score;
    struct stu *next;
}
```

前两个成员项组成数据域，后一个成员项 next 构成指针域，它是一个指向 stu 类型结构的指针变量。

对链表的主要操作有以下几种：

(1)建立链表；

(2)结点的查找与输出；

(3)插入一个结点；

(4)删除一个结点。

下面通过例题来说明这些操作。

【例 6.27】　建立一个三个结点的链表，存放学生数据。为简单起见，我们假定学生数据结构中只有学号和年龄两项。可编写一个建立链表的函数 creat。程序如下：

```
#define NULL 0
#define TYPE struct stu
#define LEN sizeof(struct stu)
struct stu
{
  int num;
  int age;
  struct stu *next;
};
TYPE *creat(int n)
{
  struct stu *head, *pf, *pb;
  int i;
  for(i=0;i<n;i++)
    {
      pb=(TYPE*)malloc(LEN);
      cout<<" input Number and Age" <<endl;
      cin>>pb->num>>pb->age;
      if(i==0)
          pf=head=pb;
```

```
        else pf ->next = pb;
        pb ->next = NULL;
        pf = pb;
    }
    return(head);
}
```

在函数外首先用宏定义对三个符号常量作了定义。这里用 TYPE 表示 struct stu，用 LEN 表示 sizeof(struct stu)，主要的目的是为了在以下程序内减少书写并使阅读更加方便。结构 stu 定义为外部类型，程序中的各个函数均可使用该定义。

creat 函数用于建立一个有 n 个结点的链表，它是一个指针函数，它返回的指针指向 stu 结构体。在 creat 函数内定义了三个 stu 结构体的指针变量。head 为头指针，pf 为指向两相邻结点的前一结点的指针变量。pb 为后一结点的指针变量。在 for 语句内，用 malloc 函数建立长度与 stu 长度相等的空间作为一结点，首地址赋予 pb。然后输入结点数据。如果当前结点为第一结点（i==0），则把 pb 值（该结点指针）赋予 head 和 pf。如非第一结点，则把 pb 值赋予 pf 所指结点的指针域成员 next。而 pb 所指结点为当前的最后结点，其指针域赋 NULL。再把 pb 值赋予 pf 以作下一次循环准备。

creat 函数的形参 n，表示所建链表的结点数，作为 for 语句的循环次数。图 6.6.2 表示了 creat 函数的执行过程。

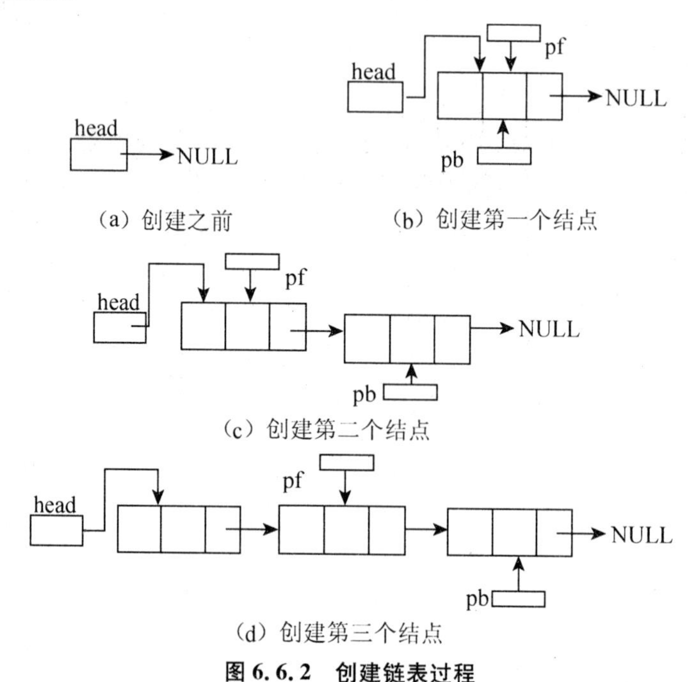

图 6.6.2　创建链表过程

【例 6.28】 写一个函数，在链表中按学号查找该结点。

```
TYPE * search(TYPE * head,int n)
{
  TYPE * p;
  int i;
  p = head;
```

```
    while(p->num!=n && p->next!=NULL)
      p=p->next; //不是要找的结点后移一步
    if(p->num==n)return(p);
    if(p->num!=n&& p->next==NULL)
    cout<<" Node" <<n<<" has not been found!" <<endl;
}
```

本函数中使用的符号常量 TYPE 与例 6.27 的宏定义相同，等于 struct stu。函数有两个形参，head 是指向链表的指针变量，n 为要查找的学号。进入 while 语句，逐个检查结点的 num 成员是否等于 n，如果不等于 n 且指针域不等于 NULL(不是最后结点)则后移一个结点，继续循环。如找到该结点则返回结点指针。如循环结束仍未找到该结点则输出“未找到”的提示信息。

【例 6.29】 写一个函数，删除链表中的指定结点。

删除一个结点有两种情况：

(1)被删除结点是第一个结点。这种情况只需使 head 指向第二个结点即可。即 head＝pb－＞next。其过程如图 6.6.3 所示。

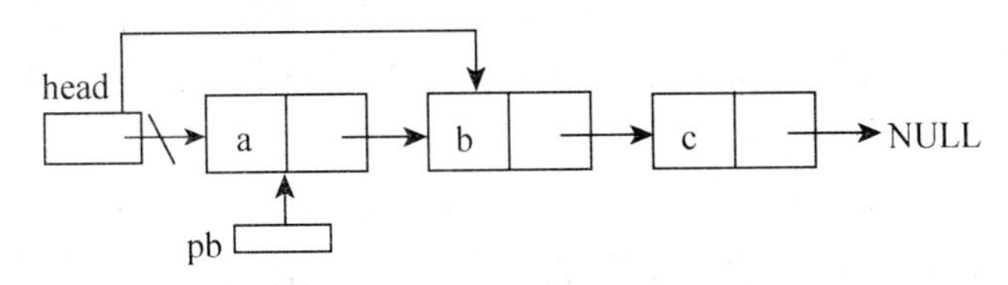

图 6.6.3　被删除第一个结点的过程

(2)被删结点不是第一个结点，这种情况使被删结点的前一结点指向被删结点的后一结点即可。即 pf－＞next＝pb－＞next。其过程如图 6.6.4 所示。

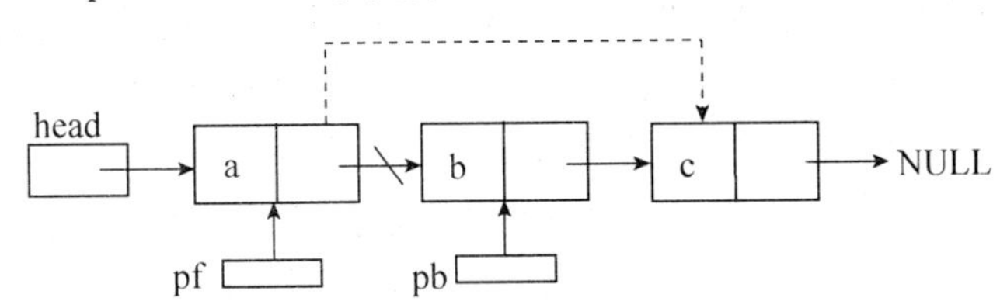

图 6.6.4　被删除不是第一个结点的过程

函数编程如下：

```
TYPE * delete(TYPE *head,int num)
{
  TYPE *pf, *pb;
  if(head==NULL)//如为空表,输出提示信息
    { cout<<" \nempty list!" <<endl;
      goto end;
    }
  pb=head;
  while (pb->num!=num && pb->next!=NULL)//当不是要删除的结点,而且也不是最后一个结点
                                         时,继续循环
      {pf=pb;pb=pb->next;} //pf 指向当前结点,pb 指向下一结点
  if(pb->num==num)
```

```
    {
        if(pb = = head) head = pb - >next; //如找到被删结点,且为第一结点,则使 head 指向第二个
                                               结点
        else pf - >next = pb - >next; //否则使 pf 所指结点的指针指向下一结点 free(pb);
        cout<<" The node is deleted!" <<endl;
    }
  else
        cout<<" The node not been foud!" <<endl;
  end:
  return head;
}
```

函数有两个形参,head 为指向链表第一结点的指针变量,num 被删结点的学号。首先判断链表是否为空,为空则不可能有被删结点。若不为空,则使 pb 指针指向链表的第一个结点。进入 while 语句后逐个查找被删结点。找到被删结点之后再看是否为第一结点,若是则使 head 指向第二结点(即把第一结点从链中删去),否则使被删结点的前一结点(pf 所指)指向被删结点的后一结点(被删结点的指针域所指)。如若循环结束未找到要删的结点,则输出"末找到"的提示信息。最后返回 head 值。

【例 6.30】 写一个函数,在链表中指定位置插入一个结点。

在一个链表的指定位置插入结点,要求链表本身必须是已按某种规律排好序的。例如,在学生数据链表中,要求学号顺序插入一个结点。设被插结点的指针为 pi,可在三种不同情况下插入。

(1)原表是空表,只需使 head 指向被插结点即可。见图 6.6.5(a)。

(2)被插结点值最小,应插入第一结点之前。这种情况下使 head 指向被插结点,被插结点的指针域指向原来的第一结点则可。即 pi－>next＝pb;head＝pi;,见图 6.6.5(b)。

(3)在其他位置插入,见图 6.6.5(c)。这种情况下,使插入位置的前一结点的指针域指向被插结点,使被插结点的指针域指向插入位置的后一结点。即为 pi－>next＝pb;pf－>next＝pi;。

(4)在表末插入,见图 6.6.5(d)。这种情况下使原表末结点指针域指向被插结点,被插结点指针域置为 NULL。即 pb－>next＝pi;pi－>next＝NULL;。

函数编程如下:

```
TYPE * insert(TYPE * head,TYPE * pi)
{
  TYPE * pf, * pb;
  pb = head;
  if(head = = NULL) //空表插入
  {
    head = pi;
    pi - >next = NULL;
  }
  else
  {
    while((pi - >num>pb - >num)&&(pb - >next! = NULL))
    {
      pf = pb;
```

```
            pb = pb->next;
        }//找插入位置
        if(pi->num<=pb->num)
            {  if(head==pb)  head=pi; //在第一结点之前插入
               else   pf->next=pi; //在其他位置插入
               pi->next=pb;
            }
        else
        {
            pb->next=pi;
            pi->next=NULL; //在表末插入
        }
    }
    end:
    return head;
}
```

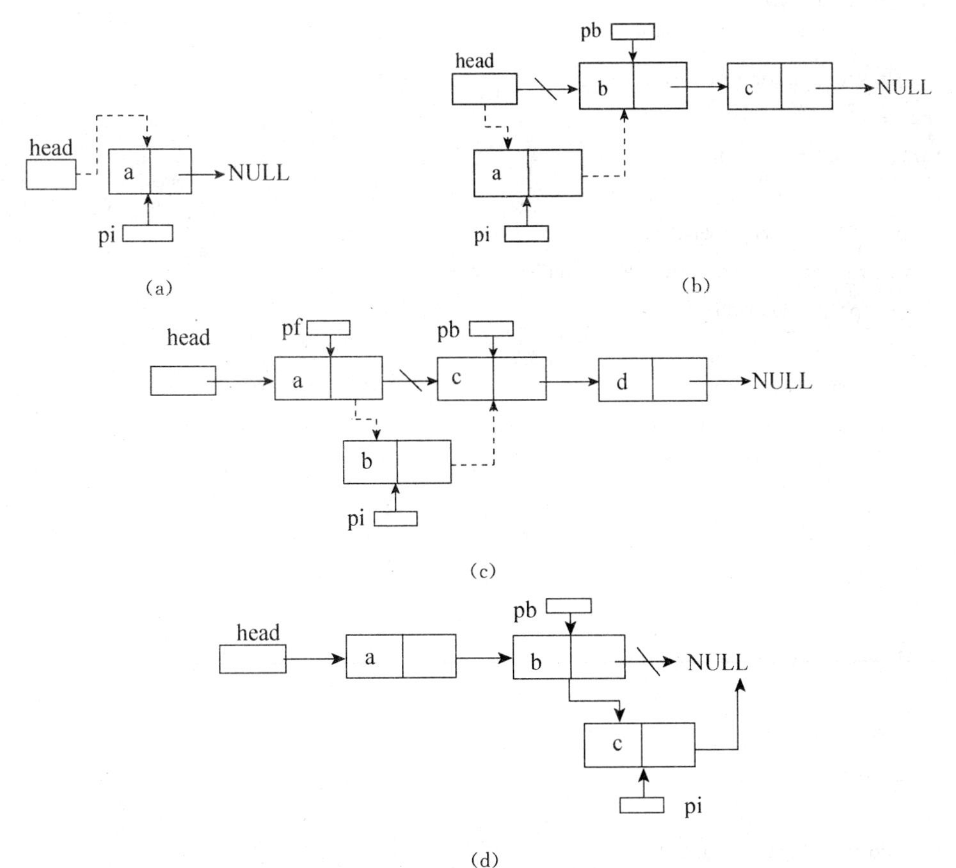

图 6.6.5　例 6.30 用图

本函数有两个形参均为指针变量，head 指向链表，pi 指向被插结点。函数中首先判断链表是否为空，为空则使 head 指向被插结点。表若不空，则用 while 语句循环查找插入位置。找到之后再判断是否在第一结点之前插入，若是则使 head 指向被插结点被插结点指针域指向原第一结点，否则在其他位置插入，若插入的结点大于表中所有结点，则在表末插入。本函数返回一个指针，是链表的头指针。当插入的位置在第一个结点之前时，插入的新结点成为链表的第一个结点，因此 head 的值也有了改变，故需要把这个指针返回主调函数。

【例 6.31】 将以上建立链表，删除结点，插入结点的函数组织在一起，再建一个输出全部结点的函数，然后用 main 函数调用它们。

```
#include <iostream.h>
#define NULL 0
#define TYPE struct stu
#define LEN sizeof(struct stu)
struct stu
{
  int num;
  int age;
  struct stu *next;
};
TYPE *creat(int n)
{
  struct stu *head, *pf, *pb;
  int i;
  for(i=0;i<n;i++)
  {
    pb=(TYPE *)malloc(LEN);
    cout<<" input Number and Age" <<endl;
    cin>>pb->num>>pb->age;
    if(i==0)
          pf=head=pb;
    else  pf->next=pb;
    pb->next=NULL;
    pf=pb;
  }
  return(head);
  }
  TYPE *delete(TYPE *head,int num)
  {
    TYPE *pf, *pb;
    if(head==NULL)
    {
      cout<<" \nempty list!" <<endl;
      goto end;
    }
    pb=head;
    while(pb->num!=num && pb->next!=NULL)
          {pf=pb;pb=pb->next;}
```

```
  if(pb->num==num)
       { if(pb==head)  head=pb->next;
         else  pf->next=pb->next;
         cout<<" The node is deleted" <<endl;
       }
  else free(pb);
  cout<<" The node not been found!" <<endl;
  return head;
}
TYPE * insert(TYPE * head,TYPE * pi)
{
  TYPE *pb, *pf;
  pb=head;
  if(head==NULL)
     {  head=pi;
        pi->next=NULL;
}
else
{  while((pi->num>pb->num)&&(pb->next!=NULL))
     {
       pf=pb;
       pb=pb->next;
     }
   if(pi->num<=pb->num)
       {  if(head==pb)head=pi;
          else  pf->next=pi;
          pi->next=pb;
       }
   else
      {  pb->next=pi;
        pi->next=NULL;
      }
   }
   return head;
}
void print(TYPE * head)
{
   cout<<" Number\t\tAge" <<endl;
   while(head!=NULL)
      {
        cout<< head->num<<" \t\t" <<head->age<<endl;
        head=head->next;
      }
}
```

```
main()
{
   TYPE * head, * pnum;
   int n,num;
   cout<<" input number of node:";
   cin>>n;
   head = creat(n);
   print(head);
   cout<<" Input the deleted number:";
   cin>>num;
   head = delete(head,num);
   print(head);
   cout<<" Input the inserted number and age: ";
   pnum = (TYPE * )malloc(LEN);
   cin>>pnum->num>>pnum->age;
   head = insert(head,pnum);
   print(head);
}
```

例 6.31 中，print 函数用于输出链表中各个结点数据域值。函数的形参 head 的初值指向链表第一个结点。在 while 语句中，输出结点值后，head 值被改变，指向下一结点。若保留头指针 head，则应另设一个指针变量，把 head 值赋予它，再用它来替代 head。在 main 函数中，n 为建立结点的数目，num 为待删结点的数据域值，head 为指向链表的头指针，pnum 为指向待插结点的指针。main 函数中各行的意义是：

第 6 行输入所建链表的结点数；

第 7 行调 creat 函数建立链表并把头指针返回给 head；

第 8 行调 print 函数输出链表；

第 10 行输入待删结点的学号；

第 11 行调 delete 函数删除一个结点；

第 12 行调 print 函数输出链表；

第 14 行调 malloc 函数分配一个结点的内存空间，并把其地址赋予 pnum；

第 15 行输入待插入结点的数据域值；

第 16 行调 insert 函数插入 pnum 所指的结点；

第 17 行再次调 print 函数输出链表。

6.7 联 合 体

“联合体”也是一种构造类型的数据结构。在一个“联合体”内可以定义多种不同的数据类型，一个被说明为该“联合体”类型的变量中，允许装入该“联合体”所定义的任何一种数据。这在前面的各种数据类型中都是办不到的。例如，定义为整型的变量只能装入整型数据，定义为实型的变量只能赋予实型数据。

在实际问题中有很多这样的例子，例如在学校的教师和学生中填写以下表格：姓名、年龄、职业、单位,“职业”一项可分为“教师”和“学生”两类。对“单位”一项学生应填入班级编号,教师应填入某系某教研室。班级可用整型量表示,教研室只能用字符类型。要求把这两种类型不同的数据都填入“单位”这个变量中,就必须把“单位”定义为包含整型和字符型数组这两种类型的“联合”。

“联合体”与“结构体”有一些相似之处,但两者有本质上的不同。在结构体中各成员有各自的内存空间,一个结构体变量的总长度是各成员长度之和。而在“联合体”中,各成员共享一段内存空间,一个联合体变量的长度等于各成员中最长的长度。应该说明的是,这里所谓的共享不是指把多个成员同时装入一个联合体变量内,而是指该联合变量可被赋予任一成员值,但每次只能赋一种值,赋入新值则冲去旧值。如前面介绍的“单位”变量,如定义为一个可装入“班级”或“教研室”的联合体后,就允许赋予整型值(班级)或字符串(教研室)。要么赋予整型值,要么赋予字符串,不能把两者同时赋予它。联合体类型的定义和联合体变量的说明一个联合体类型必须经过定义之后,才能把变量说明为该联合体类型。

6.8 枚举类型

所谓“枚举类型”,是指这种类型变量的取值只能限于事前已经一一列举出来的值的范围。比如描述星期几的数据就只能在星期日、星期一到星期六之间选择。

用关键字 enum 定义枚举类型,举例如:

```
enum weekday {sun,mon,tue,wed,thu,fri,sat};
```

weekday 是枚举类型名,可以用于定义变量,例如:

```
enum weekday  week1,week2;
```

定义了两个枚举变量,它们只能取 sun 到 sat 这七个值之一,例如:

```
week1 = wed
week2 = fri;
```

上述枚举类型的定义中,sun、mon、…、sat 称为“枚举元素”或“枚举常量”。

关于枚举类型的使用,需要了解以下几点说明:

(1)enum 是关键字,标识枚举类型,定义枚举类型时必须用 enum 开头。

(2)在定义枚举类型时,花括号中的枚举元素是常量,这些元素的名字是程序设计者自己指定的,命名规则与标识符相同。这些名字只是作为一个符号,以利于提高程序的可读性,并无其他固定的含义。

(3)枚举元素是常量,在 C 编译器中,按定义时的排列顺序取值 0、1、2、…。例如:

```
week1 = wed;
cout≪week1;
```

输出整数 3。

(4)枚举元素是常量,不是变量,可以将枚举常量赋给一个枚举变量,但不能对枚举元素赋值。例如:

```
week2 = sat;/*正确,把枚举常量 sat 赋给枚举变量 week2 */
sun = 0; mon = 1;/*错,不能对枚举常量赋值 */
```

但在定义枚举类型时,可以指定枚举常量的值,例如:

```
enum weekday {sun = 7,mon = 1,tue,wed,thu,fri,sat};
```

此时,tue、wed、…的值从 mon 的值顺序加 1。如 tue=2。

(5)枚举值可以作判断比较，例如：

```
if(week1 = = mon)…
if(week1 > sun)…
```

枚举值的比较规则是以其在定义时的顺序号大小为依据。如果定义时未人为指定，则第一个枚举元素的值认作 0。故有 sun<mon、mon<tue 等关系。

(6)整型与枚举类型是不同的数据类型，不能直接赋值。例如：

```
work1 = 2;   /＊错，work1 是枚举类型，只能在指定范围内获取枚举元素 ＊/
```

但可以通过强制类型转换赋值。例如：

```
work1 =(enum weekday)2;  /＊即取 tue   ＊/
```

(7)枚举常量不是字符串，不能用下面的方法输出字符串“sun”：

```
cout<<sun;
```

而应用检查的方法去处理：

```
if(week1 = = sun)cout<<" sun";
```

【例 6.32】

```
main()
{
  enum color_name {red,yellow,blue,white,black};
  enum color_name color;
  for(color = red;color< = black;color + + )
    switch(color)
    {
      case red:cout<<" red," <<red<<endl;break;
      case yellow:cout<<" yellow," <<yellow<<endl;break;
      case blue:cout<<" blow," <<blue<<endl;break;
      case white:cout<<" white," <<white<<endl;break;
      default:cout<<" black," <<black<<endl;break;
    }
}
```

运行结果如下：

```
red,0
yellow,1
blue,2
white,3
black,4
```

习　　题

一、选择题

1. 对于指针的说法正确的是(　　)。

A. 指针其实就是一个变量，只不过它所存储的是某个变量的地址，而不是某个变量所代表的值

B. 指针的引入使得对某个变量产生了间接引用,因此,指针的引入只能添乱,没多大好处

C. 由于指针变量存储的是某变量的地址,因此由它无法获得该变量多代表的实际值

D. 如果有"int *p,a; p=&a;",则*p与&a是等价的

2. 指针与其他普通变量一样,需要先定义后使用,它定义的格式是:存储类型 数据类型*变量名,则对此的说法正确的是( )。

A. 存储类型是指指针所指的变量的存储类型,存储类型不同,所占的内存区不同

B. 数据类型是指指针所指的变量的数据类型,数据类型不同,则该变量所占的内存空间大小不同

C. "*变量名"是把该"变量名"说明为指针变量,它的内存单元存储的是普通变量的地址

D. 数据类型是指指针的数据类型,数据类型不同,则该变量所占的内存空间大小不同

3. 在int a=3,*p=&a中,*p的值是( )。

A. 变量a的地址值　　B. 无意义　　C. 变量p的地址值　　D. 3

4. 对于int *pa[5]的描述,( )是正确的。

A. pa是一个指向数组的指针,所指向的数组是5个int型元素

B. pa是一个指向某数组中第五个元素的指针,该元素是int型变量

C. pa[5]表示某个数组的第五个元素的值

D. pa是一个具有5个元素的指针数组,每个元素是一个int型指针

5. 下列关于指针的运算中,( )是非法的。

A. 两个指针在一定条件下,可以进行相等或不等的运算

B. 可以用一个空指针赋值给某个指针

C. 一个指针可以加上两个整数之差

D. 两个指针在一定条件下,可以相加

6. 指针可以用来表示数组元素,下列表示中( )是错误的。

已知:int a[3][7];

A. *(a+1)[5]　　B. *(*a+3)

C. *(*(a+1))　　D. *(&a[0][0]+2)

7. 下列表示引用的方法中,( )是正确的。

已知:int m=10;

A. int &x=m　　B. int &y=10　　C. int &z　　D. float &t=&m

8. ( )是给对象取一个别名,它引入了对象的同一词。

A. 指针　　B. 引用　　C. 枚举　　D. 结构

9. 下列引用的定义中( )是错误的。

A. int i; int &j=i;　　B. int i; int &j; j=i;

C. float i; float &j=i;　　D. char d; char &k=d;

10. 下列语句正确的是( )。

A. int *p; i=8; p=&i;　　B. int *p,i;==&i;

C. float *p; int i; p=&(float)i;　　D. float *p; cout<<*p;

11. 为避免指针使用上的错误,可以在定义指针时就给指针一个值,这叫指针的初始化。下列不能初始化指针的值是( )。

A. 5　　B. 0　　C. null　　D. 地址

12. 关于指向 void 类型的指针的说法正确的是（　　）。

A. “void *p;”表示定义了一个指向任何类型的指针变量 p

B. 它可以直接赋给其他类型的指针变量

C. 它可以直接接收其他类型的指针变量

D. 可以通过显式的强制类型转换赋给或接受其他数据类型的指针

13. 下列语句不正确的是（　　）。

A. int *p,i;p=&i;float *q;q=(float *)p;

B. void *p;int j;p=(void *)&j;

C. void *p;float *q;q=(float *)p;

D. void *p;int *q;p=q;

14. 下列（　　）不属于指针的运算。

A. 算术运算　　B. 逻辑运算　　C. 关系运算　　D. 赋值运算

15. 有定义语句“int *p,str[10];”,则下列正确的选项是（　　）。

A. p=&str　　B. p=str　　C. str++　　D. str=p

16. 若有定义:“int a[10],*p;p=a;”,则执行“p=p+5;”后,与 *p 不相等的是（　　）。

A. a[5]　　B. *(a+5)

C. *(p+5)或 p[5]　　D. 执行“a=a+5;”后的 *a

17. 关于二维数组“int a[5][6];”的说法正确的是（　　）。

A. 该二维数组共有 30 个整型数据元素,共占有 60 个字节

B. 该数组的首地址是 a 或 a[0]或 a[0][0],所以 a+1、a[0]+1 值也是一样的

C. 第 i 行 j 列元素的首地址是 *(a+i)+j 或 a[i]+j 或 a[i][j]

D. 第 i 行 j 列元素的值是 a[i][j]或 *(a[i]+j)或 *(*(a+i))+j

18. 若有说明:“int i,j=2,*p=&i;”,则能完成 i=j 赋值功能的语句是（　　）。

A. i=*p　　B. p*==*&j　　C. i=&j　　D. i==**p

19. 有定义:int a[10]={1,2,3,4,5,6,7,8,9,10},*p=a;,则数值为 9 的表达式是（　　）。

A. *p+9　　B. *(p+8)　　C. *p+=9　　D. p+8

20. 如有以下定义:“int t[3][2];”,能正确表示 t 数组元素地址的表达式是（　　）。

A. &t[3][2]　　B. t[3]　　C. t[1]　　D. t[2]

21. 若已定义:int a[ ]={0,1,2,3,4,5,6,7,8,9},*p=a,i;,其中 0＜=i＜=9,则对 a 数组元素不正确的引用是（　　）。

A. a[p-a]　　B. *(&a[i])　　C. p[i]　　D. a[10]

22. 若有定义:“int a[9],*p=a;”,则不能表示 a[1]地址的表达式是（　　）。

A. p+1　　B. a+1　　C. a++　　D. ++p

二、计算题

计算下列各表达式的值。

1. 已知:int d(5),*pd=&d,&rd=d;,计算下式的值:

(1)d+-rd　(2)*pd*rd　(3)++*pd-rd　(4)++rd-d

2. 若有:int i=100 ; int *ip=&i ; int k=*ip ;,则 k 的值为________(假设整数 i 的地址为 0x12345678,指针 ip 地址为 0x21850043)。

3. 若有:int i; int &j=i; i=5;j=i+1;,则 i=________,j=________。

三、程序分析题

分析下列程序的输出结果。

1. 以下程序的执行结果是________。

```
#include <iostream.h>
void main()
{
  short int name[ ] = {1,2,3,4,5,6,7,8,9,10};
  short int *str = name;
  int i = 3;
  cout<<name[i]<<endl;
  cout<<*(str + i)<<endl;
  cout<<*(name + i)<<endl;
  cout<<&name[i]<<endl;
  cout<<name + i<<endl;
  cout<<str + i<<endl;
}
```

2. 以下程序的输出结果是________。

```
#include <iostream.h>
#include <string.h>
void main()
{
  char str[20] = " ";
  char *p = " Good morning! ";
  strcpy(str,p);
  if(! strcmp(str,p))
  {
    cout<<" str:" <<str<<" ";
    cout<<" p:" <<p<<endl;
  }
}
```

3. 下面程序的输出结果是________。

```
#include <iostream.h>
void fun(int *n)
{
  while((*n) - - )
  cout<< + +(*n)
}
void main()
{  int a = 100;
   fun(&a);
}
```

4. 下面程序的输出结果是________。

```
#include <iostream.h>
int funa(int a,int b)
   {return a*b;}
int funb(int a,int b)
   {return a/b;}
int fun(int(*t)(int,int),int x,int y)
   {return((*t)(x,y));}
void main()
{
   int x,(*p)(int i,int j)
   p=funa;
   x=fun(p,9,3);
   cout<<x<<" ";
   x=fun(funb,8,3);
   cout<<x;
}
```

5. 下面程序的输出结果是________。

```
#include <iostream.h>
void main()
{
   int a[8]={1,2,3,4,5,6,7,8},*p,**q;
   p=a;
   q=&p;
   p+=2;
   cout<<*p<<" ";
   cout<<**q<<" ";
   cout<<*p**q<<endl;
}
```

6. 下面程序的输出结果是________。

```
#include <iostream.h>
void main()
{
   int a[3][4]={2,4,6,8,10,12,14,16,18,20,22,24};
   int(*p)[4]=a,i,j,k=1;
   for(i=0;i<3;i++)
     for(j=0;j<2;j++)
       k=k+(*(p[i]+j));
   cout<<k;
}
```

7. 下面程序的输出结果是________。

```
#include <iostream.h>
void fun(int **s,int p[2][3])
```

```
{   * * s = p[1][1];   }
void main()
{
   int a[2][3] = {1,3,5,7,9,11},x, * p = &x ;
   fun(&p,a);
   cout<< * p;
}
```

8. 以下程序的执行结果是________。

```
#include <iostream.h>
void swap(int &x,int &y)
{
   int temp;
   temp = x;   x = y;   y = temp;
}
void main()
{
   int x = 10,y = 20;
   swap(x,y);
   cout<<" x = " <<x<<",y = " <<y<<endl;
}
```

9. 以下程序的执行结果是________。

```
#include <iostream.h>
void main()
{
   int a[] = {10,20,30,40}, * pa = a;
   int * &pb = pa;
   pb++;
   cout<< * pa<<endl;
}
```

10. 以下程序的执行结果是________。

```
#include <iostream.h>
#include <string.h>
void swap(char * &x,char * &y)
{
   char * temp;
   temp = x;x = y;y = temp;
}
void main()
{
   char * ap = " hello";
   char * bp = " how are you?";
   cout<<" ap:" <<ap<<endl;
   cout<<" bp:" <<bp<<endl;
   swap(ap,bp);
```

```
    cout<<" swap ap,bp" <<endl;
    cout<<" ap:" <<ap<<endl;
    cout<<" bp:" <<bp<<endl;
}
```

四、编程题

按下列要求编写程序。

1. 一个班级有30名学生，用数组存储学生的成绩，请用有关指针的知识编一程序打印这些学生的平均成绩以及最高成绩。

2. 一个班级有30名学生，每个学生有5门课程，用数组存储学生的成绩，请用有关数组指针的知识编一程序打印每个学生的平均成绩、总成绩以及最高成绩的下标代码。

3. 输入三个整数，按大小顺序输出，要求程序用指针知识完成。

4. 用指针相关知识实现字符串的拷贝。

5. 建立带表头结点的单链表，打印所有结点的数据域；输入一个值，若某个结点的数据域为该值，则在其后插入另一新结点，若无此结点，则在表尾插入新结点，然后打印。给一个值，删除结点的数据域是该值的所有结点，然后打印（表生成时可用前插法或后插法）。

结点类型如下所示：

```
struct node
{   int data;
    struct node *next;
};
```

6. 用二叉树及链表相关知识，构造一棵二叉树，然后打印其结点，再前序、中序、后序、层序遍历之。结点类型如下：

```
struct bnode
{   int data;
    struct bnode *left, *right;
};
```

7. 编写程序，调用传递引用的参数，实现两个字符串变量的交换。

第7章 类和对象

本章内容提要

类;对象;对象生存期;对象指针和对象引用;对象数组;常类型;子对象和堆对象;类型转换

在面向对象的程序设计中,经常接触类、对象等专业名词。到底什么是类?什么是对象呢?在程序中又是怎样运用呢?类是面向对象程序设计的核心,它实际是一种新的数据类型,也是实现抽象类型的工具,因为类是通过抽象数据类型的方法来实现的一种数据类型。类是对某一类对象的抽象;而对象是某一种类的实例,因此,类和对象是密切相关的。没有脱离对象的类,也没有不依赖于类的对象。

7.1 类的定义

类是一种复杂的数据类型,它是将不同类型的数据和与这些数据相关的操作封装在一起的集合体。这有点像C++语言中的结构体,唯一不同的就是结构体没有定义所说的“数据相关的操作”,“数据相关的操作”就是我们平常经常看到的“方法”。因此,类具有更高的抽象性,类中的数据具有隐藏性,类还具有封装性。

类的结构(也即类的组成)是用来确定一类对象的行为的,而这些行为是通过类的内部数据结构和相关的操作来确定的。这些行为是通过一种操作接口来描述的(也即平时我们所看到的类的成员函数),使用者只关心的是接口的功能(也就是我们只关心类的各个成员函数的功能),对它是如何实现的并不感兴趣。而操作接口又被称为这类对象向其他对象所提供的服务。

7.1.1 类的定义格式

类的定义格式一般地分为说明部分和实现部分。说明部分是用来说明该类中的成员,包含数据成员的说明和成员函数的说明。成员函数是用来对数据成员进行操作的,又称为“方法”。实现部分是用来对成员函数的定义。概括说来,说明部分将告诉使用者“干什么”,而实现部分是告诉使用者“怎么干”。

类的一般定义格式如下:

```
class <类名>
{
  public:
    <成员函数或数据成员的说明>
  private:
    <数据成员或成员函数的说明>
};
<各个成员函数的实现>
```

下面简单地对上面的格式进行说明:class是定义类的关键字,<类名>是一种标识符,通常用T字母开始的字符串作为类名。一对花括号内是类的说明部分(包括前面的类头)说明该类的成员。类的成员包含数据成员和成员函数两部分。从访问权限上来分,类的成员又分为公有的(public)、私有的(private)和保护的(protected)三类。公有的成员用public来说明,公有部分往往是一些操作(即成员函数),它是提供给用户的接口功能。这部分成员可以在程序中引用。私有的成员用private来说明,私有部分通常是一些数据成员,这些成员是用来描述该类中的对象的属性的,用户是无法访问它们的,只有成员函数或经特殊说明的函数才可以引用它们,它们是被用来隐藏的部分。保护类(protected)将在以后介绍。

关键字public、private和protected被称为访问权限修饰符或访问控制修饰符。它们在类体内(即一对花括号{}内)出现的先后顺序无关,并且允许多次出现,用它们来说明类成员的访问权限。

其中,<各个成员函数的实现>是类定义中的实现部分,这部分包含所有在类体内说明的函数的定义。如果一个成员函数在类体内定义了,实现部分将不出现。如果所有的成员函数都在类体内定义,则实现部分可以省略。

下面给出一个日期类定义的例子:

```
class TDate      //类的说明部分
{
  public:
    void SetDate(int y,int m,int d);
    int IsLeapYear();
    void Print();
  private:
    int year,month,day;
};
void TDate::SetDate(int y,int m,int d)  //类的实现部分
{
    year = y;
    month = m;
    day = d;
}
int TDate::IsLeapYear()
{
    return(year % 4 = = 0 && year % 100!  = 0)||(year % 400 = = 0);
}
```

```
void TDate::Print();
{
    cout≪YEAR≪"." ≪MONTH≪"." ≪DAY≪ENDL;< FONT>
}
```

这里出现的作用域运算符::是用来标识某个成员函数是属于哪个类的。

该类的定义还可以如下所示：

```
class TDate
{
  public:
    void SetDate(int y,int m,int d)
      {year = y; month = m; day = d;}
    int IsLeapYear()
      {return(year % 4 = = 0 && year % 100! = 0)||(year % 400 = = 0);}
    void Print()
      {cout≪YEAR≪"." ≪MONTH≪"." ≪DAY≪ENDL;}< FONT>
  private:
    int year,month,day;
}
```

这样对成员函数的实现(即函数的定义)都写在了类体内,因此类的实现部分被省略了。如果成员函数定义在类体外,则在函数头的前面要加上该函数所属类的标识,这时使用作用域运算符::。

定义类时应注意的事项如下：

(1)在类体中不允许对所定义的数据成员进行初始化。例如,下面的定义是错误的。

```
class date
{
    int year = 1992,month = 4,day = 20;
  public:
    …
}
```

(2)类中的数据成员的类型可以是任意的,包含整型、浮点型、字符型、数组、指针和引用等,也可以是对象。另一个类的对象可以作该类的成员,但是自身类的对象是不可以的,而自身类的指针或引用又是可以的。当一个类的对象用作这个类的成员时,如果另一个类的定义在后,需要提前说明。

```
class b
{
    …
};
class a
{
    …
      class b  a11;
    public:
      void f(b m){…} // m是类b的对象
```

```
    ...
};
```

(3)一般地,在类体内先说明公有成员,它们是用户所关心的,后说明私有成员,它们是用户不感兴趣的。在说明数据成员时,一般按数据成员的类型大小,由小至大说明,这样可提高时空利用率。

(4)经常习惯地将类定义的说明部分或者整个定义部分(包含实现部分)放到一个头文件中。

7.1.2 类定义说明

每个类定义引入一个不同的类 class 类型,即使两个类的类型具有完全相同的成员表,它们仍是不同的类型。例如:

```
class First
{
    int memi;
    double memd;
};
class Second
{
    int memi;
    double memd;
};
class First obj1;
Second obj2 = obj1;     // 错误:obj1 和 obj2 类型不同
```

类体定义了一个域 scope,在类体中的类成员声明把这些成员名字引入到它们的类的域中。如果两个类有同名的成员,那么程序不会出错并且这两个成员将指向不同的对象,我们将在后面更详细地介绍类域。

在引入类类型之后,我们可以以两种方式引用这种类型:

(1)指定关键字 class 后面紧跟类名。在前面例子中 obj1 的声明以这种方式引用类 First。

(2)只指定类名。在前面例子中 obj2 的声明以这种方式引用 Second。

这两种引用类类型的方式是等价的。第一种方式是从 C 中借用的在 C++的声明中用它引用类类型也是有效的。第二种方式是 C++引入的,它使类类型更容易被用在声明中。

一旦到了类体的结尾,即结束右括号,我们就说一个类被定义了一次。一旦定义了一个类,则该类的所有成员就都是已知的,类的大小也是已知的了。

我们也可以声明一个类但是并不定义它。例如:

```
class Screen;     // Screen 类的声明
```

这个声明向程序引入了一个名字 Screen,指示 Screen 为一个类类型。但是我们只能以有限的方式使用已经被声明但还没有被定义的类类型。如果没有定义类,那么我们就不能定义这类类型的对象,因为类型的大小编译器不知道为这种类类型的对象预留多少存储空间。

但是,我们可以声明指向该类类型的指针或引用。允许指针和引用是因为它们都有固定的大小,这与它们指向的对象的大小无关。但是,因为该类的大小和类成员都是未知的,所以要等到完全定义了该类,我们才能将引用操作符(*)应用在这样的指针上,或者使用指针或引用来指向某一个类成员。

只有已经看到了一个类的定义,我们才能把一个数据成员声明成该类的对象。在程序文本中还没有看到该类定义的地方,数据成员只能是该类类型的指针或引用。例如下面是类 StackScreen 的定义,它有一个数据成员是指向 Screen 类的指针,这里 Screen 只有声明没有定义:

```
class Screen;   // 声明
class StackScreen
{
    int topStack;        // ok: 指向一个 Screen 对象
    Screen * stack;
    void( * handler)();
};
```

因为只有当一个类的类体已经完整时,它才被视为已经被定义,所以一个类不能有自身类型的数据成员。但是,当一个类的类头被看到时,它就被视为已经被声明了,所以一个类可以用指向自身类型的指针或引用作为数据成员。例如:

```
class LinkScreen
{
    Screen window;
    LinkScreen * next;
    LinkScreen * prev;
};
```

7.2 对象的定义

我们已经知道,对象是类的实例,对象是属于某个已知的类。因此,定义对象之前,一定要先定义好该对象的类。下面简单地介绍对象的定义。

创建一个对象有两种方法。

1. 在定义类的同时创建对象

一般格式为:

```
class<类名>
{
  ...
} <对象名表>;
```

例如创建两个日期对象:

```
class date
{
int year,month,day;
public:
  void setdate(int y,int m,int d)
  {
        year = y;month = m;day = d;
```

```
        int  isleapyear();
        void print();
    } d1,d2;
        …
    }
```

上例中，在定义类 date 的同时定义了两个对象 d1 和 d2。

2. 在定义类以后创建对象

一般格式为：

＜类名＞　＜对象名表＞

其中，＜类名＞是待定的对象所属的类的名字，即所定义的对象是该类类型的对象。＜对象名表＞中可以有一个或多个对象名，多个对象名时用逗号分隔。＜对象名表＞中，可以是一般的对象名，还可以是指向对象的指针名或引用名，也可以是对象数组名。例如：

```
TDate date1,date2,*Pdate,date[31];
```

7.2.1 对象成员的表示方法

一个对象的成员就是该对象的类所定义的成员。对象成员有数据成员和成员函数，其表示方式如下：

＜对象名＞.＜成员名＞

或者

＜对象名＞.＜成员名＞(＜参数表＞)

前者用来表示数据成员的，后者用来表示成员函数的。例如：

```
date1.year,date1.month,date1.day;
date1.SetDate(int y,int m,int d);
```

这里，. 是一个运算符，该运算符的功能是表示对象的成员。

指向对象的指针的成员表示如下：

＜对象指针名＞－＞＜成员名＞

或者

＜对象指针名＞－＞＜成员名＞(＜参数表＞)

这里的－＞是一个表示成员的运算符，它与前面讲过的 . 运算符的区别是，－＞用来表示指向对象的指针的成员，而 . 用来表示一般对象的成员。同样，前者表示数据成员，而后才表示成员函数。

下面的两种表示是等价的：

＜对象指针名＞－＞＜成员名＞　与　(*＜对象指针名＞).＜成员名＞

这对于成员函数也适用。例如：

```
Pdate->year,Pdate->month,Pdate->day;
```

或者

```
(*Pdate).year,(*Pdate).month,(*Pdate).day;
Pdate->SetDate(int y,int m,int d);
```

或者

```
(*Pdate).SetDate(int y,int m,int d);
```

另外，引用对象的成员表示与一般对象的成员表示相同。

由同一个类所创建的对象的数据结构是相同的，类中的成员函数是共享的。两个不同的对象的名字是不同的，它们的数据结构的内容(即数据成员的值)是不同的。因此，系统对已定义的对象仅给它们分配数据成员变量，而一般数据成员又都为私有成员，不同对象的数据成员的值可以是不相同的。

【例 7.1】 对象成员的引用一。

```
#include< iostream.h>
class date
{
    int year,month,day;      // private data numbers:
public:
    void setdate(int y,int m,int d)
      { year = y;month = m;day = d;}
    int  isleapyear();
    void print();
} ;          //必须有分号
int date::isleapyear()         //class类的成员函数定义:
{
    return(year % 4 = = 0 && year % 100!  = 0)||(year % 400 = = 0);
}
void date::print()
{
    cout << year << " ." << month << " ." << day << endl;
}
void main()
{
    class date d1;                    //说明date类的对象
    d1.year = 2000 ;                  //错误,私有成员,外部不能访问
    d1.setdate(2000,10,20);         //引用函数成员。setdate是公有成员
    d1.print();
}
```

执行后的显示结果为：

```
2000.10.20
```

【例 7.2】 对象成员的引用二。

```
#include<iostream.h>
class string
{
  private://可以省略
    int length;
    char * contents;
  public:
    void set_contents(char * p);
    int get_length();
```

```
    char * get_contents();
} ;
void string::set_contents(char *p)
{
    int i=0;
    contents=p;
    while(*p++!='\0')i++;
    length=i;
}
int string::get_length()
{ return length;}
char * string::get_contents()
{ return contents;}
void main()
{
    class string s1, *ps;
    char *p;
    s1.set_contents(" abcdefg");
    p=s1.get_contents();
    cout << " length=" << s1.get_length()<< endl;
    cout << " string=" << p;
    ps=&s1;
    ps->string::set_contents(" 12345678");
    cout << " length=" << ps->get_length()<< endl;
    cout << " string=" <<(*ps).get_contents()<< endl;
}
```

程序执行后的显示结果为：

```
length=7
string=abcdefg
length=8
string=12345678
```

7.2.2 类对象定义的说明

类的定义（如类 Screen）不会引起存储区分配，只有当定义一个类的对象时，系统才会分配存储区。例如，给出下列 Screen 类的实现：

```
class Screen
{
    public:
      //成员函数
    private:
      string _screen;
      string::size_type _cursor;
```

```
        short _height;
        short _width;
};
```

如下定义：

```
Screen myScreen;
```

将分配一块足够包含Screen类的四个数据成员的存储区。名字myScreen引用到这块存储区。每个类对象都有自己的类数据成员复制。修改myScreen的数据成员不会改变任何其他Screen对象的数据成员。

类类型的对象有一个域，它是由对象定义在程序文本文件中的位置决定的。一个类的对象可能被定义在一个与"类类型被定义的域"不同的域中。例如：

```
class Screen
{
        //成员列表
};
int main()
{
    Screen mainScreen;
}
```

类Screen在全局域中被声明，而mainScreen对象则在函数main()的局部域中被声明。

类类型的对象也有生命期。根据对象是在一个名字空间域还是在一个局部域中被声明，以及它是否被声明为static，对象可能在整个程序执行期间存在，或只在一个特殊的函数调用执行期间存在。当考虑域和生命期时，类类型的对象与其他对象非常相像。

一个对象可以被同一类类型的另一个对象初始化或赋值。默认情况下，复制一个类对象与复制它的全部数据成员等价。例如：

```
Screen bufScreen = myScreen;
```

等价于：

```
bufScreen._height = myScreen._height;
bufScreen._width = myScreen._width;
bufScreen._cursor = myScreen._cursor;
bufScreen._screen = myScreen._screen;
```

我们也可以声明类对象的指针和引用。类类型的指针可以用同一类类型的类对象的地址做初始化或赋值。类似地，类类型的引用也可以用同一类类型的对象的左值作初始化。面向对象的程序设计对此作了扩展，允许基类的引用或指针引用到派生类的对象。

```
int main()
{
    Screen myScreen,bufScreen[10];
    Screen *ptr = new Screen;
    myScreen = *ptr;
    delete ptr;
    ptr = bufScreen;
    Screen &ref = *ptr;
    Screen &ref2 = bufScreen[6];
```

```
}
```

默认情况下，当一个类对象被指定为函数实参或函数返回值时，它就被按值传递。我们也可以把一个函数参数或返回类型声明为一个类类型的指针或引用。7.3 节给出了类类型的指针或引用被作为参数的例子，并说明何时应该使用它们。7.4 节给出了类类型的指针或引用的返回类型，并说明应该何时使用它们。

7.3 对象的初始化

7.3.1 类的初始化

考虑下面的类定义：

```
class Data
{
    public:
      int ival;
      char * ptr;
};
```

为了能够安全地使用这个类的对象，我们必须确保它的两个成员都被正确地初始化。但是对于不同的类这意味着什么呢？直到理解了这个类所代表的抽象时，我们才能回答。如果它代表某个公司的雇员，那么 ptr 可能被设置为雇员的名字，而 ival 是雇员的唯一雇员号，负数或 0 是无效的。如果该类表示一个城市当前的气温，则负数、0 或正数都有效。另一种可能是，Data 表示一个被引用计数的字符串的值：ival 的值是 ptr 指向的字符串被引用的次数。在这种抽象下，ival 用初始值 1 做初始化。如果该值降为 0，则删除该对象。

当然类及其数据成员的助记名会让程序的读者明白该类的意图，但是这对编译器没有提供任何额外的信息。为了使编译器能够了解我们的意图，我们必须提供一个或一组重载的特殊初始化构造函数。根据对象定义中指定的一组初始值，编译器会选择适当的构造函数。例如下列每个函数都表示了一个合法的唯一的 Data 类对象的初始化操作：

```
Data dat01(" Venus and the Graces",107925);
Data dat02(" about");
Data dat03(107925);
Data dat04;
```

当我们需要一个类对象而又不知道初始值应该是什么的时候，在程序中这种情况也是有可能的(如 dat04)，或许这些值只能在后面才可以确定。但是我们仍需要提供一些初始值，或者只是表明现在还没有提供初始值。在某些意义上来说，有时候需要初始化一个类对象表明它还没有被初始化，多数类都提供了一个特殊的默认构造函数，它不需要指定初始值，典型情况下，如果类对象是由默认构造函数初始化的，则我们可以认为它还没有被初始化。

Data 类需要提供一个构造函数吗？正如它的定义所示，它不需要，因为它的所有数据成员都是公有的。从 C 语言继承来的机制支持显式初始化表，类似于用在初始化数组上的初始化表。例如：

```
int main()
```

```
{
    Data local1 = { 0,0};
    Data local2 = { 1024," Anna Livia Plurabelle" };
    //…
}
```

根据数据成员被声明的顺序，这些值按位置被解析。例如，下面是一个编译错误，因为 ival 在 ptr 之前被声明：

```
ival = " Anna Livia Plurabelle";        //错误：
ptr = 1024                              //错误：
Data local2 = { " Anna Livia Plurabelle",1024};
```

显式初始化表有两个主要缺点：它只能被应用在所有数据成员都是公有的类的对象上（即显式初始化表不支持使用数据封装和抽象数据类型——这些在 C 语言中都没有，而这种形式的初始化正是从 C 语言继承来的）；它要求程序员的显式干涉增加了意外（忘了提供初始化表）和错误（弄错了初始值顺序的可能性）。

既然已知这些缺点，那么使用显式初始化表代替构造函数有什么理由吗？在实际中是有的。在某些应用中，通过显式初始化表用常量值初始化大型数据结构比较有效。例如，或许我们正在创建一个调色板，或者向一个程序文本中注入大量常量值，如一个复杂地理模型中的控制点和节点值。在这些情况下，显式初始化可以在装载时刻完成，从而节省了构造函数的启动开销（即使它被定义为 inline），尤其是对全局对象。

但是，通常来说，比较好的类初始化机制是构造函数。它保证在每个对象的首次使用之前被编译器自动应用在每个类对象上。在 7.3.2 节我们将详细了解类的构造函数。

7.3.2 类的构造函数

构造函数的功能是在创建对象时，使用给定的值来将对象初始化。构造函数是特殊的成员函数，它具有以下特点：

（1）构造函数是成员函数，它可写在类体内，也可写在类体外；

（2）构造函数的函数名与类名相同，该函数不指定类型说明。函数可有多参数，也可没有参数，这要根据需要而定；

（3）在类中可定义多个构造函数，即构造函数可以重载；

（4）程序中用户不能直接调用构造函数，在创建对象时由系统自动调用。

构造函数与类同名，我们以此来标识构造函数。为了声明一个默认的构造函数，我们这样写：

```
class Account
{
  public:
    //默认构造函数
    Account();
    //…
  private:
    char * _name;
    unsigned int _acct_nmber;
```

```
    double _balance;
}
```

构造函数没有返回值(包括 void 也不行)。C++语言对于一个类可以声明多少个构造函数没有限制,只要构造函数满足函数重载的原则即可(参数表唯一)。如果一个构造函数都没有声明,编译器将为该类产生一个默认的构造函数,这个函数可能会完成一些工作,也可能什么都不做。构造函数总是和它所属的类同名,并且不能指定任何类型的返回值,即使是 void 也不行。

当一个类的对象进入其作用域时,系统会为其数据成员分配足够的内存,但是系统不一定对其进行初始化。和内部数据类型对象一样,外部对象的数据成员总是初始化为 0。而局部对象则不会被初始化,所以它们有可能是一些垃圾数值。构造函数就是被用来进行初始化工作的。当自动类型的类对象离开其作用域时,它所占用的内存将被释放回系统。动态产生的类对象也是同样的,只不过必须用 new 和 delete 运算符来为对象分配和释放内存。

【例 7.3】

```
#include <iostream.h>
#include <stdafx.h>
class Box
{
    int height,width,depth;                    //private data members.
  public:
    int volume(){return height * width * depth;}    //Member function.
};
int main()
{
    Box thisbox(7,8,9);
    int volume = thisbox.volume();     //get and display the objects' volumes.
    cout<<volume<<endl;
    return 0;
}
```

构造函数对类进行初始化。在例 7.3 中,构造函数 Box()接受三个整型参数,并把这些值赋给描述立方体对象的数据成员。

例 7.3 中对 thisbox 的声明和 C 中声明变量的语法是一致的。首先给出数据类型,在这里是 Box,然后给出对象的名字 thisbox。这和定义一个整型变量没什么区别。在类对象的声明中还可以包含一个用圆括号括起来的参数表。这些参数为类对象提供了初始化值,并且包括了需要传递给构造函数的参数。类当中必须有一个构造函数,它的参数表能够匹配声明类对象的初始化值表。

如果构造函数没有参数,那么声明对象时也不需要括号。构造函数没有返回值,所以也不能把它声明为 void 函数,尽管实际上默认为 void 类型。

1. 使用默认参数的构造函数

有时候需要像例 7.3 那样明确的初始化 Box 对象,但有时候或许希望用默认值来初始化 Box 对象。

例 7.4 给出了 Box 类的新版本,如果不提供参数,则用默认值来初始化。

【例 7.4】 具有默认参数的构造函数。

```
#include <iostream.h>
#include <stdafx.h>
class Box
{
    int height,width,depth;                 //private data members.
  public:
    Box(int ht = 1,int wd = 2,int dp = 3)          //constructor with default initializers.
      {height = ht;width = wd;depth = dp;}
    int volume(){return height * width * depth;}    //Member function.
};
int main()
{
    Box thisbox(7,8,9);      //construct two box objects,one with initializers an one without.
    Box defaultbox;
    int volume = thisbox.volume();      //get and display the objects' volumes.
    cout<<volume<<endl;
    volume = defaultbox.volume();
    cout<<volume<<endl;
    return 0;
}
```

2. 默认构造函数

没有参数或者所有的参数都有默认值的构造函数称为默认构造函数。如果不提供构造函数,编译器将自动产生一个公共的默认构造函数,这个构造函数通常什么也不做。如果至少提供了一个构造函数,编译器就不会产生默认构造函数。正如在下面将会看到的,默认构造函数是非常重要的。譬如,如果没有默认构造函数,将无法初始化对象数组。

3. 重载构造函数

一个类可以有多个构造函数。这些构造函数必须具有不同的参数表(参数的个数不同,或者参数的类型不同),以便编译器能正确的区分它们。在一个类需要接受不同的初始化值时,就需要编写多个构造函数。可以给出一个初始值,但有时候或许只需要一个不带初始值的空的 Box 对象,例如该对象是用来接受赋值的。

例 7.5 给出了一个具有两个构造函数的 Box 类。

【例 7.5】 具有两个构造函数的类。

```
#include <iostream.h>
class Box
{
    int height,width,depth;      //private data members.
public:
    Box(){/* does nothing */}              //overloaded constructors.
    Box(int ht = 1,int wd = 2,int dp = 3)
      {height = ht;width = wd;depth = dp;}
    int volume(){return height * width * depth;}          //Member function.
};
int main()
```

```
{
    Box thisbox(7,8,9);     //construct two box objects,one with initializers an one without.
    Box otherbox;
    otherbox = thisbox;
    int volume = otherbox.volume();      //get and display the objects' volumes.
    cout<<volume<<endl;
    return 0;
}
```

例 7.5 的两个构造函数仅有最简单的区别：一个有初始化值，另一个没有。实际上构造函数之间的区别可以很大，因为构造函数是和类的数据成员的类型及其算法联系在一起的。在后面的章节，将会看到更为复杂的构造函数。

例 7.5 给出的类的例子是脆弱的。它允许使用初始化过的和未初始化过的 Box 对象，如果没有进一步考虑如果 thisbox 给 otherbox 赋值失败了，volume()函数将返回什么。较好的方法是，没有参数表的构造函数也把默认值赋给对象。

```
class Box
{
   int height,width,depth;
   Box(){height = 0;width = 0;depth = 0;}
   Box(int ht,int wd,int dp)
     {height = ht;width = wd;depth = dp;}
int volume(){return height * width * depth;}
};
```

更好的方法是使用默认参数，根本就不需要不带参数的构造函数。

```
class Box
{
   int height,width,depth;
   Box(int ht = 1,int wd = 2,int dp = 3)
     {height = ht;width = wd;depth = dp;}
   int volume(){return height * width * depth;}
};
```

7.3.3 类的析构函数

析构函数是一个特殊的由用户定义的成员函数，当该类的对象离开了它的域，或者 delete 表达式应用到一个该类的对象的指针上时，析构函数会自动被调用。析构函数的名字是在类名前加上波浪线～，它不返回任何值也没有任何参数。因为它不能指定任何参数，所以它也不能被重载。尽管我们可以为一个类定义多个构造函数，但是我们只能提供一个析构函数，它将被应用在类的所有对象上。

析构函数是特殊的成员函数，它具有以下特点：

(1)析构函数是成员函数，它可写在类体内，也可写在类体外。

(2)析构函数的名字为：～＜类名＞。析构函数不指定返回值类型，也没有参数。

(3)一个类中只可定义一个析构函数。

(4)析构可被调用,也系统自动调用。在下面两种情况下,析构函数自动被调用。

①局部非静态对象离开其作用域时。

②当一个对象用 new 运算符创建的,在使用 delete 运算符释放它时。

下面是 Account 类的析构函数:

```
class Account
{
    public:
      Account();
      explicit Account(const char *,double = 0.0);
      Account(const Account&);
      ~Account();
      //…
    private:
      char * _name;
      unsigned int _acct_nmbr;
      double _balance;
};
inline Account::~Account()
{
      delete [] _name;
      return_acct_nmbr(_acct_nmbr);
}
```

析构函数并非对于所有的类都是必需的,如果一个类中没有需要动态分配的成员,则这个类的析构函数可以省略。例如:

```
class point3d
{
    public:
    //…
    private:
    float x,y,z;
};
```

在类 point3d 中,析构函数就不是必需的,因为在类 point3d 类对象没有资源需要被释放。三个坐标成员的存储区在每个类对象生命期的开始和结束时,由编译器自动分配和释放。

一般地,如果一个类的数据成员是按值存储的,比如 point3d 的三个坐标成员,则无须析构函数。并不是每一个类都要求有析构函数,即使我们为该类定义了一个或多个构造函数。析构函数主要被用来放弃在类对象的构造函数或生命期中获得的资源,如释放互斥锁或删除由操作符 new 分配的内存。

在某些程序情况下,有必要显式地对一个特殊类对象调用析构函数。这常常发生在和定位 new 操作符结合的时候。我们看一个例子:

当写 char * arena = new char [sizeof Image];时,实际上我们已经分配了一个大小等于 Image 型对象的新的堆存储区。相关联的内存区没有被初始化,里面是上次使用之后的一段随机位序列。当我们写 Image *ptr = new(arena)Image("Quasimodo")时，没有新的内存被分配。相反，ptr 被赋值为与 arena 相关联的地址，通过 ptr，内存被解释为一个 Image 类对象。然而，虽然没有分配内存，但是构造函数被应用在现有的存储区上。实际上，定位 new 操作符允许我们在一个特定的、预分配的内存地址上构造一个类对象。

当定义了 Quasimodo 的图像(image)后，我们或许希望在由 arena 指向的同一个内存位置上操作另外一个 Esmerelda 的图像(image)。此时，我们通过：

Image *ptr = new(arena)Image("Esmerelda");

但是，这样做就覆盖了原来的 Quasimodo 的图像，假设我们已经修改了 Quasimodo 的图像并希望把它存储在磁盘上。一般我们通过 Image 类的析构函数来做到这一点，但是如果应用操作符：

```
delete      //不好：调用析构函数的同时也删除了存储区
delete ptr;
```

则除了调用析构函数，还删除了底层的堆存储区，这不是我们希望的。但是，我们可以通过显式地调用 Image 的析构函数：ptr -> ~Image();来释放 Qusimodo 的图像对象，而不删除其底层的存储区。此时，底层的存储区可以被后面的定位 new 操作符调用继续使用。

尽管 ptr 和 arena 指向同一个堆存储区没有任何意义，但是，在 arena 上应用 delete 操作：

```
delete arena;      //没有调用析构函数
```

不会导致调用 Image 的析构函数，因为 arena 的类型是 char *。记住：只有当 delete 表达式中的指针指向一个带有析构函数的类类型时，编译器才会调用析构函数。

7.4 成员函数的特性

类的成员函数是一组操作的集合，用户可以在该类的对象上执行这些操作。能够在类 Screen 上执行的操作集由 Screen 类中的成员函数定义：

```
class Screen
{
    public:
      void home(){ _cursor = 0;}
      void move(int,int);
      char get(){ return _screen[_cursor];}
      char get(int,int);
      bool checkRange(int,int);
      int height(){ return _height;}
      int width(){ return _width;}
      //…
};
```

虽然每个类对象都有自己的类数据成员复制，但是，每个类成员函数的复制只有一份，例如：

```
Screen myScreen,groupScreen;
myScreen.home();
groupScreen.home();
```

当针对对象 myScreen 调用函数 home()时，在 home()中访问的成员_cursor 是对象 my-

Screen 的数据成员。当针对对象 groupScreen 调用 home()时，数据成员_cursor 引用的是对象 groupScreen 的数据成员。但是，两者调用的是同一个函数 home()。同一个成员函数怎样能引用两个不同类对象的数据成员呢？这种支持是通过 this 指针实现的。关于 this 指针将在 7.5 节中介绍。

7.5 静态成员

7.5.1 静态数据成员

有时候某个特殊类的所有对象都需要访问一个全局对象。例如，计数在程序的任意一点总共创建了多少个此类类型的对象，这个全局变量或者是指向该类型错误处理例程的指针，或者是指向该类类型对象的自由存储区的指针。在这些情况下，"提供一个所有对象共同使用的全局对象"比"每个类对象维持一个独立的数据成员"要更为有效。尽管这个对象是一个全局对象，但是它的存在只是为了支持该类抽象的实现。

在这种情况下，类的静态数据成员提供了一个更好的方案。静态数据成员被当作该类类型的全局对象。对于非静态数据成员每个类对象都有自己的复制，而静态数据成员对每个类类型只有一个复制，静态数据成员只有一份，由该类类型的所有对象共享访问。

同全局对象相比，使用静态数据成员有两个优势：

(1)静态数据成员没有进入程序的全局名字空间，因此不存在与程序中其他全局名字冲突的可能性；

(2)可以实现信息隐藏。静态成员可以是 private 成员，而全局对象不能。

在类体中的数据成员声明前面加上关键字 static 就使该数据成员成为静态的。static 数据成员遵从 public/private/protected 访问规则。例如在下面定义的 Account 类中，_interestRate是被声明为 double 型的私有静态成员。

```
class Account
{
    Account(double amount,const string &owner);
    string owner(){ return _owner;}
  private:
    static double _interestRate;
    double _amount;
    string _owner;
};
```

之所以将_interestRate 声明为 static，而不把_amount 和_owner 声明为 static 的原因是：每个 Account 对应不同的主人，有不同数目的钱，而所有 Account 的利率却是相同的。

因为在整个程序中只有一个_interestRate 数据成员，它被所有 Account 对象共享，所以把_interestRate 声明为静态数据成员减少了每个 Account 所需的存储空间。

尽管对于所有 Account 对象，_interestRate 的当前值相同，但是它的值可能随时间而被改变，所以我们决定不把这个静态数据成员声明为 const。因为_interestRate 是静态的，所以它只需被更新一次，我们就可以保证每个 Account 对象都能够访问到被更新之后的值。要是每个类对象都维持自己的一个复制，那么每个复制都必须被更新，这将导致效率低下和更大的错误可能。

一般地，静态数据成员在该类定义之外被初始化。如同一个成员函数被定义在类定义之外一样，在这种定义中的静态成员的名字必须被其类名限定修饰。例如，下面是 interestRate 的初始化。

```
//静态类成员的显式初始化
double Account::_interestRate = 0.0589;
```

与全局对象一样，对于静态数据成员，在程序中也只能提供一个定义。这意味着，静态数据成员的初始化不应该被放在头文件中，而应该放在含有类的非 inline 函数定义的文件中。静态数据成员可以被声明为任意类型。它们可以是 const 对象、数组或类对象等。例如：

```
#include <string.h>
class Account
{
    //…
    private:
      static const string name;
}
const string Account::name(" Savings Account");
```

作为特例，有序型的 const 静态数据成员可以在类体中用一常量值初始化。例如，如果决定用一个字符数组而不是 string 来存储账户的姓名，那么我们可以用 int 型的 const 数据成员指定该数组的长度。例如：

```
// 头文件
class Account
{
    //…
    private:
      static const int nameSize = 16;
      static const char name[nameSize];
};
//文本文件
const int Account::nameSize; //必需的成员定义
const char Account::name[nameSize] = " Savings Account";
```

关于这个特例，有一些有趣的事情值得注意：用常量值作初始化的有序类型的 const 静态数据成员是一个常量表达式。如果需要在类体中使用这个被命名的值，那么，类设计者可声明这样的静态数据成员。例如，因为 const 静态数据成员 nameSize 是一个常量表达式，所以类的设计者可以用它来指定数组数据成员 name 的长度。

在类体内初始化一个 const 静态数据成员时，该成员必须仍然要被定义在类定义之外。但是，因为这个静态数据成员的初始值是在类体中指定的，所以在类定义之外的定义不能指定初始值。

因为 name 是一个数组（不是有序类型），所以它不能在类体内被初始化。任何试图这么做的行为都会导致编译时刻错误。例如：

```
class Account
```

```
{
    //…
    private:
      static const int nameSize = 16; // ok: 有序类型
      static const char name[nameSize] = " Savings Account"; //错误
};
```

name 必须在类定义之外被初始化。

这个例子还说明了一点，我们注意到成员 nameSize 指定了数组 name 的长度，而数组 name 的定义出现在类定义之外：

```
const char Account::name[nameSize] = " Savings Account";
```

nameSize 没有被类名 Account 限定修饰。尽管 nameSize 是私有成员，但是 name 的定义仍没有错。怎么会这样？如同类成员函数的定义可以引用类的私有成员一样，静态数据成员的定义也可以静态数据成员 name 的定义是在它的类的域内，当限定修饰名 Account::name 被看到之后，它就可以引用 Account 的私有数据成员。

在类的成员函数中可以直接访问该类的静态数据成员，而不必使用成员访问操作符：

```
inline double Account::dailyReturn()
{
    return(_interestRate / 365 * _amount);
}
```

但是在非成员函数中，我们必须以两种方式之一访问静态数据成员。可以使用成员访问操作符：

```
class Account
{
    //…
    private:
      friend int compareRevenue(Account&,Account * );
    //余下部分未变
};
int compareRevenue(Account &ac1,Account  * ac2)//引用和指针参数来说明对象和指针访问
{
    double ret1,ret2;
    ret1 = ac1._interestRate * ac1._amount;
    ret2 = ac2->_interestRate * ac2->_amount;
    //…
}
```

ac1._interestRate 和 ac2._interestRate 都引用静态成员 Account::interestRate。

因为类静态数据成员只有一个复制，所以它不一定要通过对象或指针来访问静态。数据成员的另一种方法是用被类名限定修饰的名字直接访问它。

```
if(Account:_interestRate < 0.05)    // 用限定修饰名访问静态成员
```

当我们不通过类的成员访问操作符访问静态数据成员时，必须指定类名以及紧跟其后的域操作符 Account::，因为静态成员不是全局对象，所以我们不能在全局域中找到它下面的 friend 函数 compareRevenue()的定义与刚刚给出的等价：

```
int compareRevenue(Account &ac1,Account * ac2)
{
    double ret1,ret2;
    ret1 = Account::_interestRate * ac1._amount;
    ret2 = Account::_interestRate * ac2->_amount;
    //…
}
```

静态数据成员的“唯一性”本质（独立于类的任何对象而存在的唯一实例），使它能够以独特的方式被使用，这些方式对于非 static 数据成员来说是非法的：

（1）静态数据成员的类型可以是其所属类，而非 static 数据成员只能被声明为该类的对象的指针或引用。例如：

```
class Bar
{
    public:
      //…
    private:
      static Bar mem1; // ok
      Bar * mem2; // ok
      Bar mem3; //错误
}
};
```

（2）静态数据成员可以被作为类成员函数的默认实参，而非 static 成员不能。例如：

```
extern int var;
class Foo
{
    private:
      int var;
      static int stcvar;
    public:
      int mem1(int = var);       // 错误：被解析为非 static 的 Foo::var 没有相关的类对象
      int mem2(int = stcvar);    // 正确：解析为 static 的 Foo::stcvar 无须相关的类对象
      int mem3(int = ::var);     // 正确：int var 的全局实例
}
```

7.5.2 静态成员函数

成员函数 raiseInterest()和 interest()访问静态数据成员_interestRate：

```
class Account
{
    public:
      void raiseInterest(double incr);
      double interest(){ return _interestRate;}
    private:
```

```
    static double _interestRate;
inline void Account::raiseInterest(double incr)
{   _interestRate + = incr;  }
```

问题在于,我们必须通过在某个特定的类对象上应用成员访问操作符,才能调用每个成员函数。因为这些成员函数除了静态数据成员_interestRate之外,不访问任何其他的数据成员。所以它们与用哪个对象来调用这个函数无关。这种调用的结果不会访问或修改任何对象(非static)数据成员。

较好的方案是将这样的成员函数声明为静态成员函数,可以如下实现:

```
class Account
{
    public:
      static void raiseInterest(double incr);
      static double interest(){ return _interestRate;}
    private:
      static double _interestRate;
inline void Account::raiseInterest(double incr)
{   _interestRate + = incr;  }
```

静态成员函数的声明除了在类体中的函数声明前加上关键字static,以及不能声明为const或volatile之外,与非静态成员函数相同出现在类体外的函数定义不能指定关键字static。

静态成员函数没有this指针,因此在静态成员函数中隐式或显式地引用这个指针都将导致编译时刻错误。试图访问隐式引用this指针的非静态数据成员也会导致编译时刻错误。例如,前面给出的成员函数dailyReturn()就不能被声明为静态成员函数,因为它访问了非静态数据成员amount。

我们可以用成员访问操作符点(.)和箭头(—>)为一个类对象或指向类对象的指针调用静态成员函数,也可以用限定修饰名直接访问或调用静态成员函数而无须声明类对象。下面的小程序说明了静态类成员的用法。

【例7.6】

```
#include <iostream>
#include " account.h"
bool limitTest(double limit)
{
    return limit <= Account::interest(); //还没有定义Account类对象,正确:调用static成员函数
}
int main()
{
    double limit = 0.05;
    if(limitTest(limit))
    {
      void( * psf)(double) = &Account::raiseInterest; // static类成员的指针被声明为普通指针
      psf(0.0025);
    }
    Account ac1(5000," Asterix");
```

```
    Account ac2(10000," Obelix");
    if(compareRevenue(ac1,&ac2)> 0)
        cout << ac1.owner()<< " is richer than " << ac2.owner()<< " \n";
    else
        cout << ac1.owner()<< " is poorer than " << ac2.owner()<< " \n";
    return 0;
};
```

7.6 友　元

7.6.1 问题的提出

我们已知道类具有封装和信息隐藏的特性。只有类的成员函数才能访问类的私有成员，程序中的其他函数是无法访问私有成员的。非成员函数可以访问类中的公有成员，但是如果将数据成员都定义为公有的，这又破坏了隐藏的特性。另外，应该看到在某些情况下，特别是在对某些成员函数多次调用时，由于参数传递、类型检查和安全性检查等都需要时间开销，而影响程序的运行效率。

为了解决上述问题，提出一种使用友元的方案。友元是一种定义在类外部的普通函数，但它需要在类体内进行说明，为了与该类的成员函数加以区别，在说明时前面加以关键字friend。友元不是成员函数，但是它可以访问类中的私有成员。友元的作用在于提高程序的运行效率，但是，它破坏了类的封装性和隐藏性，使得非成员函数可以访问类的私有成员。

友元可以是一个函数，该函数被称为友元函数；友元也可以是一个类，该类被称为友元类。

7.6.2 什么是友元

友元通俗的讲就是允许另一个类或函数访问你的类的一种机制。友元可以是函数或者是其他的类。类授予它的友元特别的访问权。通常同一个开发者会出于技术和非技术的原因，控制类的友元和成员函数（否则当用户想更新自己的类时，还要征得其他部分的拥有者的同意）。

友元函数和友元类使得程序员在不放弃私有数据安全性的情况下，对特定的函数或类进行访问。

要想通过一个打印函数打印类中的数据成员，要么函数是类中的一个成员，要么是友元函数。注意友元函数不是类成员，而是位于类作用域外的函数。定义友元函数时只需将它的函数原型插入类定义，像声明成员函数一样，再在函数原型前加入关键字 friend 即可。类本身决定友元的存在。友元函数是非成员函数，所以它无法通过 this 指针获得一份复制，因此必须给友元函数传递一个对象变量，这一点和其他非成员函数是一样的，不同的是友元函数可以访问类的私有数据。

友元函数必须带有某类变量为参数，才能获取对象数据并对其操作。

一个独立的友元函数可以访问多个类的数据，但必须同时为这多个类的友元。注意：向前引用是类的原型说明。

当一个类需要访问另一个类的某几个或全部私有数据或是私有成员函数时，将其声明为友元类。友元类是一个单独的类它可以访问另一个类中的所有成员。友元类中含有一个成员，它的类型是声明了这个友元类的类。即使一个类不是友元类，它的成员也可能是其他类的对象，但是该类将无法访问其对象成员的私有成员。

【例 7.7】

```
#include<iostream.h>
#include<sting.h>
#include <stdlib.h>
class Boyssoftball;    //类声明，因为另一个类要引用到它，如友元函数，所以必须先定义
class Girlssoftball
{
    char name[25];
    int age;
    float batavg;
  public:
    void init(char N[],int A,float B);
    friend void prdata(const Girlssoftball p1g,const Boyssoftball p1b);
};
void Girlssoftball::init(char N[],int A,float B)
{
  strcpy(name,N);
  age = A;
  batavg = B;
}
class Boyssoftball
{
    char name[25];
    int age;
    float batavg;
  public:
    void init(char N[],int A,float B);
    friend void prdata(const Girlssoftball p1g,const Boyssoftball p1b);
};
void Boyssoftball::init(char N[],int A,float B)
{
    strcpy(name,N);
    age = A;
    batavg = B;
}
void main()
{
    Girlssoftball *Gplayer[3];
```

```
    Boyssoftball *Bplayer[3];
    for(int i=0;i<3;i++)
    {
      Gplayer[i]=new Girlssoftball;
      Bplayer[i]=new Boyssoftball;
    }
    Gplayer[0]->init(" stacy",12,1.34);
    Gplayer[1]->init(" suci",13,2.34);
    Gplayer[2]->init(" ketey",12,3.434);
    Bplayer[0]->init(" tom",12,4.434);
    Bplayer[1]->init(" jone",12,5.504);
    Bplayer[2]->init(" hunter",13,6.496);
    for(int n=0;n<3;n++)
    {
        prdata(*Gplayer[n],*Bplayer[n]);}
        for(int j=0;j<3;j++)
        {
          delete Gplayer[j];
          delete Bplayer[j];
        }
    return 0;
}
void prdata(const Girlssoftball p1g,const Boyssoftball p1b)
{
    cout<  cout<<" player name:"<  cout<<" player age:"<  cout<<
    " player average:"<  cout<<" player name:"<  cout<<" player age:"<
    cout<<" player average:"<
}
```

【例 7.8】

```
#include<iostream.h>
#include<math.h>
class point
{
  int x,y;
  public:
    point(int a=0,int b=0){x=a;y=b;}
    void print(){ cout << x << " " << y << endl;}
    friend double distance(point p1,point p2);//说明友元函数
};
double distance(point p1,point p2)
{
    int dx,dy;
    dx=p1.x-p2.x; //dx=x-y;是错误的
    dy=p1.y-p2.y;
```

```
    return sqrt(dx * dx + dy * dy);
}
void main()
{
    point p1(1,1),p2(3,3);
    double d;
    p1.print();
    p2.print();
    d = distance(p1,p2);
    d = p1.distance(p1,p2);        //是错误的
    cout << " distance = " << d << endl;
}
```

友元实际上并没有破坏类的封装性，相反，如果被适当的使用，实际上可以增强封装。

当一个类的两部分会有不同数量的实例或者不同的生命周期时，经常需要将一个类分割成两部分。在这些情况下，两部分通常需要直接存取彼此的数据(这两部分原来在同一个类中，所以读者不必增加直接存取一个数据结构的代码，只要将代码改为两个类就行了)。实现这种情况的最安全途径就是使这两部分成为彼此的友元。

如果像刚才所描述的那样使用友元，就可以使私有的(private)保持私有。不理解这些的人在以上这种情形下还想避免使用友元，他们要么使用公有的(public)数据，要么通过公有的get()和set()成员函数使两部分可以访问数据。而他们实际上破坏了封装。只有当在类外(从用户的角度)看待私有数据仍"有意义"时，为私有数据设置公有的get()和set()成员函数才是合理的。在许多情况下，这些get()/set()成员函数和公有数据一样差劲:它们仅仅隐藏了私有数据的名称，而没有隐藏私有数据本身。

同样，如果将友元函数当做一种类的public存取函数的语法不同的变种来使用的话，友元函数就和破坏封装的成员函数一样会破坏封装。换一种说法，类的友元不会破坏封装的壁垒:和类的成员函数一样，它们就是封装的壁垒。

7.7 类的作用域

类的作用域简称类域，它指在类的定义中由一对花括号所括起来的部分。每一个类都具有该类的类域，该类的成员局部于该类所属的类域中。

从类的定义中可以知道，在类域中可以定义变量，也可以定义函数。从这一点上看，类域与文件域很相似。但是，类域又不同于文件域，在类域中定义的变量不能使用auto、register和extern等修饰符，只能用static修饰符，而定义的函数也不能用extern修饰符。另外，在类域中的静态成员和成员函数还具有外部的连接属性。

文件域中可以包含类域，显然，类域小于文件域。一般地，类域中可以包含成员函数的作用域。例如，一个被包含在某个文件域中的类的定义如下所示:

```
class A
{
   public:
```

```
    A(int x,int y){X = x;Y = y;}
    int Xcoord(){return X;}
    int Ycoord(){rerurn Y;}
    void Move(int dx,int dy);
  private:
    int X,Y;
}
int X,Y;
void A::Move(int dx,int dy)
{
  X+ =dx;
  Y+ =dy;
}
```

类A的作用域是由类A的类体所组成的。其中，成员函数Move()说明在类体内，而定义在类体外，但它的作用域仍然属于类A。

由于类中成员的特殊访问限制，使得类中成员的作用域变得比较复杂。

具体地讲，某个类A中某个成员M在下列情况下具有类A的作用域：

(1)该成员(M)出现在该类的某个成员函数中，并且该成员函数没有定义同名标识符；

(2)在该类(A)的某个对象的该成员(M)的表达式中。例如，a是A的对象，即在表达式a.M中；

(3)在该类(A)的某个指向对象指针的该成员(M)的表达式中。例如，Pa是一个指向A类对象的指针，即在表达式Pa－＞M中；

(4)在使用作用域运算符所限定的该成员中。例如，在表达式A::M中。

一般说来，类域介于文件域和函数域之间，由于类域问题比较复杂，在前面和后面的程序中都会遇到，只能根据具体问题具体分析。

7.8 局部类和嵌套类

7.8.1 局部类

在一个函数体内定义的类称为局部类。局部类中只能使用它的外围作用域中的对象和函数进行联系，因为外围作用域中的变量与该局部类的对象无关。在定义局部类时需要注意：局部类中不能说明静态成员函数，并且所有成员函数都必须定义在类体内。在实践中，局部类是很少使用的。下面是一个局部类的例子。

```
int a;
void fun()
{
    static int s;
    class A
    {
```

```
        public:
        void init(int i){ s = i;}
    };
    A m;
    m.init(10);
}
```

7.8.2 嵌套类

在一个类中定义的类称为嵌套类，定义嵌套类的类称为外围类。

定义嵌套类的目的在于隐藏类名，减少全局的标识符，从而限制用户能否使用该类建立对象。这样可以提高类的抽象能力，并且强调了两个类（外围类和嵌套类）之间的主从关系。下面是一个嵌套类的例子。

```
class A
{
   public:
    class B
    {
        public:
          …
        private:
          …
    };
    void f();
  private:
      int a;
}
```

其中，类 B 是一个嵌套类，类 A 是外围类，类 B 定义在类 A 的类体内。

对嵌套类的若干说明如下：

（1）从作用域的角度看，嵌套类被隐藏在外围类之中，该类名只能在外围类中使用。如果在外围类的作用域内使用该类名时，需要加名字限定。

（2）从访问权限的角度来看，嵌套类名与它的外围类的对象成员名具有相同的访问权限规则。不能访问嵌套类的对象中的私有成员函数，也不能对外围类的私有部分中的嵌套类建立对象。

（3）嵌套类中的成员函数可以在它的类体外定义。

（4）嵌套类中说明的成员不是外围类中对象的成员，反之亦然。嵌套类的成员函数对外围类的成员没有访问权，反之亦然。因此，在分析嵌套类与外围类的成员访问关系时，往往把嵌套类看作非嵌套类来处理。这样，上述的嵌套类可写成如下格式：

```
class A
{
  public:
    void f();
  private:
```

```
    int a;
};
class B
{
  public:
    …
  private:
    …
};
```

由此可见，嵌套类仅仅是语法上的嵌入。

(5)在嵌套类中说明的友元对外围类的成员没有访问权。

(6)如果嵌套类比较复杂，可以只在外围类中对嵌套类进行说明，关于嵌套的详细的内容可在外围类体外的文件域中进行定义。

7.9 对象的生存期

不同存储的对象生存期不同。所谓对象的生存期是指对象从被创建开始到被释放为止的时间。

按生存期的不同对象可分为如下三种。

(1)局部对象：当对象被定义时调用构造函数，该对象被创建，当程序退出定义该对象所在的函数体或程序块时，调用析构函数，释放该对象；

(2)静态对象：当程序第一次执行所定义的静态对象时，该对象被创建，当程序结束时，该对象被释放；

(3)全局对象：当程序开始时，调用构造函数创建该对象，当程序结束时调用析构函数释放该对象。

局部对象是被定义在一个函数体或程序块内的，它的作用域小，生存期也短。

静态对象是被定义在一个文件中，它的作用域从定义时起到文件结束时止。它的作用域比较大，它的生存期也比较大。

全局对象是被定义在某个文件中，而它的作用域却在包含该文件的整个程序中，它的作用域是最大的，它的生存期也是长的。

7.10 对象指针和对象引用

前面讲过普通变量的指针和引用，类作为一种特殊的数据类型，同样也可以定义其对象的指针和引用。

7.10.1 指向类的成员的指针

在C++中，可以说明指向类的数据成员和成员函数的指针。

指向数据成员的指针格式如下：

<类型说明符><类名>∷＊<指针名>

指向成员函数的指针格式如下：

<类型说明符>(<类名>∷＊<指针名>)(<参数表>)

例如，设有如下一个类A：

```
class A
{
    public:
      int fun(int b){ return a * c + b;}
      A(int i){ a = i;}
      int c;
    private:
      int a;
};
```

定义一个指向类A的数据成员c的指针pc，其格式如下：

```
int A:: *pc = &A::c;
```

再定义一个指向类A的成员函数fun的指针pfun，其格式如下：

```
int(A:: *pfun)(int) = A::fun;
```

由于类不是运行时存在的对象。因此，在使用这类指针时，需要首先指定A类的一个对象，然后，通过对象来引用指针所指向的成员。例如，给pc指针所指向的数据成员c赋值8，可以表示如下：

```
A a;
a. *pc = 8;
```

其中，运算符.＊是用来对指向类成员的指针来操作该类的对象的。

如果使用指向对象的指针来对指向类成员的指针进行操作时，使用运算符－>＊。例如：

```
A *p = &a; //a是类A的一个对象，p是指向对象a的指针。
p ->* pc = 8;
```

让我们再看看指向一般函数的指针的定义格式：

<类型说明符>＊<指向函数指针名>(<参数表>)

关于给指向函数的指针赋值的格式如下：

<指向函数的指针名>＝<函数名>

关于在程序中，使用指向函数的指针调用函数的格式如下：

(＊<指向函数的指针名>)(<实参表>)

如果是指向类的成员函数的指针还应加上相应的对象名和对象成员运算符。

下面给出一个使用指向类成员指针的例子。

【例7.9】

```
# include <iostream.h>
class A
{
  public:
    A(int i){ a = i;}
    int fun(int b){ return a * c + b;}
```

```
    int c;
  private:
    int a;
};
void main()
{
    A x(8);                           //定义类A的一个对象x
    int A:: * pc;                          //定义一个指向类数据成员的指针pc
    pc = &A::c;                          //给指针pc赋值
    x. * pc = 3;                          //用指针方式给类成员c赋值为3
    int(A:: * pfun)(int);                    //定义一个指向类成员函数的指针pfun
    pfun = A::fun;                       //给指针pfun赋值
    A * p = &x;                          //定义一个对象指针p,并赋初值为x
    cout<<(p-> * pfun)(5)<<endl;     //用对象指针调用指向类成员函数指针pfun指向的函数
}
```

以上程序定义了好几个指针，虽然它们都是指针，但是所指向的对象是不同的。p是指向类的对象；pc是指向类的数据成员；pfun是指向类的成员函数。因此它们的值也是不相同的。

7.10.2 对象指针和对象引用作函数的参数

1. 对象指针作函数的参数

使用对象指针作为函数参数要比使用对象作函数参数更普遍一些。因为使用对象指针作函数参数有如下两点好处：

(1)实现传址调用。可在被调用函数中改变调用函数的参数对象的值，实现函数之间的信息传递；

(2)使用对象指针实参仅将对象的地址值传给形参，而不进行副本的复制，这样可以提高运行效率，减少时空开销。

当形参是指向对象指针时，调用函数的对应实参应该是某个对象的地址值，一般使用&后加对象名。下面举例说明对象指针作函数参数。

【例7.10】

```
#include <iostream.h>
class M
{
  public:
    M(){x = y = 0;}
    M(int i,int j){x = i; y = j;}
    void copy(M * m);
    void setxy(int i,int j){x = i; y = j;}
    void print(){ cout<<x<<"," <<y<<endl;}
  private:
    int x,y;
};
```

```
void M::copy(M *m)
{
    x=m->x;
    y=m->y;
}
void fun(M m1,M *m2);
void main()
{
    M p(5,7),q;
    q.copy(&p);
    fun(p,&q);
    p.print();
    q.print();
}
void fun(M m1,M *m2)
{
    m1.setxy(12,15);
    m2->setxy(22,25);
}
```

输出结果为：

```
5,7
22,25
```

从输出结果可以看出，当在被调用函数 fun 中，改变了对象的数据成员值[m1. setxy(12, 15)]和指向对象指针的数据成员值[m2->setxy(22,25)]以后，可以看到只有指向对象指针作参数所指向的对象被改变了，而另一个对象作参数，形参对象值改变了，可实参对象值并没有改变。因此输出上述结果。

2. 对象引用作函数参数

在实际中，使用对象引用作函数参数要比使用对象指针作函数更普遍，这是因为使用对象引用作函数参数具有用对象指针作函数参数的优点，而用对象引用作函数参数将更简单、更直接。所以，在 C++编程中，人们喜欢用对象引用作函数参数。现举例说明对象引用作函数参数的格式。

【例 7.11】

```
#include <iostream.h>
class M
{
  public:
    M(){x=y=0;}
    M(int i,int j){x=i; y=j;}
    void copy(M &m);
    void setxy(int i,int j){x=i; y=j;}
    void print(){cout<<x<<","<<y<<endl;}
  private:
    int x,y;
```

```
};
void M::copy(M &m)
{
    x = m.x;
    x = m.y;
}
void fun(M m1,M &m2);
void main()
{
    M p(5,7),q;
    q.copy(p);
    fun(p,q);
    p.print();
    q.print();
}
void fun(M m1,M &m2)
{
    m1.setxy(12,15);
    m2.setxy(22,25);
}
```

该例子与上面的例子输出相同的结果，只是调用时的参数不一样。

7.10.3 this 指针

this 指针是一个隐含于每一个成员函数中的特殊指针。它是一个指向正在被该成员函数操作的对象，也就是要操作该成员函数的对象。

当调用一个对象的成员函数时，编译程序先将对象的地址赋给 this 指针，然后调用成员函数，每次成员函数存取数据成员时，则隐含使用 this 指针。而通常不去显式地使用 this 指针来引用数据成员同样也可以使用 * this 来标识调用该成员函数的对象。下面举例说明 this 指针的应用。

【例 7.12】

```
#include <iostream.h>
class A
{
  public:
    A(){ a = b = 0;}
    A(int i,int j){ a = i; b = j;}
    void copy(A &aa); //对象引用作函数参数
    void print(){cout<<a<<"," <<b<<endl;}
  private:
    int a,b;
};
void A::copy(A &aa)
```

```
{
    if(this = = &aa)return; //这个 this 是操作该成员函数的对象的地址,在这里是对象 a1 的地址
    * this = aa;  // * this 是操作该成员函数的对象,在这里是对象 a1
                  //此语句是对象 aa 赋给 a1,也就是 aa 具有的数据成员的值赋给 a1 的数据成员
}
void main()
{
  A a1,a2(3,4);
  a1.copy(a2);
  a1.print();
}
```

运行结果:

```
3,4
```

7.11 对象和数组

7.11.1 对象数组

对象数组是指数组元素为对象的数组。该数组中若干个元素必须是同一个类的若干个对象。对象数组的定义、赋值和引用与普通数组一样,只是数组的元素与普通数组不同,它是同类的若干个对象。

1. 对象数组的定义

对象数组定义格式如下:

<类名><数组名>[<大小>]…

其中,<类名>指出该数组元素是属于该类的对象,方括号内的<大小>给出某一维的元素个数。一维对象数组只有一个方括号,二维对象数组要有两个方括号等,例如:

DATE dates[7];

表明 dates 是一维对象数组名,该数组有 7 个元素,每个元素都是类 DATE 的对象。

2. 对象数组的赋值

对象数组可以被赋初值,也可以被赋值。例如:

```
class DATE
{
  public:
    DATE(int m,int d,int y);
    void printf();
  private:
    int month,day,year;
};
```

下面是定义对象数组并赋初值和赋值:

```
DATE dates[4] = { DATE(7,7,2001),DATE(7,8,2001),DATE(7,9,2001),DATE(7,10,2001)}
```

或者

```
dates[0] = DATE(7,7,2001);
dates[1] = DATE(7,8,2001);
dates[2] = DATE(7,9,2001);
dates[3] = DATE(7,10,2001);
```

7.11.2 指向数组的指针和指针数组

指向数组的指针和指针数组是两个完全不同的概念，放在一起介绍是因为两者在定义格式相似，千万不要把它们搞混了。

1. 指向数组的指针

指向一般数组的指针定义格式如下：

<类型说明符>(＊<指针名>)[<大小>]…

其中，用来说明指针的 ＊ 要与<指针名>括在一起。后面用一个方括号表示该指针指向一维数组，后面用两个方括号表示该指针指向二维数组。<类型说明符>用来说明指针所指向的数组的元素的类型。例如：

```
int(*P)[3];
```

P 是一个指向一维数组的指针，该数组有 3 个 int 型元素。

而指向对象数组的指针，则把<类型说明符>改为<类名>即可：

<类名>(＊<指针名>)[<大小>]…

指向数组的指针的主要应用思想是：将数组的首地址（二维数组的某个行地址）赋给指针，然后通过循环（for）改变指针指向的地址，从而动态地访问数组中各个元素。

2. 指针数组

所谓指针数组指的是数组元素为指针的那类数组。一个数组的元素可以是指向同一类型的一般指针，也可以是指向同一类型的对象。

一般指针数组的定义格式如下：

<类型名>＊<数组名>[<大小>]…

其中，＊加在<数组名>前面表示该数组为指针数组。[<大小>]表示某一维的大小，即该维的元素个数，…表示可以是多维指针数组，每一个[<大小>]表示一维。例如：

```
int * pa[3];
char * pc[2][5];
```

在 C++编程中，经常使用 char 型的指针数组用来存放若干个字符串。下面是一个一维指针数组的例子。

【例 7.13】

```
#include <iostream.h>
include <string.h>
const int N = 5;
void main()
{
    char * strings[N]; //定义一个一维指针数组 strings
    char str[80];
```

```
    cout<<" At each prompt,enter a string:\n";
    for(int i = 0; i<N; i + + )
    {
      cout<<" Enter a string #" <<i<<" :";
      cin.getline(str,sizeof(str));
      strings[i] = new char[strlen(str) + 1];
      strcpy(strings[i],str);
    }
    cout<<endl;
    for(i = 0; i<N; i + + )
      cout<<" String #" <<i<<" :" <<strings[i]<<endl;
}
```

对象指针数组的定义如下:

对象指针数组是指该数组的元素是指向对象的指针,它要求所有数组元素都是指向同一个类类型的对象的指针。格式如下:

<类名> * <数组名>[<大小>]…

它与前面讲过的一般的指针数组所不同的地方仅在于该数组一定是指向对象的指针。即指向对象的指针用来作该数组的元素。下面通过一个例子看一下对象指针数组的用法。

【例 7.14】

```
#include <iostream.h>
class A
{
  public:
    A(int i = 0,int j = 0){ a = i; b = j;}
    void print();
  private:
    int a,b;
};
void A::print()
{
    cout<<a<<"," <<b<<endl;
}
void main()
{
    A a1(7,8),a2,a3(5,7);
    A * b[3] = { &a3,&a2,&a1};
    for(int i = 0; i<3; i + + )
    b[i] - >print();
}
```

7.11.3 带参数的 main( )参数

前面讲过的 main()函数都是不带参数的。在实际编程中,有时需要 main()带参数。通过

main()函数的参数给程序增加一些处理信息。一般地说,当使用C++编写的源程序经过编译连接生成的可执行文件在执行时,需要带命令行参数,则该源程序的主函数main()就需要带参数。使用所带有的参数来存放命令行中的参数,以便在程序中对命令行参数进行处理。

带有参数的main()函数头格式如下:

```
void main(int argc,char * argv[])
```

其中,第一个参数argc是int型的,它用来存放命令行参数的个数,实际上argc所存放的数值比命令行参数的个数多1,即将命令字(可执行文件名)也计算在内。第二个参数argv是一个一维的一级指针数组,它是用来存放命令行中各个参数和命令字的字符串的,并且规定:

argv[0]存放命令字

argv[1]存放命令行中第一个参数

argv[2]存放命令行中第二个参数

…

这里,argc的值和argv[]各元素的值都是系统自动组赋值的。

在这里讲述带参数的main()函数实际上是对指针数组应用的一个具体实例。

【例7.15】

```
include <iostream.h>
void main(int argc,char * argv[])
{
    cout<<" The number of command line arguments is:" <<argc<<endl;
    cout<<" The program name is:" <<argv[0]<<endl;
    if(argc>1)
    {
        cout<<" The command line arguments: " <<endl;
        for(int i = 1; i<argc; i + + )
        cout<<argv[i]<<endl;
    }
}
```

上述编译连接后的.exe文件,可在DOS命令行下调试。

关于命令行参数的使用,其基本方法是直接引用指针数组argv[]中某个元素所存放的字符串,可用下标方式,也可用指针方式。

7.12 常 类 型

常类型是指使用类型修饰符const说明的类型,常类型的变量或对象的值是不能被更新的。因此,定义或说明常类型时必须进行初始化。

7.12.1 一般常量和对象常量

1. 一般常量

一般常量是指简单类型的常量。这种常量在定义时,修饰符const可以用在类型说明符

前,也可以用在类型说明符后。例如:

```
int const x = 2;
```

或

```
const int x = 2;
```

定义或说明一个常数组可采用如下格式:

<类型说明符> const <数组名>[<大小>]…

或者

const <类型说明符> <数组名>[<大小>]…

例如:

int const a[5]={1,2,3,4,5};

2. 常对象

常对象是指对象常量,定义格式如下:

<类名> const <对象名>

或者

const <类名> <对象名>

定义常对象时,同样要进行初始化,并且该对象不能再被更新,修饰符 const 可以放在类名后面,也可以放在类名前面。

7.12.2 常指针和常引用

1. 常指针

使用 const 修饰指针时,由于 const 的位置不同,而含义不同。下面举两个例子,说明它们的区别。

下面定义的一个指向字符串的常量指针:

```
char * const prt1 = stringprt1;
```

其中,ptr1 是一个常量指针。因此,下面赋值是非法的。

```
ptr1 = stringprt2;
```

而下面的赋值是合法的:

```
* ptr1 = " m";
```

因为指针 ptr1 所指向的变量是可以更新的,不可更新的是常量指针 ptr1 所指的方向(别的字符串)。

下面定义了一个指向字符串常量的指针:

```
const * ptr2 = stringprt1;
```

其中,ptr2 是一个指向字符串常量的指针。ptr2 所指向的字符串不能更新的,而 ptr2 是可以更新的。因此,* ptr2 =“x”;是非法的,而 ptr2 = stringptr2;是合法的。在使用 const 修饰指针时,应该注意 const 的位置。定义一个指向字符串的指针常量和定义一个指向字符串常量的指针时,const 修饰符的位置不同,前者 const 放在 * 和指针名之间,后者 const 放在类型说明符前。

2. 常引用

使用 const 修饰符也可以说明引用,被说明的引用为常引用,该引用所引用的对象不能被更新。其定义格式如下:

const <类型说明符> & <引用名>

例如：

```
const double & v;
```

在实际应用中，常指针和常引用往往用来作函数的形参，这样的参数称为常参数。

在C++面向对象的程序设计中，指针和引用使用得较多，其中使用const修饰的常指针和常引用用得更多。使用常参数则表明该函数不会更新某个参数所指向或所引用的对象，这样在参数传递过程中就不需要执行复制初始化构造函数，这将会改善程序的运行效率。

下面举例说明常指针作函数参数的做法。

【例7.16】

```
#include <iostream.h>
const int N = 6;
void print(const int *p,int n);
void main()
{
    int array[N];
    for(int i=0; i<N; i++)
    cin>>array[i];
    print(array,N);
}
void print(const int *p,int n)
{
    cout<<"{"<<*p;
    for(int i=1; i<n; i++)
    cout<<","<<*(p+i);
    cout<<"}"<<endl;
}
```

7.12.3 常成员函数

使用const关键字进行说明的成员函数，称为常成员函数。只有常成员函数才有资格操作常量或常对象，没有使用const关键字说明的成员函数不能用来操作常对象。常成员函数说明格式如下：

<类型说明符> <函数名>(<参数表>)const;

其中，const是加在函数说明后面的类型修饰符，它是函数类型的一个组成部分，因此，在函数实现部分也要带const关键字。下面举例说明常成员函数的特征。

【例7.17】

```
#include <iostream.h>
class R
{
  public:
    R(int r1,int r2){ R1=r1; R2=r2;}
    void print();
```

```
    void print()const;
  private:
    int R1,R2;
};
void R::print()
{
    cout<<R1<<","<<R2<<endl;
}
void R::print()const
{
    cout<<R1<<";"<<R2<<endl;
}
void main()
{
    R a(5,4);
    a.print();
    const R b(20,52);
    b.print();
}
```

输出结果为：

```
5,4
20;52
```

该程序的类声明了两个成员函数，其类型是不同的(其实就是重载成员函数)。有带 const 修饰符的成员函数处理 const 常量，这也体现出函数重载的特点。

7.12.4 常数据成员

类型修饰符 const 不仅可以说明成员函数，也可以说明数据成员。

由于 const 类型对象必须被初始化，并且不能更新，因此，在类中说明了 const 数据成员时，只能通过成员初始化列表的方式来生成构造函数对数据成员初始化。

下面通过一个例子讲述使用成员初始化列表来生成构造函数。

【例 7.18】

```
#include <iostream.h>
class A
{
  public:
    A(int i);
    void print();
    const int &r;
  private:
    const int a;
    static const int b;
};
```

```
const int A::b = 10;
A::A(int i):a(i),r(a)
{
}
void A::print()
{
    cout<<a<<":"<<b<<":"<<r<<endl;
}
void main()
{
    A a1(100),a2(0);
    a1.print();
    a2.print();
}
```

该程序的运行结果为：

```
100:10:100
0:10:0
```

在该程序中，说明了如下三个常类型数据成员：

```
const int & r;
const int a;
static const int b;
```

其中，r 是常 int 型引用，a 是常 int 型变量，b 是静态常 int 型变量。

程序中对静态数据成员 b 进行初始化。

值得注意的是，构造函数的格式如下所示：

```
A(int i):a(i),r(a)
{
}
```

其中，冒号后边是一个数据成员初始化列表，它包含两个初始化项，用逗号进行了分隔，因为数据成员 a 和 r 都是常类型的，需要采用初始化格式。

7.13 子对象和堆对象

7.13.1 子对象

当一个类的成员是某一个类的对象时，该对象就为子对象。子对象实际就是对象成员。例如：

```
class A
{
    public:
  ...
    private:
```

```
    ...
};
class B
{
    public:
    ...
    private:
        A a;
        ...
};
```

其中,B类中成员a就是子对象,它是A类的对象作为B类的成员。

在类中出现了子对象或对象成员时,该类的构造函数要包含对子对象的初始化,通常采用成员初始化表的方法来初始化子对象。在成员初始化表中包含对子对象的初始化和对类中其他成员的初始化。下面举例说明成员初始化的构造。

【例7.19】

```
#include <iostream.h>
class A
{
  public:
    A(int i,int j){ A1 = i; A2 = j;}
    void print(){ cout<<A1<<"," <<A2<<endl;}
  private:
    int A1,A2;
};
class B
{
  public:
    B(int i,int j,int k):a(i,j),b(k){}
    void print();
  private:
    A a; //子对象
    int b;
};
void B::print()
{
  a.print();
  cout<<b<<endl;
}
void main()
{
  B b(6,7,8);
  b.print();
}
```

该程序的输出结果为：

```
6,7
8
```

其中，a(i,j)，b(k)是成员初始化表，它有两项，前一项是给子对象 a 初始化，其格式如下：

<子对象名>(<参数表>)

后一项是给类 B 的数据成员 b 初始化。这一项也可以写在构造函数的函数体内，使用赋值表达式语句 b = k；类 B 的数据成员初始化。

7.13.2 堆对象

所谓堆对象是指在程序运行过程中根据需要随时可以建立或删除的对象。这种堆对象被创建在内存一些空闲的存储单元中，这些存储单元被称为堆。它们可以被创建的堆对象占有，也可以通过删除堆对象而获得释放。

创建或删除堆对象时，需要如下两个运算符：new 和 delete。

这两个运算符又称为动态分配内存空间运算符。new 相当于 C 语言中 malloc()函数，而 delete 相当于 C 语言中 free()函数。

1. 运算符 new 的用法

该运算符的功能是用来创建堆对象，或者说，它是用来动态地创建对象。

new 运算符使用格式如下：

new <类型说明符>(<初始值列表>)

它表明在堆中建立一个由<类型说明符>给定的类型的对象，并且由括号中的<初始值列表>给出被创建对象的初始值。如果省去括号和括号中的初始值，则被创建的对象选用默认值。

使用 new 运算符创建对象时，它可以根据其参数来选择适当的构造函数，它不用 sizeof 来计算对象所占的字节数，而可以计算其大小。

new 运算符返回一个指针，指针类型将与 new 所分配对象相匹配，如果不匹配可以通过强制类型的方法，否则将出现编译错。

如果 new 运算符不能分配到所需要的内存，它将返回 0，这时的指针为空指针。

运算符 new 也可以用来创建数组类型的对象，即对象数组。其格式如下：

new <类名>[<算术表达式>]

其中，<算术表达式>的值为所创建的对象数组的大小。例如：

```
A *ptr;
ptr = new A[5];
```

new 还可用来创建一般类型的数组。例如：

```
int *p;
p = new int[10];
```

使用 new[]创建的对象数组或一般数组时，不能为该数组指定初始值，其初始值为默认值。

2. 运算符 delete 的用法

该运算符的功能是用来删除使用 new 创建的对象或一般类型的指针。其格式如下：

delete <指针名>

例如：

```
A *ptr;
ptr = new A(5,6);
delete ptr;
```

运算符 delete 也可用来删除使用 new 创建对象数组，其使用格式如下：

delete[] <指针名>

同样，delete 也可以删除由 new 创建的一般类型的数组。例如：

```
int *p;
p = new int[10];
delete[] p;
```

使用运算符 delete 时，应注意如下几点：

(1)它必须使用于由运算符 new 返回的指针；

(2)该运算符也适用于空指针(即其值为 0 的指针)；

(3)指针名前只用一对方括号符，并且不管所删除数组的维数，忽略方括号内的任何数字。

下面举例说明 new 运算符和 delete 运算符的使用方法。

【例 7.20】

```
#include <iostream.h>
class AA
{
  public:
    AA(int i,int j)
    {
        A=i; B=j;
        cout<<"构造函数.\n";
    }
    ~AA(){ cout<<"析构函数.\n";}
    void print();
  private:
    int A,B;
};
void AA::print()
{
    cout<<A<<","<<B<<endl;
}
void main()
{
    AA *a1, *a2;
    a1 = new AA(1,2);
    a2 = new AA(5,6);
    a1->print();
    a2->print();
    delete a1;
```

```
    delete a2;
}
```

该程序的输出结果为：

```
构造函数.
构造函数.
1,2
5,6
构造函数.
构造函数.
```

从程序中可以看到，用 new 创建对象时，要调用构造函数，用 delete 删除对象时，要调用析构函数。如果创建或删除时的对象数组，对象数组有多少，就调用多少次构造函数或构造函数。

在实际应用中，经常对于 new 运算符返回的指针进行检验，看是否分配了有效的内存空间。结合本例给出检验方法如下：

```
if(! a1)
{
    cout<<" Heap erroe! \n";
    exit(1);
}
```

下面再举一个使用 new 和 delete 运算符对一般指针和数组的例子。

【例 7.21】

```
# include <iostream.h>
# include <stdlib.h>
void fun()
{
    int *p;
    if(p = new int)
    {
        *p = 5;
        cout<< *p<<endl;
        delete p;
    }
    Else
      cout<<" Heap error! \n";
}
void main()
{
    fun();
    int *pa;
    pa = new int[5];
    if(! pa)
    {
        cout<<" Heap error! \n";
        exit(1);
```

```
    }
    for(int i=0; i<5; i++)
      pa[i] = i+1;
    for(i=0; i<5; i++)
      cout<<pa[i]<<" ";
    cout<<endl;
    delete[] pa;
}
```

该程序的输出结果为：

```
5
1,2,3,4,5
```

7.14 类型转换

类型转换是将一种类型的值映射为另一种类型的值。类型转换实际上包含有自动隐含和强制的两种。

7.14.1 类型的自动隐式转换

C++语言编译系统提供的内部数据类型的自动隐式转换规则如下：

(1)程序在执行算术运算时，低类型可以转换为高类型。

(2)在赋值表达式中，右边表达式的值自动隐式转换为左边变量的类型，并赋值给它。

(3)当在函数调用时，将实参值赋给形参，系统隐式地将实参转换为形参的类型后，赋给形参。

(4)函数有返回值时，系统将自动地将返回表达式类型转换为函数类型后，赋值给调用函数。

在以上情况下，系统会进行隐式转换的。当在程序中发现两个数据类型不相容时，又不能自动完成隐式转换，则将出现编译错误。例如，int * p = 100;。

在这种情况下，编译程序将报错，为了消除错误，可以进行如下所示的强制类型转换：int * p =(int *)100;。

将整型数100显式地转换成指针类型。

需要注意的是：构造函数同样具有类型转换功能。

在实际应用中，当类定义中提供了单个参数的构造函数时，该类便提供了一种将其他数据类型的数值或变量转换为用户所定义数据类型的方法。因此，可以说单个参数的构造函数提供了数据转换的功能。下面通过一个例子进一步说明单参数构造函数的类型转换功能。

【例7.22】

```
class A
{
   public:
```

```
        A(){ m = 0;}
        A(double i){ m = i;}
        void print(){ cout<<M<<endl;}
    private:
        double m;
};
void main()
{
        A a(5);
        a = 10; //a与10是不同的数据类型
        a.print();
}
```

程序的输出结果为：

10

在该程序中，赋值语句a=10;中，赋值号两边数值10和对象a是两个不相容的数据类型，可是它却能顺利通过编译程序，并且输出显示正确结果，其主要原因是得益于单参数的构造函数。编译系统先通过标准数据类型转换，将整型数值10转换成double型，然后，再通过类中定义的单参数构造函数将double型数值转换为A类类型，最后把它赋值给a。这些转换都是自动隐式完成的。

7.14.2 转换函数

转换函数又称类型强制转换成员函数，它是类中的一个非静态成员函数。它的定义格式如下：

```
class <类型说明符 1>
{
  public:
    operator <类型说明符 2>();
    …
}
```

这个转换函数定义了由<类型说明符 1>到<类型说明符 2>之间的映射关系。可见，转换函数是用来将一种类型的数据转换成为另一种类型。下面通过一个例子说明转换函数的功能。

【例 7.23】

```
class Rational
{
    public:
      Rational(int d,int n)
      {
        den = d;
        num = n;
      }
      operator double();
```

```
    private:
      int den,num;
};
Rational::operator double()
{
    return double(den)/double(num);
}
void main()
{
    Rational r(5,8);
    double d = 4.7;
    d+ =r;
    cout≪D≪ENDL;
}
```

程序输出结果：

5.325

由程序可知，d 是一个 double 型数值，r 是 Rational 类的对象，这两个不同类型的数据进行加法之所以能够进行是得益于转换函数 operator double()。为使上述加法能够进行，编译系统先检查类 Rational 的说明，看是否存在在下转换函数能够将 Rational 类型的操作数转换为 double 类型的操作数。由于 Rational 类中说明了转换函数 operator double()，它可以在程序运行时进行上述类型转换，因此，该程序中实现了 d+=r；的操作。

定义转换函数时应注意如下几点：

(1)转换函数是用户定义的成员函数，但它要是非静态的。

(2)转换函数不可以有返回值。

(3)转换函数也不带任何参数。

(4)转换函数还不能定义为友元函数。

转换函数的名称是类型转换的目标类型，因此，不必再为它指定返回值类型；转换函数是被用于本类型的数值或变量转换为其他的类型，也不必带参数。

7.14.3 应用举例——链表

在此定义两个类，一个是结点类 Item，它有两个数据成员：数据和指针；另一个是 List 类，它有一个 list 指针数据成员，存放链表的首地址，以及对链表的在表头插入、在表尾追加、两个链表连接、将一个链表的各项逆向输出和遍历等操作。为了能访问类 Item 对象中的私有成员，将 List 的类说明为类 Item 的友元类。

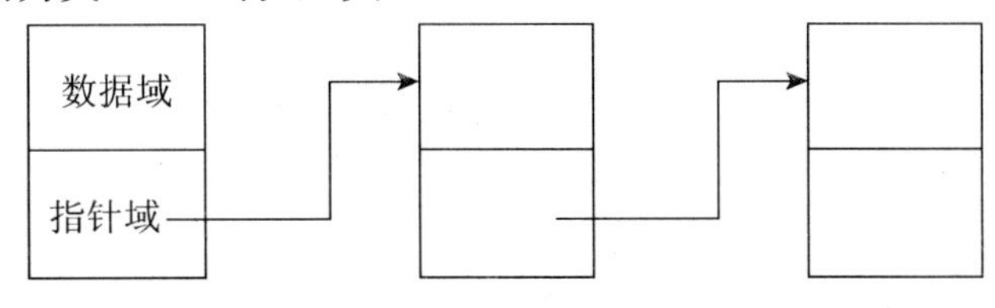

图 7.14.1 链表

```
#include<iostream.h>
class List;
class Item
{
        int data;
        Item * next;
        Item(int d=0){data=d;next=0;}
    public:
         friend class List;
};
class List
{
        Item * list;
        Item * end();
        public:
         List(){ list=0;}
         List(int d)
              { list= new Item(d);}
         int print();
         int insert(int d=0);
         int append(int d=0);
         void cat(List & li);
         void reverse();
};
int List::print()
{
    if(! list)
    {
        cout << " Empty \n";
        return 0
    }
    int cnt=0;
    Item *pt=list;
    while(pt)
    {
         cout << pt->data << "   " ;
         pt=pt->next;
         cnt++;
    }
    cout << endl;
    return cnt;
}
int List::insert(int d)
{
```

```
    Item * pt;
    pt = new Item(d);
    pt->next = list;
    list = pt;
    return d;
}
int List::append(int d)
{
    Item * pt = new Item(d), * tt;
    if(list)
    {
        tt = list;
        while(tt->next)
          tt = tt->next;
        tt->next = pt;
    }
    else
        list = pt;
    return d;
}
void List::cat(List & li)
{
     Item * end;
     if(list)
     {
       while(end->next)
        end = end->next;
       end->next = li.list;
     }
     else
       list = li.list;
}
void List::reverse()
{
     Item * pt, * prv, * tem;
     prv = 0;
     pt = list;
     while(list->next)
       list = list->next;
     while(pt!  = list)
     {
         temp = pt->next;
         pt->next = prv;
         prv = pt;
```

```
        pt = temp;
    }
    list->next = prv;
}
void main()
{
    List list1,list2;
    for(int i = 1;i < 8;i++)
      list1.append(i);
    list1.print();
    for(i = 10;i < 18;i++)
        list2.append(i);
    list2.print();
    list1.cat(list2);
    list1.print();
    list1.reverse();
    list1.print();
}
```

输出结果为：

```
1 2 3 4 5 6 7
10 11 12 13 14 15 16 17
1 2 3 4 5 6 7 10 11 12 13 14 15 16 17
1 2 3 4 5 6 7 10 11 12 13 14 15 16 17
```

习　　题

一、选择题

1. 在下列关键字中，用以说明类中公有成员的是（　　）。

A. public　　B. private　　C. protected　　D. friend

2. 下列的各类函数中，（　　）不是类的成员函数。

A. 构造函数　　B. 析构函数
C. 友元函数　　D. 复制初始化构造函数

3. 作用域运算符的功能是（　　）。

A. 标识作用域的级别的　　B. 指出作用域的范围的
C. 给定作用域的大小的　　D. 标识某个成员是属于哪个类的

4. （　　）是不可以作为该类的成员的。

A. 自身类对象的指针　　B. 自身类的对象
C. 自身类对象的引用　　D. 另一个类的对象

5. （　　）不是构造函数的特征。

A. 构造函数的函数名与类名相同　　B. 构造函数可以重载
C. 构造函数可以设置默认参数　　D. 构造函数必须指定类型说明

6.(　　)是析构函数的特征。

A. 一个类中只能定义一个析构函数　　B. 析构函数名与类名不同

C. 析构函数的定义只能在类体内　　D. 析构函数可以有一个或多个参数

7. 通常的复制初始化构造函数的参数是(　　)

A. 某个对象名　　B. 某个对象的成员名

C. 某个对象的引用名　　D. 某个对象的指针名

8. 关于成员函数特征的下述描述中,(　　)是错误的。

A. 成员函数一定是内联函数　　B. 成员函数可以重载

C. 成员函数可以设置参数的默认值　　D. 成员函数可以是静态的

9. 下述静态数据成员的特性中,(　　)是错误的。

A. 说明静态数据成员时前边要加修饰符 static

B. 静态数据成员在类体外进行初始化

C. 引用静态数据成员时,要在静态数据成员名前加<类名>和作用域运算符

D. 静态数据成员不是所有对象所共用的

10. 友元的作用是(　　)。

A. 提高程序的运用效率　　B. 加强类的封装性

C. 实现数据的隐藏性　　D. 增加成员函数的种类

11. 已知一个类 A,(　　)是指向类 A 成员函数的指针。假设类有三个公有成员:void f1(int),void f2(int),int a。

A. A *p　　B. int A::*pc=&A::a

C. void A::*pa　　D. A *pp

12. 运算符->*的功能是(　　)。

A. 用来表示指向对象指针对指向类成员指针的操作

B. 用来表示对象对指向类成员指针的操作

C. 用来表示指向对象指针对类成员的操作

D. 用来表示对象类成员的操作

13. 已知 f1(int)是类 A 的共有成员函数,p 是指向成员函数 f1(　　)的指针,采用(　　)是正确的。

A. p=f1　　B. p=A::f1　　C. p=A::f1()　　D. p=f1()

14. 已知:p 是一个指向类 A 数据成员 m 的指针,A1 是类 A 的一个对象。如果要给 m 赋值为 5,(　　)是正确的。

A. A1.p=5　　B. A1->p=5　　C. A1.*p=5　　D. *A1.p=5

15. 已知:类 A 中一个成员函数说明如下:void Set(A &a);,其中,A&a 的含义是(　　)。

A. 指向类 A 的指针为 a

B. 将 a 的地址值赋给变量 Set

C. a 是类 A 的对象的引用,用来做函数 Set()的形参

D. 变量 A 与 a 按位相与作为函数 Set()的参数

16. 下列关于对象数组的描述中,(　　)是错误的。

A. 对象数组的下标是从 0 开始的　　B. 对象数组的数组名是一个常量指针

C. 对象数组的每个元素是同一个类的对象　　D. 对象数组只能赋除值,而不能被赋值

17. 下列定义中，(　　)是定义指向数组的指针 p。

A. int ＊p[5]　　B. int(＊p)[5]　　C. (int ＊)p[5]　　D. int ＊p[]

18. 下列说明中 const char ＊ptr;，ptr 应该是(　　)。

A. 指向字符常量的指针　　B. 指向字符的常量指针

C. 指向字符串常量的指针　　D. 指向字符串的常量指针

19. 已知 print(　　)函数是一个类的常成员函数，它无返回值，下列表示中，(　　)是正确的。

A. void print()const　　B. const void print()

C. void const print()　　D. void print(const)

20. 关于 new 运算符的下列描述中，(　　)是错误的。

A. 它可以用来动态创建对象和对象数组

B. 使用它创建的对象或对象数组可以使用 delete 运算符删除

C. 使用它创建对象时要调用构造函数

D. 使用它创建对象数组时，必须指定初始值

21. 关于 delete 运算符的下列描述中，(　　)是错的。

A. 它必须用于 new 返回的指针

B. 它也适用于空指针

C. 对一个指针可以使用多次该运算符

D. 指针名前只用一对方括号赋，不管所删除数组的维数

22. 具有转换函数功能的构造函数，应该是(　　)。

A. 不带参数的构造函数　　B. 带有一个参数的构造函数

C. 带有两个以上的参数的构造函数　　D. 默认构造函数

二、判断题

1. 使用关键字 class 定义的类中默认的访问权限是私有(private)的。(　　)

2. 作用域运算符(::)只能用来限定成员函数所属的类。(　　)

3. 析构函数是一种函数体为空的成员函数。(　　)

4. 构造函数和析构函数都不能重载。(　　)

5. 说明或定义对象时，类名前面不需要加 class 关键字。(　　)

6. 对象成员的表示与结构变量成员表示相同，使用运算符.或－>。(　　)

7. 所谓私有成员是指只有类中所提供的成员函数才能直接使用它们，任何类以外的函数对它们的访问都是非法的。(　　)

8. 某类中的友元类的所有成员函数可以存取或修改该类中的私有成员。(　　)

9. 可以在类的构造函数中对静态数据成员进行初始化。(　　)

10. 如果一个成员函数只存取一个类的静态数据成员，则可将该成员函数说明为静态成员函数。(　　)

11. 指向对象的指针和指向类的成员的指针在表示形式上是不相同的。(　　)

12. 已知：m 是类 A 的对象，n 是类 A 的公有数据成员，p 是指向类 A 中 n 成员的指针，下述两种表示是等价的：m.n 和 m.＊p。(　　)

13. 指向对象的指针与对象都可以作函数参数，但是使用前者比使用后者好些。(　　)

14. 对象引用作函数参数比用对象指针更方便些。 (　　)
15. 对象数组的元素可以是不同类的对象。 (　　)
16. 对象数组既可以赋初值又可以赋值。 (　　)
17. 指向对象数组的指针不一定必须指向数组的首元素。 (　　)
18. 一维对象指针数组的每个元素应该是某个类的对象的地址值。 (　　)
19. const char *p 说明了 p 是指向字符串的常量指针。 (　　)
20. 一个能够更新的变量使用在一个不能被更新的环境中是不破坏类型保护的，反之亦然。 (　　)
21. 一个类的构造函数中可以不包含对其子对象的初始化。 (　　)
22. 转换函数不是成员函数，它是用来进行强制类型转换的。 (　　)

三、程序分析题

分析下列程序的输出结果。

1.

```
    #include <iostream.h>
class A
{
  public;
    A();
    A(int i,int j);
    Void print();
  private:
    int a,b;
};
{
        a=b=0;
    cout<<" Default constructor called.\n";
}
AA(int i,int j)
{
    a=i;
    b=j;
    cout<<" Constructor called.\n";
}
void A::print()
{
    cout<<" a=" <<a<<",b=" << b<<endl;
}
void main()
{
    A m,n(4,8);
    m.print();
```

```
    n.print();
}
```

2.

```
#include <iostream.h>
class B
{
  public:
    B(){}
    B(){int i,int j};
    void printb();
  private:
    int a,b;
};
class A
{
  public:
    A(){}
    A(){int i,int j};
    Void printa();
  Private:
    B c;
};
A::A(int i,int j):c(i,j)
{}
void A::printa()
{
  c.printb();
}
B::B(int i,int j)
{
  a = i;
  b = j;
}
void B::printb()
{
  cout<<" a = " <<a<<",b = " << b<<endl;
}
void main()
{
  A m(7,9);
  m.printa();
}
```

3.

```
#include <iostream.h>
```

```
class Count
{
  public:
    Count(){count + + ;}
    static int HM(){return count;}
    ~Count(){count --;}
  private:
    static int count;
};
int Count::count = 100;
void main()
{
  Count c1,c2,c3,c4;
  Cout<<Count::HM()<<endl;
}
```

4.

```
#include <iostream.h>
class A
{
  public:
    A(double t,double r){Total = t; Rate = r;}
    friend double Count(A&a)
    {
      a.Total + = a.Rate * a.Total;
      return a.Total;
    }
  private:
    double Total,Rate;
};
void main()
{
  A a1(1000.0,0.035),a2(768.0,0.028);
  Cout<<Count(a1)<<","<<Count(a2)<<endl;
}
```

5.

```
#include <iostream.h>
class Set
{
  public:
    Set(){PC = 0;}
    Set(Set &s);
    Void Empty(){PC = 0;}
    int IsEmpty(){return PC =  = 0;}
    int IsMemberOf(int n);
```

```
        int Add(int n);
        void Print();
        friend void reverse(Set *m);
    private:
        int elems[100];
        int PC;
};
int Set::IsMemberOf(int n)
{
    for(int i=0;i<PC;i++)
    if(elems[i]==n)
        return 1;
    return 0;
}
int Set::Add(int n)
{
    if(IsMemberOf(n))
        return 1;
    else if(PC>=100)
        return 0;
     else
    {
        elems[PC++]=n;
        return 1;
    }
}
Set::Set(Set &p)
{
     PC=p.PC;
     for(inti=0;i<PC;i++)
        elems[i]=p.elems[i];
}
void Set::Print()
{
     cout<<"{";
     for(inti=0;i<PC-1;i++)
       cout<<elems[i]<<",";
    if(PC>0)
cout<<elems[PC--1];
   cout<<"}"<<endl;
}
void reverse(Set *m)
{
    int n=m->PC/2;
```

```
    for(int i=0;i<n;i++)
    {
        int temp;
        temp=m->elems[i];
        m->elems[i]= m->elems[m->PC-i-1];
        m->elems[PC-i-1]=temp;
    }
}
void main()
{
        Set A;
        cout<<A.IsEmpty()<<endl;
        A.Print();
        Set B;
        for(int i=1;i<=8;i++)
            B.Add(j);
        Set C(B);
        C.Print();
        reverse(&C);
        C.Print();
}
```

6.

```
#include<iostream.h>
class A
{
    public:
        A();
        A(int I,int j);
        ~A();
        void Set(int i,int j){a=i;b=j;}
    private:
        int a,b;
};
A::A()
{
    a=0;
    b=0;
    cout<<" Default Constructor called.\n";
}
A::A(int I,int j)
{
    a=i;
    b=j;
    cout<<" Constructor: a="<<a<<",b="<<b<<endl;
```

```
}
A::~A()
{
  cout<<" Destructor called. A = " <<a<<",b = " <<b<<endl;
}
void main()
{
  cout<<" Starting1…\n";
  A a[3];
  for(int i = 0;i<3;i + + )
    a[i]. Set(2 * i + 1,(i + 1) * 2);
  cout<<" Ending1…\n";
  cout<<" Starting2…\n";
  A b[3] = {A(1,2),A(3,4),A(5,6)};
  cout<<" Ending2…\n";
}
```

7.

```
#include<iostream.h>
class B
{
  int x,y;
  public:
      B();
      B(int I);
      B(int I,int j);
      ~B();
      void print();
};
B::B()
{
  x = y = 0;
  cout<<" Default constructor called. \n";
}
B::B(int i)
{
  x = i;
  y = 0;
  cout<<" Constructor1 called. \n";
}
B::B(int i,int j)
{
  x = i;
  y = j;
  cout<<" Constructor2 called. \n";
```

```
}
B::~B()
{
  cout<<" Destructor called.\n";
}
void B::print()
{
  cout<<" x = " <<x<<",y = " <<y<<endl;
}
void main()
{
  B *ptr;
  ptr = new B[3];
  ptr[0] = B();
  ptr[1] = B(5);
  ptr[2] = B(2,3);
  for(int I = 0;I<3;I + + )
    ptr[I].print();
  delete []ptr;
}
```

8.

```
#include<iostream.h>
class A
{
  public:
    A(inti = 0){m = i;cout<<" Constructor called." <<m<<" \n";}
    void Set(int i){m = i;}
    void print()const {cout<<m<<endl;}
    ~A(){cout<<" Destructor called." <<m<<" \n";}
  private:
    int m;
};
void main()
{
  const N = 5;
  A my;
  my = N;
  my.print();
}
```

9.

```
#include<iostream.h>
class A
{
  public:
```

```
    A(int i=0){m=i;cout<<" Constructor called. "<<m<<" \n";}
    void Set(int i){m=i;}
    void print()const {cout<<m<<endl;}
    ~A(){cout<<" Destructor called. "<<m<<" \n";}
  private:
    int m;
};
void fun(const A&c)
{
    c.print();
}
void main()
{
    fun(5);
}
```

10.

```
#include<iostream.h>
class complex
{
  public:
    complex();
    complex(double real);
    complex(double real,double imag);
    void print();
    void set(double r,double I);
  private:
    double real,imag;
};
complex::complex()
{
  set(0.0,0.0);
  cout<<" Default constructor called.\n";
}
complex::complex(double real)
{
  set(real,0.0);
  cout<<" Constructor: real = " <<real<<",imag = " <<imag<<endl;
}
complex::complex(double real,double imag)
{
  set(real,imag);
  cout<<" Constructor:real = " <<real<<",imag = " <<imag<<endl;
}
void complex::print()
```

```
{
  if(imag<0)
    cout<<real<<imag<<" I" <<endl;
  else
    cout<<real<<" + " <<imag<<" I" <<endl;
}
void complex::set(double r,double I)
{
  real = r;
  imag = I;
}
void main()
{
  complex c1;
  complex c2(6.8);
  complex c3(5.6,7.9);
  c1.print();
  c2.print();
  c3.print();
  c1 = complex(1.2,3.4);
  c2 = 5;
  c3 = complex();
  c1.print();
  c2.print();
  c3.print();
}
```

11. 分析下列程序,并回答提出的问题。

```
#include<iostream.h>
#include<string.h>
class String
{
  public:
    String(){Length = 0;Buffer = 0;}
    String(const char * str);
    void Setc(int index,char newchar);
    char Getc(int index)const;
    int GetLength()const {return Length;}
    void print()const
    {
      if(Buffer = = 0)
        cout<<" empty.\n";
      else
        cout<<Buffer<<endl;
    }
```

```
    void Append(const char * Tail);
    ~String(){delete []Buffer;}
  private:
    int Length;
    char * Buffer;
};
String::String(const char * str)
{
  Length=strlen(str);
  Buffer=new char[Length+1];
  strcpy(Buffer,str);
}
void String::Setc(int index,char newchar)
{
  if(index>0&&index<=Length)
    Buffer[index-1]=newchar;
}
char String::Getc(int index)const
{
  if(index>0&&index<=Length)
    return Buffer[index-1];
  else
    return 0;
}
void String::Append(const char * Tail)
{
  char * temp;
  Length+=strlen(Tail);
  temp=new char[Length+1];
  strcpy(temp,Buffer);
  strcat(temp,Tail);
  delete []Buffer;
  Buffer=temp;
}
void main()
{
  String s0,s1(" a string.");
  s0.print();
  s1.print();
  cout<<s1.GetLength()<<endl;
  s1.Setc(5,'p');
  s1.print();
  cout<<s1.Getc(6)<<endl;
  String s2(" this ");
```

```
  s2.Append(" a string");
  s2.print();
}
```

回答下列问题：

(1)该程序中调用哪些在 string.h 中所包含的函数?

(2)该程序中的 String 类中是否用了函数重载的方法? 哪些函数是重载的?

(3)简述 Setc()函数有何功能?

(4)简述 Getc()函数有何功能?

(5)简述 Append()函数有何功能?

(6)该程序的成员函数 print()中不用 if 语句,只写成如下一条语句可否?

cout<<Buffer<<endl;

(7)该程序中有几处用到了 new 运算符?

(8)写出该程序执行后的输出结果。

四、改错题

改正以下程序中的错误。

1.

```
#include <iostream.h>
class point
{
  int x1,x2;
  public:
    point(int x,int y);
    //…
};
void main()
{
  point data(5,5);
  cout<<data.x1<<endl;
  cout<<data.x2<<endl;
}
```

2.

```
#include <iostream.h>
#include <math.h>
class Cpoint
{
  pubilc:
    void Set(double ix,double iy)    //设置坐标
    {
      x=ix;
      y=iy;
    }
```

```
    double Xoffset()        //取 x 轴坐标
      {return x;}
    double Yoffset()        //取 y 轴坐标
      {return y;}
    double Angle()          //取点的极坐标
      {return(180/3.14159) * atana(y,x);}
    double Radius()         //取极坐标半径
      {return sqrt(x * x + y * y);}
    }
    void main()
    {
        Cpoint p;
        double x,y;
        cout<<" Enter x and y:\n";
        cin>>x>>y;
        p.Set(x,y);
        p.x+ =5;
        p.y+ =6;
        cout<<" Angle = " <<p.Angle()<<",Radius = " <<p.Radius()<<",XOffset = " <<p.Xoffset()<<",
    YOffset = " <<p.Yoffset()<<endl;
    }
```

五、编程题

1. 在一个程序中,实现如下要求:

(1)构造函数重载;

(2)成员函数设置默认参数;

(3)有一个友元函数;

(4)有一个静态函数;

(5)使用不同的构造函数创建不同对象。

2. 编写一个程序,设计一个产品类 Product,其定义如下:

```
class Product
{
  char * name;        //产品名称
  int price;          //产品单价
  int quantity;       //剩余产品数量
  public:
    Product(char * n,int p,int q);      //构造函数
    ~Product();                          //析构函数
    void buy(int money);                 //购买产品
    void get()const;                     //显示剩余产品数量
};
```

并用数据进行测试。

3. 编写一个程序,设计一个满足如下要求的 CData 类:

(1)用下面的格式输出日期:日/月/年;

(2)输出在当前日期上加一天后的日期;

(3)设置日期。

用数据进行调试并输出结果。

4. 以面向对象的概念设计一个类,此类包含 3 个私有数据:unlead、lead(无铅汽油和有铅汽油)以及 total(当天总收入,无铅汽油的价格是 17 元/公升,有铅汽油的价格是 16 元/公升),请以构造函数方式建立此值。试输入某天所加的汽油量,本程序将列出加油站当天的总收入。

5. 编写一个程序,采用一个类求 n!,并输出 5! 的值。

6. 编写一个程序计算两个给定长方形的面积,其中在设计类成员函数 addarea()(用于计算两个长方形的总面积)时使用对象作为参数。

7. 编写一个程序计算两个给定长方形的周长。其中在设计类成员函数 tlength()(将两个长方形的周长合并为一个临时长方形)以对象作为返回值。

8. 编写一个程序判断两个线段相交的情况。

9. 编写两个有意义的类,使一个类嵌套在另一个类之中。

10. 编写一个程序输入 3 个学生的英语和计算机成绩,并按总分从高到低排序。要求设计一个学生类 Student,其定义如下:

```
class Student
{
  int english,computer,total;
  public:
    void getscore();        //获取一个学生成绩
    void display();         //显示一个学生成绩
    void sort(Student *);   //将若干个学生按总分从高到低排序
};
```

11. 编写一个程序设计一个栈操作类,包含入栈和出栈成员函数,然后入栈一组数据,出栈并显示出栈顺序。

12. 编写一个程序设计一个队列操作类,包含入队和出队成员函数,然后入队一组数据,出队并显示出队顺序。

13. 编写一个程序建立一个排序二叉树,计算该排序二叉树中的节点个数,并给出中序遍历该排序二叉树的结果。

14. 用栈、队列和类设计一个程序,检查所输入的数据是不是回文数据。所谓回文数据,是指从左读和从右读都一样。例如下述数据就是回文数据:able was ere saw elba。

这串数据以点作为结束符。本程序的设计方法如下:

(1)将所读的数据分别存入栈和队列内。

(2)从栈中一次移出一个元素(相当于从字符后端读取数据),从队列中一次移出一个元素(相当于从字符前端读取数据),然后队两类进行比较。

15. 设计一个 4×4 魔方程序,让各行值的总和等于各列值的总和,并且等于两对角线值的总和。求 4×4 魔方的一般步骤如下:

(1)设置魔方的值,假设起始值是 1(first),相邻元素之间的差值为 1(step),则 4×4 魔方为:

```
1        2        3        4
5        6        7        8
```

9	10	11	12
13	14	15	16

(2)求最大值和最小值的总和，该实例的总和是 1+16=17。

(3)用 17 减去所有对角线的值，然后将结果放在原来的位置，这样就可求得魔方。本例的结果为：

16	2	3	13
5	11	10	8
9	7	6	12
4	14	15	1

第 8 章　继承和派生

本章内容提要

基类和派生类;单继承;多继承;虚基类;组合

继承性是面向对象程序设计中的重要机制。这种机制改变了过去传统的非面向对象程序设计中那种对不再适合要求的用户定义数据类型进行改写甚至重写的方法,克服了传统程序设计方法对编写出来的程序无法重复使用而造成资源浪费的缺点。面向对象程序设计的继承机制给我们提供了无限重复利用程序资源的一种途径。通过 C++语言中的继承机制,可以扩充和完善旧的程序设计以适应新的需求,这样不仅可以节省程序开发的时间和资源,而且为未来的程序设计增添了新的资源。

8.1　继　　承

对象(Object)是类(Class)的一个实例(Instance)。如果将对象比作房子,那么类就是房子的设计图纸。所以面向对象设计的重点是类的设计,而不是对象的设计。

对于 C++程序而言,设计孤立的类是比较容易的,难的是正确设计基类及其派生类。本章仅仅论述“继承”(Inheritance)和“组合”(Composition)的概念。

如果 A 是基类,B 是 A 的派生类,那么 B 将继承 A 的数据和函数。例如:

【例 8.1】

```
class A
{
  public:
    void  Func1(void);
    void  Func2(void);
};
class B : public A
{
  public:
    void  Func3(void);
    void  Func4(void);
};
```

```
void main()
{
    B b;
    b.Func1();// B从A继承了函数Func1
    b.Func2();// B从A继承了函数Func2
    b.Func3();
    b.Func4();
}
```

这个简单的示例程序说明了一个事实：C++的“继承”特性可以提高程序的可复用性。正因为“继承”太有用、太容易用，才要防止乱用“继承”。我们应当给“继承”立一些使用规则。

【规则1】 如果类A和类B毫不相关，不可以为了使B的功能更多些而让B继承A的功能和属性。

【规则2】 若在逻辑上B是A的“一种”(a kind of)，则允许B继承A的功能和属性。例如男人(Man)是人(Human)的一种，男孩(Boy)是男人的一种。那么类Man可以从类Human派生，类Boy可以从类Man派生。

```
class Human
{
  …
};
class Man : public Human
{
  …
};
class Boy : public Man
{
  …
};
```

【规则3】 看起来很简单，但是实际应用时可能会有意外，继承的概念在程序世界与现实世界并不完全相同。

例如从生物学角度讲，鸵鸟(Ostrich)是鸟(Bird)的一种，按理说类Ostrich应该可以从类Bird派生。但是鸵鸟不能飞，那么Ostrich::Fly是什么东西？

```
class Bird
{
  public:
    virtual void Fly(void);
    …
};
class Ostrich : public Bird
{
    …
};
```

例如从数学角度讲，圆(Circle)是一种特殊的椭圆(Ellipse)，按理说类Circle应该可以从类Ellipse派生。但是椭圆有长轴和短轴，如果圆继承了椭圆的长轴和短轴，岂不画蛇添足？

所以更加严格的继承规则应当是：若在逻辑上B是A的“一种”，并且A的所有功能和属性对B而言都有意义，则允许B继承A的功能和属性。

8.2 基类和派生类

通过继承机制，可以利用已有的数据类型来定义新的数据类型。所定义的新的数据类型不仅拥有新定义的成员，而且还同时拥有旧的成员，我们称已存在的用来派生新类的类为基类，又称为父类。由已存在的类派生出的新类称为派生类，又称为子类。

在C++语言中，一个派生类可以从一个基类派生，也可以从多个基类派生。从一个基类派生的继承称为单继承；从多个基类派生的继承称为多继承。

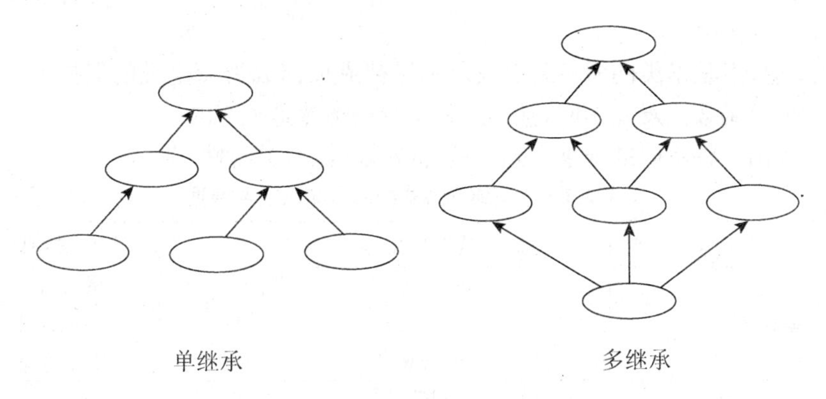

图 8.2.1 单继承与多继承

8.2.1 派生类的定义格式

单继承的定义格式如下：

```
class <派生类名>:<继承方式><基类名>
{
    <派生类新定义成员>
};
```

其中，<派生类名>是新定义的一个类的名字，它是从<基类名>中派生的，并且按指定的<继承方式>派生的。<继承方式>常使用如下三种关键字给予表示：

public　　　表示公有基类；
private　　　表示私有基类；
protected　　表示保护基类；

多继承的定义格式如下：

```
class <派生类名>:<继承方式1><基类名1>,<继承方式2><基类名2>,…
{
    <派生类新定义成员>
};
```

可见，多继承与单继承的区别从定义格式上看，主要是多继承的基类多于一个。

8.2.2 派生类的三种继承方式

公有继承(public)、私有继承(private)、保护继承(protected)是常用的三种继承方式。

1. 公有继承(public)

公有继承的特点是基类的公有成员和保护成员作为派生类的成员时，它们都保持原有的状态，而基类的私有成员仍然是私有的。

2. 私有继承(private)

私有继承的特点是基类的公有成员和保护成员都作为派生类的私有成员，并且不能被这个派生类的子类所访问。

3. 保护继承(protected)

保护继承的特点是基类的所有公有成员和保护成员都成为派生类的保护成员，并且只能被它的派生类成员函数或友元访问，基类的私有成员仍然是私有的。

表 8.2.1 列出三种不同的继承方式的基类特性和派生类特性。

表 8.2.1 不同继承方式的基类和派生类特性

继承方式	基类特性	派生类特性
公有继承	public	public
	protected	protected
	private	不可访问
私有继承	public	private
	protected	private
	private	不可访问
保护继承	public	protected
	protected	protected
	private	不可访问

为了进一步理解三种不同的继承方式在其成员的可见性方面的区别，下面从三种不同角度进行讨论。对于公有继承方式有以下几种：

(1)基类成员对其对象的可见性

公有成员可见，其他不可见。这里保护成员同于私有成员。

(2)基类成员对派生类的可见性

公有成员和保护成员可见，而私有成员不可见。这里保护成员同于公有成员。

(3)基类成员对派生类对象的可见性

公有成员可见，其他成员不可见。

所以，在公有继承时，派生类的对象可以访问基类中的公有成员；派生类的成员函数可以访问基类中的公有成员和保护成员。这里，一定要区分清楚派生类的对象和派生类中的成员函数对基类的访问是不同的。

对于私有继承方式有以下几种：

(1)基类成员对其对象的可见性

公有成员可见，其他成员不可见。

(2)基类成员对派生类的可见性

公有成员和保护成员是可见的，而私有成员是不可见的。

(3)基类成员对派生类对象的可见性

所有成员都是不可见的。所以，在私有继承时，基类的成员只能由直接派生类访问，而无法再往下继承。

对于保护继承方式有以下几种：

这种继承方式与私有继承方式的情况相同。两者的区别仅在于对派生类的成员而言，对基类成员有不同的可见性。

上述所说的可见性也就是可访问性。关于可访问性还有另外的一种说法。这种规则中，称派生类的对象对基类访问为水平访问，称派生类的派生类对基类的访问为垂直访问。

一般规则如下：

(1)公有继承时，水平访问和垂直访问对基类中的公有成员不受限制；

(2)私有继承时，水平访问和垂直访问对基类中的公有成员也不能访问；

(3)保护继承时，对于垂直访问同于公有继承，对于水平访问同于私有继承。

对于基类中的私有成员，只能被基类中的成员函数和友元函数所访问，不能被其他的函数访问。

8.2.3 基类与派生类的关系

任何一个类都可以派生出一个新类，派生类也可以再派生出新类，因此，基类和派生类是相对而言的。

基类与派生类之间的关系可以有如下几种描述。

1.派生类是基类的具体化

类的层次通常反映了客观世界中某种真实的模型。在这种情况下，不难看出：基类是对若干个派生类的抽象，而派生类是基类的具体化。基类抽取了它的派生类的公共特征，而派生类通过增加行为将抽象类变为某种有用的类型。

2.派生类是基类定义的延续

先定义一个抽象基类，该基类中有些操作并未实现。然后定义非抽象的派生类，实现抽象基类中定义的操作。例如，虚函数就属此类情况。这时，派生类是抽象的基类的实现，即可看成是基类定义的延续。这也是派生类的一种常用方法。

3.派生类是基类的组合

在多继承时，一个派生类有多于一个的基类，这时派生类将是所有基类行为的组合。

派生类将其本身与基类区别开来的方法是添加数据成员和成员函数。因此，继承的机制将使得在创建新类时，只需说明新类与已有类的区别，从而大量原有的程序代码都可以复用，所以有人称类是“可复用的软件构件”。

【例 8.2】 公有派生。

```
#include<iostream.h>
class base
{
    int x1,x2;
```

```
   public:
     void assign(int p1,int p2)
       {x1 = p1;x2 = p2;}
     int inc1(){x1 + + ;return x1;}
     int inc2(){x2 + + ; return x2;}
     void display()
     { cout << x1 << " " << x2 << endl ;}
};
class derive1:base
{    int x3;
   public:
     derive1(int p3){x3 = p3;}
     void assign(int p1,int p2)
       { base::assign(p1,p2);}
     int inc1(){ return base::inc1();}
     int inc2(){ return base::inc2();}
     int inc3(){x3 + + ;return x3;}
     void display()
     {
         base::display();
         cout << x3 << endl;
     }
};
class derive2:public  base
{
     int x4;
   public:
     derive2(int p4){x4 = p4;}
     int inc1()
     {
       int temp = base::inc1();
       temp = base::inc1();
       temp = base::inc1();
       return base::inc1();
     }
     int inc4(){x4 + + ;return x4;}
     void display()
     {
       base::display();
       cout << x4 << endl;
     }
};
int main(int argc,char * argv[])
{
```

```
    base p;
    p.assign(-2,-2);
    cout << " base-----------:\n";
    p.display();                    // -2   -2
    derive1 d1(-4);
    d1.assign(10,10);
    cout << " \nderive1-----------:\n";
    d1.display();                   // x1 = 10   x2 = 10   x3 = -4
    d1.inc1();
    d1.inc2();
    d1.inc3();
    cout << " \nderive1-2----------:\n";
    d1.display();                   // x1 = 11 x2 = 11 x3 = -3
    derive2 d2(5);
    d2.assign(-11,-12);             //调用基类成员函数
    cout << " \nderive2----------:\n";
    d2.display();                   //x1 = -11 x2 = -12 x4 = 5
    d2.inc1();  // 对 x1 4 次加 1 x1 = -7
    d2.inc4();  // x4 = 6
    cout<< " \nderive2----------:\n";
    d2.display();
    d2.base::inc1(); // x1 = -6
    cout <<" \nderive2----------:\n";
    d2.display();
    return 0;
}
```

【例 8.3】 私有继承。

```
class x
{
    int a ;
  public:
    int b;
    x(){a = 12;b = 11;}
    int get(){return a;}
    void print(){ cout << a << endl;}
};
class y:x       //私有继承
{
    int b;
    //……
  public :
    void make(){ b = get() + 10;} //调用了基类的成员
    void print()
    {
```

```
        x::print();
        cout << b << endl;
    }
    x::get;  // x类中的get函数
    x::b;    // x类中的数据成员b
};
void main()
{
    class x x1;
    class y y1;
    y1.make();
    cout << y1.get()<< y1.b << endl ; //正确
    x1.get(); //对
    y1.print(); //输出 12  22
}
```

8.3 单 继 承

在8.2节讲述了单继承的基本概念，本节着重讲述继承的具体应用。在单继承中，每个类可以有多个派生类，但是每个派生类只能有一个基类，从而形成树形结构。

8.3.1 成员访问权限的控制

在基类和派生类中，我们讲述了派生类和派生类的对象对基类成员访问权限的若干规定，这里通过一个实例进一步讨论访问权限的具体控制，然后得出在使用三种继承方式时的调用方法。

【例8.4】 继承性的public继承方式的访问权限的例子。

```
#include <iostream.h>
class A        //定义基类A
{
  public:
    A(){ cout<<"类A的构造函数!"<<endl;}
    A(int a){ Aa = a,aa = a,aaa = a;}
    void Aprint(){ cout<<"类A打印自己的private成员aa:"<<aa<<endl;}
    int Aa;
  private:
    int aa;
  protected:
    int aaa;
};
class B : public A            //定义由基类A派生的类B
{
  public:
```

```
    B(){ cout<<" 类 B 的构造函数!" <<endl;}
    B(int i,int j,int k);
void Bprint()
{
    cout<<" 类 B 打印自己的 private 成员 bb 和 protected 成员 bbb:" <<bb<<"," <<bbb<<endl;
}
void B_Aprint()
{
    cout<<" 类 B 的 public 函数访问类 A 的 public 数据成员 Aa:" <<Aa<<endl;
    cout<<" 类 B 的 public 函数访问类 A 的 protected 数据成员 aaa:" <<aaa<<endl;
    GetAaaa();
    GetAaaa1();
}
private:
    int bb;
    void GetAaaa()
    {
        cout<<" 类 B 的 private 函数访问类 A 的 public 数据成员 Aa:" <<Aa<<endl;
        cout<<" 类 B 的 private 函数访问类 A 的 protected 数据成员 aaa:" <<aaa<<endl;
    }
  protected:
    int bbb;
    void GetAaaa1()
    {
        cout<<" 类 B 的 protected 函数访问类 A 的 public 数据成员 Aa:" <<Aa<<endl;
        cout<<" 类 B 的 protected 函数访问类 A 的 protected 数据成员 aaa:" <<aaa<<endl;}
    };
B::B(int i,int j,int k):A(i),bb(j),bbb(k){}   //基类 B 的构造函数,需负责对基类 A 的构造函数的
                                              初始化
void main()     //程序主函数
{
  B b1(100,200,300); //定义类 B 的一个对象 b1,并初始化构造函数和基类构造函数
  b1.B_Aprint(); //类 B 调用自己的成员函数 B_Aprint 函数
  b1.Bprint(); //类 B 对象 b1 访问自己的 private 和 protected 成员
  b1.Aprint(); //通过类 B 的对象 b1 调用类 A 的 public 成员函数
}
```

该程序的输出结果为：

```
类 B 的 public 函数访问类 A 的 public 数据成员 Aa:100
类 B 的 public 函数访问类 A 的 protected 数据成员 aaa:100
类 B 的 private 函数访问类 A 的 public 数据成员 Aa:100
类 B 的 private 函数访问类 A 的 protected 数据成员 aaa:100
类 B 的 protected 函数访问类 A 的 public 数据成员 Aa:100
类 B 的 protected 函数访问类 A 的 protected 数据成员 aaa:100
类 B 打印自己的 private 成员 bb 和 protected 成员 bbb:200,300
```

类A打印自己的private成员aa:100

上述是属public继承方式，我们可以得出以下结论：

在公有继承(public)时，派生类的public、private、protected型的成员函数可以访问基类中的公有成员和保护成员；派生类的对象仅可访问基类中的公有成员。

让我们把继承方式public改为private，编译结果出现1处如下错误：

'Aprint' : cannot access public member declared in class 'A'

出错语句在于：b1.Aprint()；，因此，我们可以得出以下结论：

在公有继承(private)时，派生类的public、private、protected型的成员函数可以访问基类中的公有成员和保护成员；但派生类的对象不可访问基类中的任何成员。另外，使用class关键字定义类时，默认的继承方式是private，也就是说，当继承方式为私有继承时，可以省略private。

让我们把继承方式public改为protected，可以看出，结果和private继承方式一样。

8.3.2 构造函数和析构函数

派生类的构造函数和析构函数的构造是讨论的主要问题，读者要掌握它。

1. 构造函数

我们已知道，派生类的对象的数据结构是由基类中说明的数据成员和派生类中说明的数据成员共同构成。将派生类的对象中由基类中说明的数据成员和操作所构成的封装体称为基类子对象，它由基类中的构造函数进行初始化。

构造函数不能够被继承，因此，派生类的构造函数必须通过调用基类的构造函数来初始化基类子对象。所以，在定义派生类的构造函数时除了对自己的数据成员进行初始化外，还必须负责调用基类构造函数使基类数据成员得以初始化。如果派生类中还有子对象时，还应包含对子对象初始化的构造函数。

派生类构造函数的一般格式如下：

```
<派生类名>(<派生类构造函数总参数表>):<基类构造函数>(参数表1),
                                <子对象名>(<参数表2>)
{
    <派生类中数据成员初始化>
};
```

派生类构造函数的调用顺序如下：

(1)基类的构造函数；

(2)子对象类的构造函数(如果有的话)；

(3)派生类构造函数。

下面再举一个构造派生类构造函数的例子。

【例8.5】

```
#include <iostream.h>
class A
{
  public:
    A(){ a=0; cout<<"类A的默认构造函数.\n";}
    A(int i){ a=i; cout<<"类A的构造函数.\n";}
```

```
    ~A(){ cout<<" 类 A 的析构函数.\n";}
    void Print()const { cout<<a<<",";}
    int Geta(){ reutrn a;}
  private:
    int a;
}
class B : public A
{
  public:
    B(){ b=0; cout<<" 类 B 的默认构造函数.\n";}
    B(int i,int j,int k);
    ~B(){ cout<<" 类 B 的析构函数.\n";}
    void Print();
  private:
    int b;
    A aa;
}
B::B(int i,int j,int k):A(i),aa(j)
{
  b=k;
  cout<<" 类 B 的构造函数.\n";
}
void B::Print()
{
  A::Print();
  cout<<b<<"," <<aa.Geta()<<endl;
}
void main()
{
  B bb[2];
  bb[0] = B(1,2,5);
  bb[1] = B(3,4,7);
  for(int i=0; i<2; i++)
   bb[i].Print();
}
```

2. 析构函数

当对象被删除时,派生类的析构函数被执行。由于析构函数也不能被继承,因此在执行派生类的析构函数时,基类的析构函数也将被调用。执行顺序是先执行派生类的构造函数,再执行基类的析构函数,其顺序与执行构造函数时的顺序正好相反。这一点从前面讲过的例子可以看出,请读者自行分析。

3. 派生类构造函数使用中应注意的问题

(1)派生类构造函数的定义中可以省略对基类构造函数的调用,其条件是在基类中必须有默认的构造函数或者根本没有定义构造函数。当然,基类中没有定义构造函数,派生类根本不必负责调用基类的析构函数。

(2)当基类的构造函数使用一个或多个参数时,则派生类必须定义构造函数,提供将参数传递给基类构造函数途径。在有的情况下,派生类构造函数的函数体可能为空,仅起到参数传递作用。

8.3.3 子类型化和类型适应

1. 子类型化

子类型的概念涉及行为共享,它与继承有着密切关系。

有一个特定的类型S,当且仅当它至少提供了类型T的行为,则称类型S是类型T的子类型。子类型是类型之间的一般和特殊的关系。

在继承中,公有继承可以实现子类型。

【例8.6】

```
class A
{
  public:
    void Print()const { cout<<" A::print()called.\n";}
};
class B : public A
{
  public:
    void f(){}
};
```

类B继承了类A,并且是公有继承方式。因此,可以说类B是类A的一个子类型。类A还可以有其他的子类型。类B是类A的子类型,类B具备类A中的操作,或者说类A中的操作可被用于操作类B的对象。

子类型关系是不可逆的。这就是说,已知B是A的子类型,而认为A也是B的子类型是错误的,或者说,子类型关系是不对称的。

因此,可以说公有继承可以实现子类型化。

2. 类型适应

类型适应是指两种类型之间的关系。例如,B类型适应A类型是指B类型的对象能够用于A类型的对象所能使用的场合。

前面讲过的派生类的对象可以用于基类对象所能使用的场合,我们说派生类适应于基类。同样道理,派生类对象的指针和引用也适应于基类对象的指针和引用。

子类型化与类型适应是一致的。A类型是B类型的子类型,那么A类型必将适应于B类型。

【例8.7】

```
#include<iostream.h>
class A
{
    int a;
  public:
```

```
        A(){a = 0;}
        A(int i){a = i;}
        void print(){cout ≪ a < endl;}
        int geta(){return a;}
    };
    class B:public A
    {
        int b;
      public:
        B(){b = 0;}
        B(int i,int j):A(i),b(j){}
        void print(){A::print();cout ≪ b ≪ endl;}
    };
    void fun(A & d)
        { cout ≪ d.geta()≪ endl;}
    void main()
    {
        B bb(9,5), * pb;
        A aa(5), * pa;
        aa = bb;
        bb = aa;             // error
        aa.print();          //9
        pa = new A(8);
        pb = new B(1,2);
        pa = pb;
        pa - >print();           //1
        fun(bb);             //9
    }
```

子类型的重要性就在于减轻程序人员编写程序代码的负担。因为一个函数可以用于某类型的对象,则它也可以用于该类型的各个子类型的对象,这样就不必为处理这些子类型的对象去重载该函数。

8.4 多 继 承

8.4.1 多继承的概念

多继承可以看作是单继承的扩展。所谓多继承是指派生类具有多个基类,派生类与每个基类之间的关系仍可看作是一个单继承。

多继承下派生类的定义格式如下:

class ＜派生类名＞:＜继承方式 1＞＜基类名 1＞,＜继承方式 2＞＜基类名 2＞,…

```
{
    <派生类类体>
};
```

其中，<继承方式 1>，<继承方式 2>，…是三种继承方式：public、private、protected 之一。例如：

```
class A
{
  …
};
class B
{
  …
};
class C : public A,public,B
{
  …
};
```

其中，派生类 C 具有两个基类(类 A 和类 B)，因此，类 C 是多继承的。按照继承的规定，派生类 C 的成员包含了基类 B 中成员以及该类本身的成员。

【例 8.8】

```
class a1
{
    int x1;
  public:
    int y1;
    void print1(){cout << x1 << y1 << endl;}
};
class a2
{
    int x2;
  public:
    int y2;
    void print2(){cout << x2 << y2 << endl;}
};
class a3
{
    int x3;
  public:
    int y3;
    void print3(){cout << x3 << y3 << endl;}
};
class a4:public a1,public a2,a3
{
```

```
    int x4;
  public:
    int y4;
    void print2(){cout << x4 << y4 << endl;}
};
```

8.4.2　多继承的构造函数

在多继承的情况下，派生类的构造函数格式如下：

　　＜派生类名＞(＜总参数表＞):＜基类名 1＞(＜参数表 1＞),
　　＜基类名 2＞(＜参数表 2＞),…＜子对象名＞(＜参数表 n+1＞),…
　　{
　　＜派生类构造函数体＞
　　}

其中，＜总参数表＞中各个参数包含了其后的各个分参数表。

多继承下派生类的构造函数与单继承下派生类构造函数相似，它必须同时负责该派生类所有基类构造函数的调用。同时，派生类的参数个数必须包含完成所有基类初始化所需的参数个数。

派生类构造函数执行顺序是先执行所有基类的构造函数，再执行派生类本身构造函数，处于同一层次的各基类构造函数的执行顺序取决于定义派生类时所指定的各基类顺序，与派生类构造函数中所定义的成员初始化列表的各项顺序无关。也就是说，执行基类构造函数的顺序取决于定义派生类时基类的顺序。可见，派生类构造函数的成员初始化列表中各项顺序可以任意地排列。

下面通过一个例子来说明派生类构造函数的构成及其执行顺序。

【例 8.9】

```
#include <iostream.h>
class B1
{
  public:
    B1(int i)
    {
      b1 = i;
      cout<<" 构造函数 B1." <<i<<endl;
    }
    void print(){ cout<<b1<<endl;}
  private:
    int b1;
};
class B2
{
  public:
    B2(int i)
```

```
    {
        b2 = i;
        cout<<" 构造函数 B2." <<i<<endl;
    }
    void print(){ cout<<b2<<endl;}
  private:
    int b2;
    };
class B3
{
  public:
    B3(int i)
    {
        b3 = i;
        cout<<" 构造函数 B3." <<i<<endl;
    }
    int getb3(){ return b3;}
  private:
    int b3;
};
class A : public B2,public B1
{
  public:
    A(int i,int j,int k,int l):B1(i),B2(j),bb(k)
    {
        a = l;
        cout<<" 构造函数 A." <<l<<endl;
    }
    void print()
    {
        B1::print();
        B2::print();
        cout<<a<<"," <<bb.getb3()<<endl;
    }
  private:
    int a;
    B3 bb;
};
void main()
{
    A aa(1,2,3,4);
    aa.print();
}
```

程序的输出结果为：

```
构造函数 B2.2
构造函数 B1.1
构造函数 B3.3
构造函数 A.4
1
2
4,3
```

在该程序中,作用域运算符::用于解决作用域冲突的问题。在派生类 A 中的 print()函数的定义中,使用了 B1::print;和 B2::print();语句分别指明调用哪一个类中的 print()函数,这种用法应该学会。

8.4.3 二义性问题

一般说来,在派生类中对基类成员的访问应该是唯一的,但是,由于多继承情况下,可能造成对基类中某成员的访问出现了不唯一的情况,则称为对基类成员访问的二义性问题。

实际上,在上例已经出现过这一问题,回忆上例中,派生类 A 的两基类 B1 和 B2 中都有一个成员函数 print()。如果在派生类中访问 print()函数,到底是哪一个基类的呢? 于是出现了二义性。但是在上例中解决了这个问题,其办法是通过作用域运算符::进行了限定。如果不加以限定,则会出现二义性问题。

下面再举一个简单的例子,对二义性问题进行深入讨论。例如:

```
class A
{
  public:
    void f();
};
class B
{
  public:
    void f();
    void g();
};
class C : public A,public B
{
  public:
    void g();
    void h();
};
```

如果定义一个类 C 的对象 c1:

```
C c1;
```

则对函数 f()的访问:

```
c1.f();
```

便具有二义性:是访问类 A 中的 f(),还是访问类 B 中的 f()呢?

解决的方法可用前面用过的成员名限定法来消除二义性，例如，c1. A::f()；或者 c1. B::f()；

但是，最好的解决办法是在类 C 中定义一个同名成员 f()，类 C 中的 f()再根据需要来决定调用 A::f()，还是 B::f()，还是两者皆有，这样，c1. f()将调用 C::f()。

同样地，类 C 中成员函数调用 f()也会出现二义性问题。例如：

```
void C::h()
{
    f();
}
```

这里有二义性问题，该函数应修改为：

```
void C::h()
{
    A::f();
}
```

或者

```
void C::h()
{
    B::f();
}
```

或者

```
void C::f()
{
    A::f();
    B::f();
}
```

另外，在前例中，类 B 中有一个成员函数 g()，类 C 中也有一个成员函数 g()。这时，c1. g()；不存在二义性，它是指 C::g()，而不是指 B::g()。因为这两个 g()函数，一个出现在基类 B，另一个出现在派生类 C，规定派生类的成员将支配基类中的同名成员。因此，上例中类 C 中的 g()支配类 B 中的 g()，不存在二义性，可选择支配者的那个名字。

当一个派生类从多个基类派生，而这些基类又有一个共同的基类，则对该基类中说明的成员进行访问时，也可能会出现二义性。例如：

```
class A
{
  public:
    int a;
};
class B1 : public A
{
  private:
    int b1;
};
class B2 : public A
{
  private:
```

```
    int b2;
};
class C : public B1,public B2
{
  public:
    int f();
  private:
    int c;
};
```

已知:C c1;

下面的两个访问都有二义性:

```
c1.a;
c1.A::a;
```

而下面的两个访问是正确的:

```
c1.B1::a;
c1.B2::a;
```

类C的成员函数f()用如下定义可以消除二义性:

```
int C::f()
{
  return B1::a + B2::a;
}
```

由于二义性的原因,一个类不可以从同一个类中直接继承一次以上,例如:

```
class A : public B,public B
{    …  }
```

这是错误的。

8.5 虚 基 类

在多继承中讲过的例子中,由类A、类B1和类B2以及类C组成了类继承的层次结构。在该结构中,类C的对象将包含两个类A的子对象。由于类A是派生类C两条继承路径上的一个公共基类,那么这个公共基类将在派生类的对象中产生多个基类子对象。如果要想使这个公共基类在派生类中只产生一个基类子对象,则必须将这个基类设定为虚基类。

8.5.1 虚基类的引入和说明

前面简单地介绍了要引进虚基类的原因。实际上,引进虚基类的真正目的是为了解决二义性问题。

虚基类说明格式如下:

virtual <继承方式><基类名>

其中,virtual是虚类的关键字。虚基类的说明是用在定义派生类时,写在派生类名的后面。例如:

```
class A
```

```
{
  public:
    void f();
  protected:
    int a;
};
class B : virtual public A
{
  protected:
    int b;
};
class C : virtual public A
{
  protected:
    int c:
};
class D : public B,public C
{
  public:
    int g();
  private:
    int d;
};
```

由于使用了虚基类，使得类A、类B、类C和类D之间关系用DAG图示法表示，如图8.5.1所示。

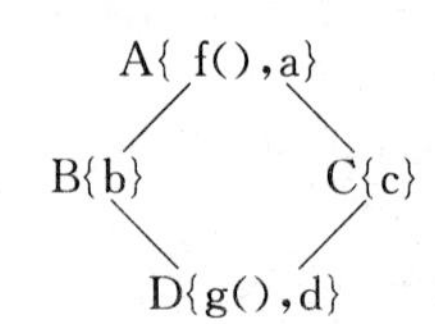

图8.5.1　类A、B、C、D关系DAG图

从图8.5.1中可见不同继承路径的虚基类子对象被合并成为一个对象。这便是虚基类的作用，这样将消除了合并之前可能出现的二义性。这时，在类D的对象中只存在一个类A的对象。因此，下面的引用都是正确的：

```
D n;
n.f();      //对f()引用是正确的
void D::g()
{
  f();      //对f()引用是正确的
}
```

下面程序段是正确的。

```
D n;
A *pa;
pa = &n;
```

其中，pa是指向类A对象的指针，n是类D的一个对象，&n是n对象的地址。pa=&n是让pa指针指向类D的对象，这是正确的，并且也无二义性。

8.5.2 虚基类的构造函数

前面讲过，为了初始化基类的子对象，派生类的构造函数要调用基类的构造函数。对于虚基类来讲，由于派生类的对象中只有一个虚基类子对象。为保证虚基类子对象只被初始化一次，这个虚基类构造函数必须只被调用一次。由于继承结构的层次可能很深，规定将在建立对象时所指定的类称为最派生类。C++规定，虚基类子对象是由最派生类的构造函数通过调用虚基类的构造函数进行初始化的。如果一个派生类有一个直接或间接的虚基类，那么派生类的构造函数的成员初始列表中必须列出对虚基类构造函数的调用。如果未被列出，则表示使用该虚基类的默认构造函数来初始化派生类对象中的虚基类子对象。

从虚基类直接或间接继承的派生类中的构造函数的成员初始化列表中都要列出这个虚基类构造函数的调用。但是，只有用于建立对象的那个最派生类的构造函数调用虚基类的构造函数，而该派生类的基类中所列出的对这个虚基类的构造函数调用在执行中被忽略，这样便保证了对虚基类的对象只初始化一次。

C++又规定，在一个成员初始化列表中出现对虚基类和非虚基类构造函数的调用，则虚基类的构造函数先于非虚基类的构造函数的执行。

下面举例说明具有虚基类的派生类的构造函数的用法。

【例 8.10】

```
#include <iostream.h>
class A
{
  public:
    A(const char * s){ cout<<s<<endl;}
    ~A(){}
};
class B : virtual public A
{
  public:
    B(const char * s1,const char * s2):A(s1)
    {
    cout<<s2<<endl;
    }
};
class C : virtual public A
{
  public:
    C(const char * s1,const char * s2):A(s1)
    {
        cout<<s2<<endl;
    }
};
class D : public B,public C
```

```
{
  public:
    D(const char * s1,const char * s2,const char * s3,const char * s4):B(s1,s2),C(s1,s3),A(s1)
    {
        cout<<s4<<endl;
    }
};
void main()
{
    D * ptr = new D(" class A"," class B"," class C"," class D");
    delete ptr;
}
```

程序的输出结果为：

```
class A
class B
class C
class D
```

在派生类B和C中使用了虚基类，使得建立的D类对象只有一个虚基类子对象。

在派生类B、C、D的构造函数的成员初始化列表中都包含了对虚基类A的构造函数。

在建立类D对象时，只有类D的构造函数的成员初始化列表中列出的虚基类构造函数被调用，并且仅调用一次，而类D基类的构造函数的成员初始化列表中列出的虚基类构造函数不被执行。这一点将从该程序的输出结果可以看出。

【例 8.11】 类的关系如图 8.5.2 所示。

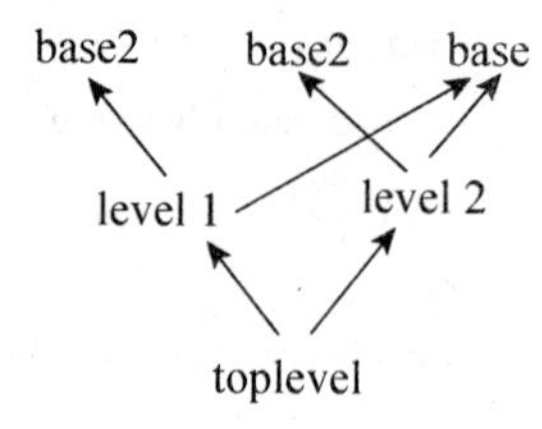

图 8.5.2 类的关系

```
class base
{
  public:
    base(){cout << " base class \n";}
};
class base2
{
  public:
    base2(){cout << " base class2 \n";}
};
class level1:public base2,virtual public base
{
  public:
    level1(){ cout << " class level1\n";}
};
class level2:public base2,virtual public base
{
  public:
    level2(){ cout << " class level2\n";}
};
```

```
class toplevel:public level1,public level2
{
  public:
    toplevel(){ cout << " class toplevel\n";}
};
void main()
{
  toplevel t;
}
```

程序的运行结果为：

```
class base
class base2
class level1
class base2
class level2
class toplevel
```

8.6 组　　合

【规则】 若在逻辑上A是B的"一部分"(a part of b)，则不允许B从A派生，而是要用A和其他东西组合出B。

例如眼(Eye)、鼻(Nose)、口(Mouth)、耳(Ear)是头(Head)的一部分，所以类Head应该由类Eye、Nose、Mouth、Ear组合而成，不是派生而成。如表8.6.1所示。

如果允许Head从Eye、Nose、Mouth、Ear派生而成，那么Head将自动具有Look、Smell、Eat、Listen这些功能。图8.6.1十分简短并且运行正确，但是这种设计方法却是不对的。

```
//功能正确并且代码简洁，但是设计方法不对。
class Head : public Eye,public Nose,public Mouth,public Ear
{
};
```

图8.6.1　Head从Eye、Nose、Mouth、Ear派生而成

表8.6.1　Head由Eye、Nose、Mouth、Ear组合而成

Class Eye
{
  public:
    void　Look(void);
};
	class Nose
	{
	  public:
	    void　Smell(void);
	};

Class Mouth
{
  public:
    void Eat(void);
};
	class Ear
	{
	  public:
	    void Listen(void);
	};

```
// 正确的设计，虽然代码冗长
class Head
{
    public:
        void    Look(void)     {  m_eye.Look();  }
        void    Smell(void)    {  m_nose.Smell();  }
        void    Eat(void)      {  m_mouth.Eat();  }
        void    Listen(void)   {  m_ear.Listen();  }
    private:
        Eye   m_eye;
        Nose   m_nose;
        Mouth   m_mouth;
        Ear   m_ear;
};
```

很多程序员经不起“继承”的诱惑而犯下设计错误。“运行正确”的程序不见得是高质量的程序，此处就是一个例证。

习　　题

一、选择题

1. 下列对派生类的描述中，(　　)是错误的。
A. 一个派生类可以作为另一个派生类的基类
B. 派生类至少有一个基类
C. 派生类的成员除了它自己的成员以外，还包含了它的基类的成员
D. 派生类中继承的基类成员的访问权限到派生类保持不变
2. 派生类的对象对它的基类成员中，(　　)是可以访问的。
A. 公有继承的公有成员　　B. 公有继承的私有成员
C. 公有继承的保护成员　　D. 私有继承的公有成员
3. 对基类和派生类的关系的描述中，(　　)是错误的。
A. 派生类是基类的具体化　　B. 派生类是基类的子集
C. 派生类是基类定义的延续　　D. 派生类是基类的组合
4. 派生类的构造函数的成员初始化列中，不能包含(　　)。
A. 基类的构造函数　　B. 派生类中子对象的初始化

C. 基类的子对象的初始化　　D. 派生类中一般数据成员的初始化

5. 关于子类型的描述中，(　　)是错误的。

A. 子类型就是指派生类是基类的子类型

B. 一种类型当它至少提供了另一种类型的行为，则这种类型是另一种类型的子类型

C. 在公有继承下，派生类是基类的子类型

D. 子类型关系是不可逆的

6. 关于多继承二义性的描述中，(　　)是错误的。

A. 一个派生类的两个基类中都有某个同名成员，在派生类中对该成员的访问可能出现二义性

B. 解决二义性的最常用的方法是对成员名的限定法

C. 基类和派生类中同时出现的同名函数，也存在二义性问题

D. 一个派生类是从两个基类派生来的，而这两个基类又有一个共同的基类，对该基类的成员进行访问时也可能出现二义性

7. 设置虚基类的目的是(　　)。

A. 简化程序　　B. 消除二义性

C. 提高运行效率　　D. 减少目标代码

8. 带有虚基类的多层派生类构造函数的成员初始化列表中都要列出虚基类的构造函数，这样将对虚基类的子对象初始化(　　)。

A. 与虚基类下面的派生类个数有关　　B. 多次

C. 二次　　D. 一次

9. 若类 A 和类 B 的定义如下：

```
class  A
{
        int i,j;
    public:
        void get();
        //…
};
class B:A
{
        int k;
    public:
        void make();
        //…
};
void B::make()
{
    k = i * j;
}
```

则上述定义中，(　　)是非法的表达式。

A. void get();　　B. int k;　　C. void make();　　D. k=i*j;

二、判断题

1. C++语言中，既允许单继承，又允许多继承。 （ ）
2. 派生类是从基类派生出来，它不能生成新的派生类。 （ ）
3. 派生类的继承方式有两种：公有继承和私有继承。 （ ）
4. 在公有继承中，基类中的公有成员和私有成员在派生类中都是可见的。 （ ）
5. 在公有继承中，基类中只有公有成员对派生类是可见的。 （ ）
6. 在私有继承中，基类中只有公有成员对派生类是可见的。 （ ）
7. 在私有继承中，基类中所有成员对派生类的对象都是不可见的。 （ ）
8. 在保护继承中，对于垂直访问同于公有继承，而对于水平访问同于私有继承。 （ ）
9. 派生类是它的基类的组合。 （ ）
10. 构造函数可以被继承。 （ ）
11. 析构函数不能被继承。 （ ）
12. 子类型是不可逆的。 （ ）
13. 只要是类M继承了类N，就可以类M是类N的子类型。 （ ）
14. 如果A类型是B类型的子类型，则A类型必然适应于B类型。 （ ）
15. 多继承情况下，派生类的构造函数的执行顺序取决于定义派生类时所指定的各基类的顺序。 （ ）
16. 单继承情况下，派生类对基类的成员的访问也会出现二义性。 （ ）
17. 解决多继承情况下出现的二义性的方法之一就是使用成员名限定法。 （ ）
18. 虚基类是用来解决多继承中公共基类在派生类中只产生一个基类子对象的问题。 （ ）

三、问答题

1. 在下面指定的含有虚基类的复杂继承结构中，回答下列提出的各问题。

```
class A
{
    public:
      void f();
};
class B:virtual public A
{
    public:
      void f();
};
class C:public B
{
};
class D:public C,virtual public A
{
    public:
```

```
    void g();
};
```

问题：

(1)画出上述结构的 DAG 图。

(2)设有 D d;d.f()是否有二义性?

(3)设有：

```
void D::g()
{
    f();
}
```

g()函数中对 f()调用是否具有二义性?

2.在下面给定的继承结构中,回答下列提出的问题。

```
class A
{
    public:
      int a;
      int b();
      int f();
      int f(int);
      int g();
};
class B
{
    public:
    char f();
      int g();
    private:
      int a;
      int b();
};
class C:public A,public B
{
};
```

设有：

```
C *pc;
```

问题：

(1)pc->a=1;是否具有二义性?

(2)pc->b();是否具有二义性?

(3)pc->f();是否具有二义性?

(4)pc->f(10);是否具有二义性?

(5)pc->g();是否具有二义性?

提示:二义性的检查是在访问控制权限或类型检查之前进行的。

四、程序分析题

分析下列程序的输出结果。

1.

```
#include<iostream.h>
class A
{
    public:
      A(int i,int j){a=i;b=j;}
      void Move(int x,int y){a+=x;b+=y;}
      void Show(){cout<<"("<<a<<","<<b<<")"<<endl;}
    private:
      int a,b;
};
class B:private A
{
    public:
      B(int i,int j,int k,int l):A(i,j){x=k;y=l;}
      void Show(){cout<<x<<","<<y<<endl;}
      void fun(){Move(3,5);}
      void f1(){A::Show();}
    private:
      int x,y;
};
void main()
{
    A e(1,2);
    e.Show();
    B d(3,4,5,6);
    d.fun();
    d.Show();
    d.f1();
}
```

2.

```
#include<iostream.h>
class A
{
    public:
      A(int i,int j){a=i;b=j;}
      void Move(int x,int y){a+=x;b+=y;}
      void Show(){cout<<"("<<a<<","<<b<<")"<<endl;}
    private:
      int a,b;
```

```
};
class B:public A
{
    public:
      B(int i,int j,int k,int l):A(i,j),x(k),y(l){}
      void Show(){cout<<x<<","<<y<<endl;}
      void fun(){Move(3,5);}
      void f1(){A::Show();}
    private:
      int x,y;
};
void main()
{
    A e(1,2);
    e.Show();
    B d(3,4,5,6);
    d.fun();
    d.A::Show();
    d.B::Show();
    d.f1();
}
```

3.

```
#include<iostream.h>
class L
{
    public:
      void InitL(int x,int y){X=x;Y=y;}
      void Move(int x,int y){X+=x;Y+=y;}
      int GetX(){return X;}
      int GetY(){return Y;}
    private:
      int X,Y;
};
class R:public L
{
    public:
      void InitR(int x,int y,int w,int h)
      {
        InitL(x,y);
        W=w;
        H=h;
      }
      int GetW(){return W;}
      int GetH(){return H;}
```

```
    private:
      int W,H;
};
class V:public R
{
    public:
      void fun(){Move(3,2);}
};
void main()
{
    V v;
    v.InitR(10,20,30,40);
    v.fun();
    cout<<"{"<<v.GetX()<<","<<v.GetY()<<","<<v.GetW()<<","<<v.GetH()<<"}"<<endl;
}
```

4.

```
#include<iostream.h>
class P
{
    public:
      P(int p1,int p2){pri1=p1;pri2=p2;}
      int inc1(){return ++pri1;}
      int inc2(){return ++pri2;}
      void display(){cout<<"pri1="<<pri1<<",pri2="<<pri2<<endl;}
    private:
      int pri1,pri2;
};
class D1:private P
{
    public:
      D1(int p1,int p2,int p3):P(p1,p2)
      {
          pri3=p3;
      }
      int inc1(){return P::inc1();}
      int inc3(){return ++pri3;}
      void display()
      {
          P::display();
          cout<<"pri3="<<pri3<<endl;
      }
    private:
      int pri3;
};
```

```
class D2:public P
{
    public:
      D2(int p1,int p2,int p4):P(p1,p2)
      {
          pri4 = p4;
      }
      int inc1()
      {
          P::inc1();
          P::inc2();
          return P::inc1();
      }
      int inc4(){return ++pri4;}
      void display()
      {
          P::display();
          cout<<" pri4 = " <<pri4<<endl;
      }
    private:
      int pri4;
};
class D12:private D1,public D2
{
    public:
      D12(int p11,int p12,int p13,int p21,int p22,int p23,int p):D1(p11,p12,p13),D2(p21,p22,p23)
         {pri12 = p;}
    int inc1()
      {
          D2::inc1();
          return D2::inc1();
      }
      int inc5(){return ++pri12;}
      void display()
      {
          cout<<" D2::display()\n";
          D2::display();
          cout<<" pri12 = " <<pri12<<endl;
      }
    private:
      int pri12;
};
void main()
{
```

```
    D12 d(1,2,3,4,5,6,7);
    d.display();
    cout<<endl;
    d.inc1();
    d.inc4();
    d.inc5();
    d.D12::inc1();
    d.display();
}
```

5.

```
#include<iostream.h>
class P
{
    public:
      P(int p1,int p2){pri1 = p1;pri2 = p2;}
      int inc1(){return ++pri1;}
      int inc2(){return ++pri2;}
      void display(){cout<<"pri1 = "<<pri1<<",pri2 = "<<pri2<<endl;}
    private:
      int pri1,pri2;
};
class D1:virtual private P
{
    public:
      D1(int p1,int p2,int p3):P(p1,p2)
      {
          pri3 = p3;
      }
      int inc1(){return P::inc1();}
      int inc3(){return ++pri3;}
      void display()
      {
          P::display();
          cout<<"pri3 = "<<pri3<<endl;
      }
    private:
      int pri3;
};
class D2:virtual public P
{
    public:
      D2(int p1,int p2,int p4):P(p1,p2)
      {  pri4 = p4;}
      int inc1()
```

```
        {
            P::inc1();
            P::inc2();
            return P::inc1();
        }
        int inc4(){return ++pri4;}
        void display()
        {
            P::display();
            cout<<" pri4 = "<<pri4<<endl;
        }
    private:
        int pri4;
};
class D12:private D1,public D2
{
    public:
        D12(int p11,int p12,int p13,int p21,int p22,int p23,int p)
          :D1(p11,p12,p13),D2(p21,p22,p23),P(p11,p21)
           {pri12 = p;}
        int inc1()
        {
            D2::inc1();
            return D2::inc1();
        }
        int inc5(){return ++pri12;}
        void display()
        {
            cout<<" D2::display()\n";
            D2::display();
            cout<<" pri12 = "<<pri12<<endl;
        }
    private:
        int pri12;
};
void main()
{
    D12 d(1,2,3,4,5,6,7);
    d.display();
    cout<<endl;
    d.inc1();
    d.inc4();
    d.inc5();
    d.D12::inc1();
```

```
    d.display();
}
6.
#include <iostream.h>
class base
{
    public:
      void who(){cout<<" base class" <<endl;}
};
class derive1:public base
{
    public:
      void who(){cout<<" derive1 class" <<endl;}
}
class derive2:public base
{
    public:
      void who(){cout<<" derive2 class" <<endl;}
}
void main()
{
    base obj1, *p;
    derive1 obj2;
    derive2 obj3;
    p=&obj1;
    p->who();
    p=&obj2;
    p->who();
    p=&obj3;
    p->who();
    obj2.who();
    obj3.who();
}
```

五、编程题

1. 编写一个学生和教师数据输入和显示程序，学生数据有编号、姓名、班号和成绩，教师数据有编号、姓名、职称和部门。要求将编号、姓名输入和显示设计成一个类 person，并作为学生数据操作类 student 和教师数据操作类 teacher 的基类。

2. 编写一个程序，其中有一个简单的串类 string，包含设置字符串、返回字符串长度及内容等功能。另有一个具有编辑功能的串类 edit_string，它的基类是 string，在其中设置一个光标，使其能支持在光标处的插入、替换和删除等编辑功能。

3. 编写一个程序，有一个汽车类 vehicle，它具有一个需传递参数的构造函数，类中的数据成员：车轮个数 wheels 和车重 weight 放在保护段中；小车类 car 是它的私有派生类，其中包含载人数 passenger_load；卡车类 truck 是 vehicle 的私有派生类，其中包含载人数 passenger_load 和载重量 payload。每个类都有相关数据的输出方法。

4. 编写一个程序实现小型公司的工资管理。该公司主要有 4 类人员：经理、兼职技术人员、销售员和销售经理。要求存储这些人员的编号、姓名和月工资，计算月工资并显示全部信息。月工资的计算办法是：经理拿固定月薪 8 000 元；兼职技术人员按每小时 100 元领取月薪；销售员按该当月销售额的 4%提成；销售经理既拿固定月工资也领取销售提成，固定月工资为 5 000 元，销售提成为所管辖部门当月销售总额的 5‰。

第 9 章　多态性与虚函数

本章内容提要

运算符重载；静态联编和动态联编；虚函数；纯虚函数和抽象类；虚析构函数

9.1　运算符重载

多态性是面向对象程序设计的重要特征之一。它与前面讲过的封装性和继承性构成了面向对象程序设计的三大特征。这三大特征是相互关联的。封装性是基础，继承性是关键，多态性是补充，而多态又必须存在于继承的环境之中。

所谓多态性是指发出同样的消息被不同类型的对象接收时导致完全不同的行为。这里所说的消息主要是指对类的成员函数的调用，而不同的行为是指不同的实现。利用多态性，用户只需发送一般形式的消息，而将所有的实现留给接收消息的对象。对象根据所接收到的消息而做出相应的动作(即操作)。

函数重载和运算符重载是简单的一类多态性。函数重载的概念及用法在前面已讨论过了，这里只作简单的补充，我们重点讨论的是运算符的重载。

所谓函数重载简单的说就是赋给同一个函数名多个含义。具体地讲，C＋＋中允许在相同的作用域内以相同的名字定义几个不同实现的函数，可以是成员函数，也可以是非成员函数。但是，定义这种重载函数时要求函数的参数或者至少有一个类型不同，或者个数不同。而对于返回值的类型没有要求，可以相同，也可以不同。那种参数个数和类型都相同，仅仅返回值不同的重载函数是非法的。因为编译程序在选择相同名字的重载函数时仅考虑函数表，这就是说要靠函数的参数表中，参数个数或参数类型的差异进行选择。

由此可以看出，重载函数的意义在于它可以用相同的名字访问一组相互关联的函数，由编译程序来进行选择，因而这将有助于解决程序复杂性问题。如在定义类时，构造函数重载给初始化带来了多种方式，为用户提供更大的灵活性。

下面我们重点讨论运算符重载。

运算符重载就是赋予已有的运算符多种含义。C＋＋中通过重新定义运算符，使它能够用于特定类的对象执行特定的功能，这便增强了 C＋＋语言的扩充能力。

9.1.1 运算符重载的几个问题

(1)运算符重载的作用是什么?

它允许为类的用户提供一个直觉的接口。

运算符重载允许C/C++的运算符在用户定义类型(类)上拥有一个用户定义的意义。重载的运算符是函数调用的语法修饰:

```
class Fred
{
  public:
  //...
};
  #if 0
  // 没有运算符重载
    Fred add(Fred,Fred);
    Fred mul(Fred,Fred);
    Fred f(Fred a,Fred b,Fred c)
    {
      return add(add(mul(a,b),mul(b,c)),mul(c,a));
    }
    #else
    // 有算符重载
    Fred operator+(Fred,Fred);
    Fred operator*(Fred,Fred);
    Fred f(Fred a,Fred b,Fred c)
    {
        return a*b + b*c + c*a;
    }
    #endif
```

(2)算符重载的好处是什么?

通过重载类上的标准算符,可以发掘类的用户的直觉。使得用户程序所用的语言是面向问题的,而不是面向机器的。最终目标是降低学习曲线并减少错误率。

(3)哪些运算符可以用作重载?

几乎所有的运算符都可用作重载,具体包含:

算术运算符:+、-、*、/、%、++、--

位操作运算符:&、|、~、^、<<、>>

逻辑运算符:!、&&、||

比较运算符:<、>、>=、<=、==、!=

赋值运算符:=、+=、-=、*=、/=、%=、&=、|=、^=、<<=、>>=

其他运算符:[]、()、->、,(逗号运算符)、new、delete、new[]、delete[]、->*

下列运算符不允许重载:.、.*、::、?:

(4)运算符重载后,优先级和结合性怎么办?

用户重新定义运算符，不改变原运算符的优先级和结合性。这就是说，对运算符重载不改变运算符的优先级和结合性，并且运算符重载后，也不改变运算符的语法结构，即单目运算符只能重载为单目运算符，双目运算符只能重载为双目运算符。

(5)编译程序如何选用哪一个运算符函数？

运算符重载实际是一个函数，所以运算符的重载实际上是函数的重载。编译程序对运算符重载的选择，遵循着函数重载的选择原则。当遇到不很明显的运算时，编译程序将去寻找参数相匹配的运算符函数。

(6)重载运算符有哪些限制？

①臆造新的运算符。必须把重载运算符限制在C++语言中已有的运算符范围内的允许重载的运算符之中。

②重载运算符坚持4个“不能改变”。

a. 不能改变运算符操作数的个数；

b. 不能改变运算符原有的优先级；

c. 不能改变运算符原有的结合性；

d. 不能改变运算符原有的语法结构。

(7)运算符重载时必须遵循哪些原则？

运算符重载可以使程序更加简洁，使表达式更加直观，增加可读性。但是，运算符重载使用不宜过多，否则会带来一定的麻烦。

使用重载运算符时应遵循如下原则：

①重载运算符含义必须清楚。

②重载运算符不能有二义性。

9.1.2 运算符重载函数的两种形式

运算符重载的函数一般采用如下两种形式：成员函数形式和友元函数形式。这两种形式都可访问类中的私有成员。

1. 重载为类的成员函数

这里先举一个关于给复数运算重载复数的四则运算符的例子。复数由实部和虚部构造，可以定义一个复数类，然后再在类中重载复数四则运算的运算符。先看以下源代码。

【例9.1】 使用重载运算符。

```
#include <iostream.h>
class complex
{
  public:
    complex(){ real = imag = 0;}
    complex(double r,double i)
    {
      real = r,imag = i;
    }
    complex operator +(const complex &c);
    complex operator -(const complex &c);
```

```
    complex operator *(const complex &c);
    complex operator /(const complex &c);
    friend void print(const complex &c);
  private:
    double real,imag;
};
inline complex complex::operator +(const complex &c)
{
    return complex(real + c.real,imag + c.imag);
}
inline complex complex::operator -(const complex &c)
{
    return complex(real - c.real,imag - c.imag);
}
inline complex complex::operator *(const complex &c)
{
    return complex(real * c.real - imag * c.imag,real * c.imag + imag * c.real);
}
inline complex complex::operator /(const complex &c)
{
    return complex((real * c.real + imag + c.imag)/
                   (c.real * c.real + c.imag * c.imag),
                   (imag * c.real - real * c.imag)/
                   (c.real * c.real + c.imag * c.imag));
}
void print(const complex &c)
{
  if(c.imag<0)
    cout<<c.real<<c.imag<<'i';
  else
    cout<<c.real<<'+'<<c.imag<<'i';
}
void main()
{
    complex c1(2.0,3.0),c2(4.0,-2.0),c3;
    c3 = c1 + c2;
    cout<<"\nc1+c2=";
    print(c3);
    c3 = c1 - c2;
    cout<<"\nc1-c2=";
    print(c3);
    c3 = c1 * c2;
    cout<<"\nc1*c2=";
    print(c3);
```

```
    c3 = c1 / c2;
    cout<<"\nc1/c2 = ";
    print(c3);
    c3 = (c1 + c2) * (c1 - c2) * c2/c1;
    cout<<"\n(c1 + c2) * (c1 - c2) * c2/c1 = ";
    print(c3);
    cout<<endl;
}
```

程序的运行结果为：

```
c1 + c2 = 6 + 1i
c1 - c2 = 2 + 5i
c1 * c2 = 14 + 8i
c1/c2 = 0.45 + 0.8i
(c1 + c2) * (c1 - c2) * c2/c1 = 9.61538 + 25.2308i
```

在程序中，类 complex 定义了 4 个成员函数作为运算符重载函数。将运算符重载函数说明为类的成员函数格式如下：

<类名>operator <运算符>(<参数表>)

其中，operator 是定义运算符重载函数的关键字。

程序中出现的表达式：

```
c1 + c2
```

编译程序将给解释为：

```
c1.operator + (c2)
```

其中，c1 和 c2 是 complex 类的对象。operator+()是运算+的重载函数。

该运算符重载函数仅有一个参数 c2。可见，当重载为成员函数时，双目运算符仅有一个参数。对单目运算符，重载为成员函数时，不能再显式说明参数。重载为成员函数时，总是隐含了一个参数，该参数是 this 指针。this 指针是指向调用该成员函数对象的指针。

2. 重载为友元函数

运算符重载函数还可以为友元函数。当重载友元函数时，将没有隐含的参数 this 指针。这样，对双目运算符，友元函数有两个参数，对单目运算符，友元函数有一个参数。但是，有些运行符不能重载为友元函数，它们是：=、()、[]和->。

重载为友元函数的运算符重载函数的定义格式如下：

friend <类型说明符> operator <运算符>(<参数表>)
{…}

【例 9.2】 用友元函数代替成员函数，重新编写例 9.1 程序。

```
#include <iostream.h>
class complex
{
  public:
    complex(){ real = imag = 0;}
    complex(double r,double i)
    {
        real = r; imag = i;
```

```
    }
    friend complex operator +(const complex &c1,const complex &c2);
    friend complex operator -(const complex &c1,const complex &c2);
    friend complex operator *(const complex &c1,const complex &c2);
    friend complex operator /(const complex &c1,const complex &c2);
    friend void print(const complex &c);
  private:
    double real,imag;
};
complex operator +(const complex &c1,const complex &c2)
{
    return complex(c1.real + c2.real,c1.imag + c2.imag);
}
complex operator -(const complex &c1,const complex &c2)
{
    return complex(c1.real - c2.real,c1.imag - c2.imag);
}
complex operator *(const complex &c1,const complex &c2)
{
    return complex(c1.real * c2.real - c1.imag * c2.imag,
                   c1.real * c2.imag + c1.imag * c2.real);
}
complex operator /(const complex &c1,const complex &c2)
{
    return complex((c1.real * c2.real + c1.imag + c2.imag)/
    (c2.real * c2.real + c2.imag * c2.imag),
    (c1.imag * c2.real - c1.real * c2.imag)/
    (c2.real * c2.real + c2.imag * c2.imag);
}
void print(const complex &c)
{
  if(c.imag<0)
  cout<<c.real<<c.imag<<'i';
  else
  cout<<c.real<<'+'<<c.imag<<'i';
}
void main()
{
  complex c1(2.0,3.0),c2(4.0,-2.0),c3;
  c3 = c1 + c2;
  cout<<"\nc1+c2=";
  print(c3);
  c3 = c1 - c2;
  cout<<"\nc1-c2=";
```

```
    print(c3);
    c3 = c1 * c2;
    cout<<" \nc1 * c2 = ";
    print(c3);
    c3 = c1 / c2;
    cout<<" \nc1/c2 = ";
    print(c3);
    c3 = (c1 + c2) * (c1 - c2) * c2/c1;
    cout<<" \n(c1 + c2) * (c1 - c2) * c2/c1 = ";
    print(c3);
    cout<<endl;
}
```

该程序的运行结果与例9.1相同。前面已讲过,对单目运算符,重载为成员函数时,仅一个参数,另一个被隐含;重载为友元函数时,有两个参数,没有隐含参数。因此,程序中出现的:

```
c1 + c2
```

编译程序解释为:

```
operator + (c1,c2)
```

调用如下函数,进行求值:

```
complex operator + (const complex &c1,const complex &c2)
```

3. 两种重载形式的比较

一般说来,单目运算符最好被重载为成员;对双目运算符最好被重载为友元函数,双目运算符重载为友元函数比重载为成员函数更方便些,但是,有的双目运算符还是重载为成员函数为好,例如,赋值运算符。因为,它如果被重载为友元函数,将会出现与赋值语义不一致的地方。

9.1.3 其他运算符的重载举例

1. 下标运算符重载

由于C语言的数组中并没有保存其大小,因此,不能对数组元素进行存取范围的检查,无法保证给数组动态赋值不会越界。利用C++的类可以定义一种更安全、功能强的数组类型。为此,为该类定义重载运算符[]。下面先看一个例子。

【例9.3】 重载下标运算符。

```
#include <iostream.h>
class CharArray
  {
   public:
       CharArray(int l)
       {
       Length = l;
       Buff = new char[Length];
       }
       ~CharArray(){ delete Buff;}
       int GetLength(){ return Length;}
```

```
        char & operator [](int i);
    private:
        int Length;
        char * Buff;
    };
char & CharArray::operator [](int i)
    {
    static char ch = 0;
    if(i<Length && i> = 0)
      return Buff[i];
    else
      {
    cout<<" \n Index out of range.";
    return ch;
      }
    }
    void main()
    {
    int cnt;
    CharArray string1(6);
    char * string2 = " string";
    for(cnt = 0; cnt<8; cnt + + )
      string1[cnt] = string2[cnt];
    cout<<" \n";
    for(cnt = 0; cnt<8; cnt + + )
      cout<<string1[cnt];
    cout<<" \n";
    cout<<string1.GetLength()<<endl;
    }
```

执行该程序输出如下结果：

```
Indew out of range.
Index out of range.
string
Index out of range.
Index out of range.
6
```

该数组类的优点如下：

(1)其大小不必是一个常量。

(2)运行时动态指定大小可以不用运算符 new 和 delete。

(3)当使用该类数组作函数参数时，不必分别传递数组变量本身及其大小，因为该对象中已经保存大小。

在重载下标运算符函数时应该注意：

(1)该函数只能带一个参数，不可带多个参数。

（2）不得重载为友元函数，必须是非 static 类的成员函数。

2. 重载增1减1运算符

增1减1运算符是单目运算符，它们又有前缀和后缀运算两种。为了区分这两种运算，将后缀运算视为双目运算符。表达式 obj＋＋或 obj－－被看作为 obj＋＝1 或 obj－＝1。

下面举例说明重载增1减1运算符的应用。

【例 9.4】 重载增1运算符。

```
#include <iostream.h>
class counter
{
  public:
    counter(){ v=0;}
    counter operator ++();
    counter operator ++(int);
    void print(){ cout<<v<<endl;}
  private:
    unsigned v;
};
counter counter::operator ++()
{
    v++;
    return *this;
}
counter counter::operator ++(int)
{
    counter t;
    t.v = v++;
    return t;
}
void main()
{
    counter c;
    for(int i=0; i<8; i++)
    c++;
    c.print();
    for(i=0; i<8; i++)
     ++c;
    c.print();
}
```

执行该程序输出如下结果：

```
8
16
```

3. 重载函数调用运算符

可以将函数调用运算符()看成是下标运算[]的扩展。函数调用运算符可以带0个至多个参数。下面通过一个实例来熟悉函数调用运算符的重载。

【例 9.5】 重载函数调用。

```
#include <iostream.h>
class F
{
  public:
  double operator()(double x,double y)const;
};
double F::operator()(double x,double y)const
{
  return(x+5)*y;
}
void main()
{
  F f;
  cout<<f(1.5,2.2)<<endl;
}
```

执行该程序输出如下结果:

```
14.3
```

9.2 静态联编与动态联编

联编是指一个计算机程序自身彼此关联的过程。按照联编所进行的阶段不同,可分为两种不同的联编方法:静态联编和动态联编。

静态联编是指联编工作出现在编译连接阶段,这种联编又称早期联编,因为这种联编过程是在程序开始运行之前完成的。

在编译时所进行的这种联编又称静态束定。在编译时就解决了程序中的操作调用与执行该操作代码间的关系,确定这种关系又称为束定,在编译时束定又称静态束定。下面举一个静态联编的例子。

【例 9.6】 静态联编。

```
#include <iostream.h>
class Point
{
  public:
    Point(double i,double j){x=i; y=j;}
    double Area()const { return 0.0;}
  private:
    double x,y;
};
class Rectangle:public Point
{
```

```
  public:
    Rectangle(double i,double j,double k,double l);
    double Area()const { return w * h;}
  private:
    double w,h;
};
Rectangle::Rectangle(double i,double j,double k,double l):Point(i,j)
{
  w = k; h = l;
}
void fun(Point &s)
{
  cout<<s.Area()<<endl;
}
void main()
{
  Rectangle rec(3.0,5.2,15.0,25.0);
  fun(rec);
}
```

该程序的运行结果为：

```
0
```

输出结果表明在fun()函数中，s所引用的对象执行的Area()操作被关联到Point::Area()的实现代码上。这是因为静态联编的结果。在程序编译阶段，对s所引用的对象所执行的Area()操作只能束定到Point类的函数上。因此，导致程序输出了所不期望的结果。因为我们期望的是s引用的对象所执行的Area()操作应该束定到Rectangl类的Area()函数上。这是静态联编所达不到的。

从对静态联编的上述分析中可以知道，编译程序在编译阶段并不能确切知道将要调用的函数，只有在程序执行时才能确定将要调用的函数，为此要确切知道该调用的函数，要求联编工作要在程序运行时进行，这种在程序运行时进行联编工作被称为动态联编，或称动态束定，又叫晚期联编。

动态联编实际上是进行动态识别。在例9.6中，前面分析过了静态联编时，fun()函数中s所引用的对象被束定到Point类上。而在运行时进行动态联编将把s的对象引用束定到Rectangle类上。可见，同一个对象引用s，在不同阶段被束定的类对象将是不同的。那么如何来确定是静态联编还是动态联编呢？C++规定动态联编是在虚函数的支持下实现的。

从上述分析可以看出静态联编和动态联编也都是属于多态性的，它们是不同阶段对不同实现进行不同的选择。例9.6中，实现上是对fun()函数参数的多态性的选择。该函数的参数是一个类的对象引用，静态联编和动态联编实际上是在选择它的静态类型和动态类型。联编是对这个引用的多态性的选择。

9.3 虚函数

虚函数是动态联编的基础。虚函数是成员函数，而且是非static的成员函数。说明虚函数的方法如下：

virtual <类型说明符><函数名>(<参数表>)

其中，被关键字 virtual 说明的函数称为虚函数。

如果某类中的一个成员函数被说明为虚函数，这就意味着该成员函数在派生类中可能有不同的实现。当使用这个成员函数操作指针或引用所标识对象时，对该成员函数调用采取动态联编方式，即在运行时进行关联或束定。

动态联编只能通过指针或引用标识对象来操作虚函数。如果采用一般类型的标识对象来操作虚函数，则将采用静态联编方式调用虚函数。下面给出一个动态联编的例子。

【例 9.7】 动态联编一。

```
#include <iostream.h>
class Point
{
  public:
    Point(double i,double j){x = i; y = j;}
    virtual double Area()const { return 0.0;}
  private:
    double x,y;
};
class Rectangle:public Point
{
  public:
    Rectangle(double i,double j,double k,double l);
    virtual double Area()const { return w * h;}
  private:
    double w,h;
};
Rectangle::Rectangle(double i,double j,double k,double l):Point(i,j)
{
  w = k; h = l;
}
void fun(Point &s)
{
  cout<<s.Area()<<endl;
}
void main()
{
  Rectangle rec(3.0,5.2,15.0,25.0);
  fun(rec);
}
```

该程序的执行结果如下：

```
375
```

通过例 9.7 可以看到，派生类中对基类的虚函数进行替换时，要求派生类中说明的虚函数与基类中的被替换的虚函数之间满足如下条件：

(1)与基类的虚函数有相同的参数个数；

(2)其参数的类型与基类的虚函数的对应参数类型相同；

(3)其返回值或者与基类虚函数的相同，或者都返回指针或引用，并且派生类虚函数所返回的指针或引用的基类型是基类中被替换的虚函数所返回的指针或引用的基类型的子类型。

满足上述条件的派生类的成员函数，自然是虚函数，可以不必加 virtual 说明。

总结动态联编的实现需要如下三个条件：

(1)要有说明的虚函数；

(2)调用虚函数操作的是指向对象的指针或者对象引用，或者是由成员函数调用虚函数；

(3)子类型关系的建立。

以上结果可用以下例子证实。

【例 9.8】 动态联编二。

```
#include <iostream.h>
class A
{
  public:
    virtual void act1();
    void act2()
  {
      act1();
      this->act1();
      A::act1();
  }
};
void A::act1()
{
  cout<<" A::act1()called." <<endl;
}
class B : public A
{
  public:
      void act1();
};
void B::act1()
{
  cout<<" B::act1()called." <<endl;
}
void main()
{
  B b;
  b.act2();
}
```

执行该程序输出如下结果：

B::act1()called.

构造函数中调用虚函数时，采用静态联编即构造函数调用的虚函数是自己类中实现的虚函数，如果自己类中没有实现这个虚函数，则调用基类中的虚函数，而不是任何派生类中实现的虚函数。下面通过一个例子说明在构造函数中如何调用虚函数。

【例 9.9】 分析下列程序的输出结果。

```
#include <iostream.h>
class A
{
  public:
    A(){}
    virtual void f(){ cout<<" A::f()called.\n";}
};
class B : public A
{
  public:
    B(){ f();}
    void g(){ f();}
};
class C : public B
{
  public:
    C(){}
    virtual void f(){ cout<<" C::f()called.\n";}
};
void main()
{
  C c;
  c.g();
}
```

执行该程序的输出结果为：

```
A::f()called.
C::f()called.
```

关于析构函数中调用虚函数同构造函数一样，即析构函数所调用的虚函数是自身类的或者基类中实现的虚函数。

一般要求基类中说明了虚函数后，派生类说明的虚函数应该与基类中虚函数的参数个数相等，对应参数的类型相同，如果不相同，则将派生类虚函数的参数的类型强制转换为基类中虚函数的参数类型。

9.4 纯虚函数与抽象类

纯虚函数是一种特殊的虚函数，它的一般格式如下：

```
class <类名>
{
  virtual <类型><函数名>(<参数表>)=0;
  …
};
```

在许多情况下，在基类中不能对虚函数给出有意义的实现，而把它说明为纯虚函数，它的实现留给该基类的派生类去做。这就是纯虚函数的作用。下面给出一个纯虚函数的例子。

【例 9.10】 使用纯虚函数。

```
#include <iostream.h>
class point
{
  public:
    point(int i = 0,int j = 0){x0 = i; y0 = j;}
    virtual void set() = 0;
    virtual void draw() = 0;
  protected:
    int x0,y0;
};
class line : public point
{
  public:
    line(int i = 0,int j = 0,int m = 0,int n = 0):point(i,j)
  {
    x1 = m; y1 = n;
  }
    void set(){ cout<<" line::set()called.\n";}
    void draw(){ cout<<" line::draw()called.\n";}
  protected:
    int x1,y1;
};
class ellipse : public point
{
  public:
    ellipse(int i = 0,int j = 0,int p = 0,int q = 0):point(i,j)
  {
    x2 = p; y2 = q;
  }
    void set(){ cout<<" ellipse::set()called.\n";}
    void draw(){ cout<<" ellipse::draw()called.\n";}
  protected:
    int x2,y2;
};
void drawobj(point *p)
```

```
{
  p->draw();
}
void setobj(point *p)
{
  p->set();
}
void main()
{
  line *lineobj = new line;
  ellipse *elliobj = new ellipse;
  drawobj(lineobj);
  drawobj(elliobj);
  cout<<endl;
  setobj(lineobj);
  setobj(elliobj);
  cout<<"\n Redraw the object…\n";
  drawobj(lineobj);
  drawobj(elliobj);
}
```

执行该程序输出如下结果：

```
line::draw()called.
ellipse::draw()called.

line::set()called.
ellipse::set()called.

Redraw the object…
line::draw()called.
ellipse::draw()called.
```

抽象类是带有纯虚函数的类。它是一种特殊的类，是为了抽象和设计的目的而建立的，它处于继承层次结构的较上层。抽象类是不能定义对象的，在实际中为了强调一个类是抽象类，可将该类的构造函数说明为保护的访问控制权限。

抽象类的主要作用是将有关的组织在一个继承层次结构中，由它来为它们提供一个公共的根，相关的子类是从这个根派生出来的。

抽象类刻画了一组子类的操作接口的通用语义，这些语义也传给子类。一般而言，抽象类只描述这组子类共同的操作接口，而完整的实现留给子类。

抽象类只能作为基类来使用，其纯虚函数的实现由派生类给出。如果派生类没有重新定义纯虚函数，而派生类只是继承基类的纯虚函数，则这个派生类仍然还是一个抽象类。如果派生类中给出了基类纯虚函数的实现，则该派生类就不再是抽象类了，它是一个可以建立对象的具体类了。

9.5 虚析构函数

在析构函数前面加上关键字 virtual 进行说明，称该析构函数为虚析构函数。例如：

```
class B
{
  virtual ~B();
  …
};
```

该类中的析构函数就是一个虚析构函数。

如果一个基类的析构函数被说明为虚析构函数，则它的派生类中的析构函数也是虚析构函数，不管它是否使用了关键字 virtual 进行说明。

说明虚析构函数的目的在于在使用 delete 运算符删除一个对象时，能确保析构函数被正确地执行。因为设置虚析构函数后，可以采用动态联编方式选择析构函数。下面举一个用虚析构函数的例子。

【例 9.11】 分析下列程序的执行结果。

```
#include <iostream.h>
class A
{
  public:
  virtual ~A(){ cout<<" A::~A()Called.\n";}
};
class B : public A
{
  public:
    B(int i){ buf = new char[i];}
    virtual ~B()
    {
      delete [] buf;
      cout<<" B::~B()Called.\n";
    }
  private:
      char * buf;
};
void fun(A * a)
{
  delete a;
}
void main()
{
  A * a = new B(15);
  fun(a);
```

```
}
```

执行该程序输出如下结果：

```
B::~B()Called.
A::~A()Called.
```

如果类 A 中的析构函数不用虚函数，则输出结果如下：

```
A::~A()Called.
```

当说明基类的析构函数是虚函数时，调用 fun(a)函数，执行语句 delete a;。

由于执行 delete 语句时自动调用析构函数，采用动态联编，调用它基类的析构函数，所以输出上述结果。

当不说明基类的析构函数为虚函数时，delete 隐含着对析构函数的调用，故产生 A::~A()Called. 的结果。

习　题

一、选择题

1. 定义重载函数的下列要求中，(　　)是错误的。

A. 要求参数的个数不同

B. 要求参数中至少有一个类型不同

C. 要求参数个数相同时，参数类型不同

D. 要求函数的返回值不同

2. 下列函数中，(　　)不能重载。

A. 成员函数　　B. 非成员函数　　C. 析构函数　　D. 构造函数

3. 下列对重载函数的描述中，(　　)是错误的。

A. 重载函数中不允许使用默认函数

B. 重载函数中编译系统根据参数表进行选择

C. 不要使用重载函数来描述毫不相干的函数

D. 构造函数重载将会给初始化带来很多种方式

4. 下列运算符中，(　　)运算符不能重载。

A. &&　　B. []　　C. ::　　D. new

5. 下列关于运算符重载的描述中，(　　)是正确的。

A. 运算符重载可以改操作数的个数　　B. 运算符重载可以改变优先级

C. 运算符重载可以改变结合性　　D. 运算符重载不可以改变语法结构

6. 运算符重载函数是(　　)。

A. 成员函数　　B. 友元函数

C. 内联函数　　D. 带默认参数的函数

7. 关于动态联编的下列描述中，(　　)是错误的。

A. 动态联编是以虚函数为基础的

B. 动态联编是在运行时确定所调用函数的函数代码的

C. 动态联编调用函数操作是指向对象的指针或对象引用
D. 动态联编是在编译时确定操作函数的
8. 关于虚函数的描述中，（　　）是正确的。
A. 虚函数是一个 static 类型的成员函数
B. 虚函数是一个非成员函数
C. 基类中说明了虚函数后，派生类中将其对应的函数可不必说明为虚函数
D. 派生类的虚函数与基类的虚函数具有不同的参数个数和类型
9. 关于纯虚函数和抽象类的描述中，（　　）是错误的。
A. 纯虚函数是一种特殊的虚函数，它没有具体的实现
B. 抽象类是指具有纯虚函数的类
C. 一个基类中说明有纯虚函数，该基类的派生类一定不再是抽象类
D. 抽象类只能作为基类来使用，其纯虚函数的实现由派生类给出
10. 下列描述中，（　　）是抽象类的特性。
A. 可以说明虚函数　　B. 可以进行构造函数重载
C. 可以定义友元函数　　D. 不能说明其对象

二、判断题

1. 函数的参数个数和类型都相同，只是返回值不同，这不是重载函数。（　　）
2. 重载函数可以带有默认值参数，但是要注意二义性。（　　）
3. 算数运算符可以重载，个别运算符不能重载，运算符重载是通过函数定义实现的。（　　）
4. 对每个可重载的运算符来讲，它既可以重载为友元函数，又可以重载为成员函数，还可以重载为非成员函数。（　　）
5. 当单目运算符重载为友元函数时，说明一个形参；重载为成员函数时，不能显式说明形参。（　　）
6. 重载运算符保持原运算符的优先级和结合性不变。（　　）
7. 虚函数是用关键字 virtual 说明的成员函数。（　　）
8. 构造函数说明为纯虚函数是没有意义的。（　　）
9. 抽象类是指一些没有说明对象的类。（　　）
10. 动态联编是在运行时选定调用的成员函数的。（　　）

三、程序分析题

分析下列程序的输出结果。

1.

```
#include <iostream.h>
class B
{
public:
B(int i){ b=i+50; show();}
B(){}
```

```
virtual void show()
{
cout<<" B::show()called. " <<b<<endl;
}
protected:
  int b;
};
class D:public B
{
public:
  D(int i):B(i){d = i + 100; show();}
  D(){}
  void show()
  {
    cout<<" D::show()called. " <<d<<endl;
  }
protected:
  int d;
};
viod main()
{
D d1(108);
}
```

2.

```
#include <iostream.h>
class B
{
public:
  B(){}
  B(int i){b = i;}
  virtual void virfun()
  {
    cout<<" B::virfun()called.\n";
  }
private:
  int b;
} ;
class D:public B
{
public:
   D(){}
   D(int i,int j):B(i){d = j;}
private:
   int d;
```

```
    void virfun()
    {
      cout<<" D::virfun()called.\n";
    }
};
void fun(B * obj)
{
obj->virfun();
}
void main()
{
  D * pd = new D;
  fun(pd);
}
```

3.

```
#include <iostream.h>
class A
{
public:
  A(){ver='A';}
  void print(){cout<<" The A version" <<ver<<endl;}
protected:
  char ver;
};
class D1:public A
{
public:
  D1(int number){info=number; ver='1';}
  void print()
  { cout<<" The D1 info:" <<info<<" version" <<ver<<endl;}
private:
  int info;
};
class D2:public A
{
public:
  D2(int number){info=number;}
  void print()
    { cout<<" The D2 info:" <<info<<" version" <<ver<<endl;}
private:
  int info;
};
class D3:public D1
{
```

```
public:
    D3(int number):D1(number)
        {
    info = number;
    ver = '3';
}
void print()
    {cout<<" The D3 info:" <<info<<" version" <<ver<<endl;}
    private:
    int info;
};
void print_info(A *p)
{
p->print();
}
void main()
{
A  a;
D1 d1(4);
D2 d2(100);
D3 d3(-25);
print_info(&a);
print_info(&d1);
print_info(&d2);
print_info(&d3);
}
```

4.

```
#include <iostream.h>
class A
{
public:
  A(){ver = 'A';}
  virtual void print(){cout<<" The A version" <<ver<<endl;}
protected:
  char ver;
};
class D1:public A
{
public:
D1(int number){info = number ;ver = '1';}
void print()
  {cout<<" The D1 info:" <<info<<" version" <<ver<<endl;}
private:
  int info;
```

```
};
class D2:public A
{
public:
  D2(int number){info = number;}
void print()
  {cout<<" The D2 info:" <<info<<" version" <<ver<<endl;}
private:
  int info ;
};
class D3:public D1
{
public:
  D3(int number):D1(number)
{
  info = number;
  ver = '3';
}
void print()
  {cout<<" The D3 info: " <<info<<" version" <<ver<<endl;}
private:
  int info ;
};
void print_info(A *p)
{
p->print();
}
void main()
{
A  a;
D1 d1(4);
D2 d2(100);
D3 d3(-25);
print_info(&a);
print_info(&d1);
print_info(&d2);
print_info(&d3);
}
```

5.

```
#include <iostream.h>
class Matrix
{
public:
  Matrix(int r,int c)
```

```
  {
row = r; col = c;
elem = new double[row * col];
}
double& operator()(int x,in y)
{
return elem[col * (x - 1) + y - 1];
}
double& operator()(int x,in y) const
{
return elem[col * (x - 1) + y - 1];
}
~Matrix(){ delete[] elem;}
  private:
double elem;
int row,col;
};
void main()
{
  Matrix m(5,8);
for(int i = 0;i<5;i + +)
  M(i,1) = i + 5;
for(i = 0;i<5;i + +)
cout<<m(i,1)<<",";
cout<<end
}
```

四、编程题

1. 写一个程序计算三角形、正方形和圆形三种图形的面积。

2. 写一个程序计算正方体、球体和圆柱体的表面积和体积。

3. 定义一个计数器类 Counter,对其重载运算符“+”。

4. C++在运行期间不会自动检查数组是否超界。设计一个类用来检查数组是否超界。

5. 编写一个程序,实现图书和杂志销售管理。当输入一系列图书和杂志销售记录后,将销售良好(图书每月售 500 本以上,杂志每月售 2 500 本以上)的图书和杂志名称显示出来。

第10章 MFC应用程序概述

本章内容提要

Microsoft Visual C++6.0及MFC；建立第一个Windows应用程序；程序分析

10.1 MFC

MFC(Microsoft Foundation Class Library)中的各种类结合起来构成了一个应用程序框架，它的目的就是让程序员在此基础上来建立Windows下的应用程序。总体上，MFC框架定义了应用程序的轮廓，并提供了用户接口的标准实现方法，程序员所要做的就是通过预定义的接口把具体应用程序特有的东西填入这个轮廓。Microsoft Visual C++提供了相应的工具来完成这个工作：AppWizard可以用来生成初步的框架文件（代码和资源等）；资源编辑器用于帮助直观地设计用户接口；Class Wizard用来协助添加代码到框架文件；最后，编译则通过类库实现了应用程序特定的逻辑。MFC是可移植的，是很值得推荐的开发Windows应用程序的方法，在本教程自始至终使用的都是MFC。

使用MFC的最大优点是它为用户做了很多难做的事。MFC中包含了成千上万行正确、优化和功能强大的Windows代码。用户所调用的很多成员函数完成了自己可能很难完成的工作。从这点上讲，MFC极大地加快了程序开发速度。

MFC是很庞大的。例如，版本4.0中包含了大约200个不同的类。万幸的是，用户在典型的程序中不需要使用所有的函数。事实上，可能只需要使用其中的十多个类就可以建立一个非常漂亮的程序。该层次结构大约可分为几种不同的类型的类。

当使用MFC时，编写的代码是用来建立必要的用户界面控制并定制其外观。同时还要编写用来响应用户操作这些控制的代码。例如，如果用户单击一个按钮时，应该有代码来响应。这就是事件驱动代码，它构成了所有应用程序。一旦应用程序正确地响应了所有允许的控制，它的任务也就完成了。

使用MFC进行Windows编程时是一件比较容易的过程。在比较低级的编程方法中，如用C直接编写Windows API应用程序，代码量是非常大的，因为所要照顾的细节太多了。例如，用某种类型的结构来接收单击鼠标事件。用户的事件循环中的代码会查看结构中不同域，以确定哪个用户界面对象受到了影响，然后会完成相应的操作。当屏幕上有很多对象时，应用程序会变得很大。只是简单地处理哪个对象被单击和对它需要做些什么要花费大量的代码。

在MFC中，几乎所有的低级的细节处理都为用户代办了。如果把某一用户界面对象放在屏幕上，只需要两行代码来建立它。如果用户单击一个按钮，则按钮自己会完成一切必要的操作，从更新屏幕上的外观到调用程序中的预处理函数。该函数包含有对该按钮做出相应操作的代码。MFC为用户处理所有的细节：建立按钮并告知它特定的处理函数，则当它被按下时，它就会调用相应的函数。

10.2 用MFC AppWizard建立应用程序

10.2.1 项目

为了在Visual C++中编译代码，用户必须要建立一个项目。为了一个小程序建立一个项目可能有点小题大做，但是，在任何实际的程序中，项目的概念是非常有用的。一个项目主要保存着下面三种不同类型的信息。

(1)建立一个可执行程序所需要的所有源程序代码文件。在这个简单的例子中，文件HELLO.cpp是唯一的源文件，但是在一个大型的应用程序中，为了便于管理和维护，可能会有许多个不同的源文件。项目会维护这些不同文件的列表，并在建立下一个新的可执行程序时，根据情况编译它们。

(2)针对应用程序所使用的编译器和连接器选项。例如，把哪个库连接到了执行程序中，是否预编译了头文件等。

(3)记住想要建立的项目类型：一个控制台应用程序或一个窗口应用程序等。

如果用户已经对项目文件有所了解，则会很容易明白作为机器产生的项目文件的作用。

10.2.2 建立程序框架

使用MFC AppWizard可以创建基于MFC的Windows应用程序，MFC AppWizard显示一系列对话框，引导用户逐步建立起应用程序的框架和设置程序的基本选项。MFC AppWizard会自动生成应用程序所需的基本文件，包括程序源文件、头文件、资源文件和项目文件等。

注意，MFC AppWizard只为用户建立程序框架，例如程序的基本界面，具体操作代码仍需要用户自己编写。例如，MFC AppWizard会为用户创建程序菜单，菜单中包括File菜单的Save选项，当用户任何代码也没写就运行程序并选择Save选项时，程序会根据用户要求建立一个存盘文件，但该文件是空的，因为用户并没有写具体存盘的代码，所以程序无法做具体的存盘操作。

下面我们介绍建立一个Hello程序的步骤。

(1)启动Visual C++6.0，从File菜单中选择New选项，并在对话框中，选择Projects标签，然后单击Win32 Application。在Location域中输入一个合适的路径名或单击Browse按钮来选择一个。在Project name中输入hello作为项目名称。这时候会看到hello也会出现在Location域中(如图10.2.1所示)。

单击“OK”按钮，打开MFC AppWizard—Step1 of 6对话框(如图10.2.2所示)。这个对话框用于选择应用程序的基本结构，可以选择单文档界面(SDI)、多文档界面(MDI)和基于对话框的界面。我们在单选框中选择 Single document，表示选择单文档界面，一次只允许在程序中打开一个文件。

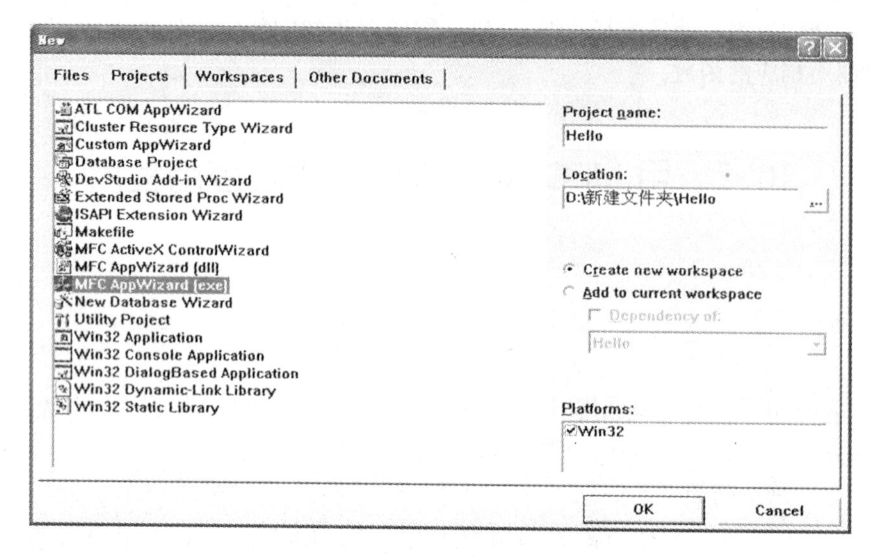

图 10.2.1　启动 Visual C++6.0

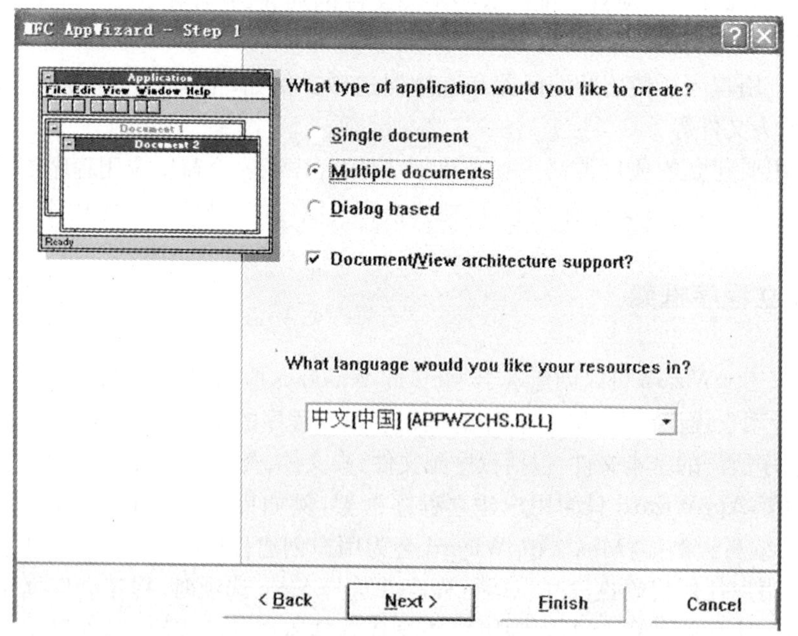

图 10.2.2　打开 MFC AppWizard—Step1 of 6 对话框

(2)单击“Next＞”按钮，打开 MFC AppWizard—Step2 of 6 对话框(如图 10.2.3 所示)。该对话框用于选择数据库支持环境，本例中我们选择 None，表示不需要任何数据库支持。

(3)单击“Next＞”按钮，打开 MFC AppWizard—Step3 of 6 对话框(如图 10.2.4 所示)。该对话框用于选择是否为不同的 ActiveX 控件容器生成相应的支持代码，本例中我们选择 None，表示不需要任何 ActiveX 支持。

(4)单击“Next＞”按钮，打开 MFC AppWizard—Step4 of 6 对话框(如图 10.2.5 所示)。

该对话框用于选择各种用户界面特征，对话框中各复选框的意义如下。

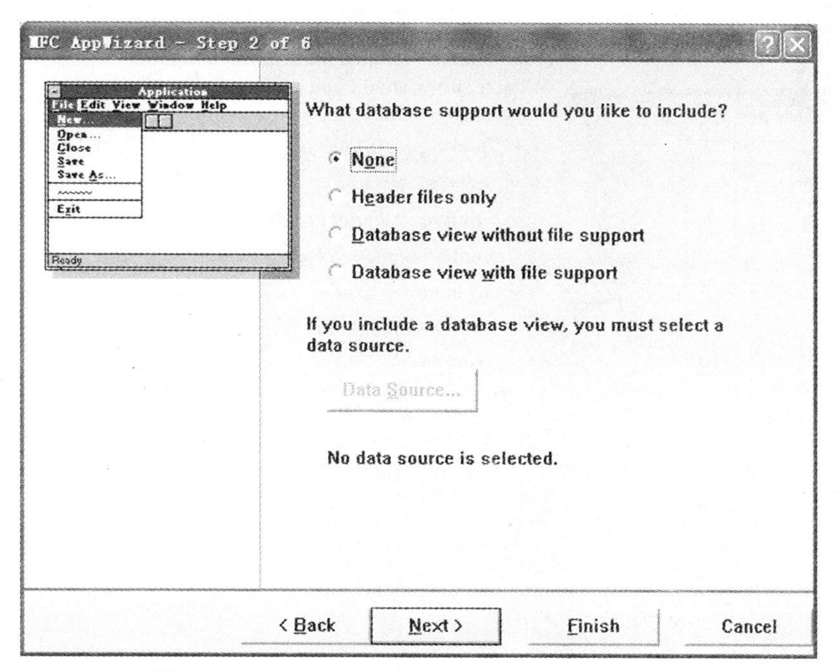

图 10.2.3　打开 MFC AppWizard—Step2 of 6 对话框

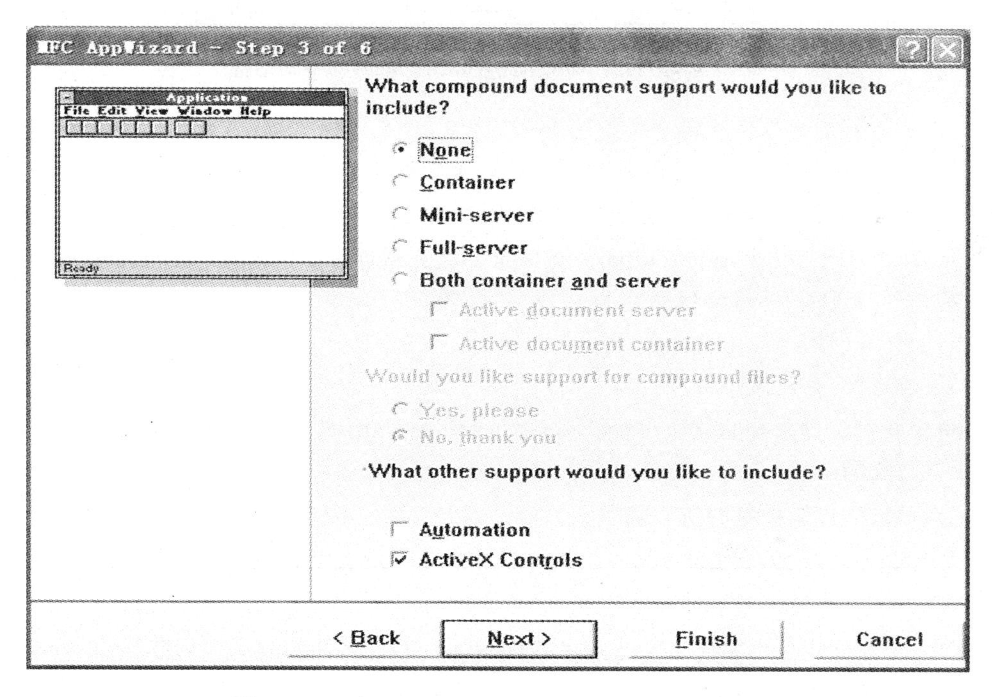

图 10.2.4　打开 MFC AppWizard—Step3 of 6 对话框

• Docking toolbar：添加工具栏到程序中，工具栏中包括多个常用的按钮。

• Initial Status bar：添加状态栏到程序中。

• Printing and print preview：添加代码处理打印、打印设置和打印预览等菜单命令。

• Control-sensitive Help：添加帮助按钮到程序中，并生成. rtf 文件、. hpj 文件和批处理文件帮助用户编写帮助文件。

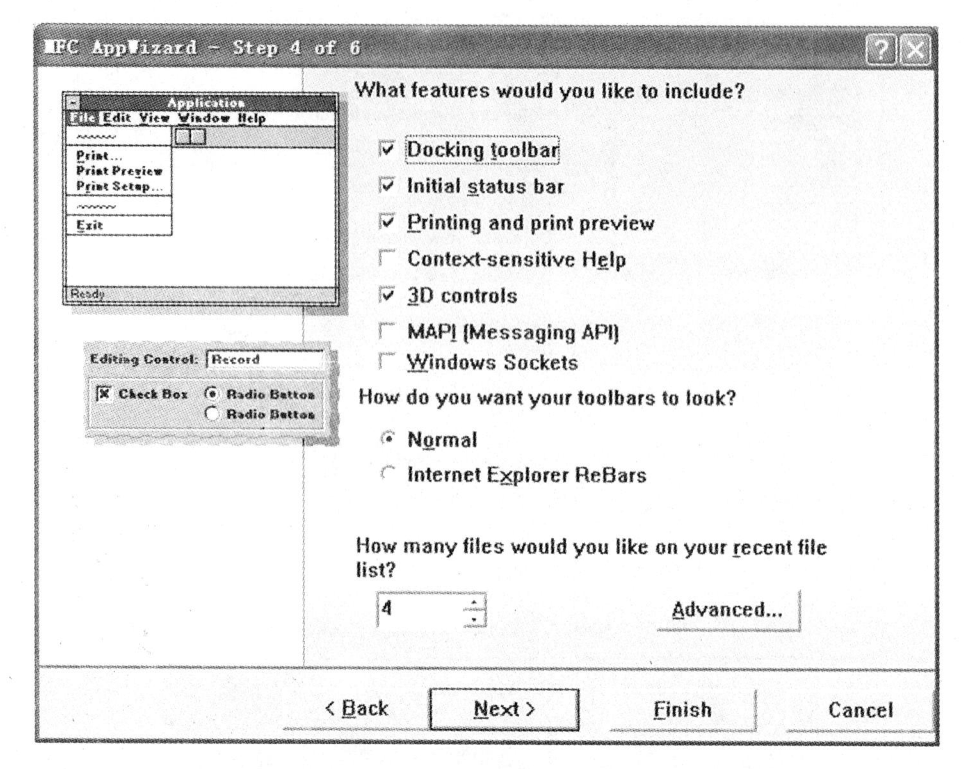

图 10.2.5　打开 MFC AppWizard—Step4 of 6 对话框

- 3D controls：为程序的用户界面添加 3D 外观。
- MAPI(Messaging API)：增加代码处理邮件信息。
- Windows Sockets：使程序可以使用 TCP/IP 协议与网络通信。
- How do you want your toolbars to look? 下面的两个按钮用于选择工具栏的外观，用户可以将工具栏设成 IE 的按钮外观。
- How many files would you like on your recent file list? 下面的微调框可以选择程序中保留的最近打开文件记录个数。

本例中我们选择系统的默认设置，直接单击“Next>”按钮，打开 MFC AppWizard—Step5 of 6 对话框(如图 10.2.6 所示)。

(5)对话框中可供设置的选项如下：

- What style of project would you like? 用户可以设置项目风格为 MFC 标准风格或类似 Windows 资源浏览器的风格。
- Would you like to generate source file comments? 选择是否在源文件中插入相应的注释以便编写程序。注释会提示用户应在哪里添加自己的代码。
- How would you like to use the MFC library? 选择使用动态链接库或静态链接库。

本例中我们选择系统的默认设置，直接单击“Next>”按钮，打开 MFC AppWizard—Step6 of 6 对话框(如图 10.2.7 所示)。该对话框在上方的列表框中显示 MFC AppWizard 将要创建的类名，选中某个类后，可以在 Class name:、Header file:、Implementation file:文本框中分别更改类名，头文件名和源文件名。只有视图类才可以在 Base class 下拉列表框中更改其基类。

(6)单击“Finish”按钮，弹出 New Project Information 对话框，如图 10.2.8 所示。

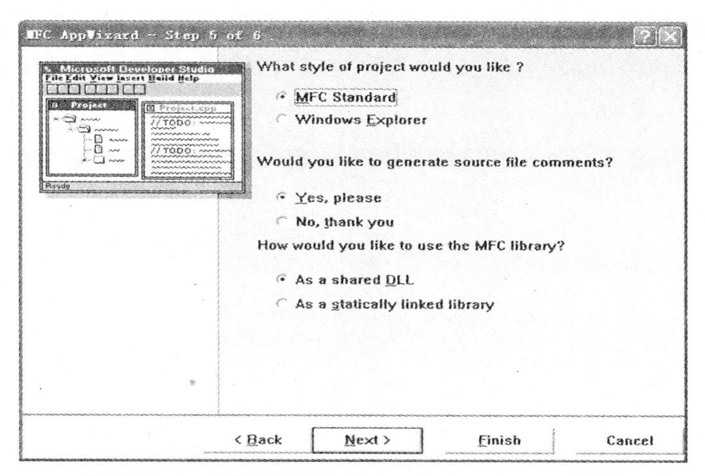

图 10.2.6　打开 MFC AppWizard—Step5 of 6 对话框

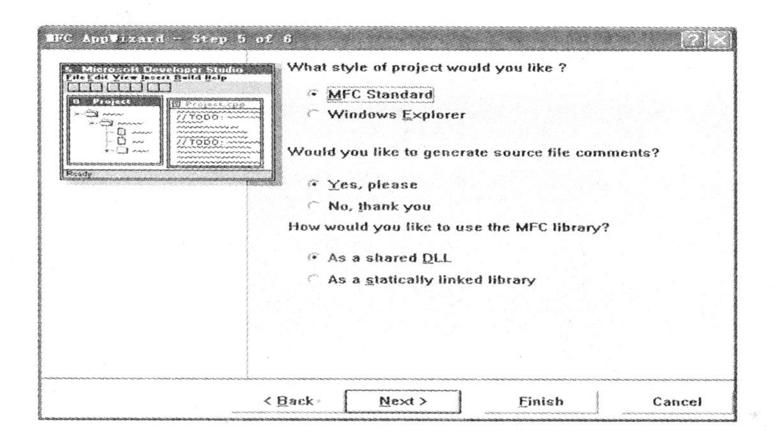

图 10.2.7　打开 MFC AppWizard—Step6 of 6 对话框

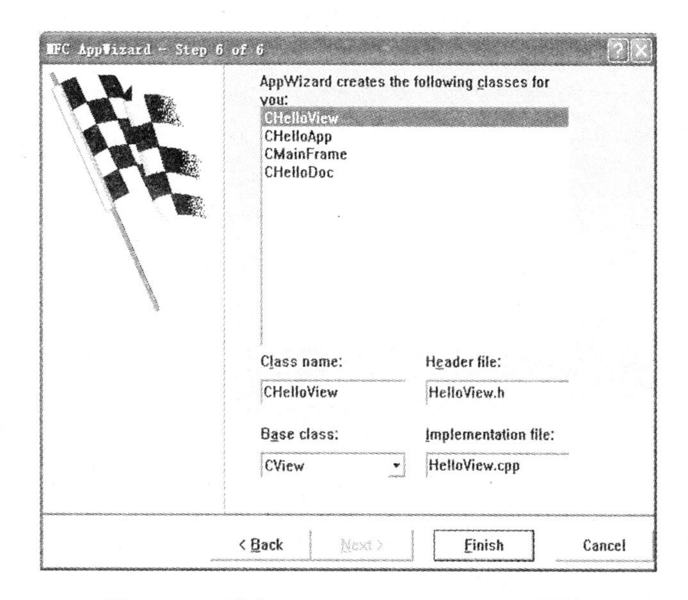

图 10.2.8　弹出 New Project Information 对话框

对话框中显示程序的规范说明，包括将创建的类说明、程序外观和项目工作目录等，单击“OK”按钮，MFC AppWizard 自动生成为程序生成所需的开始文件，并自动在项目工作区打开新项目，如图 10.2.9 所示。

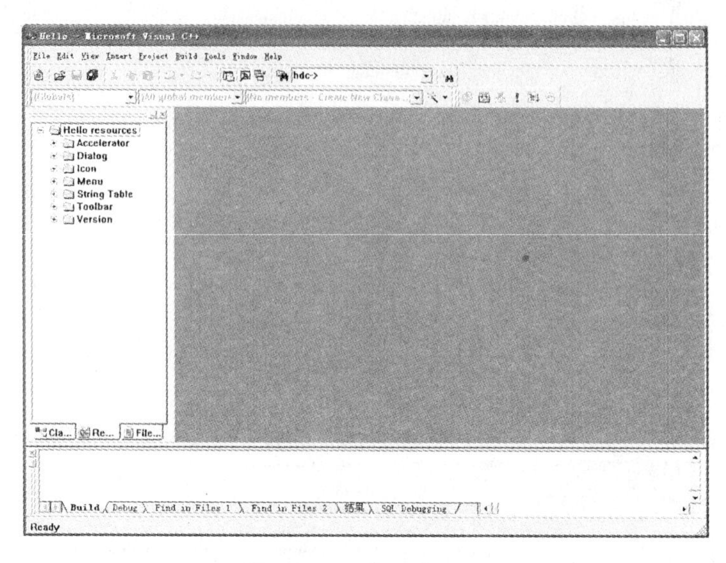

图 10.2.9　打开新项目

在项目工作区可以看到，MFC AppWizard 创建了 CAboutDlg、CHelloApp、CHelloDoc、CHelloView 和 CMainFrame 五个类。这时，我们可以建立并运行这个程序，选择 Build 菜单下的！ Executive hello. exe 选项，运行结果如图 10.2.10 所示。

Visual C＋＋会建立一个名为“Debug”的新子目录，并把 hello. exe 放在该目录中。该子目录的文件都是可以再产生的，所以可以任意删除它们。如果发现了编译错误，双击输出窗口中的错误信息。这时编辑器会把用户带到出错的位置处。检查你的代码是否有问题，如果有，就修改之。如果看到大量的连接错误，则可能在建立项目对话框中所指定的项目类型不对。可以把该项目所在的子目录删除，然后再重新按上面的步骤来建立。

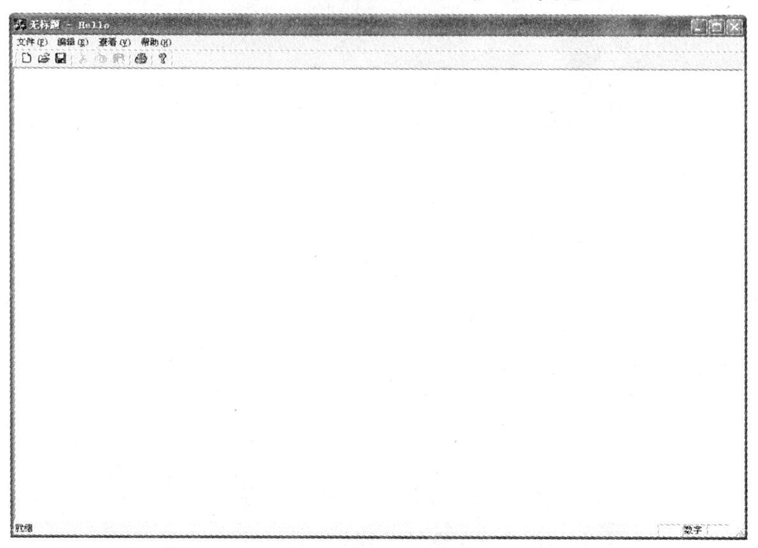

图 10.2.10　运行结果

该程序是标准的 Windows 应用程序，除了编辑菜单和相应的工具栏按钮没有实际的代码而无法执行外，其他菜单命令都可以执行。

Visual C++会建立一个新的称为 hello 的目录，并把所有的项目文件 hello. opt、hello. ncb、hello. dsp 和 hello. dsw 等都放到该目录中。如果用户退出，以后再重新打开该项目，则可选择 hello. dsw。

10.2.3 在窗口输出信息

我们在 10. 2. 2 节已经建立了程序的基本框架和界面，现在我们将在应用程序的窗口中显示“Hello，world. ”，步骤如下：

(1)在项目工作区窗口下方单击 Cl…，找到 ChelloView 类并展开。

(2)双击“OnDraw(CDC ＊pDC)”，窗口中出现 OnDraw 的源代码，如图 10. 2. 11 所示。

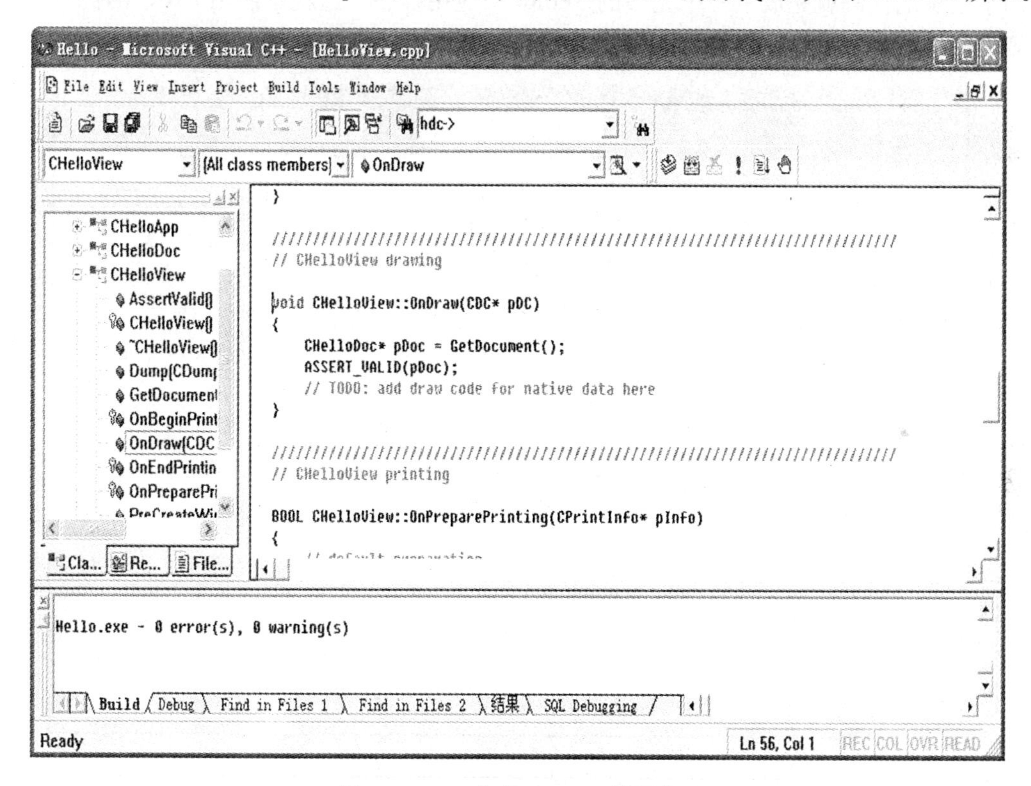

图 10. 2. 11 出现 OnDraw 的源代码

OnDraw 函数在每次窗口重绘时都会被自动调用，所以我们选择用 OnDraw 函数显示信息。OnDraw 函数原来的代码如下：

```
void CHelloView::OnDraw(CDC * pDC)
{
    CHelloDoc * pDoc = GetDocument();
    ASSERT_VALID(pDoc);
    // TODO: add draw code for native data here
}
```

(3)在 OnDraw 函数中添加两行代码(黑体为添加的代码)，使程序能够显示信息，改写后的 OnDraw 函数如下：

```
void CHelloView::OnDraw(CDC * pDC)
{
    CHelloDoc * pDoc = GetDocument();
    ASSERT_VALID(pDoc);
    // TODO: add draw code for native data here
    CString m_Message = " Hello,World.";
    pDC->TextOut(0,0,m_Message);
}
```

(4)运行程序，就可以看到第一个 MFC 程序(如图 10.2.12 所示)——一个带有 Hello，world. 的窗口。该窗口本身带有：标题栏、尺寸缩放区、最大和最小按钮等。在窗口上，有一个标有“hello world”。请注意，该程序是完整的。用户可以移动窗口、缩放窗口、最小化等。只使用了很少的代码就完成了一个完整的 Window 应用程序。这就是使用 MFC 的优点。所有的细节问题都有 MFC 来处理。

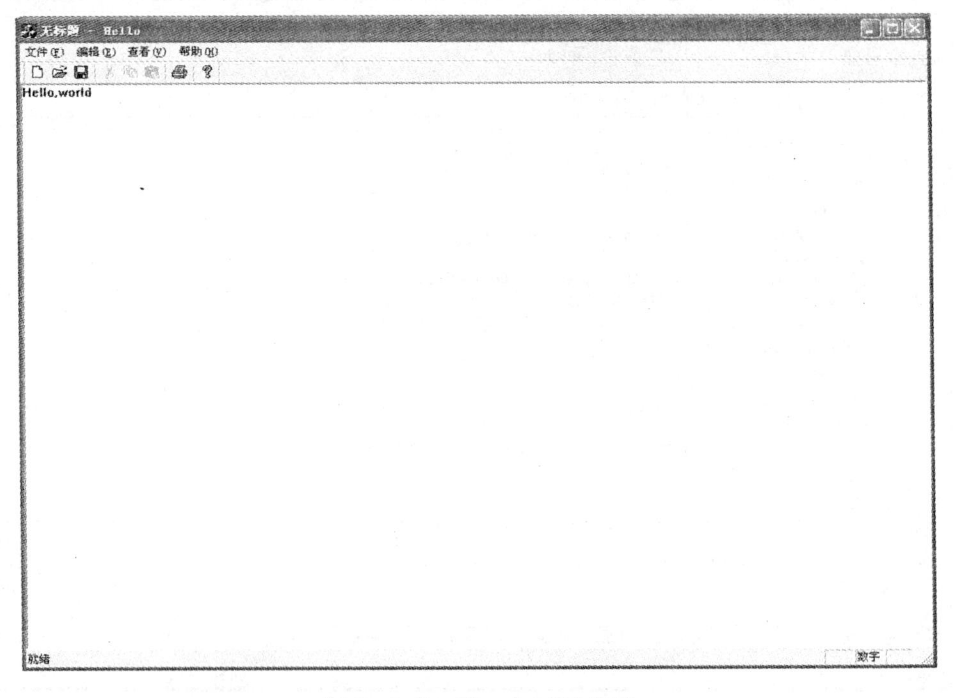

图 10.2.12 第一个 MFC 程序

在第(3)步中，我们用了 CDC 的类成员 TextOut 函数，该函数用于在 CDC 设备类中显示字符串，它使用三个参数，头两个参数用于指示字符串显示的相对位置，最后的参数用于传递要显示的字符串。

10.3 程序分析

本节对 10.2 节的程序作详细分析，使读者可以清楚了解 Visual C++ 程序的一般组成及其工作的原理和过程。

10.3.1 Visual C++程序的组成

一个 Visual C++ AppWizard 生成的程序由四个主要组成部分：应用程序对象、主窗口对象、视图对象和文档对象。

应用程序对象，在我们的程序中是 CHelloApp，是 Windows 程序运行时实际执行的第一个对象，该对象的头文件和源程序文件分别是 hello.h 和 hello.cpp。当执行这个对象时，它会在屏幕上显示一个主窗口。

主窗口对象，在 hello 程序中是 CMainFrame。主窗口对象显示程序本身，它用于管理程序菜单、标题栏、工具栏、状态栏以及被窗口围起来的区域中发生的一切行为，如绘图和显示文本。

视图对象，在 hello 程序中是 CHelloView。它管理着主窗口的客户区，也就是我们刚才显示文本的区域。视图对象用于显示文档数据并管理与用户的交互，例如键盘和鼠标的输入都是由视图对象读入的。

文档对象，在 hello 程序中是 CHelloDoc。它用于存储程序中的数据，并负责磁盘文件的存取。这里可能有个问题，文档对象和视图对象同是管理数据，为什么不把它们合为一体呢？这是因为文档对象中可能存储着大量数据，这些数据可能会超出客户区的显示范围，使用不同的对象存储和显示数据，可以使 Visual C++对数据的管理更加容易和有效。

10.3.2 应用程序对象分析

Windows 应用程序的初始化、运行和结束工作均由应用程序对象完成，每个基于 MFC 类库建立的应用程序都必须有而且只有一个由 CWinApp 类派生的类对象，即应用程序对象，该对象会在主窗口创建之前被构造。

与所有的 Windows 程序一样，基于 MFC 类库建立的程序也有一个 WinMain 函数。不同的是，我们在这里无须编写 WinMain 函数的具体代码，该函数将由 MFC 提供，并在程序中自动调用这个函数。WinMain 函数执行注册窗口类等标准服务，然后再调用应用程序对象的成员函数来初始化和运行程序。

在程序入口函数 WinMain 执行之前，程序会首先创建所有的全局对象，然后运行函数。在初始化应用程序时，WinMain 调用应用程序对象的 InitApplication 和 InitInstance 成员函数。在运行程序的消息循环时，WinMain 会调用 Run 成员函数。在程序未接受到任何消息时，WinMain 调用 OnIdle 成员函数。当程序结束，WinMain 将调用 ExitInstance 成员函数。

1. InitInstance 函数

Windows 允许用户同时运行同一应用程序的多个实例，每当启动新的应用实例时，WinMain都需要调用 InitInstance 函数对程序实例进行初始化。InitInstance 函数完成的初始化工作主要包括：

- 创建并注册文档模板
- 从 INI 文件中装载文件选项或 Windows 注册信息
- 创建主窗口
- 处理命令行，以打开命令行中指定的文档，或打开新文档

2. Run 函数

完成程序的初始化工作后，WinMain 将调用 Run 函数来处理消息循环。由这时开始，Run 函数接受程序的控制。该函数不断执行消息循环，检查消息队列中有没有消息。如果有消息，将消息发送出去，让程序执行相应动作；如果没消息，则调用 OnIdle 函数作程序空闲时的处理。如果没消息也无须作空闲时的处理，程序将一直等待，直到消息出现。应用程序结束时，Run 函数调用 ExitInstance 作最后的退出工作。

所谓消息，是指程序运行时各对象之间用于通信的特殊代码和少量数据，是 Windows 程序运行的重要基础。

3. OnIdle 函数

此函数用于处理程序空闲时的工作。默认时，OnIdle 函数会对用户界面作更新，或清理在运行过程中创建的临时对象。

4. ExitInstance 函数

当应用程序被终止时，ExitInstance 函数会被调用。如需作某些清理工作，例如释放程序执行时所占用的内存，用户可以自行覆盖该函数。

10.3.3 生成的文件类型

Visual C++作为一种程序设计语言，它同时也是一个集成开发工具，提供了软件代码自动生成和可视化的资源编辑功能。在使用 Visual C++开发应用程序的过程中，系统为我们生成了大量的各种类型的文件，在本节中将要详细介绍 Visual C++中这些不同类型的文件分别起到什么样的作用，在此基础上对 Visual C++如何管理应用程序所用到的各种文件有一个全面的认识。

首先要介绍的是扩展名为. dsw 的文件类型，这种类型的文件在 VC 中是级别最高的，称为 Workspace 文件。在 Visual C++中，应用程序是以 Project 的形式存在的，Project 文件以. dsp 扩展名，在 Workspace 文件中可以包含多个 Project，由 Workspace 文件对它们进行统一的协调和管理。

与 dsw 类型的 Workspace 文件相配合的一个重要的文件类型是以. opt 为扩展名的文件，这个文件中包含的是在 Workspace 文件中要用到的本地计算机的有关配置信息，所以这个文件不能在不同的计算机上共享，当我们打开一个 Workspace 文件时，如果系统找不到需要的. opt类型文件，就会自动地创建一个与之配合的包含本地计算机信息的. opt文件。

上面提到 Project 文件的扩展名是. dsp，这个文件中存放的是一个特定的工程，也就是特定的应用程序的有关信息，每个工程都对应有一个. dsp 类型的文件。

以. clw 为扩展名的文件是用来存放应用程序中用到的类和资源的信息的，这些信息是 Visual C++中的 ClassWizard 工具管理和使用类的信息来源。

对应每个应用程序有一个 readme. txt 文件，这个文件中列出了应用程序中用到的所有的文件的信息，打开并查看其中的内容就可以对应用程序的文件结构有一个基本的认识。

在应用程序中大量应用的是以. h 和. cpp 为扩展名的文件，以. h 为扩展名的文件称为头文件。以. cpp 为扩展名的文件称为实现文件，一般说来. h 为扩展名的文件与. cpp 为扩展名的文件是一一对应配合使用的，在. h 为扩展名的文件中包含的主要是类的定义，而在. cpp 为扩展名的文件中包含的主要是类成员函数的实现代码。

在应用程序中经常要使用一些位图、菜单之类的资源，Visual C++中以. rc 为扩展名的文件称为资源文件，其中包含了应用程序中用到的所有的 Windows 资源，要指出的一点是.rc 文件可以直接在 Visual C++集成环境中以可视化的方法进行编辑和修改。

最后要介绍的是以.rc2 为扩展名的文件，它也是资源文件，但这个文件中的资源不能在 Visual C++的集成环境下直接进行编辑和修改，而是由我们自己根据需要手工编辑这个文件。

对于以.ico、.bmp 等为扩展名的文件是具体的资源，产生这种资源的途径很多。使用.rc 资源文件的目的就是为了对程序中用到的大量的资源进行统一的管理。

习　　题

一、填空题

1. 在 Visual C++中，________可以用来生成初步的框架文件；________用于帮助直观地设计用户接口；________用来协助添加代码到框架文件。

2. 在 Visual C++中，应用程序是以________的形式存在的，该文件以________扩展名。

3. 以.h 为扩展名的文件称为________，以.cpp 为扩展名的文件称为________，一般说来.h 为扩展名的文件与.cpp 为扩展名的文件是________使用的。

4. InitInstance 函数完成的初始化工作主要包括____________、__________、__________、__________。

二、简答题

1. 什么是 MFC?

2. 简述用 MFC AppWizard 建立应用程序的步骤。

3. 简述一个由 Visual C++ AppWizard 生成的程序的四个主要组成部分及其功能。

三、操作题

1. 改写应用程序 hello，在窗口中显示五行文本，要求用不同的字体大小、不同的字体颜色、不同的格式(斜体、下画线、删除线等)输出字符。

2. 编写应用程序，应用 MFC AppWizard 创建应用程序框架，在 MFC AppWizard—Step1 of 6 对话框中选择 Dialog based，建立一个基于对话框的应用程序，比较一下它和单文档程序有什么不同?

3. 编写应用程序 myEdit，应用 AppWizard 创建应用程序框架，在 AppWizand 第 6 步对话框中修改 Bass class“CView”为“CEditView”，直接由应用程序向导建立一个记事本程序。编译运行程序，你将发现它的功能已经相当完备，和 NotePad 实现了几乎一样的功能。

4. 创建一个 MFC 单文档应用程序，编程实现以下功能：

(1)在视图中点击鼠标左键，在单击处输出点击处的坐标。要求：当窗口大小改变或移动时，视图输出不变。

(2)保存当前视图到文件，新建文档时，清除视图输出。

提示：在文档对象中使用一个数组记录所有鼠标左键单击的坐标位置，在 OnDraw()中访问文档对象实现输出。

第 11 章　GUI 设计及菜单

本章内容提要

创建和设计菜单；弹出式子菜单；添加分隔符；编辑菜单命令；添加环境菜单；加速键

菜单是用户与应用程序之间进行交流的主要方式之一，因此它也是用户界面对象中的一个最重要对象。菜单还有一个亲密伙伴：加速键。加速键是一个键盘按键或一组键盘按键，例如“Ctrl＋C”，由程序把它解释成对应的命令。从应用程序的角度上看，由加速键或菜单项生成的事件相同。虽然菜单项和加速键生成相同的消息和事件，但是它们定义的资源却不同。菜单的定义由菜单资源定义，加速键通过加速键资源定义。

由于在使用 AppWizard 声称 SDI 或 MDI 应用程序时，AppWizard 将自动生成标准的应用程序框架菜单资源和菜单消息处理函数代码，因此，标准菜单的使用很简单。虽然如此，在很多情况下，我们需要修改默认菜单。下面我们先介绍资源和 CMenu 类，然后介绍菜单消息映射。

11.1　标准菜单的使用

11.1.1　建立菜单资源

菜单包括首项（沿着菜单条顶部能看到的部分）和菜单项（向下拉出的选项）。菜单项本身还可以包含弹出式子菜单，以提供到应用程序代码的层次化路径，并且可被禁用、选中，还可以像单选钮控件一样使用。

使用环境菜单，可将指定的菜单项加入应用程序对象中，在单击鼠标右键后，会将此菜单弹出。这样用户就可以更快捷地控制应用程序。使用资源管理器，可以非常简单地建立和维护菜单资源。资源编辑器可使用户用 WYSIWYG（What you see is what you get 即所见即所得）的方式添加或删除菜单首项和菜单项。

1. 添加新的菜单资源

在正常情况下，菜单应在菜单资源（类似于对话框模板）中显示，菜单资源中包含了菜单中所有的首项和子菜单项。可以从资源管理器中添加菜单资源。但是，如果用 APP Wizard 建立一个 SDI 或 MDI 工程，用户会得到一个提供给视图使用的、初始的默认菜单。

对于 MDI 应用程序，AppWizard 生成两个菜单资源：IDR_MAINFRAME 和 IDR_

PRJNAMETYPE(PRJNAME 为应用程序的项目名称)。当没有打开 MDI 子窗口时，应用程序显示的是 IDR_MAINFRAME 菜单，打开 MDI 子窗口后显示 IDR_PRJNAMETYPE 菜单。在打开 MDI 子窗口后，可以利用 Windows 菜单对 MDI 子窗口进行管理。对于 SDI 应用程序，AppWizard 只生成一个菜单资源 IDR_MAINFRAME。如果应用程序为数据库或 OLE 应用程序，那么 AppWizard 还生成其他相应的菜单资源。

菜单可以增加键盘快捷方式，也叫键盘助记符。助记符就是菜单中文本下面带下画线标记的字母。该菜单增加助记符，可以增强菜单的标准键盘接口。创建助记符的方法为：打开菜单对应的属性对话框，在对话框 Caption 编辑框中文本串的某个字符前面加上“&”。例如，N 表示为 &N，也就是说 N 为新建菜单的助记符。如图 11.1.1 所示。

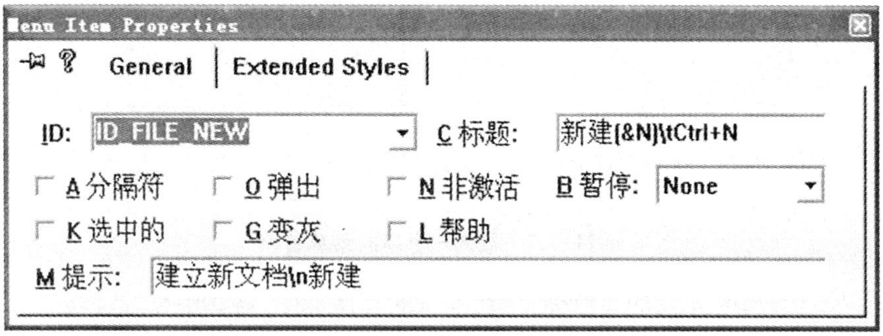

图 11.1.1　菜单助记符及提示字符串

如果用户想添加其他的菜单，那么遵循以下步骤：

(1)选择 Resource View 标签，以显示工程中的资源。

(2)用鼠标右键单击最顶层的项目，从弹出菜单中选择 Insert 选项，以显示插入资源对话框。

(3)从新资源类型列表中选择 Menu。

(4)按下“New”按钮，将新的菜单资源插入到工程中。用户会看到新的菜单模板出现在对话框资源标题下面。

(5)右击对话框，从环境菜单中选择 Properties 选项，以显示菜单属性。

(6)现在可以改变菜单的默认 IDD_资源的 ID 名称，使其对你的对话框来说更适合。

(7)另一种方案是，用户可以展开工程资源并右击 Menu 标题，选择 Insert Menu 选项可以添加一个新的菜单资源，然后按(5)和(6)的步骤改变默认的 ID。

2. 添加菜单首项

在插入了新的资源或选择了一个已存在的由框架生成的资源后，可以在主编辑窗口中对其进行编辑。编辑器中显示的菜单与用户在运行应用程序时看到的一样，首项沿着编辑窗口的顶部列出。可以在新菜单或原有的菜单资源中，插入新的菜单首项。

3. 插入一个新的菜单首项

(1)从 ResourceView 中选定菜单资源，使其用高亮度显示，并将相应的菜单在主编辑窗口中显示出来。

(2)单击菜单条顶部、已有菜单首项右侧的空白矩形，此矩形将被选定并在其周围显示一个白色边界的矩形。

(3)输入新菜单首项的名称。可以看到文本出现在矩形中，并且出现一个菜单项属性对话框，还有一个菜单项将出现在新首项的下面，如图 11.1.2 所示。

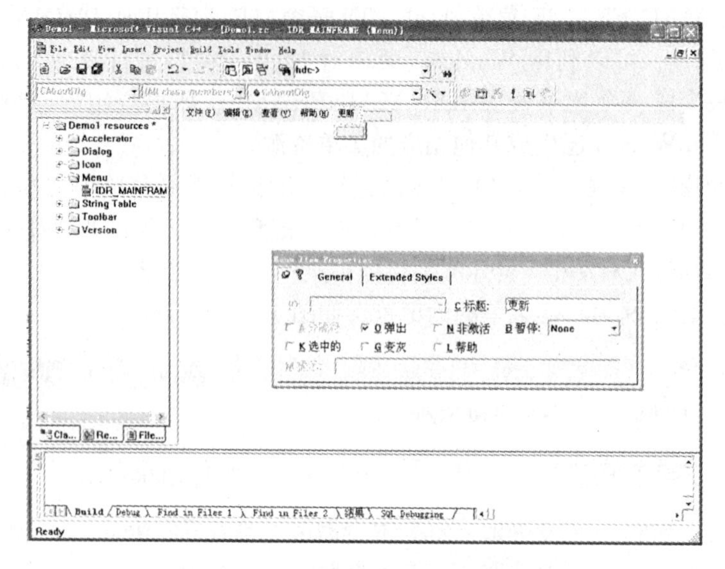

图 11.1.2　插入一个新的菜单首项

(4)为首项选择所有需要的属性标记(在本章的其他节中，将详细介绍这些标记，并将它们添加到程序中)。

(5)按回车键完成新首项的插入。

(6)现在，可用鼠标将新的菜单首项拖放到菜单栏的任何位置上，以重新排列现有菜单首项的顺序。

4. 添加菜单项

插入一个新的子菜单：

(1)单击将包含新子菜单的菜单首项。

(2)单击位于以右子菜单项底部的空白矩形。如果是在向一个弹出式子菜单项中添加新的菜单项，单击次弹出式子菜单项，以显示子菜单项列表。矩形将被选定，并显示一个包围它的白色边界的矩形。

(3)输入新菜单项的名称。在输入过程中，用户会看到文本在矩形中显示出来，并且出现一个菜单项属性对话框。如图 11.1.3 所示。

(4)为首项选择所需要的属性标记(在本章的其他节中，将详细介绍这些标记，并将把它们添加到程序中)。

(5)单击"Prompt"编辑框，现在可以在其中输入文本，这些文本将在此菜单项被选中时，在状态条中显示。还可以在第一个字符串后添加第二个字符串，当鼠标位于与此菜单项相关联的工具条图标上时，这个字符串在工具提示中显示出来。两个字符串之间用分行符"\n"分开。

(6)单击 ID 编辑框，将看到一个默认的菜单 ID，它根据子菜单项和首项的名称生成。如果需要，可根据应用程序的需要更换一个更恰当的值。

(7)现在，可将新添加的子菜单项拖放到菜单条的任何一个位置，甚至可将其作为一个新的首项。

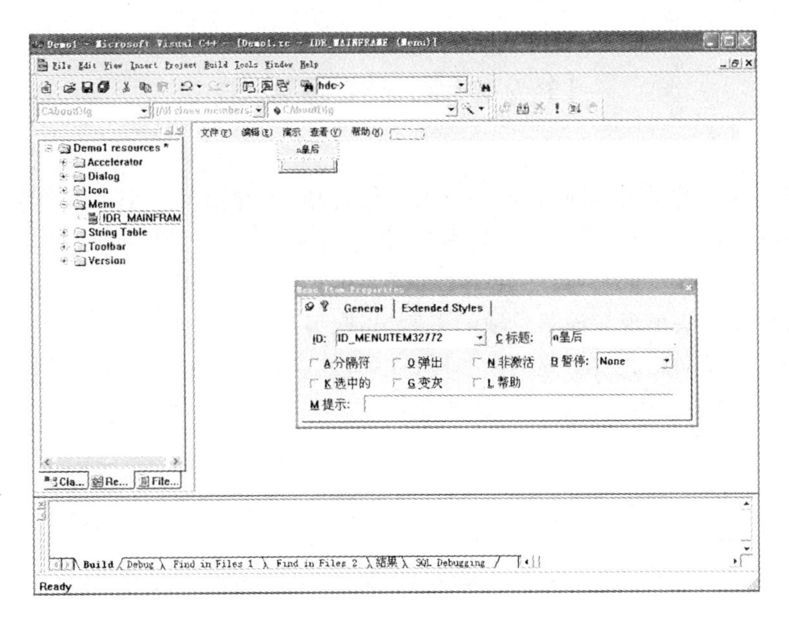

图 11.1.3 插入一个新的子菜单项

11.1.2 编辑菜单资源

1. 给命令 ID 赋值

子菜单的 ID 用来将一个菜单处理函数映射到新的菜单项，这将在本章的后面讲述。如果要将 ID 赋一个已经存在的 ID 值(如一个工具条按钮)，可以单击图 11.1.2 所示菜单属性对话框中 ID 组合列表框的下拉按钮，从已存在的 ID 列表中选择合适的值。如果要在不同的菜单资源间共享 ID，例如，可能有两个不同的视图，但都需要显示同样的文件菜单，调用同一个基于文档的处理函数。要做到这一点，可以复制文件菜单并共享 ID，这样就可以调用同样的处理函数。

2. 修改菜单项的属性

双击菜单项，或在选定菜单项后按“Alt+Enter”组合键，可显示菜单项的属性。然后就可以在菜单项属性对话框中，修改该菜单项的任何属性。

所有的菜单项都可以用拖放的方法重新定位。拖动时，插入向导栏将出现在菜单项之间，以表明该项将被放置到的位置。

如果要删除某个菜单项，只要将其选定，然后按 Delete 键。用这种办法可以删除任何一项。如果要删除的是菜单首项，那么次首项下的所有子菜单项都将被删除(事先会给出提示)。

3. 添加分隔符

在成组的子菜单项之间，可加入分隔符，只要画一个横穿下拉菜单的水平条即可(就像 Developer Studio 中的一样)。要做到这一点，双击一个新的空白入口矩形，以显示菜单属性对话框；然后单击 Separator 复选框，设置分隔符属性。在设置了分隔符属性之后，除被清空的 Caption 编辑框外，其他的控制都将被禁用。按下回车键关闭此对话框，可以看到一个新的水平横条状的分隔符，此时可将其拖放到正确的位置上。

11.2 弹出式子菜单

还可以建立这样的子菜单项，它们的行为类似首项，可弹出另一个子菜单项的列表（见图11.2.1）。为建立这样一个弹出式菜单列表，可先添加一个新的子菜单项，然后在菜单项属性对话框中单击 Pop_Up 复选框，为该菜单项设置弹出式属性。完成这些后，ID 编辑框变暗，而一个指向右方的小箭头出现在该菜单项的右侧，指向另一个空白的插入矩形框。

现在用户可以像对普通的子菜单项一样，在弹出式菜单项中插入新的子菜单项。如果需要的话，这些子菜单项中还可以有弹出式的项目，以建立更低一层的菜单。通过使用这些弹出式菜单项，可以建立一个高度层次化的菜单系统。

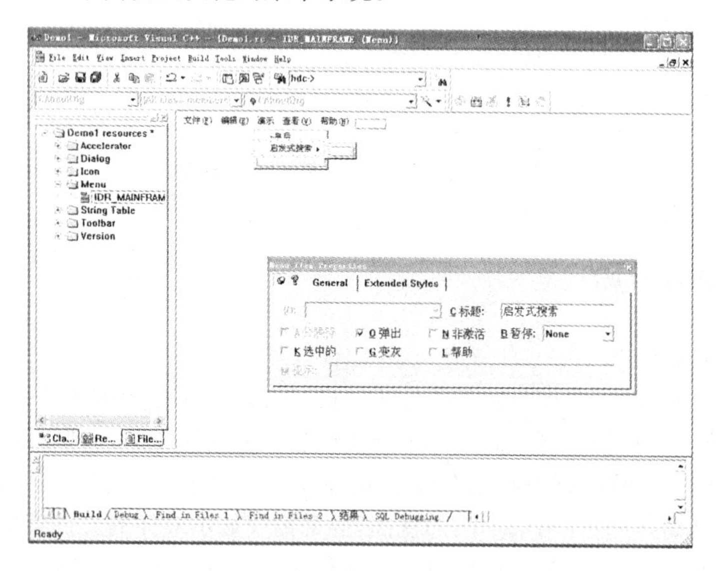

图 11.2.1　创建弹出式菜单项

1. 添加选中标志

子菜单项可以拥有选中标志，此标志被显示在菜单项文本的左侧。用户可以在程序设计中设置这些标志，也可以在资源编辑器中设置，以在菜单第一次显示时，默认将这些标志显示在靠近菜单项的位置上。

为将选定标志设置为默认显示，对每一个用户要将其初始地显示为带选定标志的菜单项，可以单击其菜单项属性对话框中的 Cheek 属性。

2. 处理菜单命令

使用命令处理函数，可以像对待对话框中按钮一样处理菜单命令。这些命令处理函数可以在 ClassWizard 中创建，随后 ClassWizard 将用所选菜单项的 ID，为一个从该菜单项来的 Windows WM_COMMAND 建立消息映射入口。当用户选择了此菜单项后，Windows 向拥有此菜单的应用程序窗口传递一个 WM_COMMAND 消息，如果已建立了相应的消息映射入口，则调用相关的处理函数。

还可以添加命令用户接口的消息处理函数，以使用另一个由 Class Wizard 生成的消息映射和处理函数，更新相关菜单的可用/禁用状态。

3.添加命令处理函数

在插入了新的菜单后，可以为它指派一个处理函数，在菜单项被选中时，程序调用此函数，并执行与此菜单相关的代码。处理函数可用任何一种类实现，只要这个类的对象在菜单项被选中时，可以接受菜单选定的命令消息。通常情况下，是作用于视图的文档或实现菜单选项的特定视图。我们还可以在应用程序或框架窗口类中处理菜单选项。究竟在何处实现处理函数更为恰当，要根据不同的应用程序对象对所访问的数据和方法的不同要求，来最终确定。使用添加处理函数的步骤如下：

(1)选定要在其中添加处理函数的菜单项。

(2)按下"Ctrl+W"或单击 View 菜单，选择其中的 Class Wizard，打开 Class Wizard 对话框。可以看到，被选中的菜单项的 ID 以高亮度显示在 Object IDs 列表框中。如图 11.2.2 所示。

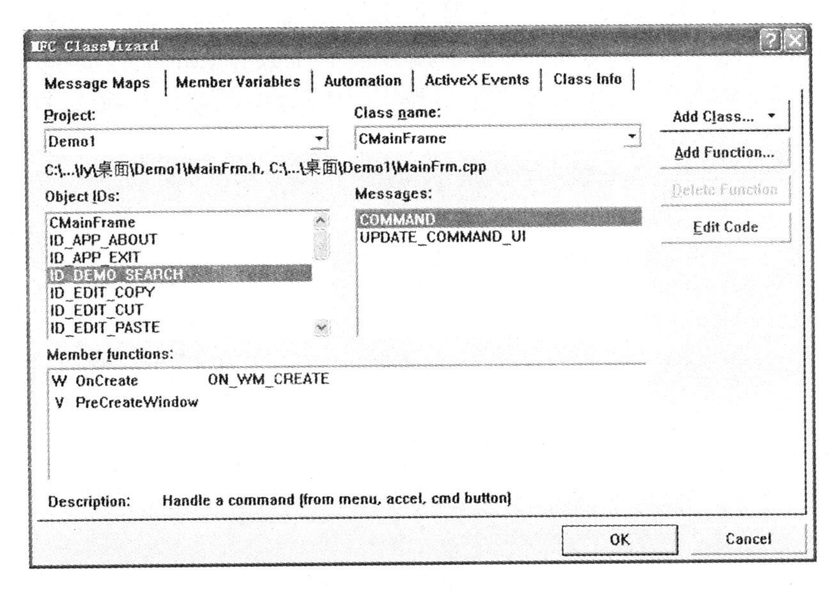

图 11.2.2 ClassWizard 中显示了选定菜单的 ID

(3)在 Class name 组合框中，给出了新的处理函数的目标类。可单击组合框中的下拉按钮，列出所有可能实现新的菜单项处理函数的类。然后可从中选择需要的实现类，通常是实现菜单选项的视图类，或者是文档类，这要根据哪一个的相关程度更高一些来最终决定。

(4)双击 Messages 列表中的 COMMAND 消息，显示 Add Member Function 对话框，也可以在 Messages 列表中选定 COMMAND 消息，然后单击"Add Function"按钮。

(5)默认的处理函数名称是根据子菜单项的 ID 生成的。处理函数建立之前，可在 Member Function Name 编辑框中更改这个默认名称。

(6)单击"OK"按钮，生成新的处理函数。

(7)可以看到新处理函数的名称出现在 ClassWizard 对话框底部的 Member Function 列表中。

(8)单击"Edit Code"按钮，可编辑新的成员函数代码。

在添加了新的处理函数之后，可加入应用程序指定的实现代码。例如，下列菜单处理函数(在视图类中实现)显示一个消息框，表明该菜单项被选定了。

```
void CDemoView::OnDemoSearch()
```

```
{
    // TODO: Add your command handler code here
       AfxMessageBox(" You picked the munu item");
}
```

4. 添加命令用户接口处理函数

命令用户接口处理函数负责管理每个特定菜单项的外观、风格和行为。在菜单显示之前，相关的用户接口处理函数被调用，以使应用程序启用或禁用每一个菜单项，添加或删除选定标志，或者改变菜单项的文本。

菜单的命令用户接口函数在用户点中了菜单的首项，而菜单还未显示出来之前的瞬间被调用。以前只要程序状态改变，就必须相应改变菜单状态，而不管用户是否能看到受影响的菜单项。而现在这种根据需要来更新的系统大大提高了菜单的速度。

通过调用与菜单项相关联的 CCmdUI 对象的访问函数，可以更改这些不同的用户接口属性。不论用户接口(UI)处理函数在何时被调用，它都将接受一个指向 CCmdUI 对象的指针。例如，下面的 UI 处理函数启用一个菜单项，以使用户可以选择它。为此，需要调用被指针 pCmdUI 指向的 CCmdUI 对象的 Enable()函数。

```
void CMainFrame::OnUpdateDemoMaze(CCmdUI * pCmdUI)
{
    // TODO: Add your command update UI handler code here
    pCmdUI->Enable(TRUE);
}
```

为在用户的应用程序中添加这样一个 UI 处理函数，可以遵循 Class Wizard 中添加一个菜单命令处理函数的步骤，如本节中前面介绍的那样，但是在第(4)步中，应该选择消息列表中的 UPDATE_COMMAND_UI 而不是 COMMAND，如图 11.2.3 所示。

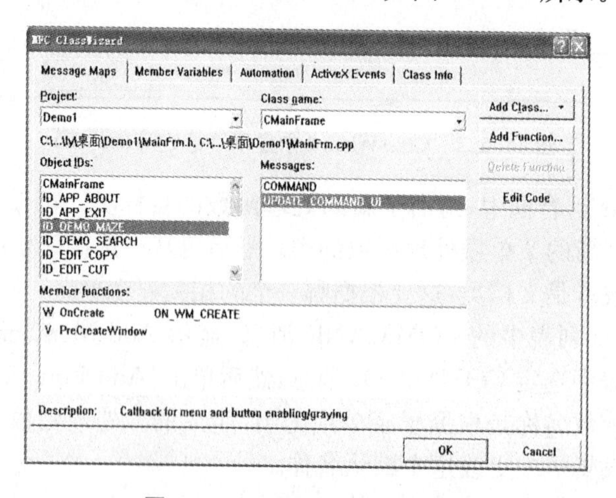

图 11.2.3　添加一个 GUI 函数

5. 启用和禁用菜单选项

调用 CcmdUI 对象的 Enable()函数，可以启用和禁用菜单选项。如果为此函数传入一个 TRUE 值，那么菜单将被启用；否则，菜单选项将被禁用并变成灰色。

在类中定义一个布尔类型的变量，将其设为 FALSE，并在 UI 处理函数被调用时，将其传入 CcmdUI 对象的 Enable()函数中，可以使菜单保持灰色的状态，例如：

```
pCmdUI->Enable(m_bMySubItemEnableStatus);
```

在使用应用程序中，通过改变 m_bMySubItemEnableStatus 的状态，可相应的将菜单项启用或禁用。

6. 设置或清除选定标志

在菜单项的旁边可以显示一个选定标志(√)，用来为用户指示与应用程序相关的一个布尔状态。通过调用 CcmdUI 对象的 SetCheck()函数，可以设置选定标志的状态。传入参数 0，表示清除选定标志，而传入 1 正相反。

如果要在菜单项上实现一个简单的开关，使用户通过选择菜单项来打开或关闭选定标志，从而控制这个开关。下面程序清单中的代码，用选定标志实现一个菜单项开关。

```
void CMainFrame::OnDemoMaze()
{
    //根据用户选择菜单的情况,m_nToggleState 的值在 0 和 1 之间切换
    m_nToggleState = m_nToggleState = = 0? 1:0;
}
void CMainFrame::OnUpdateDemoMaze(CCmdUI * pCmdUI)
{
    //Enable the menu item
    pCmdUI->Enable(TRUE);
    //如果 m_nToggleState 的值为 1,则显示选定标志;若为 0,则清除
    pCmdUI->SetCheck(m_nToggleState);
}
```

在程序清单中，命令和命令 UI 处理函数被联合起来实现一个开关。整型变量 m_nToggleState 可以在类定义中说明，m_nToggleState==0? 1:0 实现了如果 m_nToggleState 的值为 0，则将其置为 1，否则置为 0。

SetCheck(m_nToggleState)实现了根据 m_nToggleState 的值，决定显示还是清除选定标志。

11.3 环境菜单

环境菜单是一种在用户单击应用程序对象时弹出的，可在屏幕的任何位置显示(通常情况下)的菜单。用户可以从中选择由应用程序的对象确定的菜单项。

可以添加一个新的菜单资源，以显示一个弹出式环境菜单。为此，应按照本章前面讲到的步骤，向资源编辑器中添加新的菜单资源，并进行编辑。

通过为 Windows WM_CONTEXTMENU 消息添加一个处理函数，可以在应用程序中实现一个环境菜单。无论位于应用程序窗口中的什么位置，当单击鼠标右键后，WM_CONTEXMENU 消息都将被发送给该应用程序。在处理函数中，可装入相应的菜单资源，然后调用 Track PopupMenu()函数生成弹出式菜单。菜单项命令处理函数可用通常的方法加入，以实现菜单项的功能。

1. WM_CONTEXMENU 消息

WM_CONTEXMENU 消息是在接到 WM_RBUTTONUP 消息后，由默认的 Windows

进程产生的。如果用户捕获了 WM_RBUTTONUP，但没有调用基类的处理函数，那么应用程序不会收到 WM_CONTEXMENU 消息。

2. 生成环境菜单

使用下列步骤，可为环境菜单消息 WM_CONTEXMENU 加入处理函数：

(1)选择工程工作区窗口中的 Class View 标签，如果需要，单击工作区顶部的加号，展开类程序清单，以显示工程中所有的类。

(2)用右键单击要在其中加入新环境菜单的视图类，然后从弹出的菜单中，选择 Add Windows Message Handler 选项，会出现 New Windows Message and Event Handlers 对话框。

(3)从 New Windows Messages/ Events 列表中，选择 WM_CONTEXMENU 消息，并单击 Add and Edit 按钮，为环境菜单添加一个新的处理函数。

(4)现在，可以看到一个由 ClassWizard 默认生成的处理函数——OnContextMenu()。可以在其中加入应用程序的代码。

在插入新的处理函数后，可以添加显示环境菜单的代码。可能用户只要求当鼠标位于特定的对象上时，才显示环境菜单，或者根据选定的对象不同而显示不同的菜单。要做到这一点，需使用 CPoint point 参数。检查究竟是哪一个应用程序对象或窗口区域被点中了，并以次位条件显示菜单。实现这一功能的技术在“响应鼠标事件”中讲述。

3. 创建动态环境菜单

如果希望根据用户点中的特定对象(不光包括类型)，来显示与这些对象相关的菜单内容，而不是从菜单资源中装入一个事先定义好的环境菜单。在这种情况下，调用 CMenu 类的 CreatePopupMenu()函数建立菜单，然后再调用 AppendMenu()函数向新菜单中加入菜单项的做法可能更好一些。然后可使用 TrackPopupMenu()函数将其显示出来。

为显示环境菜单，必须先声明一个 CMenu 对象，以实现弹出式菜单(CMenu 类是一个 MFC 封装类，可包含并访问一个 Windows HMENU 对象)。然后通过调用 CMenu 对象的 LoadMenu()函数，并传入菜单资源的 ID，就可以用新的弹出式菜单资源将新的 CMenu 对象初始化。接下来，用菜单首项为新的菜单资源初始化 CMenu 对象。我们只需要用这个首菜单项的弹出式子菜单项，来显示弹出式菜单。调用 GetSubMenu()函数并传入参数 0，就可以找到这一子菜单并指明第一个弹出项是必需的。

从弹出式菜单中，可以调用 TrackPopupMenu()函数，以对其进行显示和跟踪。TrackPopupMenu()函数需要 4 个参数。第 1 个是对齐标志，用以指明菜单显示的位置与特定位置的关系。例如，如果要使鼠标指针位于弹出式菜单的左侧，可以传入标志 TPM_LEFTALIGN 作为参数，并将鼠标位置作为菜单显示的位置传入。其余可能的对齐标志在表 11.3.1 中列出。第 2 个和第 3 个参数定位新菜单的水平和垂直坐标值。通常情况下会使用传入 OnContextMenu()函数的 point. x 和 point. y 值作这两个参数，以便在鼠标位置上显示菜单。第 4 个参数是指向 Windows 对象的指针，在 C++中，通常使用 this 操作符，表示指向当前视图窗口的指针。

调用后，弹出式菜单就显示出来，用户可从中选择一个菜单选项。在有菜单项被选中后，或用户在其他任何地方单击鼠标，环境菜单可消失。

表 11.3.1 TrackPopupMenu()函数的对齐标志值

标志名	描述
TPM_LEFTALIGN	指定位置位于菜单显示位置的左侧
TPM_RIGHTALIGN	指定位置位于菜单显示位置的右侧
TPM_TOPALIGN	指定位置位于菜单显示位置的上方
TPM_BOTTOMALIGN	指定位置位于菜单显示位置的下方
TPM_CENTERALIGN	指定位置位于菜单显示位置的顶端中央
TPM_VCENTERALIGN	指定位置位于菜单显示位置的左端中央
TPM_HORIZONTAL	如果屏幕尺寸有限,优先考虑水平对齐
TPM_VERTICAL	如果屏幕尺寸有限,优先考虑垂直对齐

习　　题

一、填空题

1. ________是一个键盘按键或一组键盘按键,例如“Ctrl+C”组合键,由程序把它解释成对应的命令。

2. 选择________标签,可以显示工程中的资源。

3. 调用 CcmdUI 对象的________函数,可以启用和禁用菜单选项。

4. TrackPopupMenu()函数需要四个参数:________、________、________、________。

二、简答题

1. 简述建立和编辑菜单的过程。

2. 怎样在菜单中设置键盘助记符?

3. 环境菜单有什么特殊的设置,它的用途和功能是什么?

三、操作题

1. 创建一个包含“文件”、“编辑”和“画图”3 个菜单的单文档应用程序。其中,“文件”菜单包含“打开”、“新建”、“保存”和“退出”基本功能菜单项,“编辑”菜单包含“复制”、“粘贴”和“查找”功能菜单项,“画图”菜单包含“矩形”、“椭圆”、“允许画图”和“禁止画图”菜单项。另外,“矩形”和“椭圆”、“允许画图”和“禁止画图”为相互切换选中的菜单项,要求增加选中标记,且当“禁止画图”菜单项被选中时,“画图”菜单中的“矩形”和“椭圆”为无效,即灰色禁用状态,否则为有效。要求:只作为菜单练习,具体画图功能不需要实现。

2. 改写上题中的程序,将菜单中“保存”和“退出”之间用分隔符隔开显示。

3. 编写一个应用程序,创建一个菜单,菜单中包含“启用”、“禁用”和“程序”三个选项,当单击“启用”时,“程序”选项变黑,当单击“禁用”时,“程序”选项变暗,并不可使用。

4. 编写一个应用程序,程序运行时,窗口中显示字符串信息;按下 W 键时,更新显示的字符串内容和位置,同时在窗口中央显示一组同心圆;然后按下 E 键时,消除窗口中显示的同心圆,返回程序启动时的状态。

5. 编写一个应用程序,使用菜单编辑器,仿照 Visual C++6.0 集成环境的工程菜单,设计一个外观相同的菜单。

第12章 创建和使用对话框

本章内容提要

创建和设计对话框；创建对话框类；使用对话框数据交换和数据确认函数；使用非模态对话框

对话框是开发 Windows 应用程序时使用得最多的工具之一，它有着及其广泛的用途。对话框可以很简单地用来发布给用户的信息，并且允许用户输入应用程序所需的信息。通常用户可以确认或取消输入的内容。取消功能仅仅关闭对话框，就像该对话框从未打开过一样；而确认功能会根据输入信息的内容启动一定的功能，一般情况下也会关闭对话框。

很少有 Windows 程序没有用到对话框的。在任何的文本编辑器中你只要选择“File”→“Open”，一个对话框就会出现在用户的面前，一个可以用来选择打开文件的对话框。对话框不仅仅局限于标准的文件打开对话框，还有一些其他的对话框，它们看起来是类似的，而且可以做自己所选择做的事情。对话框吸引人的地方在于它们提供了一种快速的创建 GUI（图形用户接口）的方法，从而大量的减少了所需要写的代码。对话框可以从模板创建，而对话框模板是可以使用资源编辑器方便地进行编辑的。

12.1 创建和设计对话框

创建 Visual C++应用程序中的对话框通常分为两个阶段。第一个阶段是设计阶段，包括创建对话框模板并向其中添加所需的控件。第二个阶段是编程阶段，包括编写 C++源代码将对话框及其控件与类和函数相连。第一个阶段（设计阶段）并不需要我们写入任何源代码。

12.1.1 创建对话框模板

虽然使用 Developer Studio 可以不用创建新工程就能直接创建并设计对话框，但是更多的情况是在已有的工程中编辑一个已有对话框。首先使用 AppWizard 为应用程序创建一个基于对话框的新工程，为此用户需要检查 AppWizard 所提供的一些选项。

1. 创建基于对话框的应用程序的新工程

(1)单击“File”菜单并选择 New 项。

(2)选择 Projects 标签，在工程类型列表中，选择 MFC AppWizard(exe)。

(3)单击“Projects Name”框,输入工程名称 DCDraw,这时的 New 对话框如图 12.1.1 所示。

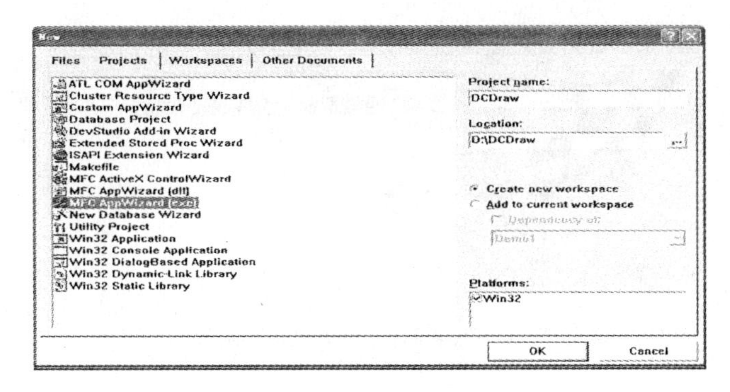

图 12.1.1 创建新工程

(4)单击“OK”按钮,会出现 MFC App Wizard—Step1 对话框。

(5)选择“Dialog Based”单选按钮。

(6)单击“Next”按钮,会出现 MFC App Wizard—Step2 对话框。

这一步使我们能够在创建应用程序之前自定义程序的部分组件。在右边的复选框中选择或取消某一项时,可以在左边的观察栏中看到变动后的效果。右下边可以更改对话框的名称,其他的选项是用来支持对话框的更为复杂的特性的。确保各选项的设置如图 12.1.2 所示。

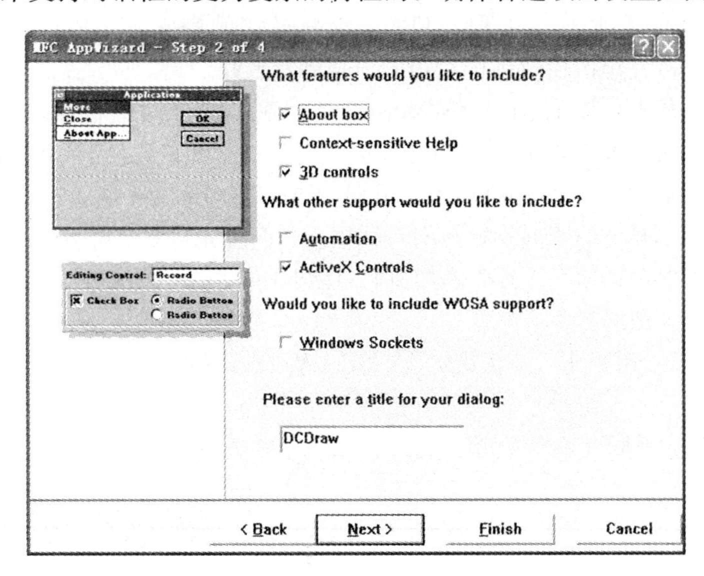

图 12.1.2 自定义程序的组件

(1)单击“Next”按钮进入 MFC App Wizard—Step3 对话框。

这一步问用户是否让 App Wizard 在源代码中添加注释。注释是一些解释和帮助信息,有助于了解应在何处添加自己的代码。建议都回答“Yes Please”,即添加注释内容。在默认情况下,App Wizard 会创建使用 MFC 动态链接库(DLL)版本的程序。这样做有一大优点,就是工程生成的可执行文件会比较小,因为它在运行时会在硬盘上的其他文件中寻找它所需要的 MFC 函数。

(2)单击“Next”按钮进入 MFC App Wizard—Step4 对话框,如图 12.1.3 所示。

在这最后一步中我们可以看到 App Wizard 将要生成的类和文件的名称。如果对这些名称不满意,可以在对话框下部的编辑栏中进行修改。

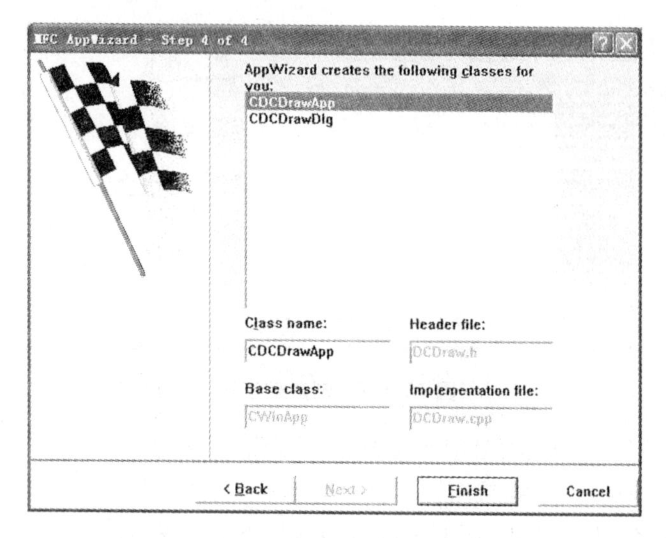

图 12.1.3　检查生成的类和文件名称

(3)单击“Finish”按钮。

(4)单击新工程信息对话框的“OK”按钮,AppWizard 将生成新工程和源文件。

现在我们已经有了所需的工程,可以开始编辑它的资源了。在工作区窗口中单击 Resource View 标签,并单击项目名称左边的+号将其展开。

在 Dialog 文件夹中可以看到 AppWizard 已经创建了两个对话框模板,IDD_DCDRAW_DILOG 模板是应用程序的主窗口,该窗口之所以是对话框形式的,是因为我们在 AppWizard 中将程序设定为基于对话框的(dialog-based)。IDD_ABOUTBOX 模板是通过 Help 菜单中 About 选项打开的、用于显示程序的图标及版本的对话框。我们首先将对 AppWizard 创建的对话框进行简单的编辑,然后学习如何在工程中添加新的对话框,并使用资源编辑器的一些高级特征。

2. 编辑应用程序的主对话框模板

(1)在资源视图的窗格中,双击 IDD_DCDRAW_DIALOG 项,在资源编辑器窗口中会出现对话框模板。

(2)单击文本“TODO:Place Your Controls Here”将其选中,然后按 Delete 键删除该文本控件。

(3)单击“Cancel”按钮,然后,按 Delete 键将 Cancel 按钮删除。

(4)单击“OK”按钮。

(5)右击鼠标,显示出环境菜单。

(6)选择环境菜单中的 Properties 项,出现 Push Button Properties 对话框。

(7)选中 General 标签,然后将 Caption 框中的“OK”更改为“Exit”。

在此我们只是更改了控件的标题而没有改变该控件在程序中的具体功能。程序使用标示符(ID)来识别控件的。在本例中,IDOK 就是一个标示符,当添加对一个特定控件的消息响应的代码时会用到它。IDOK 是 MFC 类库预定义的控件 ID,用它可以调用 CDialog:OnOK()函数,执行关闭对话框所需的代码。

(8)关闭 Push Button Properties 对话框,现在的对话框看起来应该如图 12.1.4 所示。

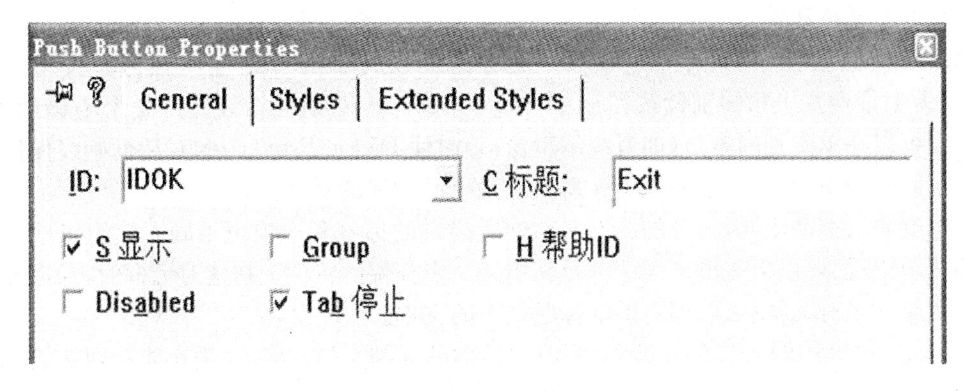

图 12.1.4　编辑已有控件的属性

至此，我们已经对 App Wizard 创建的对话框进行了一些小的修改，下面我们来自己创建一个全新的对话框。

3. 创建新的对话框模板

(1)在工程工作区窗口中选择资源视图窗格。

(2)右击“Dialog”文件夹，显示出环境菜单。

(3)在该菜单中选择 Insert Dialog 项，此时会生成一个新的对话框模板且会在资源编辑器窗口中将其打开。这个新的对话框具有默认的“OK”和“Cancel”按钮。

4. 设置对话框 ID

在插入新的对话框模板时，资源编辑器要确认这个对话框有一个唯一的 ID。系统自动生成的 ID 为 IDD_DIALOG 后加一个数字编号，它出现在资源视图窗格的 Dialog 文件夹下面。在插入对话框模板后，我们首先应该做的就是将自动生成的 ID 更改为一个具有更明确含义的 ID。例如一个用来记录图书销售情况的对话框，我们可以将它命名为 IDD_BOOK_SALES，这样就比 IDD_DIALOG9 容易识别。

对话框的 ID 通常是以前缀 IDD_开头的，这样便于和其他类型的资源区分开。

5. 更改新对话框的 ID

(1)用鼠标单击对话框模板上的空白处(如果有标题栏，最好右击标题栏)，会出现环境菜单。

(2)在该菜单中选择 Properties 选项，会出现 Dialog Properties 对话框，如图 12.1.5 所示。

(3)选择 Dialog Properties 对话框中 General 的标签。

(4)在 ID 框中输入“IDD_DCDRAW_DIALOG”代替默认的“IDD_DIALOG1”。

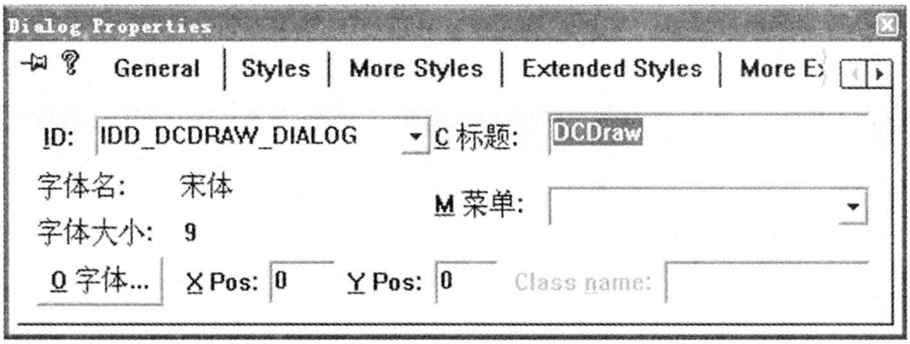

图 12.1.5　修改对话框的 ID

6. 设置对话框属性

修改对话框属性(Dialog Properties)是对话框设计中的一项基本任务。按下 Dialog Properties 对话框左上角的别针按钮让 Dialog Properties 对话框始终打开是个不错的主意。这样我们可以在单击别的窗口(如资源编辑窗口)时使 Dialog Properties 对话框始终保持为前景窗口。Developer Studio 还有其他一些具有“别针”功能的对话框。

所选资源的类型不同，打开的属性对话框所提供的标签和选项也不同。使用属性对话框提供的选项，我们可以更改整个对话框及其中每一个控件的特性。初建对话框时，最需要修改的第一个属性是对话框标题，即对话框标题栏中的文本。

在 Caption 框中输入“DCDraw”来更改对话框的标题。与此同时，用户能看到新的标题在资源编辑器中的对话框模板中显示了出来。

属性对话框中的 General 标签下还提供了一些其他选项，包括设置对话框中使用的字体。如果用户要选择比 8 号字还要大的字号，我们可以看到整个对话框的尺寸随之变大。对话框的尺寸是根据其中字体的平均宽度和高度来计算的。默认的字体是 Ms Sans Serif 8 号，对普通的对话框来说，使用默认设置是比较合适的。

X Pos 和 Y Pos 可以设定打开对话框的位置。这个位置与它的父窗口有关，如果 X 和 Y 两个坐标都设为 0 的话，对话框将在其父窗口的中央部位打开。

对话框单位指的是对话框中使用的尺寸度量方式，它是基于对话框的字体的。DLU 这个术语，就是指对话框单位(Dialog Unit)。

7. 设置对话框样式

在 Dialog Properties 对话框中有三个标签的内容涉及对话框样式(Dialog Box Styles)，首先单击“Styles”标签，如图 12.1.6 所示。

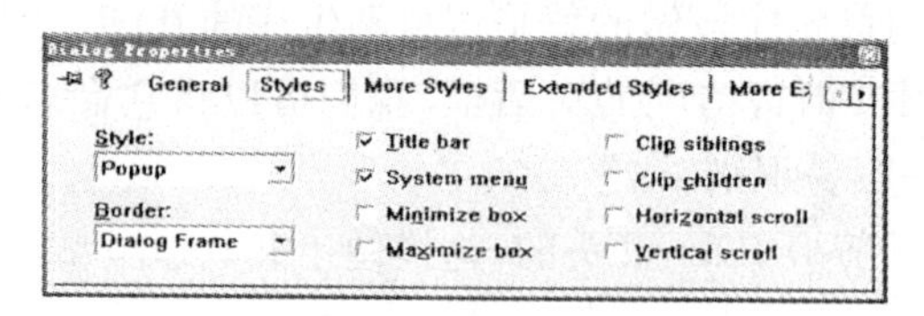

图 12.1.6 选择对话框样式

必须注意的是一些样式的设置会影响到另一些样式的设置。如果不选 Title Bar 这一项，不仅会去掉对话框的标题栏，同时还会去掉系统菜单和标题。如果重新选定 Title Bar，那么还得重新再次输入标题。改变 Border 栏选项也会带来类似的问题。

12.1.2 添加和定位控件

如果没有控件，对话框什么也做不了。当在资源编辑器中打开对话框模板时，Developer Studio 会加载一个 Layout 菜单。用户应该可以看到一对新增的工具栏，其中之一是对话框工具栏(Dialog toolbar)，如图 12.1.7 所示。

如果对话框工具栏控件工具栏没有显示出来，按下面的操作就可以将它们显示出来。

1. 显示对话框工具栏

(1)在 Tools 菜单中选择 Customize 选项，会出现 Customize 对话框。

(2)选择 Toolbars 标签。

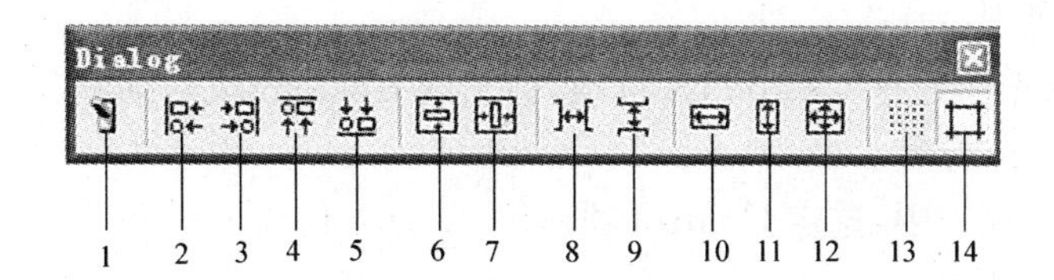

图 12.1.7　对话框工具栏帮助定位控件

(1)Test(测试)　(2)Align Left(左对齐)　(3)Align Right(右对齐)　(4)Align Top(向上对齐)
(5)Align Bottom(向下对齐)　(6)Center Vertical(垂直居中)　(7)Center Horizontal(水平居中)
(8)Space Across(横向空格)　(9)Space Down(纵向空格)　(10)Make Same(相同宽度)
(11)Make Same Width(相同高度)　(12)Make Same Size(相同大小)
(13)Toggle Grid(栅格线开关)　(14)Toggle Guides(栅格线开关)

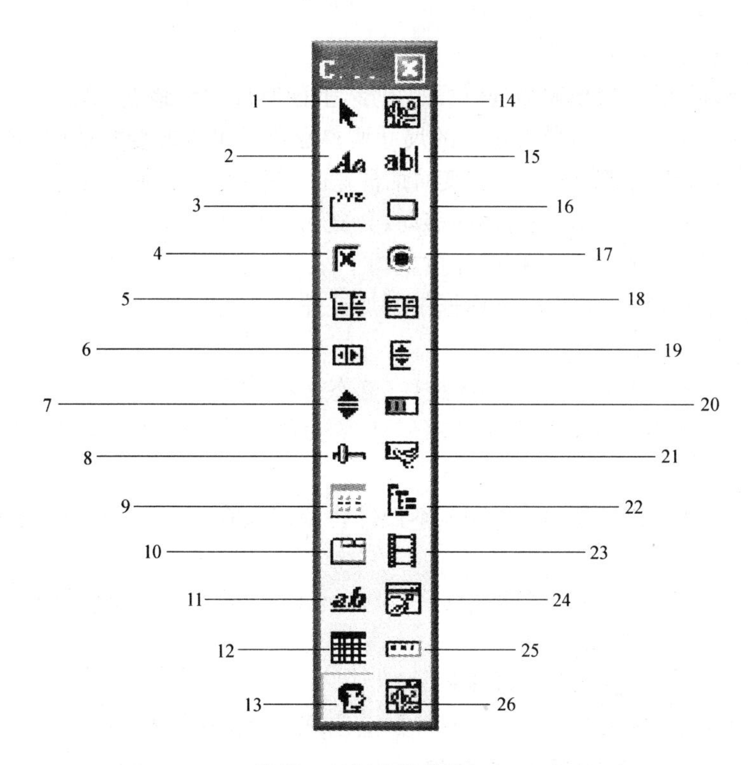

图 12.1.8　控件工具栏使控件能添加到对话框中

(1)Select(选择)　(2)Static Text(静态文本)　(3)Group Box(组框)　(4)Check Box(复选框)
(5)Combo Box(组合框)　(6)Horizontal Scroll Bar(横向滚动条)　(7)Spin Control(旋转条控件)
(8)Slider Control(滑块控件)　(9)List Control(列表控件)　(10)Tab Control(标签控件)
(11)Rich Edit Control(多信息编辑框控件)　(12)Calendar Control(日历控件)
(13)Custom Control(定制控件)　(14)Picture Control(图片控件)　(15)Edit Control(编辑框控件)
(16)Button Control(按钮控件)　(17)Radio Button(单选控件)　(18)List Box(列表框)
(19)Vertical Scroll Bar(纵向滚动条)　(20)Progress Control(进度条控件)　(21)Hot Key(热键)
(22)Tree Control(树控件)　(23)Animate Control(动画控件)　(24)Date/Time Picker(日期/时间检出器)
(25)IP Address Control(IP 地址控件)　(26)Extended Combo Box(扩展组合框控件)

(3)在 Toolbars 列表中，选择 Dialog 项。

(4)单击“Close”按钮。

2. 显示控件工具栏

(1)在 Tools 菜单中选择 Customize 选项，会出现 Customize 对话框。

(2)选择 Toolbars 标签。

(3)在 Toolbars 列表中，选定 Control 项。

(4)单击“Close”按钮。

控件工具栏的每一个图标都代表了一种控件。将鼠标移至任意图标上都会出现一个说明该控件类型的文字框。选择所需的控件，选中后该控件的图标会下陷，此时如果单击控件工具栏左上角的箭头图标可以取消选择并将鼠标恢复到正常状态。选定控件后用鼠标单击对话框模板即可向其中加入控件。扩展组合框控件允许向标准组合框中添加图像。

在向对话框中添加新的控件之前，先增大对话框的尺寸以便于操作。按以下步骤可以改变对话框尺寸。

3. 扩大对话框

单击对话框模板的边，会出现围绕模板的矩形，上面有尺寸调整点，单击右下角的尺寸调整点，记住不要松开鼠标键。通过单击适当的尺寸调整点我们可以改变对话框的任意一种尺寸。例如，单击右边中间的尺寸调整点可以改变对话框宽度，鼠标会指示所要改变尺寸的方向。

按住鼠标键，移动鼠标。随着鼠标的移动，会显示出新对话框的轮廓线。调整窗口到达合适的尺寸后，松开鼠标。此时对话框已经被重画了。

现在我们按照下面的步骤来向对话框中添加控件。

4. 向对话框中添加控件

(1)在控件工具栏中选择 Static text 控件(静态文本控件)。

(2)静态文本控件可以用来显示一些写信息，它最常用的功能是作为对话框中其他控件的标签和标题。

(3)单击对话框模板的左上部，静态文本控件将会出现在对话框中，里面已经有了默认的文本信息“Static”。

(4)右击该控件，然后在下拉列表中选择“Propreties”，然后在 Caption 框中输入“姓名”，静态文本控件中的文本会随之自动改变。

(5)在控件工具栏上选择 Edit(编辑框)控件。

(6)单击对话框中“姓名”文本右边的区域，会出现一个编辑框控件。

(7)在控件工具栏上选择静态文本控件。

(8)单击对话框中“姓名”的下部，将出现一个新的静态文本控件。

(9)输入“性别”，然后在控件工具栏上选择编辑框控件。

(10)单击对话框中“性别”文本右边的区域，出现一个新的编辑框控件。

现在对话框应该如图 12.1.9 所示。

5. 设定控件的大小

有几种方法可以调整控件的尺寸。第一种是内容控制方式，即当我们输入控件的文字标题时，控件的大小会自动改变，这种方式在控件有标题时均可采用。

6. 根据内容设定控件的大小

(1)单击控件，控件的周围会出现一个矩形框。

(2)单击鼠标右键，显示出环境菜单。

(3)选中 Size to Content。

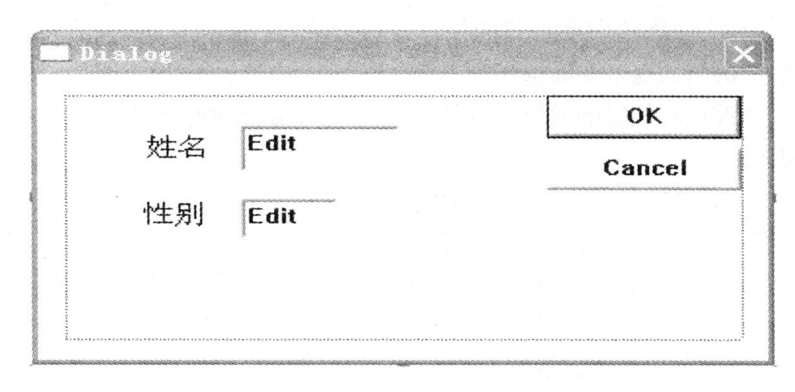

图 12.1.9　向对话框添加控件

当选中某个控件之后便可以利用尺寸调整点来改变控件的大小。在我们的示例中，输入名字的编辑控件可以再大一点。我们先将第一个控件拉大一些，然后再看看怎样使第二个控件跟第一个控件具有相同的尺寸。按照下面的步骤更改“姓名”后的 Edit 控件大小。

7. 调整 Edit 控件大小

(1)单击“First name”右边的 Edit 控件，控件周围出现一个带有尺寸调整点的矩形框。

(2)将鼠标移至矩形框的右边，按住中间的尺寸调整点，此时鼠标光标将变成左右双向箭头。

(3)按下鼠标键，不要松手。

(4)按住鼠标键，左右拖动。随着鼠标的移动将会显示出控件的轮廓线。

(5)当控件到达要求的尺寸时，松开鼠标键，此时控件就被重画了。

12.1.3　选择多个控件

为了使对话框看起来更整齐，有时我们需要把几个控件捆绑在一起放置，或者调整到相同的大小。这可以通过先选定需要设置的多个控件，再选择 Layout 菜单或对话框工具栏中的适当的尺寸设定或对齐方式选项来实现。

1. 使用橡皮区来选中多个控件

可以使用橡皮区来选中对话框模板中的多个控件。按下鼠标左键，在要选择的控件上拖动鼠标，这时会出现一个边框为点画线的矩形框，当松开鼠标键后，框内的所有控件均被选中。

2. 给多个控件定位

选中多个控件后，移动其中的一个控件，所有选中的控件都将随之移动。

需要注意的是如果要使两个控件具有相同的尺寸，最后选择的控件为目标控件，它的周围具有尺寸调整点。当尺寸或对齐方式选项变化时，目标控件将决定另一个控件的变化。为了使第二个控件的尺寸同第一个控件一样，按下面的步骤操作，编辑第二个控件。

(1)单击“性别”右边的编辑框控件选中它。

(2)按住 Ctrl 键并单击另一个编辑框控件，在这个控件周围会出现一个矩形框。第一个控件仍处于选中状态，但只有最近选中的控件周围具有蓝色实心的尺寸调整点。

(3)在 Layout 菜单下选择 Make Same Size 子菜单，再选择 Same Width 项，这时第二个编辑框控件的宽度应该变的与第一个编辑框控件一样。

3. 对齐控件

除了可以调整控件的大小外，资源编辑器下的 Layout 菜单和对话框工具栏均能对齐控件。要对齐控件，首先应该选中要对齐的控件，控件选中后，就可以进行相应的对齐操作了。下面我们用示例中的对话框来实际操作一下。

要将静态文本控件和相应的编辑框控件对齐，按如下步骤进行操作。

4. 对齐 Edit 控件

(1)选中"姓名"控件及其右边的编辑框控件，这两个控件周围都应该出现表示其被选中的矩形框，不过只有编辑框控件的框上有尺寸调整点。

(2)在 Layout 菜单下选择 Align 子菜单，再选择 Bottom 项，这样文本"姓名"和编辑框控件的底边将对齐。

(3)对"性别"及其右边的编辑框控件重复第(1)步和第(2)步操作。

(4)同时选中"姓名"和"性别"两个控件。

(5)在 Layout 菜单下选择 Align 子菜单，再选择 Right 项，这将使两个文本控件的右边对齐。

12.1.4 组织对话框控件

创建对话框时除了要添加和定位控件外，还需要考虑一些别的方面的问题。使用组框(Group Boxes)可以使对话框看起来更紧凑也更简洁一些。另外我们可以设定使用 Tab 键访问各个控件的挑格程序，也可以为每个控件定义一个快捷键。

1. 使用组框

如果将很多个控件组织在一个组中，在给整个组一个标题和边框，这样界面看起来会简洁许多。使用组框控件可获得这样的效果。理解一样事物最好的方法莫过于看一些实例，下面我们将向对话框中添加更多的控件。

使用组框不仅仅是为了让对话框更好看一些，如果与单选按钮或复选框一起使用，它还可以使一组控件关联起来。组框中的每个控件都能自动影响到其他控件。

2. 在对话框中添加组框和几个复选框

(1)在控件工具栏上选择组框(Group Box)控件。

(2)在对话框中的编辑控件下单击鼠标，添加一个组框控件。

(3)使用右下角的尺寸调整点将组框大小调至合适的尺寸。

(4)按照前面的方法将组框的标题改为喜爱的栏目。

(5)在控件工具栏上选择复选框(Check Box)控件。

(6)如图 12.1.10 所示，在组框中添加 3 个复选框，并修改标题。

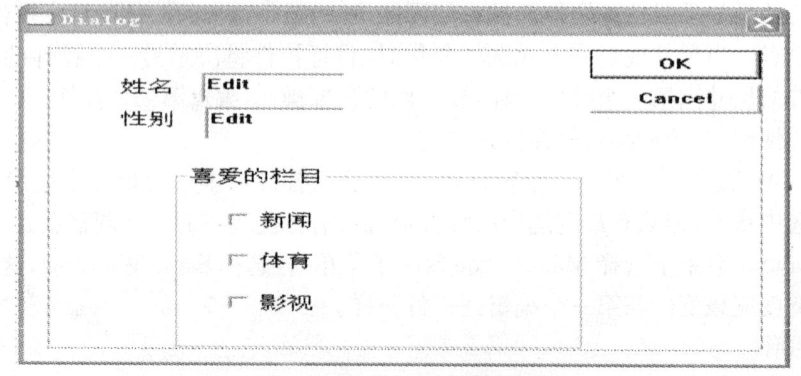

图 12.1.10 对话框使用组框

(7)用前面介绍的调整尺寸、选定多个控件和对齐控件的方法将组框中的控件调整成美观的布局。

3. 设定跳格顺序

对话框中的控件可以按照一定顺序跳格,这个顺序就是跳格顺序。在操作过程中,可以使用键盘上的 Tab 键从一个控件跳格至另一个控件,使用“Shift+Tab”键则可以按反向的顺序跳格。当跳至某控件时,此控件就会接受当前的输入焦点。例如,当跳格至某按钮控件时,此按钮周围就会出现边框为点划线的矩形,这表示焦点已经被移至该按钮了。

设定对话框中的跳格顺序:

(1)在 Layout 菜单中,选择 Tab Order 项。对话框模板此时会显示出每一个控件的默认跳格顺序,如图 12.1.11 所示。

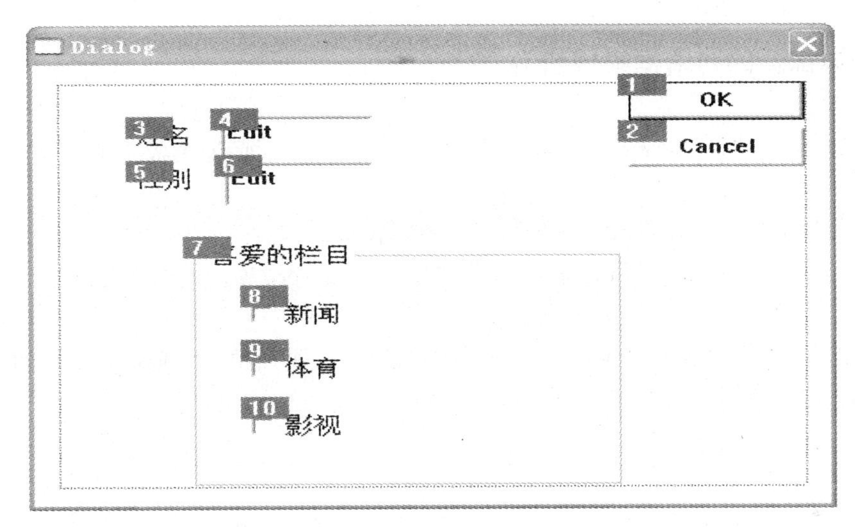

图 12.1.11　修改控件的跳格顺序

(2)单击所希望的第一个控件,它的边上会出现数字 1。

(3)按希望的顺序逐一单击各个控件。每个控件顺次接受下一个数字。

(4)在 Layout 菜单中选择 Test 项或按快捷键“Ctrl+T”可以测试跳格顺序。然后使用 Tab 键确定设置的顺序是否正确。在测试模式中对话框看上去和在程序实际运行时是一样的,我们可以测试程序的功能。按 Esc 键可以终止测试。

4. 设置快捷键

在控件的标题中来作为快捷键的字母前添加 & 符号可以为控件设置快捷键。例如,如果一个按钮控件的标题 Exit,那么这个按钮的标签就显示为 Exit,表示它的快捷键是“Alt+X”或“Alt+x”。

5. 助记快捷键

助记符是一个带下画线的字母,它可以用来作为访问一个特定控件的快捷方式。按 Alt 键加上控件标题上带下画线的字母可以激活快捷方式。在资源编辑器中,将 & 放在用来作为快捷方式的字母前可以声明助记符。

如果在同一个对话框中有多个控件设置了同样的快捷键,当按下此快捷键时,当前控件将跳至跳格顺序最前面的一个控件。为了避免混淆,资源编辑器可以检查是否定义了重复的快捷键。在资源编辑器中的环境菜单中选择 Check Mnemonics 项可以进行检查。如果没有重复的快捷键，会显示出 No duplicate mnemonics found 消息；如果有，则会提示是否需要显示具有相同快捷键的控件，这样我们就可以进行修改。

12.2　创建对话框类

在有了程序的主对话框后，我们可能还需要它能调出辅助对话框来，对于新添的每一个辅助对话框我们都需要一个对话模板资源及其相应的对话框类。我们可以使用资源编辑器来生成对话框模板，并用 ClassWizard 生成 CDialog 派生类来处理对话框的有关功能。至于新添的对话框的控件功能则与主对话框是一致的。

12.2.1　添加新的对话框模板资源

在创建新的对话框处理程序类之前，必须首先创建新的对话框模板资源，并给对话框添加控件。

(1)在项目工作区下方单击“Res…”，打开资源窗口。

(2)在 Dialog 处右击，然后在下拉式菜单中选择 Insert 项，会出现 Insert Resources 对话框。

(3)单击“New”按钮，可以插入一个普通的对话框，也可以单击“Dialog”左边的＋号，展开对话框类型，选择专门的对话框类型，如图 12.2.1 所示。

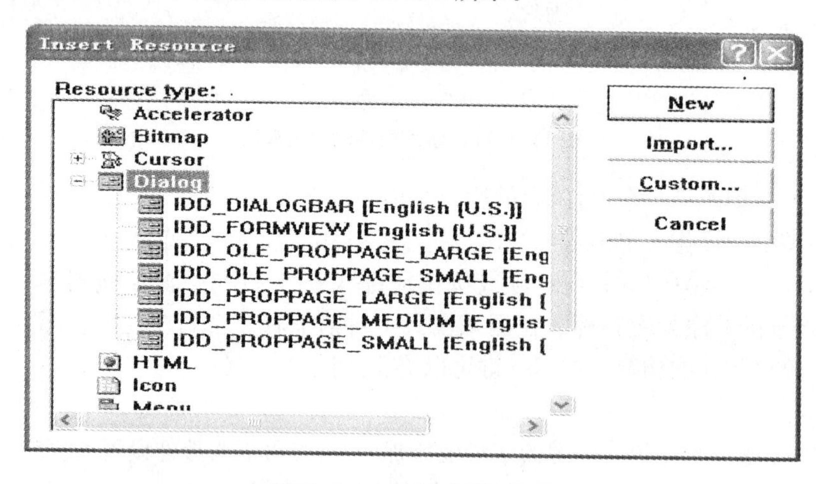

图 12.2.1　选择对话框类型

(4)右击对话框，在下拉菜单中选 Properties 项，显示对话框模板属性，此时可更改对话框的 ID。

12.2.2　用 ClassWizard 从 CDialog 导出类

加入对话框后，可以给它添加控件或更改其属性。但要让它能够正常使用，还必须为它添加一个新的类来定位和显示对话框，并处理对话框及其控件产生的消息。CDialog 类就完成了大部分定位和显示对话框的功能。ClassWizard 能帮助创建这样的类。

(1)双击新创建的对话框,ClassWizard 处理能自动检测到对话框模板是一个新的资源,并显示出一个对话框,如图 12.2.2 所示。

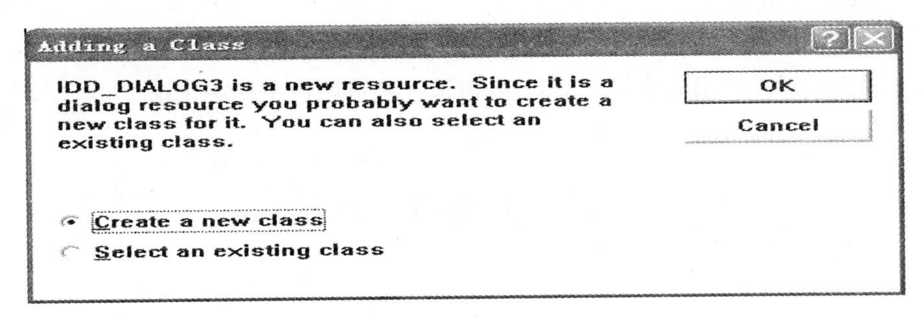

图 12.2.2 显示 Adding a Class 对话框

(2)单击"OK",接受 Create a new class 选项。

(3)ClassWizard 会显示出 New Class 对话框,如图 12.2.3 所示。

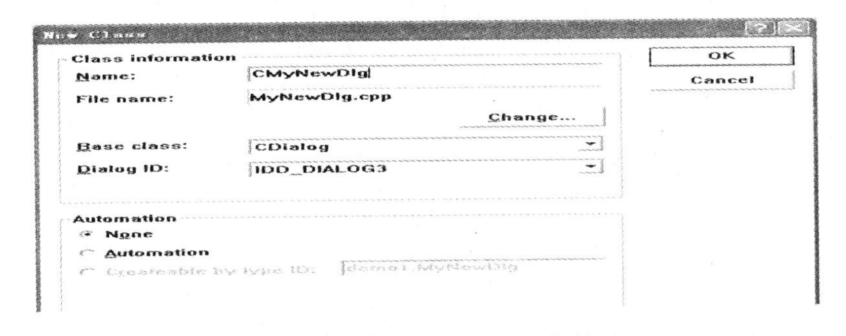

图 12.2.3 显示 New Class 对话框

(4)在 Name 栏中输入新对话框处理类的名称,注意 MFC 派生出的类要以字母 C 打头,本例中输入 CMyNewDlg。

(5)在输入对话框处理类的名称时,可以看到 File name 栏中会显示出实现文件的文件名。如果需要修改,可以单击"Change"按钮。

(6)确认 Base class 框中选中了 CDialog。

(7)在 Dialog ID 组合框中应当显示相应的对话框 ID,如果不正确或要选用其他对话框模板,可以从组合框下拉表的对话框资源中选择。

(8)单击"OK"按钮创建新类及相应的实现文件(.cpp)和头文件(.h)。

(9)ClassWizard 会显示出一个给对话框消息增加事件处理函数的 Message Maps 标签,可以在此为对话框消息添加事件处理函数以及映射变量和它的正常控件。

12.2.3 初始化新对话框类

添加完新对话框类后,可以在类视图 Class…中看到这个新建的类。单击该新类左边的"+"号,可以看到一个构造函数(和新类的名称相同)。双击构造函数,可以看到代码如下:

```
CMyNewDlg::CMyNewDlg(CWnd * pParent /* = NULL */)
    : CDialog(CMyNewDlg::IDD,pParent)
```

```
{
    //{{AFX_DATA_INIT(CMyNewDlg)
        // NOTE: the ClassWizard will add member initialization here
    //}}AFX_DATA_INIT
}
```

如果在定义类时人工添加成员变量的话，应该在构造函数中初始化这些变量的默认值。

12.3 使用控件按钮

12.3.1 使用 Pushbutton 按钮

Pushbutton 按钮是最简单的 Windows 控件。每一个按钮都代表了一个单独的命令，单击按钮就会激发该命令所要执行的动作。几乎所有的对话框中至少都有两个按钮："OK"按钮和"Cancel"按钮。

1. CDialog 类

资源编辑器会给新建的对话框模板执行默认的 OK 和 Cancel 处理函数加上 OK 按钮和 Cancel按钮。MFC 中所有的对话框类的基类都是 CDialog，它有默认的处理 BN_CLICKED 消息的 OnOK()和 OnCancel()函数。可以在自己创建的由 CDialog 派生出来的对话框类中重写这些函数以改变它的动作。

"OK"按钮和"Cancel"按钮在 App Wizard 创建基于对话框的应用程序的时候会自动生成。许多对话框还需要更多的按钮，在前面的章节中我们已经学习过如何使用资源编辑器添加按钮。每一个按钮的基本属性和形式也可以用资源编辑器来设置，不过在程序运行当中更改这些属性会出现什么样的情况呢？例如，更改按钮的标题，但是这样做所需的信息必须在程序启动后才有效。这需要能够访问控件并且有修改标题的方法。在下面的示例中我们学习如何利用 GetDigItem()函数得到一个指向 CWnd 对象的指针，该对象是代表一个按钮控件的。然后我们再来学习如何在程序运行中利用 CWnd 指针来修改标题和其他属性。

首先利用 App Wizard 创建一个基于对话框的工程，将其命名为 Buttons。工程创建完毕后，在其主对话框框中添加五个按钮。在下面的过程中，读者将发现增大对话框宽度并调整按钮的尺寸是十分必要的。

2. 在 Buttons 对话框中添加按钮

(1)在资源视图标签中打开 Dialog 文件夹，双击"IDD_BUTTONS_DIALOG"项，资源编辑器窗口会出现 Buttons 对话框。单击"TODO：Place dialog controls here"文本，然后按 Delete键将其删除。

(2)在控件工具栏中选择 Buttons 控件，在对话框的左上部添加两个按钮，如图 12.3.1 所示。

(3)选中第一个按钮，右击打开环境菜单，选择 Properties 项，会出现添加按钮属性对话框。用户可以单击左上角的别针图标使其保持可见性。

(4)在ID组合框中输入按钮名称，本例使用IDC_SHOW_HIDE，在Caption框中输入Hide。

(5)选中第二个按钮，在ID组合框中输入IDC_ENABLE_DISABLE，并在Caption框中输入Disable。

(6)在对话框的下部添加三个按钮，如图12.3.1所示。

(7)按住Ctrl键，分别单击刚增加的三个按钮，将它们全部选中。

(8)打开属性对话框，单击“Extended Styles”标签，选中Client Edge和Modal Frame项。

(9)给最左边按钮的ID命名为IDC_LEFT，标题为Left；中间按钮的ID为IDC_CENTER，标题为Center；最右边的ID为IDC_RIGHT，标题为Right。

(10)关闭按钮属性对话框。现在的对话框应该如图12.3.1所示。

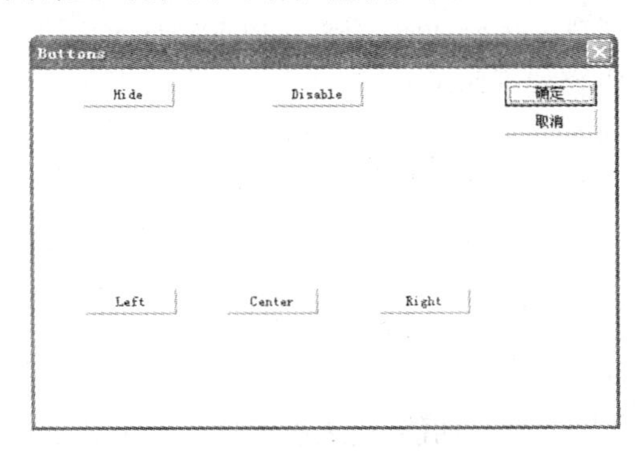

图12.3.1　Buttons对话框的布局

3. 给按钮单击事件添加消息处理函数

和其他所有的Windows控件一样，如果在按钮控件上发生了某种事件，它就会向其父窗口发送一个消息。例如当单击一个对话框中的按钮后，它就会向对话框返回一个BN_CLICKED消息。为了能让程序对这个消息做出适当的反应，还必须为BN_CLICKED构造一个消息处理函数。

如前面的示例，新添加的五个按钮都应该有自己的处理函数。IDC_SHOW_HIDE按钮的处理函数能控制对话框下部三个按钮的可见性，并使IDC_SHOW_HIDE按钮的标题在Hide和Show之间切换。IDC_ENABLE_DISABLE按钮的处理函数会控制这三个按钮的有效性，并使IDC_ENABLE_DISABLE按钮的标题在Enable和Disable之间切换。当按钮无效时，它会变成灰白色并且不能接受当前的键盘输入。Left、Right和Center按钮则用来改变对话框标题的位置。

在此需要为第一个按钮添加一个处理BN_CLICKED消息的函数，然后再来看看如何在函数中添加源代码，以及为其他按钮添加处理函数的方法。

4. 添加按钮单击处理函数

(1)双击“Hide”按钮，弹出添加成员变量的对话框(Add Member Variable)。

(2)单击“OK”按钮接受默认的成员函数名称：OnShowHide。编辑窗口中会出现新函数的框架结构，用户可以直接在其中添加所需的源代码。

每次单击“IDC_SHOW_HIDE”按钮时程序都会调用OnShowHide()函数。但是调用到底是如何发生的呢？要回答这个问题，需要解释一下消息映射。

5. 了解消息映射

MFC框架使用消息映射机制将Windows消息和特定的C++函数联结起来，可以将消息映射添加到任何由MFC的CCmdTarget类派生出来的类中。

与消息映射相关的大部分源代码都隐藏在宏中，宏可以由Visual C++的工具进行添加或修改。定义CButtonsDlg类的CButtonsDlg.h头文件中包含了下面这样一行语句：

```
DECLARE_MESSAGE_MAP()
```

它是由AppWizard在创建类的时候自动生成的。实际上宏还定义了其他一些变量，用来提供消息映射的入口以及一些将消息传递给正确的C++函数的函数。

消息映射是指导C++函数响应Windows消息的机制，在使用中必须由CCmdTarge派生出一个新类。

创建OnShowHide()消息处理函数时，会发生以下三件事。

(1)创建函数执行体，内容如下所示：

```
void CButtonsDlg::OnShowHide()
{
    //TODO:Add your control notification handler code here
}
```

(2)在CButtonsDlg.h头文件中添加函数声明：

```
afx_msg void OhShowHide();
```

afx_msg前缀其实没有别的什么功能，用来提示这是一个处理消息的函数。

(3)在BEGIN_MESSAGE_MAP宏中增加了一个入口以将消息和函数关联起来。这个宏在CButtonsDlg.cpp文件中，内容如下：

```
BEGIN_MESSAGE_MAP(CButtonsDlg,CDialog)
    //{{AFX_MSG_MAP(CButtonsDlg)
    ON_WM_SYSCOMMAND()
    ON_WM_PAINT()
    ON_WM_QUERYDRAGICON()
    ON_BN_CLICKED(IDC_SHOW_HIDE,OnShowHide)
    //}}AFX_MSG_MAP
END_MESSAGE_MAP()
```

可以看到，在消息映射宏中OnShowHide()函数被赋予了一个入口。当Windows送出IDC_SHOW_HIDE按钮的BN_CLICKED消息时，所有的入口都将被搜寻一遍，如果找到了相应的消息处理函数，该函数将会被调用。

6. 在程序运行中修改按钮

在设计对话框布局时使用资源编辑器的方法是很灵活的，不过有时这种灵活性还不够。例如，在开发设计电子表格的程序时，其中的一项要求就是可以定制按钮。在程序运行当中要修改按钮或其他控件的属性或样式，首先要能够访问该控件。通过调用GetDlgItem()函数并将所需的ID传递给它，就可以很容易地完成这一任务。GetDlgItem()函数会返回一个指向代表该控件的CWnd对象的指针。这个指针可以传递给相应的类，用来获取或设置控件的属性。

GetDlgItem()函数的返回值是一个CWnd指针，因为按钮本身也是一个窗口。按钮虽然看上去和一个标准的对话框型的窗口没有共同之处，但是两者都是窗口，也可以用一个CWnd对象来表示。

7.CWnd类提供了基本的窗口功能

CWnd窗口类将一个窗封装起来并提供基本的窗口功能。有一点需要注意，CWnd对象是一个C++对象而不是窗口本身。Windows的窗口是一个分离的实体，可以通过CWnd的成员函数访问它。CWnd对象是在窗口创建之前构造的，可以调用DestroyWindow()函数销毁窗口，此时CWnd对象仍然有效。为了让OnShowHide()处理函数能够控制对话框下部三个按钮的可见性，按程序清单所示加入源代码。

```
void CButtonsDlg::OnShowHide()
{
    // TODO: Add your control notification handler code here
    //检查目前左按钮是否可视
    BOOL bVisible = GetDlgItem(IDC_LEFT) ->IsWindowVisible();
    // GetDlgItem()返回指向CWnd对象的指针。IsWindowVisible()是CWnd的成员函数，如果窗口是可见的，返回TRUE
    GetDlgItem(IDC_LEFT) ->ShowWindow(bVisible? SW_HIDE:SW_SHOW);
    //每个按钮是否可见的转换可以通过调用ShowWindow时传递SW_HIDE或SW_SHOW标志来实现
    GetDlgItem(IDC_CENTER) ->ShowWindow(bVisible? SW_HIDE:SW_SHOW);
    GetDlgItem(IDC_RIGHT) ->ShowWindow(bVisible? SW_HIDE:SW_SHOW);
    GetDlgItem(IDC_SHOW_HIDE) ->SetWindowText(bVisible?" Show" :" Hide");
    // SetWindowText改变按钮的标题
}
```

在程序中调用了GetDlgItem(IDC_LEFT)函数，因为输入的控件名称是IDC_LEFT，所以它返回的指针将指向Left按钮。然后调用IsWindowVisible()函数时使用了这个指针，它会根据所指向的窗口的当前状态相应返回TRUE或FALSE值，结果存放在布尔型变量bVisible中。因为这三个按钮具有相同的状态，所以只需检查其中的一个按钮即可。

调用GetDlgItem(IDC_LEFT)、GetDlgItem(IDC_CENTER)和GetDlgItem(IDC_RIGHT)函数是为了让CWnd指针分别指向这三个按钮。然后三者分别调用了ShowWindow()函数，根据bVisible的值传入SW_HIDE或SW_SHOW参数可以使按钮隐藏或显示出来。这样就实现了单击Hide按钮后隐藏窗体下方的三个按钮，再次单击又会重新显示出来的效果。

8.使用GetDlgItem()函数返回的指针

GetDlgItem()函数返回的CWnd指针不会长时间有效，一般存放该指针，使用时再调用该函数来得到它的内存地址。如果找不到与传递给GetDlgItem()函数的ID相符的窗口，该函数返回值NULL。

调用GetDlgItem(IDC_SHOW_HIDE)时传递的参数是IDC_SHOW_HIDE，即被单击的按钮的ID，然后调用CWnd的成员函数SetWindowText()可以改变按钮的标题。传递的字符串参数分别是Show和Hide，根据bVisible的值来选择使用哪一个。

添加完这些源代码，编译并运行该程序，然后单击“Hide”按钮，“Left”按钮、“Center”按钮和“Right”按钮应该从窗口中消失，按钮的标题变为Show，单击该按钮，三个消失的按钮又会显现出来。

下面再添加一个类似的消息处理函数，以使这三个按钮在有效和无效状态之间切换。给IDC_ENABLE_DISABLE按钮添加一个BN_CLICKED消息处理函数，建立一个名为OnEnableDisable()的函数，按以下程序清单添加源代码。

```
void CButtonsDlg::OnEnableDisable()
{
    // TODO: Add your control notification handler code here
    BOOL bState = GetDlgItem(IDC_LEFT) ->IsWindowEnabled();
    GetDlgItem(IDC_LEFT) ->EnableWindow(! bState);
    GetDlgItem(IDC_CENTER) ->EnableWindow(! bState);
    GetDlgItem(IDC_RIGHT) ->EnableWindow(! bState);
    GetDlgItem(IDC_ENABLE_DISABLE) ->SetWindowText(bState?" Enable" :" Disable");
}
```

GetDlgItem(IDC_LEFT)－>IsWindowEnabled()检查并返回 Left 是否为有效状态的值。GetDlgItem(IDC_LEFT)、GetDlgItem(IDC_CENTER)和 GetDlgItem(IDC_RIGHT)的调用采用与当前状态相反的参数，使三个按钮有效或无效。

添加完这些源代码，编译并运行程序，然后单击"Disable"按钮，"Left"按钮、"Center"按钮和"Right"按钮失效，按钮的标题变为 Enable，单击该按钮，三个失效按钮又会恢复。

12.3.2 使用单选按钮

很多情况下在两个或多个按钮中只能选择一个，这时可以用单选按钮。单选按钮通常被置于组框中，在同一个对话框中使用组框可以设置多组独立运行的单选按钮。

在添加单选按钮时最重要的是确保使用资源编辑器为单选按钮设定了正确的属性和形式。如果设置正确的话，单选按钮的大部分功能都可以自动地完成。

组框中的每一个单选按钮都必须选中 Auto Styles 选项，这样才能使自动排斥功能生效。该选项在添加单选按钮时是默认设置。多个单选按钮被编为一组是通过 Group 属性实现的。当一个单选按钮的属性选中 Group 项时，它会被自动认为是组框中的第一个控件，接下来的控件只要不选中 Group 项，都会认为是同一个组框中的控件，下一次给单选按钮设置 Group 项时，该按钮会被认为是另一个组框中的第一个控件。

1. 获取选中的单选按钮

将单选按钮编为一组的目的是使这组选项中只能有一个被选中。要想知道哪个按钮被选中了，需要利用一个和单选按钮相关联的变量。这个变量实际上是与单选按钮组中的第一个单选按钮(选中 Group 属性的单选按钮)相关的。

2. 建立单选按钮对话框

(1)建一个基于对话框的工程，对话框 ID 为 IDD_GENDER_DIALOG。

(2)在控件工具栏上选择组框，在对话框的左边添加一个组框。

(3)将组框的 Caption 改为性别。

(4)添加两个单选按钮，其 ID 分别为 ID_MALE、ID_FEMALE，Caption 分别为男、女，且第一个按钮选中 Group 复选框。最后的对话框如图 12.3.2 所示。

3. 为单选按钮映射变量

(1)右击"男"单选按钮，在出现的下拉菜单中选 ClassWizard，建立新类 CgenderDlg，选 Member Variable 标签，如图 12.3.3 所示。

(2)在 Control IDS 列表框中选择控件 IDC_MALE，然后单击"Add Variable"按钮，在 Add Member Variable 对话框中输入变量名 m_nGerder，然后单击"OK"按钮返回。

图 12.3.2　单选按钮对话框

图 12.3.3　ClassWizard 对话框

(3)关闭 ClassWizard 对话框。

现在程序中已经添加了一个新变量,ClassWizard 在程序中已经生成了相应的源代码,并将初始值赋－1,这表示在运行程序并第一次打开对话框时,没有任何一个单选按钮被选中。如果希望默认的设置是选中第一个按钮,必须修改程序中赋初值的语句。

打开类视图,展开 CGender 类,双击其下第一项,在编辑窗口中出现:

```
CGenderDlg::CGenderDlg(CWnd * pParent /* = NULL */)
: CDialog(CGenderDlg::IDD,pParent)
{
//{{AFX_DATA_INIT(CGenderDlg)
m_nGender = -1;
//}}AFX_DATA_INIT
}
```

将 m_nGender = －1 改为 m_nGender =0。

剩下的工作是添加代码来检测哪个单选按钮被选中为 ID_OK 按钮添加一个按钮处理函数,并添加代码如下:

```
void CGenderDlg::OnOK()
{
    // TODO: Add extra validation here
    CString strMessage;
```

```
    CString strGender;
    UpdateData(); //从对话框的控件中得到数据,并且更新与它们相联系的变量
    GetDlgItem(IDC_MALE + m_nGender) - >GetWindowText(strGender);
    //得到被选中的按钮的标题
    strMessage = " 性别:" + strGender; //合并要显示的信息
    MessageBox(strMessage);
    CDialog::OnOK();
}
```

编译并运行程序,选中“男”单选按钮,并单击“确定”按钮,出现图12.3.4所示窗口。

图12.3.4　性别显示窗口

12.3.3　使用复选框

复选框允许用户选中多项、一项或不选任何项。标准的复选框形式是在标签的旁边有一个小选框,当该项被选中时,选框中会出现一个小勾或小叉,而当该项没被选中时,选框为空白。复选框还有第三种状态,框中的勾或叉显示为灰色,表示该项是不可以由用户选择的。

1. 添加复选框

添加复选框和添加单选按钮的步骤是一样的,多个复选框被编为一组是通过Group属性实现的。当一个复选框的属性选中Group项时,它会被自动认为是组框中的第一个控件,接下来的控件只要不选中Group项,都会认为是同一个组框中的控件。

我们在12.3.2节的实例中再添加一个组框和三个复选框,三个复选框的ID分别为IDC_FILM、IDC_FOOTBALL、IDC_NEWS,如图12.3.5所示。

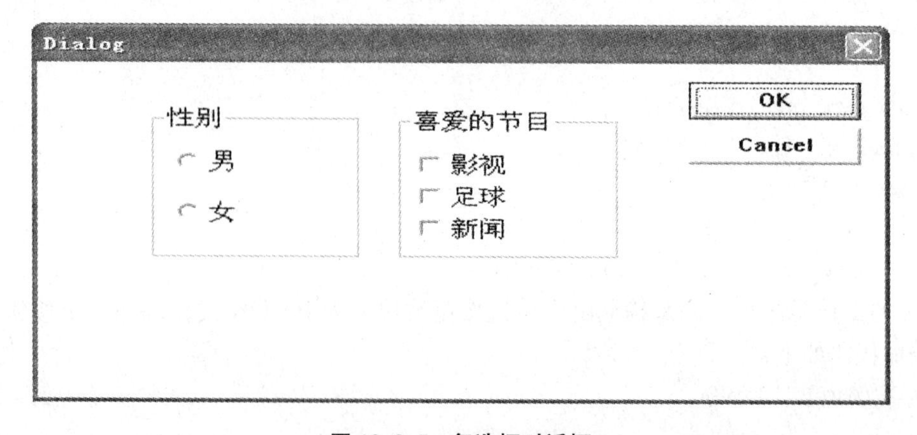

图12.3.5　复选框对话框

2. 检查并设置复选框

使用复选框的目的也是使用户可以在多个选项中进行选择，必须知道复选框是否被选中了。要获得复选框的状态，可以使用 Cbutton 类的 GetCheck()函数获取复选框的状态，SetCheck()函数设置复选框状态。下例检查被选中的复选框，并显示选择的结果。

```
void CGenderDlg::OnOK()
{
    // TODO: Add extra validation here
    CString strMessage;
    CString strGender;
    UpdateData();
    CButton * pFilm = (CButton * )GetDlgItem(IDC_FILM);
    CButton * pFootball = (CButton * )GetDlgItem(IDC_FOOTBALL);
    CButton * pNews = (CButton * )GetDlgItem(IDC_NEWS);
    strMessage = " 喜爱的节目";
    if(pFilm->GetCheck())
        strMessage = strMessage + " \n 影视 ";
    if(pFootball->GetCheck())
            strMessage = strMessage + " \n   足球 ";
    if(pNews->GetCheck())
        strMessage = strMessage + " \n   新闻";
    MessageBox(strMessage);
    CDialog::OnOK();
}
```

12.4 显示模态对话框

对话框分两种类型，模式对话框和无模式对话框。

一个模式对话框是一个有系统菜单、标题栏、边线等的弹出式窗口。在创建对话框时指定 WS_POPUP、WS_SYSMENU、WS_CAPTION 和 DS_MODALFRAME 风格。即使没有指定 WS_VISIBLE 风格，模式对话框也会被显示。

创建对话框窗口时，将发送 WM_INITDIALOG 消息(如果指定对话框的 DS_SETFONT 风格，还有 WM_SETFONT 消息)给对话框过程。

对话框过程(Dialog box procedure)不是对话框窗口的窗口过程(Window procedure)。在 Win32 里，对话框的窗口过程由 Windows 系统提供，用户在创建对话框窗口时提供一个对话框过程由窗口过程调用。

对话框窗口被创建之后，Windows 使得它成为一个激活的窗口，它保持激活直到对话框过程调用::EndDialog 函数结束对话框的运行或者 Windows 激活另一个应用程序为止，在激活时，用户或者应用程序不可以激活它的所属窗口(Owner window)。

大部分对话框都是标准模态的。这种标准模态显示出空的对话框或初始化设置;用户可以修改对话框的初始化设置，比如如果单击“OK”按钮会执行这些设置，如果单击“Cancel”按钮则不理睬这些设置。从编程者的角度来看，这意味着对话框本身保留了我们对数据局部复制的修改，当单击“OK”按钮时，在主程序数据中一定使用这些修改，否则什么也不做。

程序的操作通常是通过模态对话框进行的，当显示出模态对话框时，程序的其他用户界面都不能进行操作，这样用户只有关闭模态对话框后，程序才能继续执行。这些模态对话框可以打开另一个模态对话框，但是只能最上层的模态对话框进行操作，并且当它关闭时程序将返回到打开它的对话框处。

非模态对话框则是另一种对话框形式。当显示出非模态对话框时，程序的其他部分能够照常运行，一个很好的例子就是资源管理器中的工具栏。

非模态对话框将在本章的后部分进行详细介绍。这两种形式的对话框都要使用到C++类来完成其功能。

12.4.1 对话框的 MFC 实现

在 MFC 中，对话框窗口的功能主要由 CWnd 和 CDialog 两个类实现。

MFC 通过 CDialog 来封装对话框的功能。CDialog 从 CWnd 继承了窗口类的功能(包括 CWnd 实现的有关功能)，并添加了新的成员变量和函数来处理对话框。

CDialog 的成员变量有 protected。

```
UINT m_nIDHelp; // Help ID(0 for none,see HID_BASE_RESOURCE)
                    LPCTSTR m_lpszTemplateName; // name or MAKEINTRESOURCE
                    HGLOBAL m_hDialogTemplate; // indirect(m_lpDialogTemplate == NULL)
                    // indirect if(m_lpszTemplateName == NULL)
                    LPCDLGTEMPLATE m_lpDialogTemplate;
                    void* m_lpDialogInit; // DLGINIT resource data
                    CWnd* m_pParentWnd; // parent/owner window
                    HWND m_hWndTop; // top level parent window(may be disabled)
```

成员变量保存了创建对话框的模板资源、对话框父窗口对象、顶层窗口句柄等信息。三个关于模板资源的成员变量 m_lpszTemplateName、m_hDialogTemplate、m_lpDialogTemplate 对应了三种模板资源，但在创建对话框时，只要一个模板资源就可以了，可以使用其中的任意一类。

CDialog 的成员函数如下：

(1)构造函数

```
CDialog(LPCTSTR lpszTemplateName,CWnd* pParentWnd = NULL);
CDialog(UINT nIDTemplate,CWnd* pParentWnd = NULL);
CDialog();
```

CDialog 重载了三个构造函数。其中，第三个是默认构造函数；第一个和第二个构造函数从指定的对话框模板资源创建，pParentWnd 指定了父窗口或所属窗口，若空则设置父窗口为应用程序主窗口。

(2)初始化函数

```
BOOL Create(LPCTSTR lpszTemplateName,CWnd* pParentWnd = NULL);
BOOL Create(UINT nIDTemplate,CWnd* pParentWnd = NULL);
BOOL CreateIndirect(LPCDLGTEMPLATE lpDialogTemplate,CWnd* pParentWnd = NULL);
BOOL CreateIndirect(HGLOBAL hDialogTemplate,CWnd* pParentWnd = NULL);
```

```
BOOL InitModalIndirect(LPCDLGTEMPLATE lpDialogTemplate,CWnd * pParentWnd = NULL);
BOOL InitModalIndirect(HGLOBAL hDialogTemplate,CWnd * pParentWnd = NULL);
```

Create 用来根据模板创建无模式对话框;CreateInDirect 用来根据内存中的模板创建无模式对话框;InitModalIndirect 用来根据内存中的模板创建模式对话框。它们都提供了两个重载版本。

(3)对话框操作函数

```
void MapDialogRect(LPRECT lpRect)const;
void NextDlgCtrl()const;
void PrevDlgCtrl()const;
void GotoDlgCtrl(CWnd * pWndCtrl);
void SetDefID(UINT nID);
void SetHelpID(UINT nIDR);
void EndDialog(int nResult);
```

(4)虚拟函数

```
virtual int DoModal();
virtual BOOL OnInitDialog();
virtual void OnSetFont(CFont * pFont);
virtual void OnOK();
virtual void OnCancel();
```

12.4.2 创建对话框类

在创建新的对话框处理程序之前,先建立一个名为 Properties 的工程,然后按 12.1.1 节的步骤,插入新对话框模板资源……该对话框的 ID 为 IDD_DIALOG1,再利用 ClassWizard,导出类 MyNewDlg,注意 MFC 派生出的类以字母 C 打头,Base class 中选择 CDialog,如图 12.4.1 所示。

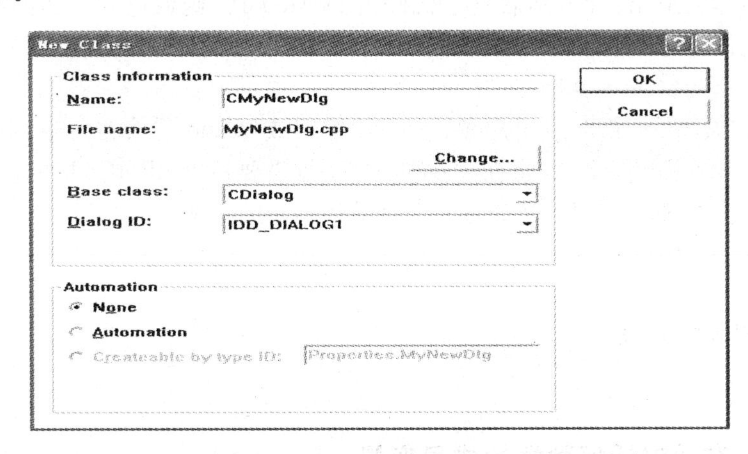

图 12.4.1 创建新对话框类的对话框

单击"OK"按钮,则创建名为 MyNewDlg. cpp 和 MyNewDlg. h 的文件。

12.4.3 显示模态对话框类

现在再来看看怎样调用对话框，对话框应该由用户的某一操作来调用，比如在父窗口通过菜单选择项或单击某个按钮。

在父窗口的合适的处理函数中（响应为控件），通过下面的两步简单操作就可以显示新的对话框。首先创建一个对话框类的范例：

```
CMyNewDlg DlgMyCustom(this);
```

在上面这行中，CMyNewDlg 是 AppWizard 创建的对话框类，它被转化为 DlgMyCustom 对象，这个构造函数是通过特殊的 C＋＋this 指针的。因为处理函数的调用是由 CWnd 派生出的类来进行的（例如 CDialog、CView 等），所以要向对话框输入父窗口的信息。从前面学过的内容，我们知道对话框会被自动用来初始化 CDialog 基类。

在编辑示例（前一行中的 CMyCustomDlg）时，编译程序才知道派生出的对话框类，不过要记住在使用该类定义对象时，使用的模块中必须包含类定义头文件 MyNewDlg. h。

例如，如果在 CMainFrame 中使用该对话框类，必须在 MainFrm. cpp 中添加下面的一行代码：

```
# include " MyNewDlg. h"
```

第二步是显示并开始对话框的模态操作，这只需要调用 DoModal()函数就可完成。这个函数会显示出模态对话框及其所属的控件，等待着用户输入信息，并将控件发出的信息传递给相应的函数，直到用户关闭此对话框为止。

如果显示新的对话框出现问题，DoModal()函数会立刻返回值－1 的代码或 IDABORT。如果显示过程正常，则在调用 EndDialog()函数时，DoModal()会返回一个退出代码，将对话框关闭。

默认实现的 OnOK()和 OnCancel()函数会自动调用 EndDialog()函数，分别输入 IDOK 和 IDCANCEL 作为退出代码，然后这个代码由 DoModal()函数返回。例如，以下调用 DoModal()函数的语句可以激活对话框：

```
int nRetCode = DlgMyCustom. DoModal();
```

当对话框被关闭后（通常由用户单击“OK”按钮或“Cancel”按钮），返回代码 IDOK 或 IDCANCEL会赋给 nRetCode，通常在此步骤可以根据需要检查 nRetCode 的值来进行适当的操作。例如当按下“OK”按钮后，可以编写下面的代码来保存改变。

```
if(nRetCode = = IDOK)
  {
    //保存对话框的改变
  }
```

12.4.4 添加存放对话框数据的成员变量

大部分程序都要求对话框以程序的当前设置或当前数据的复制初始化，然后用户可以修改对话框中的控件，从而直接或间接地修改局部对话框所复制的程序数据。最后当用户单击“OK”按钮时，修改后的数据还需重新应用到程序中去。

这意味着程序在调用对话框 DoModal()函数前，要将主程序当前的数据传送到对话框中去，然后在单击“OK”按钮后，DoModal()函数返回应用修改后的数据。

通常我们可以将对话框所复制的主程序的数据存放在其控件映射的变量中。例如，有一个简单的对话框，包含两个编辑控件，分别显示姓名和年龄，如图 12.4.2 所示。

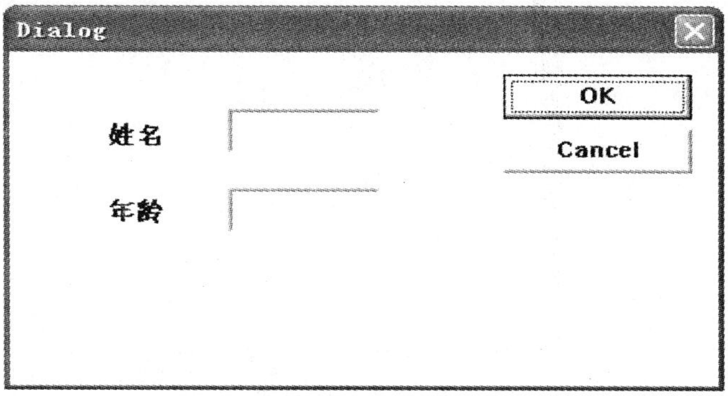

图 12.4.2　包含两个编辑控件的对话框

为两个编辑控件分别映射 CString 变量(m_strName)和 int 变量(m_nAge)来分别存放姓名和年龄，用 ClassWizard 添加这两个映射，如图 12.4.3 所示。

然后，在对话框对象被声明之后初始化这两个变量。见程序清单 12.4.1。

【程序清单 12.4.1】

```
CMyNewDlg DlgMyCustom(this);
DlgMyCustom.m_nAge = 21;
DlgMyCustom.m_strName = " 李晓明";
DlgMyCustom.DoModal();
if(DlgMyCustom.DoModal() = = IDOK)
{
   CString StrMsg;
   StrMsg.Format(" 姓名 = '%s',年龄 = '%d'",
                    DlgMyCustom.m_strName,DlgMyCustom.m_nAge);
   AfxMessageBox(StrMsg);
}
```

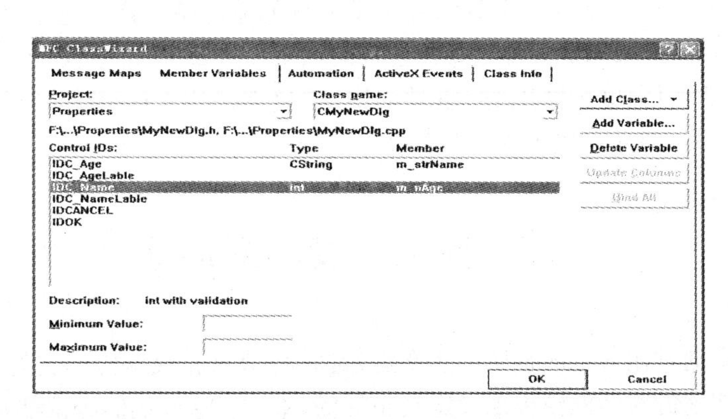

图 12.4.3　为两个编辑控件映射变量

把上述代码插入需要显示对话框的程序段中。例如，想在用户单击主菜单项“修改”，然后选择子菜单项“编辑”时弹出该对话框，如图 12.4.4 所示。

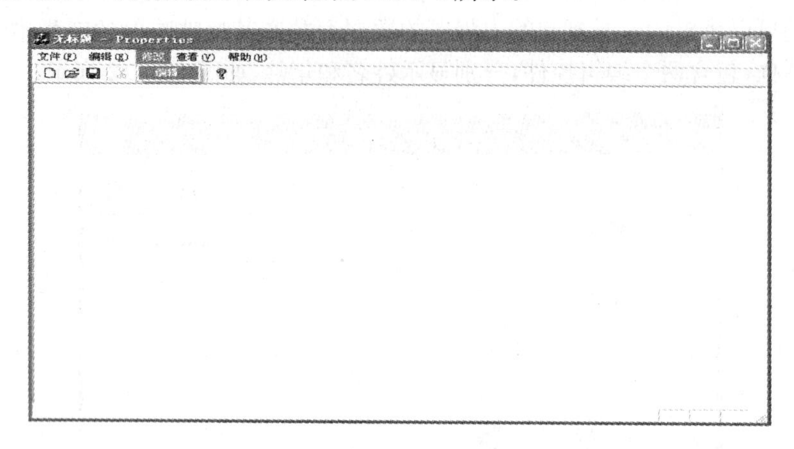

图 12.4.4　选择子菜单项“编辑”

该菜单项的 ID 为 ID_CHANGE_EDIT，利用 ClassWizard 为该菜单项建立函数 OnChangeEdit()，然后把上述代码添加到函数中即可。注意，一定要在 CmainFrame 类中添加代码 # include “MyNewDlg. h”。

如果只是需要一个对话框来提示用户的话，调用 AfxMessageBox()函数并输入不同的参数可以实现很多功能。

12.5　使用对话框数据交换和数据确认函数

本节介绍成员变量的值是如何传递到编辑控件？又是如何从编辑控件来的？无论何时使用 ClassWizard 来为控件映射成员变量，都会在自动在 DoDataExchange()函数中生成执行数据交换的代码，这个函数具有双向传递数据的能力。

这个传递过程称为数据交换，调用对话框的 UpdateData()函数可以将其初始化，该函数的参数是一个名为 bSaveAndValidate 的布尔型变量。用户既可以传递 FALSE 以使用成员变量的值来设置控件，也可以传递 TRUE 将当前控件的值传递给成员变量。当显示对话框的时侯，基类 CDialog 的 OnInitDialog()函数会自动调用 UpdateData()函数来设置控件。基类的 OnOK()函数（当用户单击“OK”按钮时调用）是负责调用 UpdateData()的，并将传给它 TRUE 作参数，把从控件传来的值存入成员变量。

12.6　使用非模态对话框

非模态对话框通常用来完成程序的正常运行，并将消息和数据传回它的主程序。非模态对话框也是使用普通的对话框模板来设定其布局的，不过在这里我们经常都不再保留“OK”和“Cancel”两个按钮。

模态对话框和非模态对话框的区别在于打开和关闭的方式。

12.6.1 打开和关闭非模态对话框

与模态对话框调用 DoModal()函数来输入模态循环不同,非模态对话框是通过调用 CDialog 类的 Create()函数来生成的。可以在派生的对话框类构造函数中添加调用 Create()函数的语句,它会创造类的一个实例。另外也可以在类的实例化和调用 Create()函数之间插入初始化语句。Create()函数有两个参数,第一个参数是将要创建的对话框的 ID,第二个参数是可选的指向当前窗口的对象的指针(默认值是程序的主窗口)。Create()函数返回 TRUE 值表示对话框创建成功或返回 FALSE 值表示对话框创建失败。

当 Create()函数返回 TRUE 值时,非模态对话框已经生成了,但现在它还不可见。通过调用对话框窗口的 ShowWindow()函数,输入 SW_SHOW 标识可以使它出现。

虽然可以将模态对话框的作用域限制在处理函数中,但是可能需要在程序的其他部分访问非模态对话框。因此,应该使用 C++的 new 操作符动态地创建非模态对话框,并且将它的地址赋予一个全局的指针变量或一个成员指针变量。

在需要的时候应该使用 C++的 delete 操作符关闭对话框,CDialog 基类的析构函数将关闭对话框的窗口。

下面修改 12.4 节模态对话框显示的例子。在添加完新模板对话框类后,在类视图窗格中看到出现了 CMyNewDlg 类,单击该类旁边的加号可以看到它的构造函数 CMyNewDlg(CWnd * pParent /* =NULL */),双击此函数来编辑它,如程序清单 12.6.1 所示,添加了调用 Create()和 ShowWindow()的函数语句行。

【程序清单 12.6.1】

```
CMyNewDlg::CMyNewDlg(CWnd * pParent /* = NULL */)
    : CDialog(CMyNewDlg::IDD,pParent)
{
    //{{AFX_DATA_INIT(CMyNewDlg)
    m_strName = _T(" ");
    m_nAge = 0;
    //}}AFX_DATA_INIT
    if(Create(CMyNewDlg::IDD,pParent))
    {
        ShowWindow(SW_SHOW);
    }
}
```

其中调用 Create()函数,输入了含有相关对话框模板 ID 的 CMyNewDlg::IDD 计数器和指向父窗口的指针 pParent,如果 Create()函数返回 TRUE 值,则调用 ShowWindow(SW_SHOW)函数来显示新建的对话框。

然后可以用菜单或按钮打开非模态对话框,如想在用户点击主菜单项"修改",然后选择子菜单项"编辑"时弹出该对话框(同图 12.4.4),见程序清单 12.6.2。

【程序清单 12.6.2】 打开非模态对话框。

```
void CMainFrame::OnChangeEdit()
{
```

```
    // TODO: Add your command handler code here
CMyNewDlg  *g_pDlg = NULL;
    if(! g_pDlg)
      g_pDlg = new CMyNewDlg(this);
    //如果对话框不是活动的,则创建一个新的对象
}
```

12.6.2 设置和获取非模态对话框的数据

在非模态对话框的生命周期内,通过调用它的入口指针可以对其进行值的设定或调用它的成员函数。在控件及其映射到的成员变量之间,交换数据的方法也是利用 UpdateData()和 DoDataExchange()函数。可以在主程序中给控件映射的变量赋值,然后调用 UpdateData()函数传入 FALSE 值就可以把成员变量的内容传递给控件。

也可以根据用户对控件的操作在非模态对话框中调用其他程序对象中的函数或设置变量的值。首先必须给非模态对话框传入指向所需程序对象的指针,以使非模态对话框可以访问这些对象,可以在非模态对话框的构造函数中输入这些指针,也可以在打开非模态对话框时修改构造函数的参数表来传入所需程序的指针。这些指针然后被作为非模态对话框的变量存放起来,所以对话框所属的任何函数都可以调用这些指针。另外还要记住在定义非模态对话框的文件的开头加上相应的“#include”语句,这样编译程序才能识别这些变量的类定义。

下面例子如何使用非摸态对话框实现程序清单 12.4.1 的功能。

【程序清单 12.6.3】

```
void CMainFrame::OnChangeEdit()
{
    // TODO: Add your command handler code here
CMyNewDlg  *g_pDlg = NULL;
    if(! g_pDlg)
        g_pDlg = new CMyNewDlg(this);
    if(g_pDlg)   //Ensure the dialog is active
      {  g_pDlg->m_nAge = 21;
         g_pDlg->m_strName = "李晓明";
         g_pDlg->UpdateData(FALSE);
      }
}
```

习　题

一、填空题

1. 创建 Visual C++应用程序中的对话框通常分为两个阶段。第一个阶段是________,第二个阶段是________。

2. 对话框分两种类型,分别是________和________。

3. 程序的操作通常是通过模态对话框进行的，当显示出________时，程序的其他用户界面都不能进行操作，这样用户只有关闭它后，程序才能继续执行。

二、简答题

1. 写出创建对话框模板的一般步骤。
2. 请说出模式对话框和非模式对话框的区别，并分别举例。
3. 描述一下当打开多个模式对话框的时候，它们的执行顺序。

三、操作题

1. 编写一个应用程序，要求程序有一个“操作”菜单，该菜单含有三个菜单项，“模式对话框”、“非模式对话框”和“退出程序”。当单击“模式对话框”菜单项时，弹出一个模式对话框，当单击“非模式对话框”菜单项时，弹出一个非模式对话框，单击“退出程序”菜单项时，程序结束运行。

2. 编写一个应用程序，要求程序能同时打开多个模式对话框和非模式对话框，然后观察它们的执行顺序。

3. 编写一个应用程序，在窗口中单击鼠标左键，可以激活自定义的字体对话框，通过此对话框可以设置显示的文本内容、字体的颜色、风格和大小。当选择“确认”按钮或“取消”按钮时，弹出消息框显示字体对话框中的设置信息，以及退出对话框时所按的按钮。

4. 编写一个应用程序，实现电子秒表计时功能，精度达到百分之一秒，要求在对话框上有计时显示，以及“开始”按钮、“停止”按钮。

5. 创建并使用一个带有编辑控件、“OK”按钮、“Cancel”按钮的无模式对话框。操作要求如下：

(1)在视图窗口内部按下鼠标左键时打开对话框，但是只能打开一个对话框。

(2)在视图窗口内部按下鼠标右键时关闭对话框。

(3)对话框打开时，单击“OK”按钮或“Cancel”按钮都会发出一个自定义消息 WM_SENDMSG。

(4)该消息处理函数实现，当单击“OK”按钮时，在主窗口视图中央输出编辑控件中的内容，并关闭对话框；当单击“Cancel”按钮时，仅仅关闭对话框窗口。

第 13 章　应用程序的组成元素

本章内容提要

图像、位图和图标

在 Windows 环境中充满了各种图像形式的标志，之所以有这么多的图形有很多原因。首先图形是全人类所通用的表达方式；其次图形比相应的文字表达方式更节省空间，并且看上去更吸引人。另外使用图形的主要原因还在于可以使用户很快的辨认出某种程序或功能，而不用去读完一长段的说明。

Windows 应用程序使用了以下几种图形资源：

- 图标(icon)是与具体的应用程序相关的图形，它直接由 Windows 来显示。应用程序的图标通常会显示在资源管理器窗口中，或显示在桌面上表示程序的快捷方式。
- 位图(bitmap)可以用在工具栏中的按钮上或对话框中以及其他窗口中。
- 光标(cursor)被用来改变鼠标指针的图形表示，通常用在图画软件包中编辑或移动选中的对象。

Developer Studio 中的资源编辑器可以用来创建和修改每一种图形格式，我们可以在工程中不受限制的添加图标、位图和光标。然后就是编写源代码，在合适的时候以合适的方式来使用这些图形资源。

13.1　建立图像、位图和图标

13.1.1　使用图像编辑器

可以在 Developer Studio 的资源编辑器中创建和修改不同的图像类型，可以徒手画，也可以使用各种选项和工具来帮助填充和绘制图形。图像编辑器窗口一般分为两部分，左边的部分显示出图形的实际尺寸，右边的部分则显示放大的图形。在放大的图像中，可以精确地对每一个单独的像素进行修改。编辑图形的后，这两个区域内的图形都会自动更新。不管是编辑哪种图形资源，有许多编辑的方法是相同的。

当打开图像编辑器后，Developer Studio 窗口中的 Image 菜单下的选项就可以使用，其中有各种不同的绘图操作。Invert Colors 操作可以将位图中被选中区域内的颜色变成互补色。

选中的区域还可以进行旋转操作，我们也可以在 Image 菜单中定制个人的调色板。

如图 13.1.1 所示，可以在图形工具栏中选择绘图工具，在调色板中选择颜色。

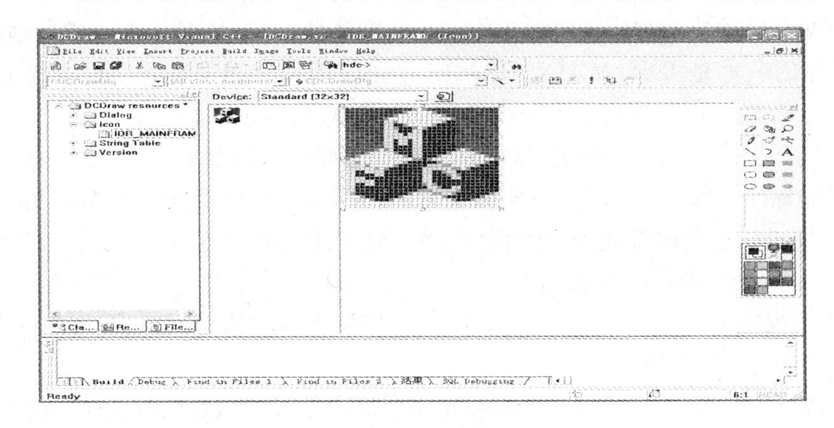

图 13.1.1　编辑图标

如果此时这些工具栏没有在窗口中显示出来，则按以下步骤操作。

(1)在 Tools 菜单中选择 Customize 项，会出现 Customize 对话框。

(2)选择 Toolbars 标签。

(3)在 Toolbars 单选列表中选中 Graphics 和 Colors 两项。

(4)单击“Close”按钮，关闭对话框。

(5)另外一种方法是在屏幕顶部的菜单栏定位鼠标，然后右击。

(6)从环境菜单中选择 Graphics 或 Colors。

在绘图工具栏上可以找到很多绘制位图的软件常用的绘图工具，例如喷枪、色彩选择器、矩形和不规则图形工具等。在工具栏的最下方是操作选项，可以用来选择线条宽度、边框类型及其他相关操作。在绘图时，可以使用 Edit 菜单下的 Undo 和 Redo 功能，或直接使用相应的“Ctrl＋Z”和“Ctrl＋Y”快捷键来取消或恢复某个操作。

调色板则可以用鼠标左键来选择前景色，用右键来选择背景色。当用左键绘图时绘图工具会画上前景色，用右键时则会画上背景色。

编辑图标和光标图形时，调色板上还会出现另外两个选项：screen color 和 inverse color 项，如图 13.1.1 所示。用 screen color 画出的点在显示时是透明的，看上去图标的边缘就是不规则的了；用 inverse color 画出的点在图标被拖动的时候颜色会被取补色。

也可以在图形编辑器中对图形进行剪裁和粘贴操作。例如在绘制几个相似图形时，我们可以选择图形的一部分将它粘贴到另一幅图中去。选中或不选中 Image 菜单中的 Draw Opaque 项，或使用工具栏上的相应操作可以设定粘贴上的图形是不透明的还是透明的。

13.1.2　新建并编辑图标资源

通过肉眼来区分图标和位图是很难的，但是它们实际上有着本质的区别。位图是由一系列的数据排列成的，这些数据分别代表各点的颜色信息。图标则是由两个位图组成的，一个是图标对应的正常的位图，另一个的颜色则是其反转色，通过这两个位图的相应叠加可以使图标的某部分透明或显示为反转色。

我们经常可以看到图标具有不规则的形状，例如椭圆。但实际上所有的图标都是矩形的，因为透明操作才使它们的边缘看上去变得不规则了。一个图标资源可以为不同的设备准备几种大小和颜色不同的图标。

由 AppWizard 生成的程序中总是添加了一个默认的图标，这是一个三维造型的 MFC 标志。这个图标的名称是 IDR_MAINFRAME，它和应用程序相关联在 About 窗口中可以看到。我们可以修改它，以便为自己的工程制作一个与众不同的图标。

通常和一个应用程序及一种特定类型的文件相关联的图标具有两个 16 色的图像，一个是 32×32 像素的标准图像，另一个是 16×16 像素的小图像。这些图像都在 Windows 中进行了注册，所以它们可以在资源管理器、开始菜单、桌面上和任务栏中显示。

修改默认的 MFC 图标的步骤如下：

(1)在资源视图中打开 ICON 文件夹，并双击 IDR_MAINFRAME，MFC 图标会出现在资源编辑器中，如图 13.1.1 所示。

(2)使用颜色和图形工具栏编辑图标的标准图形，具体方法可以参见本章前面所讲的内容。

(3)在 Device 组合框中选中并编辑图标的小图形(16×16 像素)。如果小图标不存在，Windows 会依照大图标生成小图标以在 Windows Explorer 和任务栏中显示。

13.1.3 添加新图标资源

一个工程可以使用的图标资源的数目是没有限制的，图标可以自己创建，也可以从已有的工程和文件中引入。新建的图标初始时是透明的，默认的是 VGA 设备大小的(32×32 像素)。添加新图标的步骤如下。

(1)在 Insert 菜单中选择 Resource 项或按快捷键"Ctrl+R"，会出现 Insert Resource 对话框，如图 13.1.2 所示。

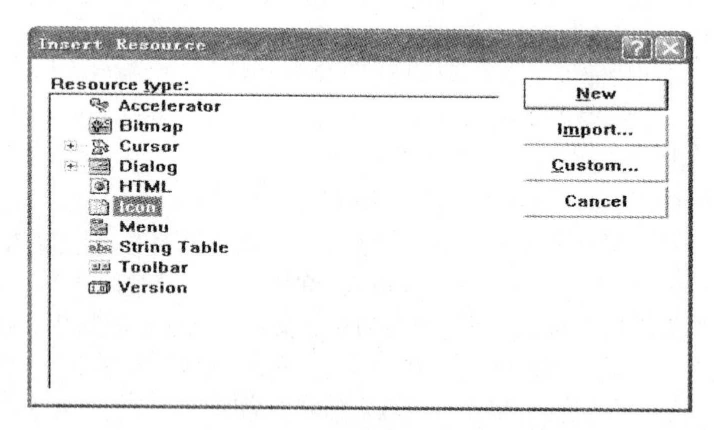

图 13.1.2 插入新资源对话框

(2)在 Resource type 列表中选择 Icon 项，然后单击"New"按钮，一个空白图标就会被创建并显示在资源编辑器中。也可以直接使用快捷键"Ctrl+4"来新建一个图标资源。

(3)在 Devices 组合框中选择图标的默认尺寸。

(4)如果需要其他尺寸的图标，单击 Devices 组合框右边的"New Device Image"按钮，会出现相应的对话框，如图 13.1.3 所示。

(5)在 Target device 列表中选择图标尺寸或单击"Custom"按钮自定义图标的大小和颜色。

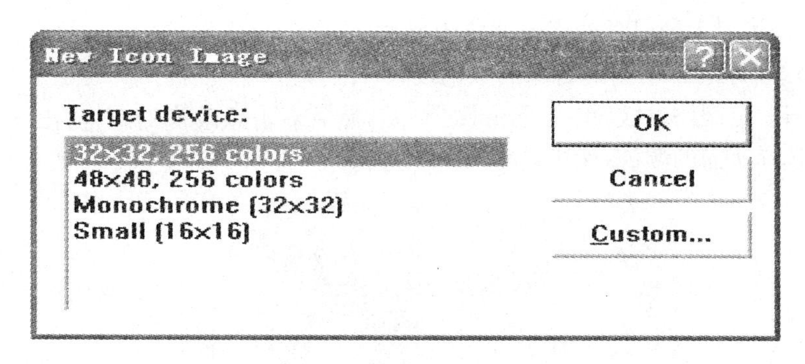

图 13.1.3 新建图标资源对话框

(6)在 View 菜单选择 Properties,会出现图标属性对话框。双击图像编辑器中图像以外的任何地方也能打开 Properties 对话框。

(7)在 ID 组合框中输入图标的名称,通常图标的名称都是由 IDI_开头的。

(8)在 File Name 框中输入存放图标的文件的名称。其实这一步并非必须的,因为 Developer Studio会为每一个图标单独生成一个文件,并且将其存放在工程目录的 res 子目录下。

可以在资源视图中选中图标的名称,然后按 Delete 键将其从工程中删除。不过这样并没有将硬盘上的对应文件删除,必须手动删除硬盘上对应的文件。如果要删除某一个设备图标,则在 Devices 组合框中选择相应图像的大小,并在 Image 菜单中选择 Delete Devices Image 项。

13.1.4 添加位图资源

位图资源有很多种作用,它们可以用于视觉效果,也可以用作按钮上显示的图形来代替原来的文字。图标的尺寸往往很小,而位图的尺寸最多可以达到 2 048×2 048 像素。另外位图也不像图标那样可以是透明的或是具有反转色。工程可以拥有的位图资源没有数目限制,它们可以从已有的工程或.bmp 文件中引入,也可以按下面的步骤创建位图。在资源视图中选中位图名称并按 Delete 键可以将位图从工程中删除,但这样也没有将位图文件删除,删除文件必须手动完成。

新建位图资源与新建图标资源的过程相同,不同的是在第(2)步,在 Resource Type 列表中选择 Bitmap 项,并且位图的名称以 IDB_开头。

1. 调整位图的尺寸和颜色

新的位图总是默认为 48×48 像素大小和 16 色的。按下面的步骤可以自定义位图的尺寸和颜色。当位图的尺寸变小时,位于位图右边和下边的像素将会被去掉。当位图尺寸增大后,新的像素也是添加在位图的下边和右边并被设置成当前背景色。

2. 修改位图属性

(1)在资源视图中展开 Bitmap 项,并双击需要编辑的位图的名称。

(2)在 View 菜单选择 Properties,会出现图标属性对话框。双击图像编辑器中图像以外的任何地方也能打开 Properties 对话框。

(3)单击“General”标签,在其中输入所需的位图宽度和高度,也可以直接在资源编辑器中选中位图并拖动边界上的尺寸柄来改变位图尺寸。

(4)在 Colors 组合框中选择所需的颜色设置。

(5)如果需要定制调色板，单击“Palette”标签，然后双击想改变的颜色，出现图 13.1.4 所示的对话框，选择所需的颜色，然后单击“OK”按钮。

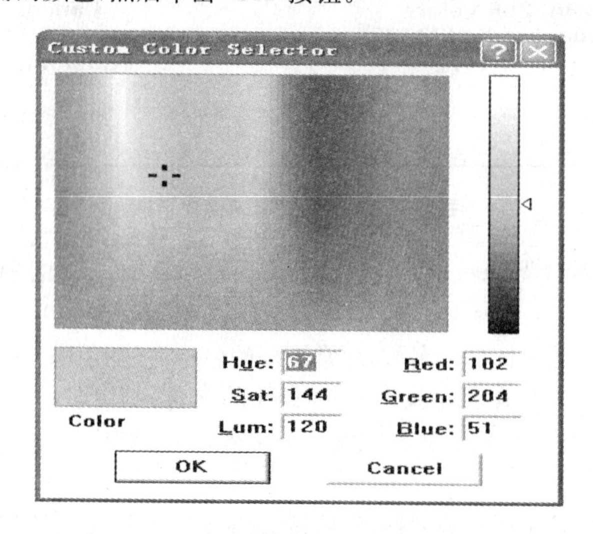

图 13.1.4　自定义颜色选择对话框

13.1.5　引入图像

我们可以自行设计并绘制喜欢的图像，但多数情况下，我们都是从已有的工程或文件中引入图像。按下面所述的内容可以从.ico 和.bmp 文件中引入图标和位图。再生成可执行文件的时候，它会自动包括我们引入的资源。

1. 从文件引入图像资源

(1)在资源视图的环境菜单中选 Import 项或从 Insert 菜单中选择 Resource 项，然后再对话框中单击“Import”按钮，会出现引入资源的对话框，这个对话框是经过改动的打开文件对话框。

(2)找到所需文件所在的文件夹并选中它，然后单击“Import”按钮。也可以使用 File of Type 组合框来显示某种特定类型的资源文件。

(3)如果所选的文件是 Developer Studio 所能识别的类型，资源就会直接添加到工程中。系统会自动为此资源生成一个名称并在 res 子目录下复制一份文件。

2. 从可执行文件中引入资源

(1)在 File 菜单选择 Open 项，会出现标准的打开文件对话框。

(2)在 Open As 组合框中选择 Resources。

(3)找到所需文件夹并选择可执行文件(.exe,.dll,.ocx)，然后单击“Open”按钮。编辑窗口中会出现可执行文件中所包含的资源。如图 13.1.5 所示，我们选择 C:\Windows\System 文件夹下的 covr62.dll 文件。注意:在打开系统文件时最好以 Open as Read-Only(只读方式)打开。

(4)在 View 菜单选择 Properties，会出现图标属性对话框，Preview 窗口可以预览所选资源。

(5)选中显示列表中的资源名，然后同时按住鼠标和 Ctrl 键，将鼠标移到资源视图中，松开鼠标键，资源就加入工程了。

(6)在 File 菜单中选择 Close 关闭窗口。

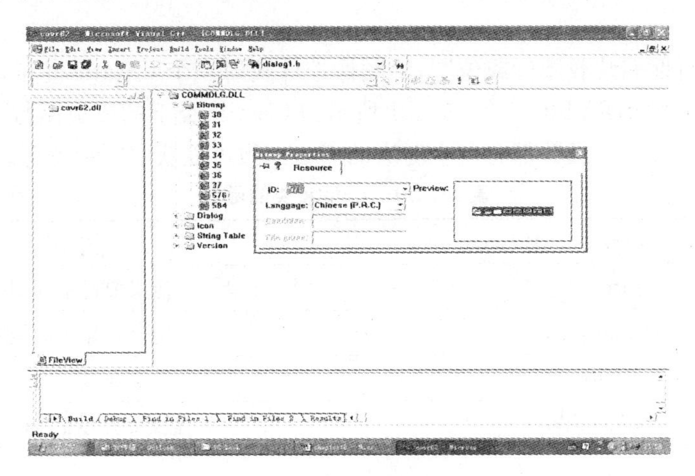

图 13.1.5　从可执行文件调用资源

13.2　在对话框中使用图形资源

在对话框中有好几种显示图形的方式，使用图像控件并让它指向相应的图像资源就可以在对话框中很容易地把图标和位图显示出来。图像控件还可以用来给对话框中的一组元素添加边框。

本节主要将讲述如何使用图形资源，如果需要在对话框的用户区内绘制非资源的图像，必须使用 OnPaint()函数的更多细节，请参见 14 章。

13.2.1　设置图像控件的属性

AppWizard 会在我们创建的工程中自动添加 IDR_MAINFRAME 资源，它是一个三维造型的 MFC 图标。为了显示这个图标，APP Wizard 在 About 对话框中添加了一个图像控件。图 13.2.1 所示为该图像控件的属性。Type 组合框表示了图像资源的类型，当设置为图标或位图时，在 Image 组合框中会显示出该资源的名称。图 13.2.1 列出了图像控件可以显示的图形资源的种类。

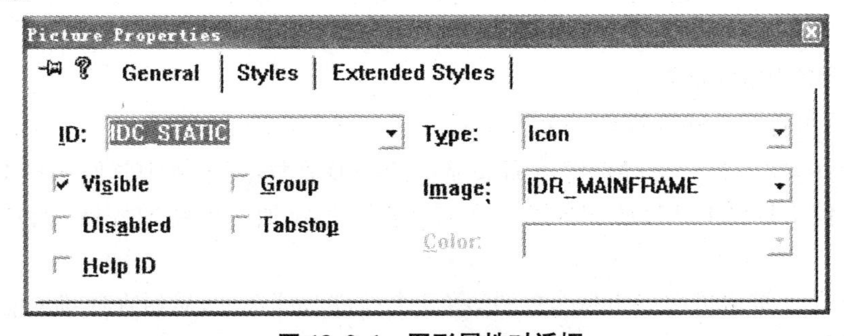

图 13.2.1　图形属性对话框

13.2.2 在程序运行期间装载图形

要在程序运行期间装载图标或位图，给图像控件映射一个 CStatic 变量，注意我们必须将控件的名称改为 IDC_STATIC。表 13.2.1 所示为 CStatic 类下的成员函数，它们可以设定控件所显示的图形。每一个函数都有一个对应的 Get 函数可以获取图形资源。

表 13.2.1 CStatic 类的函数

函数	描述
SetIcon	定义要显示的图标
SetBitmap	定义要显示的位图
SetCursor	定义要显示的光标
SetEnhMetafile	定义要显示的 Metafile

在调用表 13.2.1 所示的任何 Set 函数之前，图形资源必须首先被装载进工程。具体的装载过程因图形的类型不同而不同。图 13.2.2 所示的对话框装载了一个位图资源和好几个图标资源。我们首先用 APP Wizard 新建一个名为 Image 的基于对话框的工程，然后按以下“在对话框中添加图像控件”的步骤添加控件。如果用户已经有了图像控件，按照如下“给图像控件映射变量”步骤添加变量。

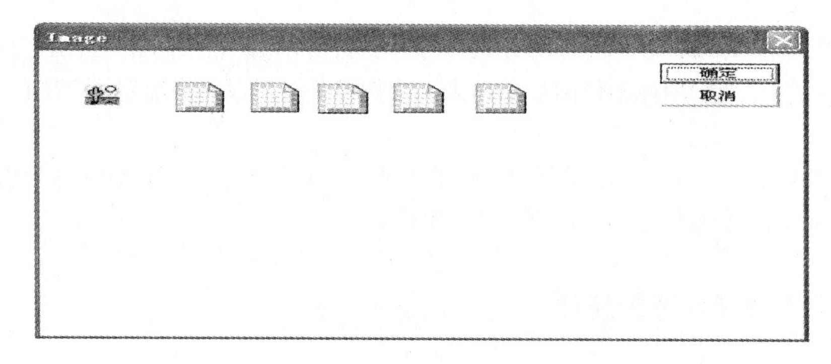

图 13.2.2 Image 示例

1. 在对话框中添加图像控件

(1)在资源视图中展开 Dialog 目录并双击 IDD_IMAGE_DIALOG，在资源编辑器中选中对话框中央的文字，并按 Delete 键删除它。

(2)在控件工具栏中选择图像控件，在对话框的左上角添加一个图像控件。

(3)在 View 菜单中选择 Properties，会出现图像控件属性对话框。按下左上角的图钉按钮可以将对话框所定在屏幕上。

(4)在 ID 组合框中输入控件的名称 IDC_b1。

(5)在 Type 组合框中选择控件所需要显示的图形类型，在本例中我们选择 Bitmap。

(6)在控件工具栏上选择图像控件并在对话框中再添加 5 个图像控件，如图 13.2.2 所示的布局。

(7)按下 Ctrl 键再依次单击每个控件，将 5 个控件全部选中，然后在属性对话框中的 Type 组合框中选择 Icon。

(8)依次选中各个控件,在ID组合框中分别输入各自的名称IDC_i1、IDC_i2、IDC_i3、IDC_i4、IDC_i5。

2. 给图像控件映射变量

(1)在View菜单中选择Class Wizard或直接按快捷键“Ctrl+W”打开Class Wizard。

(2)单击“Member Variable”标签。

(3)在Class Name组合框中选择CImagesDlg类。

(4)在Control IDs列表中选择控件IDC_b1,然后单击“Add Variable”按钮,会出现Add Member Variable对话框。也可以直接双击控件名称打开此对话框。

(5)在Member Variable Name组合框中输入变量名称m_b1。

(6)在Category组合框中选择Control,单击“OK”按钮。

(7)重复第(4)～第(6)步,分别给另外5个控件映射一个变量,命名为m_i1到m_i5。

(8)现在Class Wizard对话框应该如图13.2.3所示。

因为第一个控件要显示一个位图,我们必须在工程的Resources中添加一个位图资源。具体执行步骤见引入图像的操作。本例中引入的位图ID为IDB_BITMAP1。

装载位图视通过调用LoadBitmap()函数并传递位图资源的名称实现的。首先我们给CImagesDIg类建立一个CBitmap类型的成员变量m_bmp,然后在OnInitDialog()函数中添加如程序清单13.3.1所示的源代码。

【程序清单13.3.1】

```
VERIFY(m_bmp.LoadBitmap(IDB_BITMAP1));
//装入ID为IDB_Bitmap1的位图
m_b1.SetBitmap(m_bmp);
//将位图与m_b1对应的图像控件联系起来
CWinApp * pApp = AfxGetApp();
HICON hIcon;
hIcon = pApp->LoadIcon(IDR_MAINFRAME);
//装载MFC程序图标
m_i1.SetIcon(hIcon);
hIcon = pApp->LoadStandardIcon(IDI_HAND);
//装载标准图标资源
m_i2.SetIcon(hIcon);
hIcon = pApp->LoadStandardIcon(IDI_QUESTION);
m_i3.SetIcon(hIcon);
hIcon = pApp->LoadStandardIcon(IDI_EXCLAMATION);
m_i4.SetIcon(hIcon);
hIcon = pApp->LoadStandardIcon(IDI_ASTERISK);
m_i5.SetIcon(hIcon);
```

运行程序,对话框如图13.2.4所示。

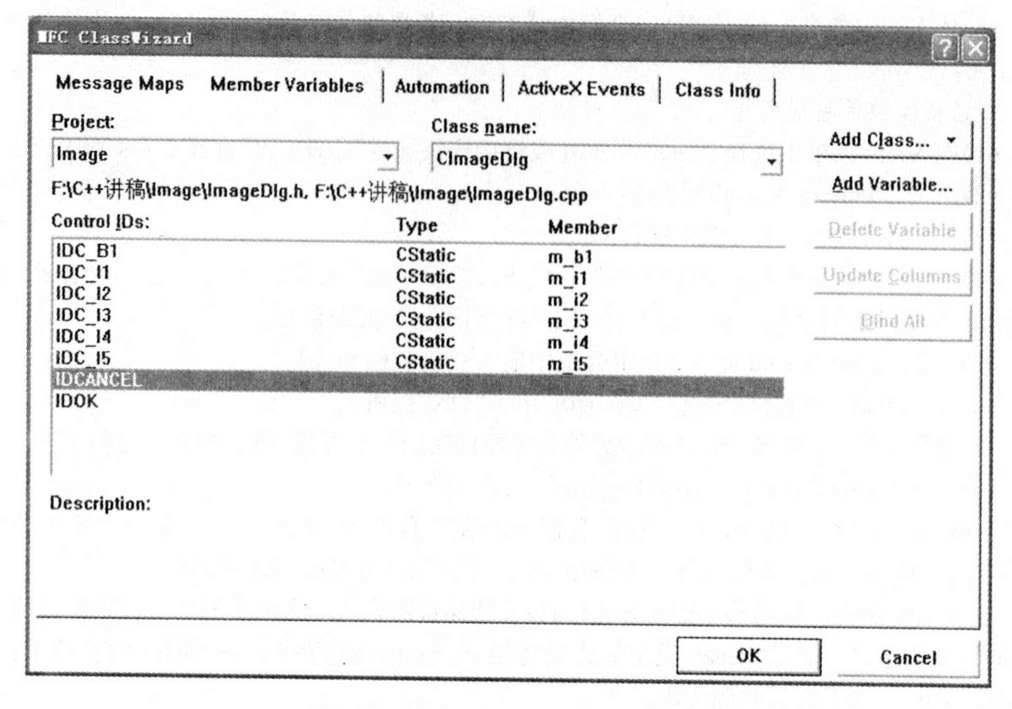

图 13.2.3　MFC Class Wizard 对话框

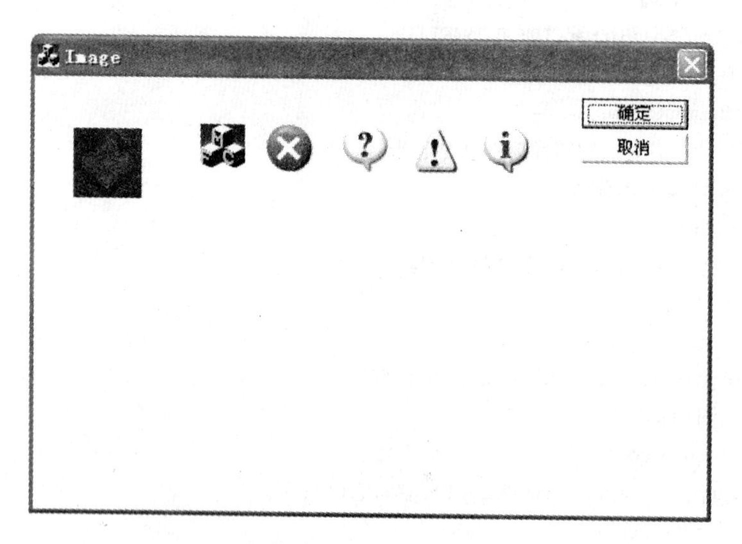

图 13.2.4　程序运行状态

习　　题

一、填空题

1. 列举 Windows 应用程序使用的几种图形资源：________、________、________。
2. 在绘图时，可以使用 Edit 菜单下的 Undo 和 Redo 功能，或直接使用相应的__________

和________快捷键来取消或恢复某个操作。

3. 如果需要在对话框的用户区内绘制非资源的图像，必须使用________函数。

二、简答题

1. 简述使用图像编辑器的步骤。

2. 列举 CStatic 类中的函数及其作用。

3. 回答在对话框中添加图像控件的过程及其应该注意的问题。

三、操作题

1. 按照本章的示例，上机联系图标和位图资源的应用。

2. 编写一个应用程序，要求使用用户自定义的图标，该程序有一个弹出式菜单，菜单包含3个菜单项，分别是“显示位图”、“清除位图”、“退出程序”，当单击“显示位图”菜单项时，在客户区中央显示一张位图，当单击“清除位图”菜单项时，清除客户区的位图，单击“退出程序”菜单项，推出应用程序。

3. 编写一个应用程序，通过菜单项和命令按钮控制在窗口中显示和清除圆形。当选择“显示”菜单项或命令按钮时，在窗口中显示一个圆，同时在状态条上显示“圆已显示”；当选择“清除”菜单项或命令按钮时，清除窗口中的内容，同时在状态条上显示“圆已清除”。

4. 设计一个程序，使该程序可在基于对话框的应用程序中载入多张图片资源，并能通过“放大”和“缩小”按钮来缩放图片尺寸，通过“下一张”按钮来更换图片。

第 14 章　简单的图形和文本输出

本章内容提要

设备环境；画笔的使用；画刷的使用；字体的使用

14.1 设 备 环 境

一个设备环境提供了一张画布，用户可以在上面绘制点、直线、曲线、多边形等一切看见的东西，还可以在上面使用不同的字体和颜色来显示文字。设备环境中的“设备”的意思是可以在屏幕上显示，还可以在打印机上、绘图仪上，或者在任意一个二维的显示设备上显示，而不用去关心自己正在使用的设备的模式等有关知识。

设备环境（Device Context），通常简称 DC，是由 Windows 保存的一个结构，该结构里存储着程序向设备显示输出时所需的信息。所有 Windows 程序的输出都得使用设备环境。设备环境是 Windows 的图形设备接口（Graphics Device Interface，GDI）中重要的一部分。GDI 是 Windows 核心 DLL 中的一组接口函数。这些函数处于硬件的驱动程序之上，当应用程序调用这些函数的时候，它们再调用驱动程序提供的接口函数。

在使用任何 GDI 输出函数之前，用户必须建立一个设备环境。

MFC 类库提供了 4 个不同的设备环境来进行 Windows 程序的显示输出。

- CDC 所有设备环境的基类。
- CPaintDC 执行某些非常有用的函数。当 Windows 响应 WM_PAINT 时需要这些函数。
- CClientDC 向窗口的用户区输出。
- CWindowsDC 更新整个窗口。

14.1.1 使用 CDC 类

用户所使用的设备环境不是 CDC，就是从 CDC 类派生出来的。CDC 类中有两个与底层 GDI 对象有关的句柄：m_hDC 和 m_hAttribDC。与 m_hDC 句柄有关的 GDI 对象处理绘图函数的所有输出流；与 m_hAttribDC 句柄有关的 GDI 对象处理所有与绘图属性有关的操作，比如说颜色属性和绘图模式。不必过分地关心这些成员属性，只要知道当调用 GetDC() 函数（从一个窗口获得设备环境）的时候，这些句柄与被附加到 CDC 类上；当调用 Release() 函数（释放一个窗口的设备环境）的时候，这些句柄与 CDC 类分离。

CDC类上可以附加设备环境对象的句柄，通过CDC类可以在设备环境上绘图。这两点可以通过一个非常简单的程序得到验证。每一个窗口都有一个覆盖整个窗口的设备环境，桌面窗口是覆盖的整个屏幕。

以下步骤创建一个基于对话框的应用程序，在这个应用程序中我们使用桌面的设备环境绘制一个简单的图。

1. 创建一个基于对话框的应用程序

(1)单击“File”菜单，选择“New”按钮。

(2)在New对话框中选择Projects标签，然后单击“Win32 Application”。在Location域中输入一个合适的路径名或单击“Browse”按钮来选择一个。在Project name中输入DcDraw作为项目名称。

(3)单击“OK”按钮，出现MFC AppWizard－Step1对话框，这个对话框用于选择应用程序的基本结构，可以选择单文档界面(SDI)、多文档界面(MDI)和基于对话框的界面。我们在单选框中选择Dialog Based。

(4)单击“Finish”按钮，会出现有工程框架的对话框。

(5)单击“OK”按钮，自动生成工程文件。

2. 在对话框上添加一个按钮及相应的处理函数

(1)在项目工作区下方单击“Res...”，打开资源窗口。

(2)双击“Dialog”前的加号，查看对话框资源。

(3)双击“IDD_DCDRAW_DIALOG”，打开对话框。

(4)单击对话框模板中的“TODO: Place Dialog Controls Here”，然后按Delete键把它删除。

(5)在控件工具箱中选择一个按钮，放到对话框中，然后把按钮的Caption改为Draw1，按钮的ID改为IDC_DRAW1。

(6)使用类向导添加一个BN_CLICKED消息的处理函数。

现在，在消息处理函数中添加设备环境获取和绘图代码。

程序清单如下：

```
void CDCDrawDlg::OnDraw1()
{
    // TODO: Add your control notification handler code here
    CWnd *pDeskTop = GetDesktopWindow(); //定义指向整个桌面窗口的指针
    CDC *pDC = pDeskTop->GetWindowDC(); //定义指向整个桌面窗口的设备环境的指针
    for(int x = 0;x<320;x++)
    {
        for(int y = 0;y<320;y++)
        {
            pDC->SetPixel(x,y,x*y); //根据点的坐标计算它们的颜色
        }
    }
    pDeskTop->ReleaseDC(pDC);
}
```

程序中，GetDesktopWindow()获得指向整个桌面窗口的指针，GetWindowDC()获得指向整个桌面窗口的设备环境的指针。SetPixel()函数的前两个参数指定像素的横坐标和纵坐

标，第三个参数设置像素的颜色。ReleaseDC()函数用来释放设备环境。程序运行结果如图14.1.1所示。

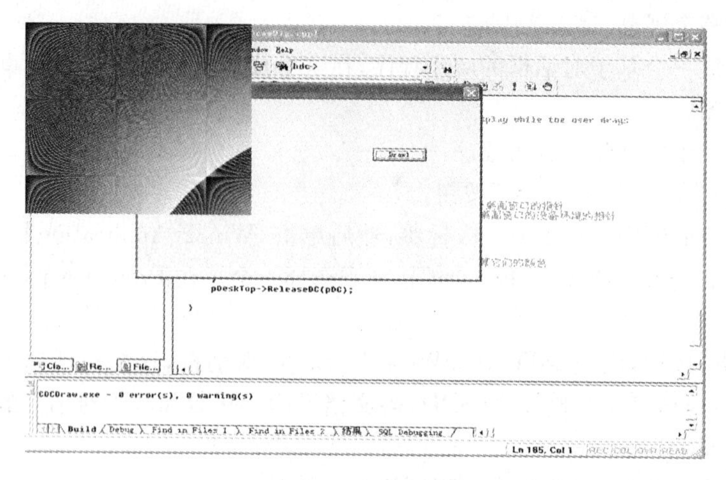

图14.1.1 在桌面窗口绘图

因为该程序直接把图画在桌面上，退出时必须把桌面清理干净。为此，需要捕获WM_DESTROY消息，并在处理函数OnDestroy()里做相应的工作。当对话框被销毁时，OnDestroy()函数被调用。

3. 为WM_DESTROY消息添加一个消息处理函数

(1)在项目工作区下方单击"Class..."，打开类窗口

(2)单击"CDCDrawDlg"类左边的"+"，展开列表。

(3)右击"CDCDrawDlg"类，出现菜单。

(4)选择"Add Windows Message Handle"菜单项。

(5)在New Windows Message/Events列表中选择WM_DESTROY消息。

(6)单击"Add and Edit"按钮，编辑处理消息的实现代码。

```
void CDCDrawDlg::OnDestroy()
{
  CDialog::OnDestroy();
  // TODO: Add your message handler code here
  GetDesktopWindow()->RedrawWindow(NULL,NULL,
  RDW_ERASE|RDW_INVALIDATE|RDW_ALLCHILDREN|RDW_ERASENOW);
}
```

程序中通过调用GetDesktopWindow()的RedrawWindow()成员函数重画桌面窗口。RedrawWindow()函数有三个参数，第一个和第二个参数是需要重画的矩形和区域，如果把这两个参数设置成NULL，就表示重画整个区域。第三个参数是标志位，RDW_ERASE表示清除背景，RDW_ALLCHILDREN表示通知所有的子程序重画，RDW_ERASENOW通知桌面立即重画。

14.1.2 使用客户设备环境

CClientDC类可以自动调用GetDC()和ReleaseDC()函数。当构造CClientDC类的对象时，向它传递一个指向窗口的指针作为参数，它会使用这个参数附上这个窗口的设备环境对象

的句柄。当 CClientDC 类的对象被销毁时，它会自动调用 ReleaseDC()函数，所以不必再去关心这些细节问题了。客户环境设备中的客户指的是窗口的标准绘画区；另外有一个与 CClientDC 相应的类是 CWindowDC 类，所不同的是 CWindowDC 能够在窗口的标题条和边界上绘图。但是 CWindowDC 这个类很少使用，因为大多数的应用程序并不需要在窗口的标题条的边界上绘图，它们在窗口的客户区中绘图已经足够了。

可以修改上述程序，用 CClientDC 类的对象来代替 CDC 类的指针。把 OnDraw1()函数改成如下列程序清单所示。用户将不再在桌面上绘图，而使用 CClientDC 在窗口的客户区中绘图。

程序程序清单如下：

```
void CDCDrawDlg::OnDraw1()
{
    // TODO: Add your control notification handler code here
    CClientDC dlgDC(this);//在对话框客户区构造一个设备环境
    for(int x = 0;x<320;x + + )
    {
        for(int y = 0;y<320;y + + )
        {
            dlgDC.SetPixel(x,y,x * y);//根据点的坐标计算它们的颜色
        }
    }
}
```

当单击“Draw1”按钮时，程序运行结果如图 14.1.2 所示。

程序中向 CClientDC 类的对象 dlgDC 传递了一个 this 指针，因为 this 指针指向的是对话框本身，即 this 指针是一个指向窗口的指针，这样 dlgDC 就包含了一个指向对话框客户区的设备环境的句柄。绘图部分与以前只有小小的不同，dlgDC 调用 SetPixelt()函数时使用的是对象调用，而不是指针调用。注意：在 OnDraw1()函数的最后没有调用 ReleaseDC()函数，因为在函数结束时，CClientDC 将自动释放设备环境对象句柄。

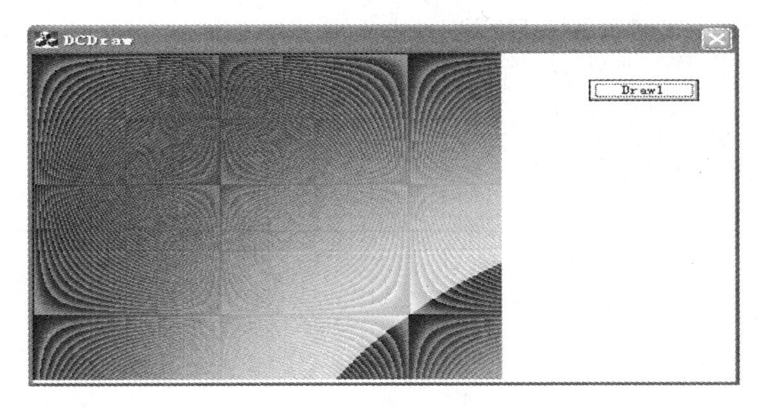

图 14.1.2　在客户区绘图

14.1.3　使用 CPaintDC 类绘图

CPaintDC 类是一个特殊的设备环境封装类，它主要处理来自 Windows 的 WM_PAINT 消

息。当窗口上面覆盖着的其他窗口移走时(即窗口的部分或者全部又重新可见),窗口就会收到一个系统发来的 WM_PAINT 消息。然后用户的应用程序就应该重画窗口中重新可见的区域。

为了让窗口只重新画需要的部分,Windows 会向用户传递需要重画的矩形区域的坐标。可以利用这个信息重画需要重画的窗口区域,而用不着浪费时间去绘制那些用户根本就看不到的窗口区域。用户可以不必关心这个矩形,因为即使在这个矩形外面绘制了图形,设备环境也会在最后把它们剪掉。但是这样做是很不明智的,因为所有的绘图代码仍然将执行一遍,这就减慢了重画的速度。有的时候这是无法避免的——比如说在设备环境上显示复杂的文本或者绘制复杂的图表,因为这时候自己来处理不重画区域实在是太难了。在这种情况下,可以把剪裁工作留给 Windows。刚才那个测试程序中的画点操作,正是这种可以使用重画信息的操作。

可以把测试程序改成在 OnPaint()函数中绘图,而且只重画那些需要的区域。在工程工作区的 ClassView 窗口中双击 OnPaint()函数,编辑器将直接跳到 OnPaint()函数的实现代码部分,不必使用类向导来添加 OnPaint(),因为应用程序向导在创建应用框架的时候已经生成了这个函数。整个 OnPaint()函数的代码如下述程序所示:

```
void CDCDrawDlg::OnPaint()
{
    if(IsIconic())
    {
        CPaintDC dc(this); // device context for painting

        SendMessage(WM_ICONERASEBKGND,(WPARAM)dc.GetSafeHdc(),0);

        // Center icon in client rectangle
        int cxIcon = GetSystemMetrics(SM_CXICON);
        int cyIcon = GetSystemMetrics(SM_CYICON);
        CRect rect;
        GetClientRect(&rect);
        int x =(rect.Width() - cxIcon + 1)/ 2;
        int y =(rect.Height() - cyIcon + 1)/ 2;

        // Draw the icon
        dc.DrawIcon(x,y,m_hIcon);
    }
    else
    {
        OnDraw1();
    }
}
```

现在让我们来修改 On Draw1()函数,在 OnDraw1()函数中使用 CPaintDC 类。所做的修改如以上程序清单所示。在 CPaintDC 类从对话框窗口构造了一个 CPaintDC 类的对象。这个程序只是在窗口响应 WM_PAINT 消息时才正常工作。因为在窗口响应 WM_PAINT 消息时,是在 OnPaint()函数中调用 OnDraw1()函数,所以程序正常工作。但是 OnDraw1()函数仍然是 Draw 按钮的消息处理函数,所以当用户单击"Draw"按钮的时候,应用程序将仍然调用 OnDraw1()函数,但是这时没有任何事情发生——以为窗口没有无效区(即窗口中没有任何区域需要重画),所以绘制的图形在最后都被设备环境剪掉了。

下一个修改是声明了一个指向 RECT 结构的指针 pRect,pRect 指向 paintDC 的 m_ps 成员的 rcPaint 成员。这个矩形中保存了需要重画的矩形区域,我们在循环中使用了这个矩形,使得所绘制的点只在这个有效矩形中循环。如果只有窗口的一小部分需要重画,这样做就节省了许多时间,加快了绘图速度。如果调用 SetPixel()函数的次数过多的话,速度将变得很慢,如果在一开始全部重画 300×300 的区域,就需要调用 90 000 次 SetPixel()函数。如果需要重画的区域是 50×30,只需要调用 1 500 次 SetPixel()函数,这样更新窗口的速度比原来快了 60 倍。

注意另外一个修改:我们用 paintDC 对象来调用 SetPixel()函数。SetPixel()函数是在 CDC 类中实现的,所以对于从 CDC 类派生出来的设备环境类,这个函数都是可用的。

```
void CDCDrawDlg::OnPaint()
{
    CPaintDC paintDC(this);
    RECT * pRect = &paintDC.m_ps.rcPaint;
    for(int x = pRect->left;x<pRect->right;x++)
    {
        for(int y = pRect->top;y<pRect->bottom;y++)
        {
            paintDC.SetPixel(x,y,x * y);//根据点的坐标计算它们的颜色
        }
    }
}
```

做完上述修改后,编译、运行应用程序,来看一下 CPaintDC 这个设备环境的表现。首先你会看到对话框中充满了彩色的背景,但是上面的按钮仍然是可见的。当窗口开始显示时,一个 WM_PAINT 消息被发送给窗口,无效区(即需要重画的矩形区域)是整个窗口,所以画点的窗口是整个客户区,然后窗口再绘制窗体上的按钮。如图 14.1.3 所示。

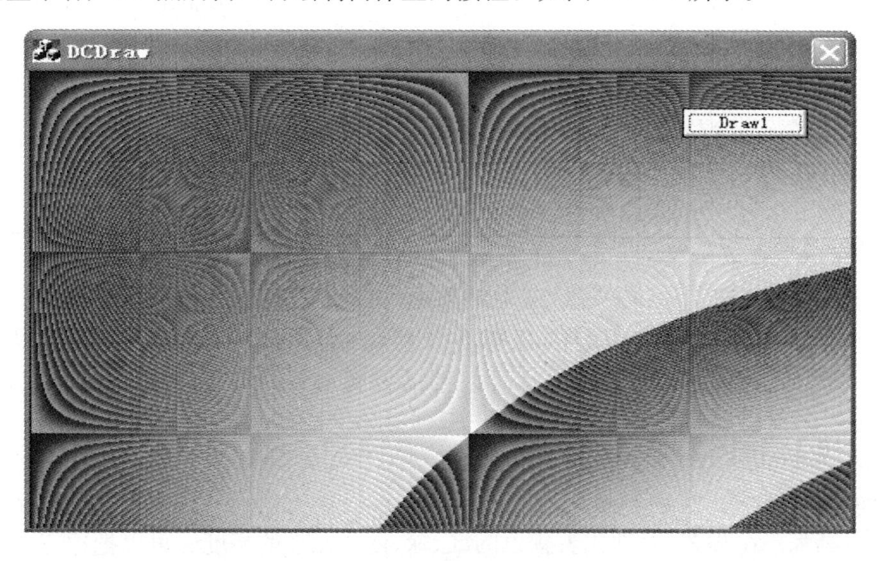

图 14.1.3　绘制窗体上的按钮

CPaintDC 类有一个成员变量 m_ps。m_ps 是一个 PAINTSTRUCT 结构类型的变量，里面保存了窗口中需要重画的矩形区域 rcPaint 矩形来决定窗口的哪些部分需要重画，哪些部分不需要重画。

14.2 使用画笔

14.2.1 创建画笔

画笔是基本的 GDI 对象之一，在绘图之前，必须先创建或选择画笔对象。画笔用来绘制直线和曲线。在绘制被填充的图形时，画笔用来绘制图形的边界，图形内部则使用刷子来填充。如果用户不想填充图形内部的话，可以选择透明的刷子，这个技术我们将在后面讨论。

MFC 提供了一个 CPen 类，大大简化了画笔对象的使用。CPen 类保存了基础层 GDI 对象，并且处理它的分配和释放。创建画笔时，必须声明并向它传递一些初始化参数。下面的代码创建了一支红色的实心笔：

```
Cpen penRed(PS_SOLID,3,RGB(255,0,0))
```

其中，CPen 类构造函数的第一个参数 PS_SOLID 是画笔的类型。用户可以使用样式类型来指定各种不同的画笔。表 14.2.1 列出了一些可以使用的画笔样式。

注意：点线画笔和短画线画笔样式的宽度不能超过 1，如果超过 1 的话，画笔将变成实心的。

表 14.2.1 可用的画笔样式值

笔的样式	所画的线的类型
PS_SOLID	简单的实心线
PS_DASH	短画线
PS_DOT	点线
PS_DASHDOT	点画线

通过 CPen 类构造函数的第二个参数来调整画笔的宽度。如果第二个参数的值为 1 的话，那么所创建的画笔的宽度就是一个像素——是所有可以使用的画笔中最细的。如果把这个参数设置为 30，那么所创建的画笔就会非常非常粗。

设置的第三个参数是颜色。第三个参数的类型是 COLORREF。实际上，一个 COLORREF 类型的值只是一个 32 位的整数，这个整数由代表颜色的红、绿、蓝三元素的 8 位整数组成。直接设置 COLORREF 类型的值有些不太直观，比如说，亮紫色的 COLORREF 值是 16711935。MFC 中定义了一个宏 RGB 可以帮助设置颜色。下面的代码显示了如何使用宏 RGB：

```
COLORREF rgbPurple = RGB(255,0255);
CPen penDashDotPurple(PS_DASHDOT,1,rgbPurple);
```

宏 RGB 需要三个参数，分别代表颜色的红、绿、蓝三元素的亮度。可以把这三个参数设置成 0～255 的任意值，0 代表没有颜色，255 代表全颜色。如果显卡支持，可以通过这些参数定义一个范围很大的颜色集（最多可以有 1 670 万种颜色）。

不一定每一次都需要指定画笔,因为 Windows 包含了一些库存笔来处理一些一般情况。默认设置下的这些库存笔在绘桌面和控件时经常被用到。要使用库存笔,必须先声明一个 CPen 对象,但是不必向构造函数传递任何参数。接着必须调用 CreateStockObject()函数把 CPen 对象设置成指定的库存笔。下面的代码使用 CreateStockObject()函数创建了一个黑色的库存笔:

```
CPen stockBlackPen;
stockBlackPen.CreateStockObject(BLACK_PEN);
```

表 14.2.2 列出了几种可使用的库存笔的样式。

表 14.2.2　库存笔的样式

库存笔的名字	绘图效果
BLACK_PEN	画黑线
WHITE_PEN	画白线
NULL_PEN	使用背景颜色绘图

14.2.2　把画笔选进设备环境

在使用创建的画笔绘图之前,必须把它们选进设备环境。一个设备环境在同一时间只能拥有一支画笔,也就是系统的默认画笔。当用户把一个新的画笔选进设备环境时,设备环境中原来的那个画笔就丢了。可以用 SelectObject()方法把新的画笔对象选进设备环境,但是在这同时,旧的画笔就会丢失,所以必须把它保存下来。下列程序清单显示了这个过程。

```
void CDCDrawDlg::OnDraw2()
{
  // TODO: Add your control notification handler code here
    CClientDC pDC(this);
    CPen penSolid(PS_SOLID,3,RGB(0,255,0)); //绿画笔
    CPen * pOldPen = NULL;
    pOldPen = pDC.SelectObject(&penSolid); //把新的绿画笔选进了设备环境,同时保存了原来的旧笔
    for(int k = 0;k< = 8;k+ + )
    {
      pDC.MoveTo(k * 40,0);
      pDC.LineTo(k * 40,8 * 40);
    }
    for(k = 0;k< = 8;k+ + )
    {
        pDC.MoveTo(0,k * 40);
        pDC.LineTo(8 * 40,k * 40);
    }
    pDC.SelectObject(pOldPen); //把旧笔选回设备环境
}
```

把指向新画笔的指针传递给 SelectObject()函数,函数绘返回一个指向原来的旧画笔的指针,然后就可以在设备环境中绘图了。但是当用户完成绘图后,必须把原来的旧画笔选回设

备环境；否则，Windows 可能会使用那个选进设备环境的画笔来绘制按钮和其他控件。

如果有两个 CPen 对象，为了使用它们在绘图时候也必须像程序清单中那样调用 SelectObject()函数在两个 CPen 对象之间切换。

14.2.3 删除画笔

使用完自定义的画笔后，必须把它们删掉，同时也必须清除基础层的 GDI 对象和释放被占用的系统资源。当 CPen 类被删除的时候，系统将自动把基础层的 GDI 对象删除，并且释放被占用的系统资源。如果用户想用不同的设置重新使用同一个 CPen，也可以自己手工来做这一切（调用 CreatePen()）。

如果创建了许多画笔，并且知道哪一些已经使用完毕了，用户可以在函数末尾画笔对象被删掉之前手工释放它们占用的系统资源。

DeleteObject()函数是删除基础层 GDI 对象的成员函数。

14.2.4 使用画笔绘制直线和其他图形

使用画笔进行绘图之前，需要一个设备环境。设备环境为当前画笔保持了一个当前坐标位置。当画直线的时候，是从当前位置画到指定位置，然后指定位置就变成新的当前位置。设备环境有一个成员函数 MoveTo()，它用来设置当前位置。在调用 MoveTo()函数时，可以使用两个参数来指定 X 和 Y 坐标。

跟 MoveTo()成员函数一样，设备环境类还有一个 LineTo()成员函数。LineTo()函数具有跟 MoveTo()函数一样的参数，它在设备环境的当前光标位置和指定位置之间画一条直线。

执行 14.2.2 中的程序，单击“Draw2”按钮，可以看到在客户区画出一个 8×8 的棋盘，如图 14.2.1 所示。

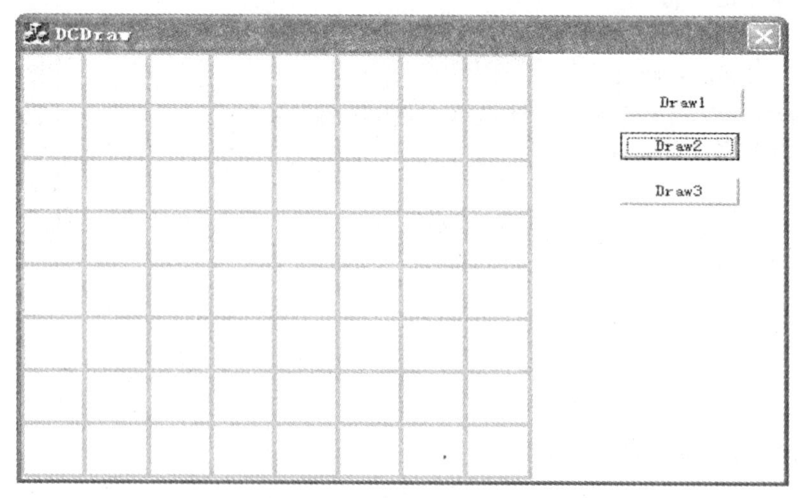

图 14.2.1 8×8 的棋盘

1. 使用点坐标绘图

CPoint 类用来保存和传递点的坐标。使用 CPoint 类对于同时保存和操纵 X 坐标和 Y 坐标是一个比较方便的方法。设备环境的成员函数 MoveTo()和 LineTo()也可以接受 CPoint

类的对象为参数，所以我们在使用它们的时候可以向他们传递一个 CPoint 类型的值，而不是把 X 坐标和 Y 坐标分开传进去。在绘图的时候，另外一个有用的函数是 GetCurrentPosition()，GetCurrentPosition()函数返回当前绘画坐标位置，即最近一次调用 MoveTo()或者 LineTo()函数所使用的点。

另外还有一个保持了两个点对象的 CRect 类，一个是矩形的左上顶点，另一个是矩形的右下顶点。可以使用 GetClientRect()函数来得到一个视图窗口的矩形边界，结果保存在一个 CRect 对象中。CRect 类也提供了一些很有用的成员函数来操纵矩形的各个参数。其中有一个是 CenterPoint()函数，它返回一个包含矩形中心点 X 坐标和 Y 坐标的 CPoint 对象，如果矩形是视图的客户区，那么返回的这个点就是视图窗口的中心位置。

CRect 类同时也向矩形的宽度和高度提供 Windth()和 Height()函数，我们可以通过调用它们来获取矩形的宽度和高度。

在对话框中添加一个按钮“Draw3”，加入如下程序清单所示的代码，单击“Draw3”按钮后，程序的运行结果如图 14.2.2 所示。

```
void CDCDrawDlg::OnDraw3()
{
  // TODO: Add your control notification handler code here
    CClientDC pDC(this);
    CPen penRed(PS_DOT,1,RGB(255,0,0));
    CPen *pOldPen = NULL;
    pOldPen = pDC.SelectObject(&penRed);

    CRect rcClient;
    GetClientRect(&rcClient);

    for(int x = 0;x< = rcClient.Width();x+ = 5)
      for(int y = 0;y< = rcClient.Height();y+ = 5)
      {
        CPoint ptNew(x,y);
        pDC.MoveTo(rcClient.CenterPoint());
        pDC.LineTo(ptNew);
      }
    pDC.SelectObject(pOldPen);//把旧笔选回设备环境
}
```

注意：我们是如何通过调用 GetClientRect()函数把客户矩形区的信息放入 rcClient 的，这使得使用两个 for 循环在矩形的宽度和高度方向循环比较容易。在 X 和 Y 方向都是每隔 5 个像素设置一次坐标，这样就形成了一个网络，直线都是从中心点 CenterPoint()开始，在新创建的 ptNew 结束。

如果用户想获得窗口在整个屏幕上的坐标，可以调用 GetWindowRect()函数，并向一个 CRect 类的对象传递指针，函数返回时，CRect 类对象中会存有窗口在整个屏幕上的坐标。但是如果用户使用设备环境传递给 OnDraw3()函数，那么画图操作仍限制为客户区矩形。

2. 绘制圆和椭圆

圆是一种长半轴和短半轴相等的椭圆，所以绘制圆和椭圆只要一个设备环境类的成员函

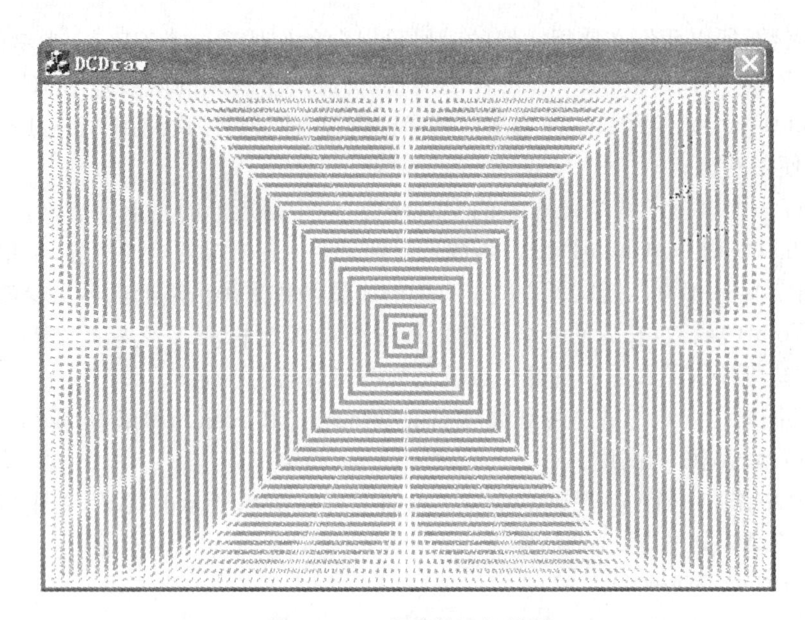

图 14.2.2 程序的运行结果

数就足够了。Ellipse()函数有两种形式，第一种形式需要一个 CRect 类型的参数；第二种形式需要四个参数，分别指定椭圆的外切矩形的左上顶点的 X 坐标、Y 坐标和右下顶点的 X 坐标、Y 坐标。

在对话框中添加一个按钮"Draw4"，加入如下程序清单所示的代码，单击按钮"Draw4"按钮后，程序的运行结果如图 14.2.3 所示。

```
void CDCDrawDlg::OnDraw4()
{
  // TODO: Add your control notification handler code here
  CClientDC pDC(this);
  CPen penRed(PS_DOT,1,RGB(255,0,0));
  CPen * pOldPen = NULL;
  pOldPen = pDC.SelectObject(&penRed);
  pDC.SelectStockObject(NULL_BRUSH); //不填充圆

  CRect rcClient; //声明中心画圆对象
  GetClientRect(&rcClient);

  CRect rcEllipse(rcClient.CenterPoint(),rcClient.CenterPoint());
  while(rcEllipse.Width()<rcClient.Width()&&
   rcEllipse.Height()<rcClient.Height()) //到圆的直径大于客户区时结束
    {
      rcEllipse.InflateRect(10,10);   //扩大圆，增量为 10
      pDC.Ellipse(rcEllipse);
    }
  pDC.SelectObject(pOldPen);
}
```

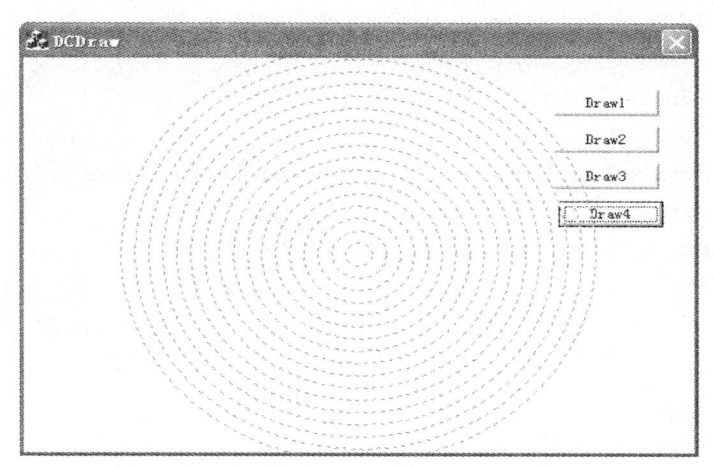

图 14.2.3 程序的运行结果

pDC. SelectStockObject(NULL_BRUSH)函数的调用是因为默认的 Ellipse 函数会使用当前画刷来填充所画的椭圆,该函数的调用使得设备环境只绘制椭圆形,不填充椭圆内部。

接下来的代码创建了一个 CRect 对象来绘制椭圆。rcEllipse 的左上顶点和右下顶点都被初始化为客户区矩形的中心点。While 循环将一直进行到 rcEllipse 比客户窗口更宽或更大为止。循环中,InflateRect 函数被用来扩大 rcEllipse 这个矩形,其宽度和高度增加 10 个像素,这样做的效果相当于保持矩形的中心点不变,向四周拉伸矩形的边框。所以在这样一个逐渐扩大的矩形里面绘制椭圆,实际上就是在画一个个逐渐增大的圆。

3. 绘制曲线

PolyBezier()函数是以推导出任意曲线的三次样条函数表达式的数学家 Bezier 的名字命名的。所谓的"样条"是弯曲的线,"三次"的含义是它有一个开始点、一个结束点,另外还有两个控制点通过插值法来控制曲线。函数名的"Poly"部分的意思是我们可以画几条"样条",然后把它们连接起来。用户必须向函数传递两个参数,第一个参数是一个 CPoint 类对象的数组,数组中至少有 4 个元素,第二个参数是数组中元素的个数。

可以修改 OnDraw4()函数中在 GetClientRect()调用和最后的 SelectObject()调用之间的代码,修改后的代码如以下程序清单所示,画出来的 Bezier 曲线如图 14.2.4 所示。

```
void CDCDrawDlg::OnDraw5()
{
    // TODO: Add your control notification handler code here
    CClientDC pDC(this);
    CPen penRed(PS_DOT,1,RGB(255,0,0));
    CPen * pOldPen = NULL;
    pOldPen = pDC.SelectObject(&penRed);
    pDC.SelectStockObject(NULL_BRUSH);

    CRect rcClient; //声明对象
    GetClientRect(&rcClient);

    CPoint ptBezierAr[4];
    CPen penBlue(PS_SOLID,3,RGB(0,0,255));
```

```
pOldPen = pDC.SelectObject(&penBlue); //蓝笔被选入设备环境

for(int i = 0;i<4;i + + )
{
  ptBezierAr[i] = CPoint(rand() % rcClient.Width(),rand() % rcClient.Height());
  CString strPointLabel; //创建一个 CString 类的对象
  strPointLabel.Format(" %d",i + 1); //格式化为点的序号
  pDC.TextOut(ptBezierAr[i].x,ptBezierAr[i].y,strPointLabel); //在点 ptBezierAr[i]所在的
                                                                位置写上序号

  CRect rcDot(ptBezierAr[i],ptBezierAr[i]); //用蓝点画坐标
  rcDot.InflateRect(2,2);
  pDC.Ellipse(rcDot); //用 Ellipse 函数在每个点上画一个实心小圆
}
pDC.SelectObject(&penRed);   //选用红笔
pDC.PolyBezier(ptBezierAr,4); //绘制 Bezier 曲线

pDC.SelectObject(pOldPen);
}
```

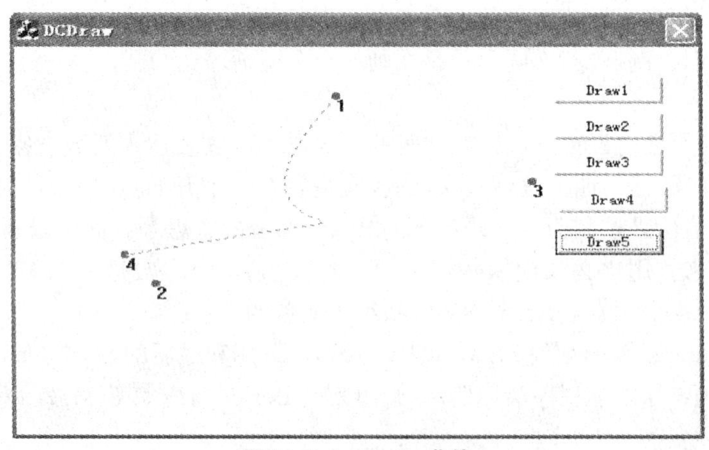

图 14.2.4　Bezier 曲线

PolyBezier()函数以 ptBezierAr 为第一个参数，以数组的元素个数 4 为第二个参数，绘制了一条从点 1 开始到点 4 结束，并由点 2 和点 3 控制的曲线。

4. 绘制多边形

Polyline()函数所需要的参数跟 PolyBezier()函数是相同的，它需要一个 CPoint 类对象的数组和数组的元素个数作为参数。与绘制曲线不同的是，Polyline()函数只是简单地把数组中的点用直线段连了起来。用户可以指定任意多个点，但是点的个数不能小于 2，这在绘制顶点预先放在数组中的多边形时是相当有用的。另外还有一个 PolyLineTo()函数和 PolyBezierTo()函数，它们的功能同 Polyline()函数和 PolyBezier()函数基本一样，只是它们把当前点的坐标设置成最后画的那个点。

如果在 OnDraw5()函数中把 PolyBezier()改成 Polyline()，然后编译、运行程序，用户看到的只是一些连在一起的线段，如图 14.2.5 所示。

如果使用 Polyline()函数来绘制多边形，必须把数组中的最后一个点的坐标设置成跟第一个点一样。

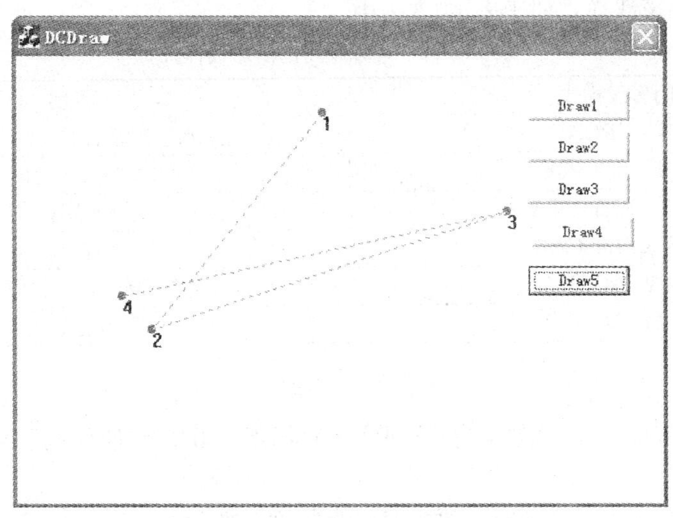

图 14.2.5 一些连在一起的线段

14.3 使用刷子

14.3.1 创建刷子

画笔对象可以用来绘制图形的边界，但是如果要给图形内部着色的话，我们就要用到刷子了。大多数 GDI 绘画函数都要同时使用画笔和刷子。它们使用画笔来绘制各种图形的周边，使用刷子来填充图形的内部。这样就能让用户使用不同颜色的画笔和刷子来回绘制一个完整的图形，这一切仅仅需要一个简单的函数调用。

MFC 把刷子这个 GDI 对象封装在 CBrush 类之中。用刷子填充图形时可以用一种颜色全部填满，也可以使用某种颜色的阴影线，或者使用一个位图，另外还可以使用某种图案来填充一个图形。因此 CBrush 类有与此相对应的各种构造函数，或者用户可以创建一个没有初始化的刷子对象，然后再调用 CBrush 类许多 Create()函数中的一个把它初始化。

CBrush 类是一个封装基础层窗口 HBRUSH 的 GDI 对象句并的封装类，我们可以通过使用(HBRUSH)造型为 CBrush 绘制和使用 Windows 句柄。

1. 创建有颜色的阴影线刷子

最简单的刷子是那种填充时用一种颜色填满图形内部的刷子。要获得这样一个刷子对象非常简单，只要简单的声明一个刷子对象，并且向它传递一个自己所需要的颜色的引用就可以了，就像下面这样：

```
CBrush brYellow(RGB(192,192,0));
```

也可以创建一个阴影线刷子，这样的刷子在填充时会用某种颜色的阴影线来填充图形的内部。创建阴影线刷子的方法也不是很难，只要声明一个刷子对象，选择一种阴影线样式作为构造函数的第一个参数，再用需要的颜色作为第二个参数就可以了，就像下面这样：

```
CBrush brYellowHatch(HS_ DLAGCROSS,RGB(192,192,0));
```

可以使用的阴影线样式列于表 14.3.1 中。

表 14.3.1　可以使用的阴影线样式

阴影线样式	说明
HS_CROSS	水平和垂直交叉的阴影线
HS_DLAGCROSS	45°十字交叉的阴影线
HS_HORIZONTAL	水平阴影线
HS_VERTICAL	垂直阴影线
HS_BDIAGONAL	以 45°下降的阴影线（自左向右）
HS_FDIAGONAL	以 45°上升的阴影线（自左向右）

2. 改变窗口的背景颜色

可以在处理窗口的清除背景消息（WM_ERASEBKGND）时，使用刷子来改变窗口的背景颜色。

在清除背景时，添加处理函数来改变窗口背景颜色的方法：

（1）在项目工作区下方单击“Class…”，打开类窗口。

（2）在 CDCDrawDlg 类处右击，看到一个弹出式菜单，选择 Add Windows Message Handler 选项，会出现如图 14.3.1 所示的消息和事件处理对话框。

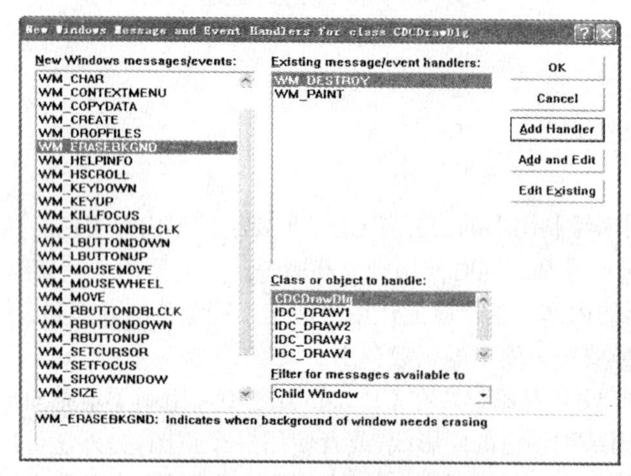

图 14.3.1　消息和事件处理对话框

（3）在 Filter for messages available to 窗口选择 Child Window，在 New Windows messages/events 窗口选 WM_ERASEBKGND 消息，并单击“Add and Edit”按钮，会自动添加一个叫 OnEraseBkgnd()的消息处理函数。

（4）通过覆盖 OnEraseBkgnd()函数的默认实现，我们可以定制窗口的背景。如果我们需要黄色的阴影线背景，可以对 OnEraseBkgnd()做如下程序清单所示的修改。

```
BOOL CDCDrawDlg::OnEraseBkgnd(CDC * pDC)
{
    // TODO: Add your message handler code here and/or call default
    CBrush brDrawHatch(HS_DIAGCROSS,RGB(192,192,0));
    CRect rcClient;
```

```
    GetClientRect(&rcClient);
    pDC->FillRect(rcClient,&brDrawHatch);
    return TRUE;
}
```

编译、运行应用程序,会看到窗口的背景变成了黄色的阴影线。

3. 用图案和图像创建刷子

用图像创建刷子是 Windows 的一个非常好的特性。通过用图像创建刷子,可以用图像平铺地填满整个区域。一些应用程序使用这个特性在工具栏上显示非常酷的位图。

4. 创建刷子用的图像

(1)在项目工作区下方单击"Rec…",打开资源窗口

(2)单击"+"打开工程的资源。

(3)用鼠标右击工程资源,从弹出式菜单中选择"Insert"选项,出现插入资源对话框。

(4)在出现的插入资源对话框中选择"Bitmap",然后单击"New"按钮。

(5)此时会出现一个新的位图资源,名字是 IDB_BITMAP1。单击网格,然后按"Alt+Enter"键出现位图属性对话框,或者单击"View"菜单,然后选择 Properties 菜单项。

(6)给位图取一个比较合适的名字(例如 IDB_INVADER),把位图的高度和宽度都设置成 8。然后绘制所需要的刷子图像(如图 14.3.2 的绘图区中所示的"空间入侵者")。

图 14.3.2 空间入侵者

应用程序被编译后,那些工程中的位图资源会嵌入到程序的可执行文件中去。如果工程中要包含大量的位图,最好在程序运行时以文件的方式载入,否则会使可执行文件变得非常大。

现在可以实现从新建的位图构造一个刷子的代码了。把 OnEraseBkgnd()函数的代码改为如下程序清单。

```
BOOL CDCDrawDlg::OnEraseBkgnd(CDC * pDC)
{
    // TODO: Add your message handler code here and/or call default
    CBitmap bminvader;
    bminvader.LoadBitmap(IDB_INVADER); //通过调用 LoadBitmap 函数从资源 IDB_INVADER 载入位图
    CBrush brinvader(&bminvader); //用 CBitmap 类对象构造一个刷子,用刷子填充时,相当于用位图平着填充
    CRect rcClient;
```

```
    GetClientRect(&rcClient);
    pDC->FillRect(rcClient,&brinvader);//用位图刷子填充背景
    return TRUE;
}
```

运行程序，窗口的背景变成由很多个小入侵者组成。

5.把刷子选进设备环境

可以调用设备环境类的成员函数来选择新的刷子，就像把画笔选进设备环境一样，函数会返回一个指向原来的刷子的指针。与画笔一样，应该保存那个指向原来的刷子的指针，当使用完新的刷子以后，在把它重新选进设备环境之中。我们通过把 OnEraseBkGnd()函数改成如下程序清单所示，来示范这一点。

```
BOOL CDCDrawDlg::OnEraseBkgnd(CDC * pDC)
{
    // TODO: Add your message handler code here and/or call default
    CBrush brDesktop;
    brDesktop.CreateSysColorBrush(COLOR_DESKTOP);

    CRect rcClient;
    GetClientRect(&rcClient);
    CBrush * pOldBrush = pDC->SelectObject(&brDesktop);
    pDC->Ellipse(rcClient);
    pDC->SelectObject(pOldBrush);
    return TRUE;
}
```

这个例子使用一个椭圆来填充窗口背景，在程序运行时会出现非常奇怪的现象。刷子被选进设备环境，然后背景中的一块椭圆形区域被填充成桌面的背景颜色，但是因为这个椭圆形并没有覆盖整个客户区矩形，所以用户可以在某些椭圆没有覆盖到的区域看到底下的桌面。

做完上述修改之后，编译、运行应用程序，用户可以看到如图 14.3.3 所示的现象。用 NULL_BRUSH 刷子来填充背景时也会产生这种透明效果。

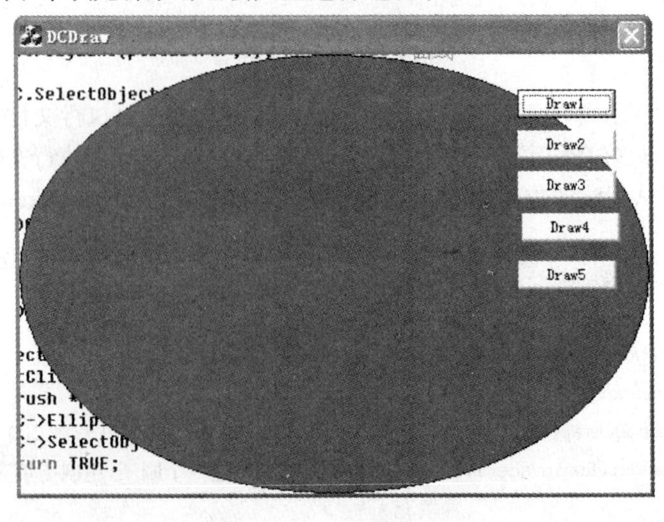

图 14.3.3　程序运行结果

14.3.2 使用刷子绘制被填充的图形

几乎全部的图形函数都是用刷子来绘制被填充的图形。使用刷子,用户可以绘制各种不同类型的多边形、弦形、饼图和矩形。

1. 绘制矩形和圆角矩形

可以调用 Rectangle()函数和 RoundRect()函数来绘制矩形(就跟我们已经使用的 FillRect()函数效果一样)。Rectangle()函数所需要的参数跟 FillRect()函数一样,即一个 CRect 类对象或者四个用来表示左上顶点和右下顶点坐标的整数。

RoundRect()函数的参数再一次需要坐标对,即一个 CPoint 类对象或者两个整数。这个坐标对用来指定每个矩形角上的椭圆的宽度。

如果修改 OnEraseBkGnd()函数的代码,那么在调用 Ellipse()函数的地方改为调用 Rectangle()函数,即 pDC－>Ellipse(rcClient)改为 pDC－>Rectangle(rcClient),背景就被设置成桌面的背景颜色。

注意:调用 FlliRect()函数需要一个指向刷子的指针,而 Rectangle()函数使用的像被选进设备环境的当前刷子。

可以调用 RoundRect()函数来绘制圆角矩形。如果用户再修改 OnDraw1()成员函数的代码,如以下程序清单所示,用户将看到一个四个角都是圆弧的矩形。

```
void CDCDrawDlg::OnDraw1()
{
    // TODO: Add your control notification handler code here
    CClientDC pDC(this);
    CPen penRed(PS_SOLID,5,RGB(255,0,0));
    CPen *pOldPen = NULL;
    pOldPen = pDC.SelectObject(&penRed);
    CBrush brBlue(RGB(0,0,255));
    CBrush *pOldBrush = NULL;
    pOldBrush = pDC.SelectObject(&brBlue);
    CRect rcClient;
    GetClientRect(&rcClient);
    rcClient.DeflateRect(80,80);//把客户区的长和宽各缩小 80
    pDC.RoundRect(rcClient,CPoint(15,15));//圆角为 15
    pDC.SelectObject(pOldPen);
    pDC.SelectObject(pOldBrush);
}
```

注意:我们把笔设为宽度为 5 的红色实心笔,这样做可以更加清楚地显示圆角矩形的边界。CBrush brBlue(RGB(0,0,255))声明了一个蓝色的刷子,然后被选进设备环境。客户区矩形的长和宽各缩小了 80 个像素,这样就能画出一个比较小的圆角矩形。

做完上述修改之后,编译、运行程序,然后单击"Draw1"按钮,用户可以看到在桌面颜色的背景上有一个圆角矩形,圆角矩形具有红色的粗边框,内部被蓝色填满(如图 14.3.4 所示)。

2. 绘制被填充的椭圆和圆

在把刷子选进设备环境的程序中,已经看到了绘制被填充的椭圆的方法。Ellipse()函数除了使用画笔对象，还使用刷子对象，只不过用户把刷子的样式设置成了 NULL_BRUSH，这样就使得在绘制椭圆的时候，不填充椭圆内部。可以在 RoundRect()函数所在行的后面添加如下代码，来绘制一个被填充的椭圆：

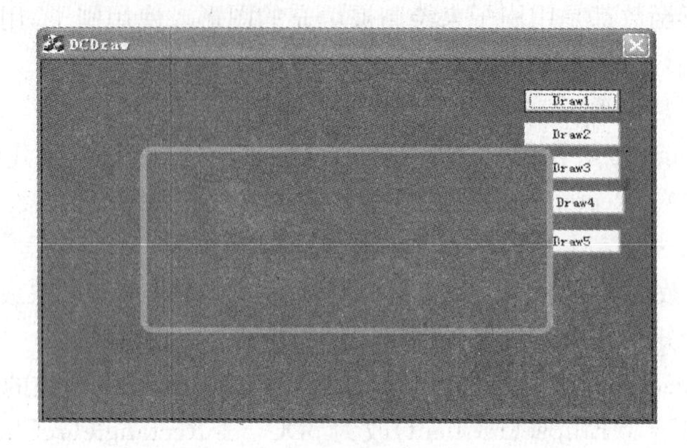

图 14.3.4 被蓝色填满后的红色粗边框

```
rcClient.DeflateRect(25,25);
pDC.Ellipse(rcClient);
```

添加上述代码后，编译、运行应用程序，可以看到在圆角矩形里面有一个被填充的椭圆，由于当前被选入设备环境的画笔是红色的，所以椭圆的边界也是红色的(如图 14.3.5 所示)。

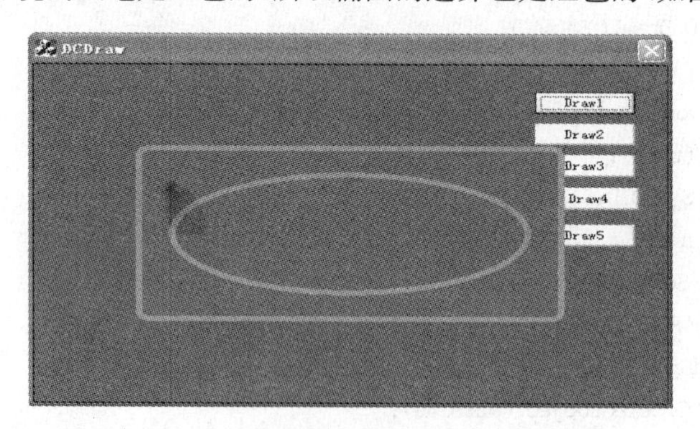

图 14.3.5 椭圆的边界是红色的

3. 绘制弦形和楔形

一条直线穿过一个椭圆，把这个椭圆分成两部分，每一个部分都是一个弦形。这也说明了应该怎样调用 Chord()函数。调用 Chord()函数需要一个矩形类对象(CRect)来指定那个椭圆的坐标，然后还要向它提供两个坐标对来指定那条把椭圆分成两部分的直线。而画椭圆的哪一部分则依赖于坐标提供的顺序。

修改 OnDraw1()函数中刷子选择之间的代码，如以下程序清单所示。CRect rcChord=rcClient 声明了 rcChord 对象，并被初始化为客户区矩形。pDC.Chord(rcChord,rcClient.TopLeft(),rcClient.BottomRight())中用来切分椭圆的直线经过客户区矩形的左上和右下顶点，正好是客户区矩形的对角线。

```
void CDCDrawDlg::OnDraw1()
{
    // TODO: Add your control notification handler code here
```

```
    CClientDC pDC(this);
    CBrush brBlue(RGB(0,0,255));
    CBrush * pOldBrush = NULL;
    pOldBrush = pDC.SelectObject(&brBlue);
    CRect rcClient;
    GetClientRect(&rcClient);
    CRect rcChord = rcClient;
    rcChord.DeflateRect(50,50);
    pDC.Chord(rcChord,rcClient.TopLeft(),rcClient.BottomRight());
    pDC.SelectObject(pOldBrush);
}
```

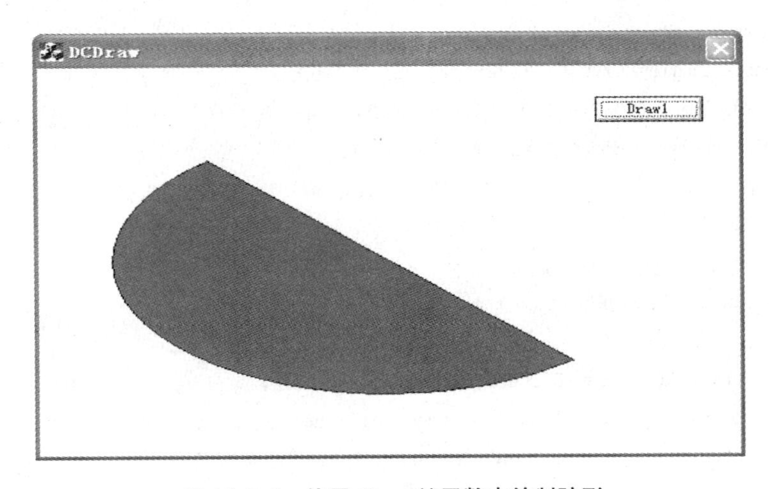

图 14.3.6　使用 Chord()函数来绘制弦形

4. 绘制被填充的多边形

调用 Polygon()函数所需要的参数与 Polyline()和 PolyBezier()的一样。它需要一个 CPoint 类对象的数组，即多边形的顶点列表，另外它还需要一个整数来指明顶点的个数。Polygon()函数把所有的顶点用画笔连起来，然后用刷子填充多边形内部。与 Polyline()函数不同的是，我们不必把数组中最后一个点的坐标设置成跟第一个点的坐标一样，因为函数内部会自动完成这个工作。

但是有一个问题比较麻烦——填充模式。有两种填充模式可以供我们选择，ALTERNATE 和 WONDING。我们可以调用 SetPolyFillMode()函数来设置填充模式。如果填充模式被设置成 ALTERNATE，系统将填充在每条扫描线奇数号和偶数号多边形之间的区域（如图 14.3.7 的右图）；如果填充模式被设置成 WONDING，系统将填充整个多边形区域（如图 14.3.7的左图）。

现在我们来绘制被填充的多边形，把 OnDraw1()函数修改成如以下程序清单所示。

```
void CDCDrawDlg::OnDraw1()
{
    // TODO: Add your control notification handler code here
    CClientDC pDC(this);
    CPen penRed(PS_SOLID,5,RGB(255,0,0));
    CPen * pOldPen = NULL;
```

```
    pOldPen = pDC.SelectObject(&penRed);

    CRect rcClient;
    GetClientRect(&rcClient);

    CBrush brBlue(RGB(0,0,255));
    CBrush * pOldBrush = NULL;
    pOldBrush = pDC.SelectObject(&brBlue);

    for(int w = 0;w<2;w + +)
    {
        const int nPoints = 5;
        double nAngle = (720.0/57.295)/(double)nPoints;
        int xOffset = (w? 1: - 1) * rcClient.Width()/4;
        pDC.SetPolyFillMode(w? ALTERNATE:WINDING);
//在第一次循环中,w的值是0,所以使用的填充模式是WINDING;在第二次循环中w的值是1,所以使用的填充模式是ALTERNATE
        CPoint ptPolyAr[nPoints];
        for(int i = 0;i<nPoints;i + +)
        {
            ptPolyAr[i].x = xOffset + (long)(sin((double)i * nAngle) * 100.0);
            ptPolyAr[i].y = (long)(cos((double)i * nAngle) * 100.0);
            ptPolyAr[i] + = rcClient.CenterPoint(); //绘制五角星
        }
        pDC.Polygon(ptPolyAr,nPoints);
    }
    pDC.SelectObject(pOldPen);
    pDC.SelectObject(pOldBrush);
}
```

必须在CDCDrawDlg类的头文件中加上#include "math.h",才能使用sin()和cos()函数。

在图14.3.7中,左边的五角星多边形使用的是WINDING模式,右边那个五角星多边形使用的是ALTERNATE模式。

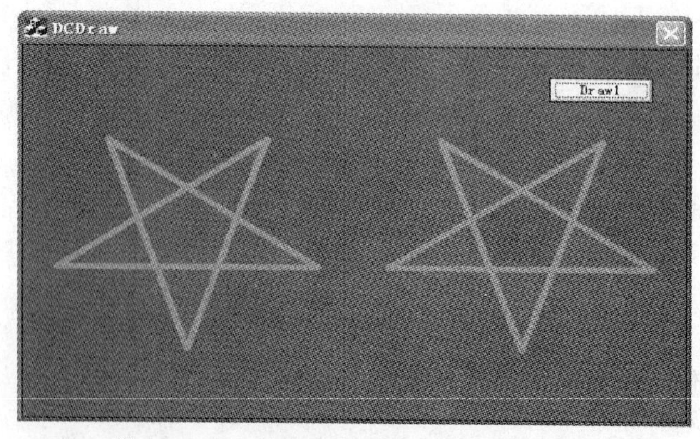

图14.3.7 ALTERNATE和WINDING模式

14.4 使用字体

14.4.1 文本显示函数

在屏幕上显示文本的最简单、最快捷的方法莫过于使用设备环境中的成员函数TextOut()。该函数要求传递参数x坐标和y坐标来确定起始的文本输出位置，另外还需要一个CString型的参数来保存待显示的文本。

与TextOut()类似的实现文本显示的功能函数还有好几个，TabbedTextOut()函数能够实现制表字符，PollyTextOut()函数可以通过一次函数调用来显示一个字符串数组。ExtTextOut()函数允许用户指定一些附加的参数来决定文本以何种样式显示。

可以使用SDI应用程序的空白视图来作文本输出的测试。首先使用AppWizard创建一个SDI应用程序框架，创建过程中，只需接受所有工程的默认设置即可。该工程名为LST，可以在这个SDI应用程序中试着用不同的文本输出函数在屏幕上显示文本。

1. 设置文本对齐方式

使用函数SetTextAlign()可以将文本设定围绕某一个指定的点以不同的对齐方式对齐。该设备环境的成员函数使用一系列的标志来确定文本的对齐方式，以及显示文本之后光标如何更新。

这些标志确定了待显示文本与指定点的参照关系，刚开始的时候，可能会对这些关系产生混淆。例如可能以为TA_RIGHT会将文本对齐在指定点的右边，而实际上，该标志表示将文本对齐在指定点的左边。表14.4.1列出了函数SetTextAlign()中可以使用的所有标志。

表14.4.1 在函数SetTextAlign()中使用的文本对齐标志

对齐标志	文本显示效果
TA_LEFT	文本对齐在指定点的右面
TA_RIGHT	文本对齐在指定点的左面
TA_CENTER	文本以指定点为中点居中显示
TA_TOP	文本对齐在指定点的下面
TA_BOTTOM	文本对齐在指定点的上面
TA_BASELINE	文本围绕过指定点的基准线对齐
TA_UPDATECP	调用TextOut()函数后重画光标
TA_NOUPDATECP	调用TextOut()函数后不重画光标

在新创建的工程中，CLSTView的OnDraw()函数中添加代码，如程序清单14.4.1所示。

【程序清单14.4.1】 设置文本对齐格式。

```
void CLSTView::OnDraw(CDC * pDC)
{
    CLSTDoc * pDoc = GetDocument();
    ASSERT_VALID(pDoc);
```

```
    // TODO: add draw code for native data here
    pDC->SetTextAlign(TA_RIGHT);
    pDC->TextOut(200,200,"<-Right->");
    pDC->SetTextAlign(TA_LEFT);
    pDC->TextOut(200,200,"<-Left->");
    pDC->SetTextAlign(TA_CENTER+TA_BOTTOM);
    pDC->TextOut(200,200,"<-Center->");
    pDC->MoveTo(150,200);
    pDC->LineTo(250,200);
    pDC->MoveTo(200,150);
    pDC->LineTo(200,250);
}
```

在以上程序中，每一次调用函数 TextOut，都以相同的坐标点作为参考，但由于每次使用的对齐方式不同，所以显示的结果是文本围绕在以指定点为中心的周围。运行结果如图 14.4.1所示。

2. 改变前景和背景的颜色

在显示文本时，默认的颜色设置是白底黑字，但是通过调用设备环境的函数 SetTextColor()和 SetBkColor()，可以改变前景和背景的颜色。这两个函数都只需传递一个参数：一个颜色的参考值(COLORREF)来表示用户想设置的前景或背景颜色。该函数调用后也返回一个 COLOREF 类型的值，这个值表示在调用之前所使用的前景或背景的颜色。

在 OnDraw()函数中，将函数 SetTextColor()和 SetBkColor()添加到 TextOut()函数调用之前，就可以将颜色加到应用程序中。程序清单 14.4.2 详述了这一过程。

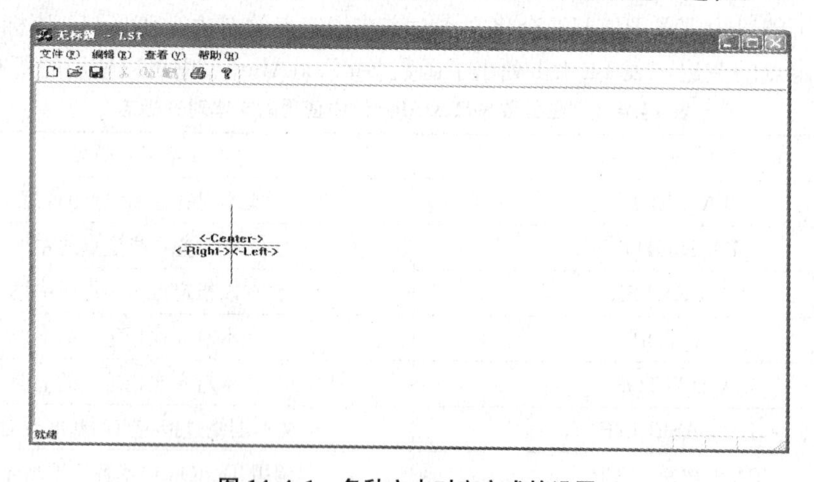

图 14.4.1 各种文本对齐方式的设置

【程序清单 14.4.2】 用 SetTextColor()和 SetBkColor()函数设置文本和背景的颜色。

```
void CLSTView::OnDraw(CDC* pDC)
{
    CLSTDoc* pDoc = GetDocument();
    ASSERT_VALID(pDoc);
    // TODO: add draw code for native data here
    pDC->SetTextColor(RGB(0,0,255)); //设置文本显示颜色
```

```
    pDC->SetTextAlign(TA_RIGHT);
    pDC->TextOut(200,200,"<-Right->");
    pDC->SetTextAlign(TA_LEFT);
    pDC->SetTextColor(RGB(255,0,0));
    pDC->TextOut(200,200,"<-Left->");
    pDC->SetTextAlign(TA_CENTER+TA_BOTTOM);
    pDC->SetTextColor(RGB(255,255,0));
    pDC->SetBkColor(RGB(0,0,128));//设置程序运行背景色
    pDC->TextOut(200,200,"<-Center->");
}
```

3. 文本的透明和不透明设置

有时需要希望文本显示时遮掉下面的区域，但另外一些时候用户可能又愿意将欲显示的文本和已显示的图文混合起来。这时便要用到透明和不透明设置，函数 SetBkMode()可以让用户轻松地在这两者之间切换。改函数只需要一个值为 OPAQUE(默认设置)或 TRANSPARENT(透明)的标志型参数来确定自己所想要的模式。如果用 OPAQUE 来调用函数 SetBkMode()，显示文本时会将前景和背景的颜色结合起来。而设置成 TRANSPARENT 模式时，则只使用前景色来显示文本。可以修改 OnDraw()函数来看一下这两种模式的区别。

【程序清单 14.4.3】 用透明或不透明模式显示文本。

```
void CLSTView::OnDraw(CDC* pDC)
{
    CLSTDoc* pDoc = GetDocument();
    ASSERT_VALID(pDoc);
    // TODO: add draw code for native data here
    pDC->Ellipse(160,160,240,240);
    pDC->SetTextAlign(TA_CENTER);
    pDC->SetBkMode(TRANSPARENT);
    pDC->TextOut(200,180," Transparent");
    pDC->SetBkMode(OPAQUE);
    pDC->TextOut(200,225," Opaque");
}
```

运行程序可以看到，字符串“Opaque”下的圆被覆盖掉，而“Transparent”下面的椭圆依然可以看到。

4. 矩形中文本的剪裁

我们经常需要对文本进行剪裁，以免文字超出到容纳它的矩形之外。虽然可以切掉文本的一部分来保证它不超出一定的区域，但有时候这是行不通的，例如要实现文本的翻滚时就不能这样。

函数 ExtTextOut()是 TextOut()更复杂也更高级的形式。可以通过传递一个“ETO_CLIPPED”的标志让它来实现文本的剪裁。和 TextOut()函数一样，ExtTextOut()需要 x 坐标和 y 坐标作为头两个参数。可以传递两个标志值，作为第三个参数，如 ETO_CLIPPED 表示剪裁。还可以将 ETO_CLIPPED 标志和 ETO_OPAQUE 标志组合起来，这是即使已经设置为透明模式，也可以使用不透明的文本。如果既不想剪裁，也不需要显示不透明的文本，用户可以用 0 作为第三个参数。第四个参数需要一个 CRect 类型的对象，如果在第三个参数中

设置了剪裁标志，函数将用这个矩形来剪裁文本。第五个参数是待显示的文本（保存在一个Cstring类型的对象中）。最后，可以传一个空的字符数组作为第六个参数，这个参数也可以是一个空指针（NULL），可以修改OnDraw()函数来实现文本的剪裁。

【程序清单14.4.4】 用ExtTextOut函数实现文本裁减。

```
void CLSTView::OnDraw(CDC * pDC)
{
    CLSTDoc * pDoc = GetDocument();
    ASSERT_VALID(pDoc);
    // TODO: add draw code for native data here
    CRect rcClipBox(CPoint(100,100),CPoint(250,120));
    pDC->Rectangle(rcClipBox);
    pDC->SetBkMode(TRANSPARENT);
    pDC->ExtTextOut(100,100,0,rcClipBox," This text won't fit int there!",NULL);
    rcClipBox.OffsetRect(0,40);
    pDC->Rectangle(rcClipBox);
    pDC->ExtTextOut(100,140,ETO_CLIPPED,rcClipBox," This text won't fit int there!",NULL);
}
```

程序中第一次调用ExtTextOut()函数时没有传递ETO_CLIPPED标志，所以文本延伸到矩形之外，第二次调用ExtTextOut()函数时，传递了ETO_CLIPPED标志，延伸出来的文本被裁减掉了。

14.4.2 创建各种各样的字体

到此为止，用户使用的一直是默认设置的设备环境字体。和画笔、画刷一样，字体也被表示为GDI对象，可以通过选择来在设备环境中使用不同的字体。通过Windows GDI和MFC各种各样的内置函数，用户可以根据需要创建和修改字体。

GDI字体对象的函数被封装到一个叫做CFont的类。与许多其他的封装类不同，能仅使用一些默认设置来创建并使用CFont对象。相反地，用户必须声明一个CFont对象，然后用它的创建函数(Create)中的一个来设定一些必要的参数。

这样直接创建出来的字体往往会跟你所希望的有一些不同。所以用户需要选择一种最接近自己所想要的字体，然后通过修改来满足自己的要求，通常该类能出色地完成这项工作。

1. 用CreatePointFont()函数创建字体

创建字体最简单、最快捷的方法莫过于使用CreatePointFont()函数。该函数需要传第三个参数：点的大小、字体的名字（例如可以用Arisl作为字体名），最后还需要指定用户希望在哪一设备环境中使用这一新的字体。在OnDraw()函数中是用Create Point Font()，如程序清单14.4.5所示，会看到用Arisl字体所绘出的文本。

【程序清单14.4.5】 用CreatePointFont()函数创建字体。

```
void CLSTView::OnDraw(CDC * pDC)
{
    CLSTDoc * pDoc = GetDocument();
```

```
    ASSERT_VALID(pDoc);
    // TODO: add draw code for native data here
    CFont fnBig;
    fnBig.CreatePointFont(360," Arial",pDC);
    CFont * pOldFont = pDC->SelectObject(&fnBig);
    pDC->TextOut(50,50," * * 36 PI Arial Font * * ");
    pDC->SelectObject(pOldFont);
}
```

程序中将 360 作为参数传给了 CreatePointFont()函数,这个数值是显示时字符实际占用像素的 10 倍。运行程序可以看到,* * 36 PI Arial Font * * 以 36 像素的 Arial 字体显示在屏幕上。

2. 用 CreateFont()函数创建字体

CreateFont()函数是 MFC 中一个最为麻烦的函数,因为它需要传递的参数就有 14 个,而且它们中的许多都是一些复杂的标志组合。但是要真正创建一个完全满足自己的要求的字体,还得使用它。程序清单 14.4.6 列出了 CreateFont()函数的接口。

【程序清单 14.4.6】 CreateFont()函数的参数。

```
BOOL CreateFont(int nHight,int nWidth,
int nEscapement,int nOrientation,int nWight,
BYTE bItalic,BYTE bUnderline,BYTE cStrikeOut,
BYTE nCharSet,BYTE nOutPrecision,
BYTE nClipPrecision,BYTE nQuality,
BYTE nPitchAndFamily,LPCSTR lpszFacename);
```

3. 设置字体的高度和宽度

CreateFont()函数的前两个参数决定了字体的高速和宽度。第一个参数 nHeight 用来指定字体的高度,它可以为正,也可以为负。当这个参数为正时,字体映像机制会根据指定的高度从它许多的字体列表中选择一种最为接近的字体,此时是以字体的单元(cell)高度作为参考的。如果用户传递的参数是一个负值,映像机制也会从列表中找出一种合适的字体,不过这时是以字体的字符(character)高度为参考的。

在匹配字体的高度时,映像机制从列表中选取一种比用户指定高度要小的最大字体。

单元(cell)和字符(character)之间的区别在于:单元在实际输出字符的上下都有一些空隙,而字符的高度是忽略掉这些空隙之后的单元高度。高度参数还可以是 0,这时映像机制会自动从列表中选出一种比较合适的字体。

参数 nWidth 指定了字符的平均宽度(比例间隔字体的字符宽窄不一)。也可以将这个参数设置为 0,此时映像机制会自动根据所设定的高度选择一个恰当的宽度作为默认值。

4. 设置文本的倾斜和方向

倾斜和方向分别指文本在打印时的倾斜度(通常是沿水平方向)和字符本身的旋转角度。

nEscapement 参数允许用户指定文本在显示时的一个倾斜角度,这个角度以 x 轴为参考,参考值必须为实际倾斜角度的 10 倍。例如用户指定参数为 900 时,实际的文本是垂直显示的。

nOritentation 参数允许你指定字符显示时的一个倾斜角度,这个角度也是以 x 轴为参考的,参考值为实际旋转角度的 10 倍。

5. 设置加粗、斜体、下画线和加删除线

接下来的 4 个参数用来设置字符的粗度(粗字体和瘦字体)和诸如斜体、下画线和加删除线之类的模式。

通过 nWeight 参数，可以改变字符显示时的粗细程度，这个值可以从 0(瘦体)到 1000(胖体)。该参数还有一些预定义的标志供直接使用，这些预定义的值如表 14.4.2 所示。

表 14.4.2　字体粗度标志

标志	参数值	标志	参数值
FW_DONTCARE	0	FW_MEDIUM	500
FW_THIN	100	FW_SEMIBOLD	600
FW_EXTRALIGHT	200	FW_BOLD	700
FW_LIGHT	300	FW_EXTRABOLD	800
FW_NORMAL	400	FW_HEAVY	900

下面我们通过一个实例来创建一种字体，看看改变一些设置时实际的显示效果如何。在 OnDraw()函数中做一些改动，演示一个文本改变显示方向时的变化。

【程序清单 14.4.7】 用 CreateFont()函数创建字体。

```
void CLSTView::OnDraw(CDC * pDC)
{
    CLSTDoc * pDoc = GetDocument();
    ASSERT_VALID(pDoc);
    // TODO: add draw code for native data here
    CRect rcClient;
    GetClientRect(rcClient);
    CPoint ptCenter = rcClient.CenterPoint();
    pDC->SetBkMode(TRANSPARENT);
    for(int i = 0;i<360;i+ = 18)
    {
      CFont fnBig;
      fnBig.CreateFont(30,0,i * 10,i * 10,i/4,FALSE,TRUE,FALSE,
      ANSI_CHARSET,OUT_DEFAULT_PRECIS,CLIP_DEFAULT_PRECIS,
      PROOF_QUALITY,DEFAULT_PITCH + FF_DONTCARE," Arial");
      CFont * pOldFont = pDC->SelectObject(&fnBig);
      pDC->TextOut(ptCenter.x,ptCenter.y," Beautiful Fonts");
      pDC->SelectObject(pOldFont);
    }
}
```

在 CreateFont()函数中，i/4 使得字体的粗度不断的增加，i * 10、i * 10 两个参数使得文本的方向和倾斜的角度不断改变，整个改变通过循环来实现。

运行程序，效果如图 14.4.2 所示。

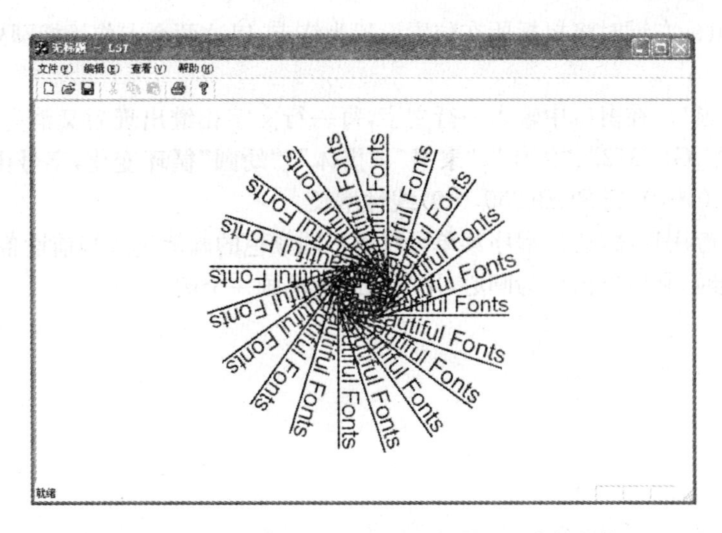

图 14.4.2 通过 CreateFont()函数实现文本的旋转

习　题

一、填空题

1. MFC 类库提供了________、________、________、________4 个不同的设备环境来进行 Windows 程序的显示输出。

2. 在屏幕上显示文本的最简单、最快捷的方法就是使用设备环境中的成员函数________。

3. CPaintDC 类是一个特殊的设备环境封装类，它主要处理来自 Windows 的________消息。

二、简答题

1. 简要介绍一下 CDC 类中有两个与底层 GDI 对象有关的句柄。

2. 在对话框上添加一个按钮及相应的处理函数的过程是什么？

3. 绘制椭圆、矩形、多边形分别要用到哪个函数？

三、操作题

1. 编写一个应用程序，在屏幕的中央有一个较大圆形，一个小圆沿着大圆的圆周轨迹移动。要求大圆内部不填充颜色，小圆为实心圆，圆的填充色自己选取(不能和背景色相同)，每到下一个象限小圆的颜色变化一次。

2. 编写程序，在窗体中显示文本。要求输出格式为一个圆形，半径为 100。字符颜色呈线性变化。

3. 编写一个名为 flag 的应用程序，要求在窗体中画出一幅中华人民共和国国旗，要求背景色为浅蓝色。

4. 设计一个程序，当在窗口中按下鼠标左键时，将鼠标所在位置设置为起点。在窗口中拖动鼠标，当松开鼠标左键时将鼠标所在位置设置为终点，以这两个点作为椭圆外接矩形的对角点，绘制椭圆。

5. 设计一个窗口，在窗口中输入一行文字，每一行文字相继出现后又消失，而且每一行文字的字体按“楷体_GB2312”、“宋体”、“隶书”、“黑体”、“幼圆”循环变化，字号由8～40线性增长，颜色由RGB(0,0,0)到RGB(255,0,0)线性增长。

6. 编写一个应用程序，通过程序菜单可以将不同颜色的画笔选入当前设备环境中；在窗口中单击鼠标左键时，则以单击处为圆心，用当前的画笔画一个圆。

第 15 章　Windows 标准控件

本章内容提要

列表控件；进度条；滚动条；滑块控件

15.1　列表控件

列表控件共有 4 种类型，分别是组合框(Combo box)、列表框(List box)、树(Tree)和列表控件(List controls)，每种控件都能达到一种特定的编程目标。在向对话框中添加表控件时，要注意选择控件的正确形式，因为在不同形式下控件的外观和性能有很大的区别。例如，列表框和列表控件都允许多项选定，而组合框在 Drop List 形式下具有编辑框的功能，而在 Drop-down 形式下则不然。

本节介绍四种类型的列表控件的用法。首先需要用 AppWizard 新建一个名为 Lists 的基于对话框的工程，然后使用这四种类型的列表控件来显示目录和文件的信息。

15.1.1　添加组合框

所以称其为组合框，因为它是多个控件的组合，包括编辑框、列表框和按钮。组合框用来显示选项列表并且只允许用户选择其中的一项。组合框在 4 种列表控件之中比较独特，因为被选项总是保持可见。

表 15.1.1 显示了组合框的 3 种形式，它的形式可以通过其属性对话框中的 Styles 标签来设置。在 List 示例中，组合框是用来选择目录的，一旦选定某个目录，会在对话框中的其他控件中显示该目录下的子目录和文件。

表 15.1.1　组合框类型

类型	描述
Simple(简单)	一个编辑框和一个列表框的组合。列表总是可见的，被选中的项目显示在编辑框中
Dropdown(下拉)	一个有按钮的编辑框和一个列表框的组合。仅当按钮被按下时列表是可见的
Drop List	一个有按钮的静态文本和一个列表框的组合。除了用户不能在控件内键入文字外，其余和上一种一样

1. 在 Lists 对话框中添加组合框

(1)在资源编辑器中打开 IDD_LISTS_DIALOG 对话框，并删除 TODO 文本控件。

(2)删除对话框中的“Cancel”按钮，将“OK”按钮移到对话框的右下角。需要在这个对话框中添加多个控件，因此要增加它的宽度和高度。

(3)在控件工具栏上选择静态文本控件项，在对话框的左上角添加一个文本控件。

(4)在 Caption 栏中输入 Main Directory。

(5)在控件工具栏中选择组合框图标，将一个组合框控件添加的 Main Directory 的右部。

(6)将组合框拉伸到对话框的右边界。

(7)在 ID 组合框中输入 IDC_MAIN_DIR。

(8)选中 Styles 标签，在 Type 组合框中选择 Drop List 项。

添加组合框后，系统会默认选中 Sort 项，这意味着向组合框中添加的各个选项会自动按照字母顺序排列。如果要取消这一功能，选中 Styles 标签，将 Sort 选项取消勾选就可以了。组合框的另一个设置就是下拉式列表的大小，这可以通过单击组合框右面的箭头来完成。这时会显示出一个代表列表框的形式框，拖动其上的调整点，就可以改变列表框的大小了。

添加好组合框后，我们按下述步骤用 ClassWizard 来为它映射一个变量。

2. 用 ClassWizard 给组合框映射一个 CComboBox 型变量

(1)按“Ctrl+W”组合键或者在 View 菜单中选择 ClassWizard 来启动 ClassWizard。

(2)选择 Member Variable 标签。

(3)在 Class Name 组合框中选择 CListDlg。

(4)在 Control IDs 列表框中选择 IDC_MAIN_DIR。

(5)单击“Add Variable”按钮，会出现 Add Member Variable 对话框。

(6)确定 Category 组合框中选中了 Control 项，Variable Type 框中选中了 CComboBox 项。

(7)在 Member Variable Name 框中输入变量名 m_cbMainDir，单击“OK”按钮。

(8)单击“OK”按钮，关闭 ClassWizard。

15.1.2 添加树控件

树控件是唯一能显示工程层次关系的列表控件。树控件采用的是从左向右扩展的结构，最左端的项目叫做根结点(root node)，最右端的项目叫做叶结点(leaf node)，介于最左端和最右端之间的项目叫做枝结点(branch node)。各个项目之间是否用线条连结可以通过样式来设置。在默认设置下，树控件只允许选定其中一项，如果要让用户在一个树控件中能够同时选中多项，可以通过编辑源代码来实现。

在 Lists 这个示例中，树控件是用来按字母顺序显示目录中的文件。需要为子目标的每一个字母添加一个根结点，然后在相应的结点下面插入代表文件的项目。按下面的步骤为 Lists 工程添加一个树控件，然后按照用 Class Wizard 给树控件映射一个 CTreeCtrl 型变量的步骤为其映射一个变量。

1. 在 Lists 对话框中添加一个树控件

(1)在资源编辑器中，打开 IDD_LISTS_DLALOG 对话框。

(2)添加一个静态文本框，标题为 Files。

(3)在标题工具栏上选择树控件项，在对话框的左边添加一个树控件。

(4)在 ID 组合框中输入 IDC_FILES_TREE。

(5)单击“Styles”标签，选中 Has Buttons、Has Lines 和 Lines at Root 几项。

2. 用 Class Wizard 给树控件映射一个 CTreeCtrl 型变量

(1)按“Ctrl+W”组合键或者在 View 菜单中选择 ClassWizard 项，打开 ClassWizard。

(2)选择“Member Variables”标签。

(3)在 Class Name 组合框中选择 CListsDlg。

(4)在 Control IDs 列表框中选择 IDC_FILES_TREE。

(5)单击“Add Variable”按钮，出现 Add Member Variable 对话框。

(6)确定 Category 组合框中选中 Control，Variable Type 框中选中 CTreeCtrl。

(7)在 Member Variable Name 框中输入变量名 m_treeFiles，单击“OK”按钮。

(8)单击“OK”按钮，关闭 Class Wizard。

15.1.3 添加列表框控件

列表框控件最简单的形式就是直接列出所有项目，不过与组合框和树控件不同，列表框不仅支持单项，而且支持多项选定。表 15.1.2 所示为列表框的 4 种形式。

表 15.1.2 列表框控件选择类型

类型	描述
Single	只有一项可以被选中。选中一项将取消以前的选择
Multiple	可以在按下 Ctrl 键或 Shift 键的同时通过鼠标选中多个项目
Extended	类似 Multiple，也可以通过按下鼠标左键并拖动鼠标来选择多个项
None	所有项都不选

和组合框一样，列表框的默认设置也是自动按照字母顺序排列项目，可以通过在 Styles 标签下取消 Sort 项来取消这种排序。在 Lists 示例中列表框用来选择子目录。其中的多个子目录可以被同时选中，并且将在一个列表控件中显示出被选项的详细信息。按照下面的步骤添加一个允许多项选定的列表框。其中不选中 No Integral Height 项是为了让列表框的高度自动调整到正好显示所有的项目。如果选中该项，则控件只可以显示部分项目。

1. 在 Lists 对话框中添加列表框控件

(1)在资源编辑器中打开 IDD_LISTS_DIALOG 对话框。

(2)在对话框右边添加一个标题为 Sub Directories 的静态文本控件，作为组合框的标题显示。

(3)在控件工具栏中选择列表框图标，将其添加到对话框。

(4)在 ID 组合框中输入 IDC_SUB_DIRS。

(5)在 Styles 标签下的 Selection 组合框中选择 Extended 项。

(6)在 Seyles 标签下不选 No Integral Height 选项，现在对话框应该如图 15.1.1 所示。

2. 用 ClassWizard 给列表框映射 CListBox 型变量

(1)“Ctrl+W”组合键或者在 View 菜单中选择 ClassWizard 选项以打开 ClassWizard。

(2)选择“Member Variables”标签。

(3)在 Class Name 组合框中选择 CListsDlg。

(4)在 Control IDs 列表框中选择 IDC_SUB _DIRS。

(5)单击“Add Variable”按钮，会出现 Add Member Variable 对话框。

(6)确定 Category 组合框中选中 Control 项，Variable Type 框中选中 CListBox 项。

(7)在 Menber Variable Name 框中输入变量名 m_lbSubDirs，然后单击“OK”按钮。

(8)单击“OK”按钮，关闭 ClassWizard。

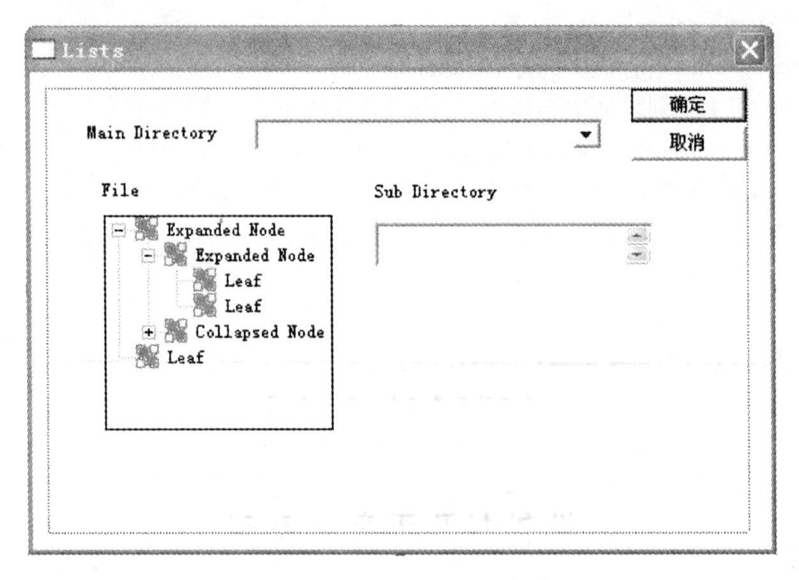

图 15.1.1 Lists 对话框

15.1.4 添加列表控件

列表控件这个名字有些令人费解，因为本节中介绍的其他 3 种控件也是列表控件，然而列表控件是 4 种列表控件中最复杂的一种，在使用中甚至比对话框还常用。它不仅能够显示文本，还能够显示图像，表 15.1.3 是它的 4 种显示方式。

表 15.1.3 列表框控件显示模式

模式	描述
Icon	显示大图标(32×32 像素)，图标名称位于其下。项目先横向再纵向排列
Small Icon	显示小图标(16×16 像素)，图标名称位于每个图标的右侧。项目先横向再纵向排列
List	小图标和显示的一样，但是项目先纵向再横向排列
Report	分栏显示信息，每栏具有标题

在默认情况下，当列表控件失去了焦点，被选中的项目就不再高亮，如果想使选项保持可见，就选中 Style 标签下的 Show Selection Always 项。

在 Lists 示例中，列表控件用来显示列表框中所选中的子目录的具体信息。它分为三列，第一列显示目录名称，第二列显示目录下的文件数目，第三列显示目录所占磁盘空间的大小。按照下面所给的步骤添加列表控件，然后映射变量。

1. 在 Lists 对话框中添加列表控件

(1)在资源编辑器中打开 IDD_LISTS_DIALOG 对话框。

(2)添加一个标题为 Selected Directory Details 的静态文本控件，作为列表控件的标题。

(3)在控件工具栏中选择列表控件图标，在对话框中添加一个列表控件。

(4)在 ID 组合框中输入 IDC_SELECTED_DIRS。

(5)选择 Styles 标签,在 View 组合框中选择 Report。现在对话框如图 15.1.2 所示。

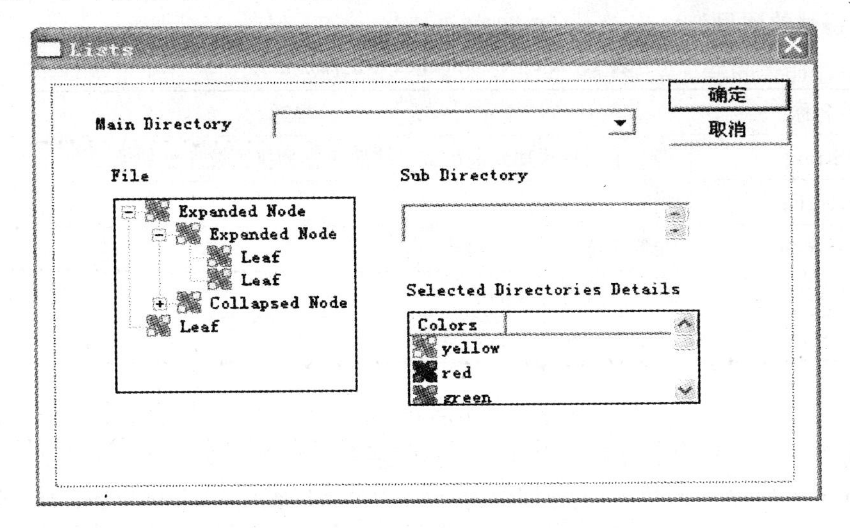

图 15.1.2 在 Lists 对话框中添加列表控件

2. 用 ClassWizard 给列表框控件映射 CListCtrl 型变量

(1)按"Ctrl+W"组合键或者在 View 菜单中选择 Class Wizard 项,打开 ClassWizard。

(2)选择 Member Variables 标签。

(3)在 Class name 组合框中选择 CListsDlg。

(4)在 Control IDs 列表框中选择 IDC_SELECTED_DIRS。

(5)单击"Add Variable"按钮,会出现 Add Member Variable 对话框。

(6)确定 Category 组合框中选中了 Control 项,Variable Type 框中选中了 CListCtrl 项。

(7)在 Menber Variable Name 框中输入变量名 m_lcDirDetails,然后单击"OK"按钮。

(8)单击"OK"按钮,关闭 ClassWizard。

15.2 在列表控件中添加项目

因为列表控件是用来显示以及选择多条数据的,所以编程的第一要务就是向控件中添加信息。每一个添加到列表控件的入口都作为一个项目。尽管插入项目使用的机制有相似之处,但是每一种控件类都有其特别的地方。

15.2.1 给组合框添加项目

组合框是 4 种表控件中唯一能够从资源编辑器中添加项目的控件,在组合框属性对话框中选择 Data 标签即可。每一个项目都可以输入到 Enter Listbox Items 框中去。每添加完一个工程后按"Ctrl+Enter"组合键可再输入一个工程,单独按 Enter 键则会关闭对话框。这种给组合框添加项目的方法并不常用,在多数情况下组合框中的内容是在程序运行当中通过 OnInitDialog()函数添加的。在第一次打开对话框前,MFC 框架会调用此函数。

在 MFC 类中,封装了组合框的是 CComboBox 类,在该类中有几个与添加或删除组合框中的项目相关的函数，如表 15.2.1 所示。每一个添加的项目都有一个从零开始的索引号，它是用来访问特殊的项目。

表 15.2.1 CComboBox 中的添加函数

函数名称	描述
AddString	将一个项目添加到最后或者按照正常的排列顺序添加项
DeleteString	删除一项
InsertString	在特定位置插入一项
ResetContent	删除所有已存在的项
Dir	将文件名作为项插入

在 Lists 示例中，通过对话框中的 OnInitDialog()函数给组合框添加了一个主路径的列表，可以确定的是其中调用了 Windows 的某些全局函数。首先添加一个名为 PopulateCombo()的成员函数，它的返回值为 void 型。然后编辑 OnInitDialog()函数，如程序清单 15.2.1 所示。

【程序清单 15.2.1】 向组合框中添加函数。

```
BOOL CListsDlg::OnInitDialog()
{
    CDialog::OnInitDialog();
    // Add "About..." menu item to system menu.
    // IDM_ABOUTBOX must be in the system command range.
    ASSERT((IDM_ABOUTBOX & 0xFFF0) = = IDM_ABOUTBOX);
    ASSERT(IDM_ABOUTBOX < 0xF000);

    CMenu * pSysMenu = GetSystemMenu(FALSE);
    if(pSysMenu ! = NULL)
    {
        CString strAboutMenu;
        strAboutMenu.LoadString(IDS_ABOUTBOX);
        if(! strAboutMenu.IsEmpty())
        {
            pSysMenu - >AppendMenu(MF_SEPARATOR);
            pSysMenu - >AppendMenu(MF_STRING,IDM_ABOUTBOX,strAboutMenu);
        }
    }

    // Set the icon for this dialog.  The framework does this automatically
    //  when the application's main Window is not a dialog
    SetIcon(m_hIcon,TRUE);// Set big icon
    SetIcon(m_hIcon,FALSE);// Set small icon

    // TODO: Add extra initialization here
    PopulateCombo();
```

```
    m_lcDirDetails.InsertColumn(0," Directory",LVCFMT_LEFT,70);
    m_lcDirDetails.InsertColumn(1," Files",LVCFMT_RIGHT,50);
    m_lcDirDetails.InsertColumn(2," Size KB",LVCFMT_RIGHT,60);
    return TRUE;  // return TRUE  unless you set the focus to a control
}

void CListsDlg::PopulateCombo()
{
    TCHAR szBuffer[MAX_PATH];
    GetWindowsDirectory(szBuffer,MAX_PATH);
    m_cbMainDir.AddString(szBuffer);//向组合框中添加 Windows 目录
    szBuffer[2] = 0;
    m_cbMainDir.AddString(szBuffer);//将字符串简化为只包含驱动器符的串,然后添加到组合框
    GetSystemDirectory(szBuffer,MAX_PATH);
    m_cbMainDir.AddString(szBuffer);//向组合框中添加系统目录
    GetCurrentDirectory(MAX_PATH,szBuffer);
    m_cbMainDir.AddString(szBuffer);//向组合框中添加当前目录
}
```

GetWindowsDirectory()、GetSystemDirectory()和 GetCurrentDirectory()函数会将相应的路径输出到串缓冲区 szBuffer 中去。定义 MAX_PATH 是用来设定路径的最大长度的，大部分情况下设为 260。因为在组合框中选中了 Sort 项，添加的项目会自动以字母顺序进行排列。

15.2.2 响应组合框的通知消息

使用组合框的目的是允许其中的项目能够被选择，用户一旦选中某项，程序应当立刻对选择进行响应，这个步骤是通过捕捉组合框向对话框传递的 CBN_SELCHANGE 通知消息来实现的，无论何时改变选项，都会发送该消息的。

应该检查 AddString()和 InsertString()函数的返回值，如果出现错误，则它们的返回值是 CB_ERR 或 CB_ERRSPACE。

下面为 IDC_MAIN_DIR 组合框添加一个名为 OnSelchangeMainDir()的消息处理函数和一个用于存放获取的路径的 CString 型成员变量 m_strMainDir。

【程序清单 15.2.2】 获得被选中组合框的文字。

```
void CListsDlg::OnSelchangeMainDir()
{
// TODO: Add your control notification handler code here
CString m_strMainDir;
int nIndex = m_cbMainDir.GetCurSel();//得到被选中目录的索引
if(nIndex! = CB_ERR)
  {
  m_cbMainDir.GetLBText(nIndex,m_strMainDir);//得到并保存被选中目录的名字
PopulateTree();//向树控件中添加项目
  }
```

```
}
```

15.2.3 给树控件添加项目

在向树中添加内容时，需要存放树的结构信息，这样才能确定新增加的项目是以前添加的项目的父项还是子项。

MFC 类库将有关树控件的功能封装在类 CTreeCtrl 中，此类的成员函数如表 15.2.2 所示，它们负责处理添加和删除项目。InsertItem()函数还有很多重载的版本，以满足相关图像和外部数据的需要。每一个新增的工程都有一个 HTREEITEM 句柄传递给 InsertItem()函数，从而可以创建树中的等级结构。

表 15.2.2 CtreeCtrl 的函数

函数名	描述
InseitIten	根据参数添加一个根项目或者子项目
DeleteItem	删除一项
DeleteAIIItems	删除所有项

为了给树 Lists 添加项目，我们首先创建一个名为 PopulateTree()的成员函数，它的返回值为 void 型。树控件会按字母顺序显示组合框中选中的目录下的文件。PopulateTree()函数首先给每一个字母添加一个项目，再为非字母带头的文件名创建一个项目作为第 27 项，然后它会利用 Windows 提供的一些函数来获取目录的内容，并将每一个文件名添加到树中合适的位置上。按照程序清单 15.2.3 所示给 PopulateTree()函数添加源代码。

【程序清单 15.2.3】 给树控件添加项目。

```
void CListsDlg::PopulateTree()
{
m_treeFiles.DeleteAllItems();
HTREEITEM hLetter[27];//添加根项
for(int nChar = 'A';nChar< = 'Z';nChar + + )
   hLetter[nChar - 'A'] = m_treeFiles.InsertItem((TCHAR * )&nChar);
hLetter[26] = m_treeFiles.InsertItem(" Other");
HANDLE hFind;
WIN32_FIND_DATA dataFind;
BOOL bMoreFiles = TRUE;
CString strFile;
hFind = FindFirstFile(m_strMainDir + " \\ * . * ",&dataFind);
//找到在目录 m_strMainDir 中的文件
while(hFind! = INVALID_HANDLE_VALUE&&bMoreFiles = = TRUE)
{
  if(dataFind.dwFileAttributes = = FILE_ATTRIBUTE_ARCHIVE)
  {
    int nChar = dataFind.cFileName[0];
    if(islower(nChar))
      nChar - = 32;
```

```
        if(isalpha(nChar))
          nChar - = 'A';
        else
          nChar = 26;
        m_treeFiles.InsertItem(dataFind.cFileName,hLetter[nChar]);
        //在树中插入文件名
      }
      bMoreFiles = FindNextFile(hFind,&dataFind);
    }
    FindClose(hFind);
  }
```

DeleteAllItems()会删除现有的所有项目,这是因为每次在组合框中选定不同项目时,树的内容都会更新。FindFirstFile()函数的参数为 m_strMainDir+"*.*",是为了找到所选目录的所有文件。FindNextFile()函数用以跳转到下一个文件。如果没有下一个文件,此函数会返回 FALSE 值从而中断循环。

编译并运行程序,组合框中显示出好几个目录。选择其中的一个,树控件上会显示出该目录下的文件(如图 15.2.1 所示)。

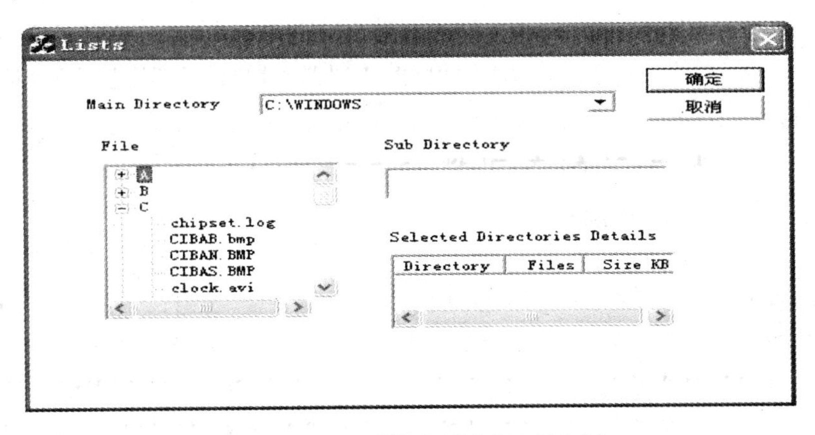

图 15.2.1　组合框和树控件运行实例

15.2.4　给列表框添加项目

给列表框添加项目和给组合框添加项目的方法是相同的,因为组合框中的项目列表其实就是一个列表框。它们的主要区别在于外观不同,并且列表框支持多项选定。

MFC 类库将有关列表控件的功能封装在 CListBox 类中,这些成员函数是用来添加和删除项目的,与表 15.2.2 中列出的是一样的。

在 Lists 示例中,列表框中要显示组合框中选中的目录下的子目录名。首先添加一个名为 PopulateListBox()的函数,其返回值为 void 型。然后编辑 OnSelchangeMainDir()函数,在 PopulateTree()函数调用后,添加 PopulateListBox();语句调用该函数,并按照程序清单 15.2.4所示,为 PopulateListBox()函数添加源代码。

【程序清单 15.2.4】 向列表框添加项目。

```
void CListsDlg::PopulateListBox()
{
  m_lbSubDirs.ResetContent();
  HANDLE hFind;
  WIN32_FIND_DATA dataFind;
  BOOL bMoreFiles = TRUE;
  hFind = FindFirstFile(m_strMainDir + "\\*.*",&dataFind);
  while(hFind! = INVALID_HANDLE_VALUE&&bMoreFiles = = TRUE)
    {
      if(dataFind.dwFileAttributes = = FILE_ATTRIBUTE_ARCHIVE)
      {
       if(strcmp(dataFind.cFileName,"."))
         if(strcmp(dataFind.cFileName,".."))
       m_lbSubDirs.AddString(dataFind.cFileName);
      }
      bMoreFiles = FindNextFile(hFind,&dataFind);
    }
  FindClose(hFind);
}
```

编译并运行程序，当选中组合框中的一项时，树控件和列表控件都会显示相应的项目。

15.2.5 响应列表框通知消息

用户对列表框进行的操作会向对话框送出一个通知消息，如果选定的项目发生了变化则会送出 LBN_SELCHANGE 消息。处理选定项目的方式取决于控件是否允许多项选定，CListBox 类对不同的类型具有特定的函数。

在 Lists 示例中的列表框允许进行多项选定，消息处理函数会在新的成员变量 m_strList 中记录所选择的目录。m_strList 是 CStringList 型的变量。首先需要用 Add MemberVariable 对话框来添加此变量。

给 IDC_SUB_DIRS 列表框创建一个处理 LBN_SELCHANGE 消息的函数 OnSelchangeSubDirs()。函数必须要知道有多少个项目被选定了，然后将各个项目的文件名提取出来并添加到 m_strList 变量中去。最后，此函数还要调用 PopulateListControl()，实现将 m_strList 的内容加到列表控件中。OnSelchangeSubDirs()函数。如程序清单 15.2.5 所示。

【程序清单 15.2.5】 OnSelchangeSubDirs()函数。

```
void CListsDlg::OnSelchangeSubDirs()
{
    // TODO: Add your control notification handler code here
    int nSelCount = m_lbSubDirs.GetSelCount();//得到列表框中选中的项数
    m_strList.RemoveAll();
    if(nSelCount)
    {
```

```
        CString str;
        LPINT pItems = new int[nSelCount];
        m_lbSubDirs.GetSelItems(nSelCount,pItems);

        for(int i = 0;i<nSelCount;i++)//根据控件内容填充数组
        {
          m_lbSubDirs.GetText(pItems[i],str);
          m_strList.AddTail(str);
        }
        delete [] pItems;
      }
      PopulateListControl();
    }
```

15.2.6 给列表控件添加项目

给列表控件添加项目的方法和其他几种列表控件不大相同。而且使用的列表控件类型不同,采用的方法也不同。列表控件一共有四种形式,分别是图标、小图标、列表和报表形式。最常用的类型是报表,报表是以分栏的形式显示信息的。例如,Windows Explorer以报表形式显示文件时有名称、大小、类型和修改时间四栏。

MFC类库中封装列表控件类是ClistCtrl,此类包含了用来添加和删除项目的函数,如表15.2.3所示。

表15.2.3 ClistCtrl函数

函数名	描述
InsertColumn	在法定位置添加一栏
DeleteColumn	删除一栏
InsertItem	添加一项
DeleteItem	删除一项
DeleteAllItems	删除所有项
SetItemText	插入一个子项的文本

在Lists示例中使用的是报表形式,各栏分别是目录名、目录下的文件数和这些文件的大小总和。要做的第一件事就是添加栏,由于这些不会改变,所以可以调用OnInitDialog()函数来实现,然后调用PopulateListControl();函数来添加项目,现在按程序清单15.2.6所示在OnInitDialog()函数中添加源代码。

【程序清单15.2.6】 初始化列表控件表栏。

```
BOOL ClistsDlg::OnInitDialog()
{
    CDialog::OnInitDialog();
    …
    // TODO: Add extra initialization here
    PopulateCombo();
```

```
    m_lcDirDetails.InsertColumn(0," Directory",LVCFMT_LEFT,70);
    m_lcDirDetails.InsertColumn(1," Files",LVCFMT_RIGHT,50);
    m_lcDirDetails.InsertColumn(2," Size KB",LVCFMT_RIGHT,60);

    return TRUE;   // return TRUE  unless you set the focus to a control
}
```

InsertColumn()函数的第一个参数是分栏的索引值，该索引值从零开始。第三个参数设置文本的对齐方式，可以是 LVCFMT_LEFT、LVCFMT_RIGHT 或 LVCFMT_CENTER，最后一个参数是初始化时分栏的宽度，单位是像素，程序运行时列的宽度可以用鼠标来自动调整。如程序清单 15.2.7 所示。

【程序清单 15.2.7】

```
void ClistsDlg::PopulateListControl()
{
  m_lcDirDetails.DeleteAllItems();
  POSITION pos;

  for(pos=m_strList.GetHeadPosition();pos! =NULL;)
    {
      int nItem;
      HANDLE hFind;
      WIN32_FIND_DATA dataFind;
      BOOL bMoreFiles = TRUE;
      CString str;
      CString strFind;
      str=m_strList.GetAt(pos);
      nItem=m_lcDirDetails.InsertItem(0,str);
      strFind=m_strMainDir+"\\" +str+"\\*.*";
      hFind=FindFirstFile(strFind,&dataFind);

      int nFileCount=0;
      double nFileSize=0;
      while(hFind! =INVALID_HANDLE_VALUE&&bMoreFiles= =TRUE)
      {
        if(dataFind.dwFileAttributes= =FILE_ATTRIBUTE_ARCHIVE)
        {
          nFileCount++;
          nFileSize+=(dataFind.nFileSizeHigh*MAXDWORD)+dataFind.nFileSizeLow;
        }
        bMoreFiles=FindNextFile(hFind,&dataFind);
      }
    FindClose(hFind);
    str.Format("%ld",nFileCount);
    m_lcDirDetails.SetItemText(nItem,1,str);
```

```
        str.Format(" % - 1.2f",nFileSize/1024.0);
        m_lcDirDetails.SetItemText(nItem,2,str);

        m_strList.GetNext(pos);
        }
}
```

编译并运行程序,测试列表框的多个选择,可以得到如图 15.2.2 所示的列表框。

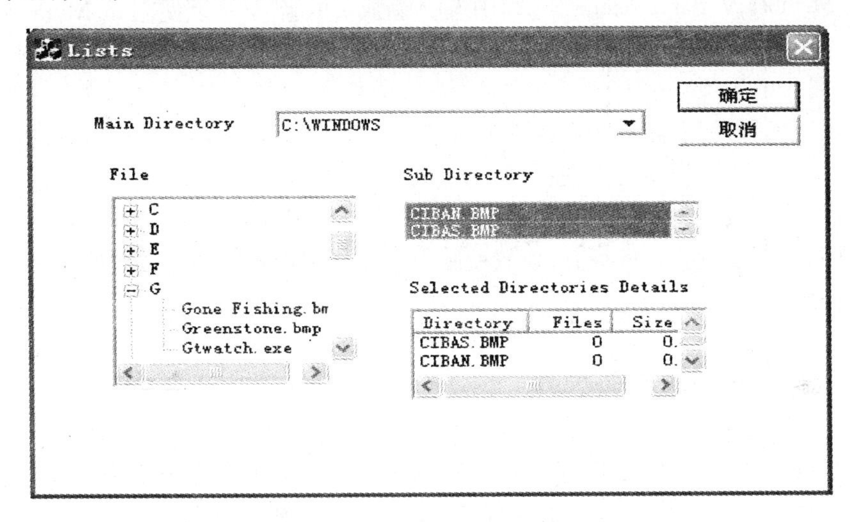

图 15.2.2 运行 Lists 测试列表框

15.3 进度条控件

对一些比较费时的任务,可以使用进度条控件来告诉用户任务当前的进度。进度条控件是通过线条或方块来填充矩形框从而显示当前进度的。另外,进度条控件还能表示在某个范围内的值。

在资源编辑器中为对话框添加一个新的进度条控件,只需从控件箱中拖出进度条控件,将它定位在对话框中即可。

在进度条属性 Styles 标签下可以更改如下的有关控件外观的属性。

Border:选中后会在控件周围出现一个黑色的边框。

Vertical:选中后控件纵向大于横向宽度。

Smooth:选中后进度条显示是连续的,不是由很多小方块组成的。

默认的进度条设置是选中 Border,不选 Vertical 和 Smooth 项。

15.3.1 为进度条控件映射变量

下面介绍一个进度条应用的实例。首先用 AppWizard 创建一个基于对话框的工程,然后添加一个按钮和一个进度条控件。按钮的 ID 为 IDC_STEPIT,Caption 为 Step It,进度条控件的 ID 为 IDC_MY_PROGRESS,然后为进度条控件映射成员变量。

(1)在资源管理器中单击要映射变量的进度条控件。

(2)按“Ctrl+W”组合键或在 View 菜单中选择 ClassWizard 选项以打开 ClassWizard 并选择 Member Variable 标签。要确保在 Class Name 组合框中为新控件了正确的类(如 CProgressDlg 类)。

(3)双击具有相应控件 ID 的新进度控件，或者在环境菜单中选择 Add Variable 选项以弹出新控件的 Add Member Variable 对话框。

(4)在 Member Variable Name 编辑框中输入新成员的名字(本例使用 m_MyProgress)。

(5)注意将 Category 组合框设为 Control，Variable Type 设为 CProgressCtrl。这是进度条控件唯一可用的选项。

(6)单击“OK”按钮以确认为新控件映射了变量并关闭 Add Member Variable 对话框。应该可以看到新映射的成员变亮出现在 Cortrol Ids 列表中相应 ID 的右侧。

(7)单击“OK”按钮关闭 Class Wizard，就将新的变量添加到了所选的类中。

给控件映射完变量后，可以通过设置所映射的成员变量的值来更改控件的显示特性，这将在下面的部分中介绍。

15.3.2 操作并更新进度条控件

可以通过调用为控件映射的 CProgressCtrl 变量的方法来操作进度条控件。进度条控件有一个范围，定义了相应于空进度条控件(完成 0%)和完成进度条控件(完成 100%)的整数值。它还有一个当前值，表示当前的进度相对应的百分比。用户还可以设定一个步长值，只要 StepIt()函数被调用就增加当前进度。

15.3.3 设计进度条控件的范围

设置进度条控件的范围，可以通过调用控件的 SetRange()成员函数来实现，直接将范围的低值和高值当作参数传给函数即可。通常设置范围的值是与任务直接相关的，例如当我们计算 3000～7000 的质数时，范围就可以直接设为 3000～7000。

SetRange()只能接受 16 位的数值，所以它能允许的最大范围是－32768～32767。如果所需的数值范围比这个大，必须使用 SetRange32()函数，它接受 32 位的数值，相应范围是－214783648～214783647。

虽然可以在任何时候修改范围的值，但一般都是在进度条控件初始化的时候设定范围的值。程序中通常是在对话框的 OnInitDialog()函数的末尾初始化这个控件。

在示例程序中，将控件的范围设为 0～10。如果设为 0，控件为空白。如果设为 10，控件充满整个区域。单击工程工作区的 ClassView 标签，然后单击工程名和类名左侧的“+”，如果这个基于对话框的应用程序名为 Progress，那么其中的 CProgressDig 类就是用来处理这个应用程序的主对话框的。找到该类的成员函数 OninitDialog()，双击该成员函数就可以在编辑窗口中查看它的代码。要初始化进度条控件的范围，需要在 OnInitDialog()函数的末尾处(恰好在返回语句之前)添加如下的语句：

```
m_MyProgress.SetRange(0.10);
```

现在已将进度条控件的范围设定为 0～10。相应的有一个 GetRange()函数，同样具有两个整形参数，将返回值存入参数中，前者为范围的最小值，后者为最大值。可以使用该函数获取进度条控件的当前范围。

15.3.4 设置进度条控件的当前值

设置了进度条控件的范围后，通过调用其成员函数 SetPos()可以更新控件的当前显示。SetPos()函数会用传递给它的参数值更新控件的当前值并显示出来。当前值若高于范围的上限值，则进度条显示为全满状态；若低于范围的下限则进度条显示为空。

15.3.5 设置和使用步长

可以设置一个步长值，当每次接收到更新消息时步长值就会自动加入到当前值中，SetStep()函数的参数即是需要设定的步长值。此后可以调用 StepIt()函数来更新进度条控件的当前值而无须传给它任何参数。

在本例中，可以在 OnInitDialog()函数的末尾再加入下面一行源代码将控件的步长设为 1：

```
m_MyProgress.SetStep(1);
```

接下来为 Step It 按钮添加一个处理函数(在资源编辑器中双击该按钮)，然后加入下语句：

```
void CProgressDlg::OnStepit()
{
    m_MyProgress.StepIt();
}
```

现在编译并运行程序。用户会看到当按下 Step It 按钮时，进度条中的进度就将前进一格(如图 15.3.1 所示)。单击 10 次之后就到达了进度条的末尾，再次调用 Stepit()函数，将会清空控件，进度重新开始。

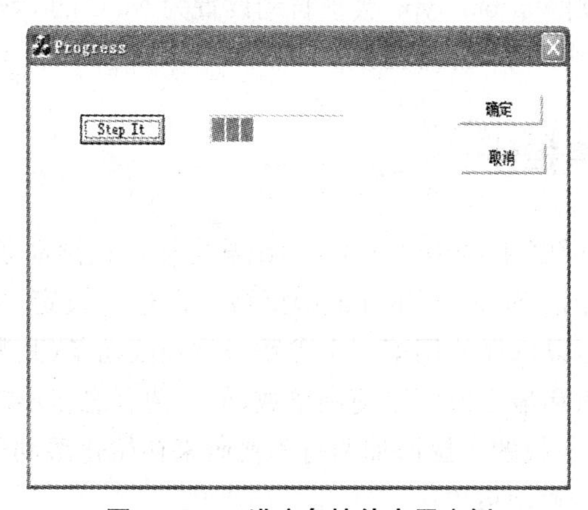

图 15.3.1 进度条控件应用实例

15.4 滚动条控件

通常附加在窗口边框上的滚动条使用来滚动窗口中的内容的，它们也能用作控件，用来确定在一个指定范围内的位置。现在，滑块控件已经接替了这一角色。即使这样，仍然需要了解滚动条，因为滑块继承了滚动条的许多基本功能。

15.4.1 在对话框中添加滚动条

用资源编辑器从控件工具箱中拖出滚动条控件放置到对话框中。控件工具箱中两个滚动条图表，一个是垂直方向的滚动条，另一个是水平方向的滚动条。添加上滚动条后可以根据需要将其位置和大小设置好，然后在其属性对话框的General标签下输入合适的ID，垂直方向滚动条的ID为ScrollBar1，水平方向滚动条的ID为ScrollBar2。

滚动条属性对话框中的Styles标签下只有Align一项，这是让设置滚动条的对齐方式，可以将对齐方式设为以下方式中的一种。

- None：默认设置，直接采用在对话框模板中添加的滚动框的尺寸。
- Top/Left：滚动条具有标准宽度，对齐位置是在对话框模板中添加的滚动框的顶部和底部
- Bottom/Right：同Top/Left，但对齐位置是滚动框的底部和右部。

15.4.2 为滚动框映射变量

具体方法同15.3.1节中为进度条映射成员变量类似，唯一的区别是第(5)步中的Category组合框和Varible Type。进度条控件只能选择Control设定，而滚动条可以选择Control项也可以选择Value。

如果选择了Value，则Varible Type就应设为int，一个映射到滑块控件的整型成员变量就会被插入到所选中的目标类中。新映射的整型成员变量会根据控件的位置进行更新，其更新方式与一个编辑控件更新整数的方式类似。

如果选择了Control，则Varible Type会被自动设置为MFC的CScrollBar类。用户可以继续“为进度条控件映射成员变量”的步骤，直至关闭Add Member Variable对话框和Class Wizard。

15.4.3 初始化滚动条控件

和进度条控件一样，可以在OnInitDialog()函数中初始化滚动条。滚动条也有一个范围，通过调用CScrollBar类中的SetScrollRange()函数可以进行设定，此函数的两个参数分别是范围的下限和上限。还可以选择使用第三个参数来重画滚动条(其默认值为TRUE)。

滚动条范围的最大值和最小值可以使用整数，但是两者之差不能超过32 767。

例如，OnInitDilog()函数的末尾添加两行源代码来初始化滚动条：

```
m_ScrollBar1.SetScrollRange(0,100);
m_ScrollBar2.SetScrollRange(0,200);
```

此时，垂直滚动条的范围是0～100，水平滚动条的范围是0～200。因为没有输入第三个参数，所以在默认情况下，两个滚动条会全部被重画(如果第三个参数为FALSE，则不会被重画)。相应地，GetScrollRange()函数的参数是指向两个整数的指针，它们会获取当前滚动条的范围，相应的源代码如下：

```
int nMin,nMax;
```

```
m_ScrollBar2.GetScrollRange(&nMin,&nMax);
TRACE(" Range = ( %d to %d)\n",nMin,nMax);
```

如果需要使滚动条两端的按钮无效,可以调用 EnableScrollBar()函数,按表 15.4.1 所示输入相应的参数。

表 15.4.1 EnableScrollbar()函数使用到的标识值

标示值	说明
ESB_DISABLE_BOTH	使滚动条两端的按钮都无效
ESB_ DISABLE_LTUP	使左短或上端的按钮无效(由滚动条方向来决定)
ESB_ DISABLE_RTDN	使右短或下端的按钮无效(由滚动条方向来决定)
ESB_ ENABLE_BOTH	使滚动条两端的按钮都无效(如果不传给 EnableScrollbar()任何参数,这将是默认动作)

像进度条控件一样,也可以设置滚动条的当前值。调用滚动条的 SetScrollPos()函数,输入滚动条范围内的整数值作为此函数的参数即可。相应地,GetScrollPos()函数也会返回滚动条的当前值。

如果想设置滚动框的大小,使它能代表滚动的范围(例如在一个文本文档中将其设为一页大小),那么可以使用函数 SetScrollInfo(),传递给它的函数是指向 SCROLLINFO 结构的指针。这个结构对设置位置和范围的函数都是很有用的。

SCROLLINFO 结构中和上述相关的成员变量是 nPage。用户应该将 nPage 设为整数值,用来表示可见页大小占整个滚动范围的比例。例如,如果正在编写一个字处理程序,程序为整篇文档设置的滚动范围是 0～100,而屏幕一次只能显示一页,所以,如果文档是两页,那么可以将 nPage 设为 50,以表示单页是文档的一半。然而对一篇 20 页的文档来说,应该将 nPage 设为 5 以表示单页是整篇文档的 1/20(即 0～100 这个范围的的 1/20)。

15.4.4 处理滚动条通知消息

当用户对滚动条进行操作时,按住其中的一个按钮或在键盘上按 Page Up/Page Down 键时,滚动条都会向其父窗口发送一个通知消息。水平和垂直滚动条发出的通知消息分别是 Windows 的 WM_HSCROLL 和 WM_VSCROLL 消息。可以利用 New Windows Messages/Events 对话框为这些消息添加处理函数。基于对话框的应用程序的主窗口类将处理滚动条所在窗口的事件,因此应将消息处理函数添加到这个类中。例如,如果基于对话框的应用程序名为 Scroll,那么主应用程序的窗口类就应为 CScrollDlg;在 ClassWizards 对话框的 Class name 列表中选择该类,在 Messages 列表框中选择 WM_VSCROLL),然后单击"Add Function"按钮(如图 15.4.1 所示)。

给 WM_VSCROLL 消息添加了处理函数后,可以看到 ClassWizard 生成了如下代码:

```
void CScrollDlg::OnVScroll(UINT nSBCode,UINT nPos,CScrollBar * pScrollBar)
{
    // TODO: Add your message handler code here and/or call default

    CDialog::OnVScroll(nSBCode,nPos,pScrollBar);
}
```

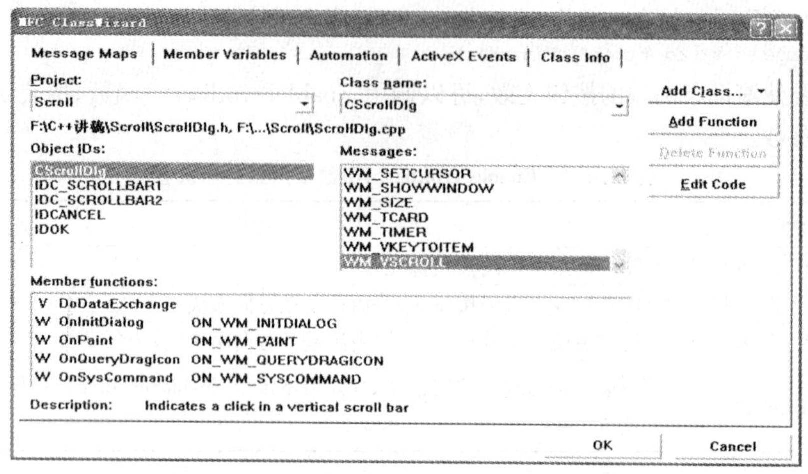

图 15.4.1　为 WM_VSCROLL 消息添加处理函数

为 WM_HSCROLL 消息生成的处理函数在定义和结构上都和上面的基本一致，只是名称为 OnHScroll()。如果在对话框中既有水平滚动条又有垂直滚动条，就需要为它们分别设定处理函数。

传递给函数的第一个参数 nSBCode 是一个标识值，它说明了用户对滚动条的操作类型，这个操作类型依赖于用户如何使用滚动条控件(例如拖动滚动条上的指示块、按住滚动条上的按钮或它本身、按键盘上的方向键)。表 15.4.2 列出了此参数的可能取值。

首先需要确定是否需要处理滚动条(例如一个窗口的滚动条，在什么情况下 CDialog 的基类 OnVScroll()函数才会处理与其相关的事件)，然后再利用标识值来确定如何重定位滚动条。如果没有明确调用 SetScrollPos()函数来重新定位滚动条的话，用户一旦松开指示块，滚动条就会返回到起点上去。

通过检验 OnVScroll()函数的第三个参数值可以知道是哪个滚动条发出的消息，该参数是一个指针，它指用户操作系统的滚动条。识别控件最好、最简单的办法就是使用它的 ID。调用 GetDigCtrlID()函数，传给它一个 pScrollbar 指针可以返回相关控件的 ID。将其 ID 与已知的控件 ID 进行比较，就能知道是否应该对其进行处理。

表 15.4.2　nSBCode 参数使用的标识值

标识值	含义
SB_THUMBTRACK	用户将指示块拖动到了特定的位置，具体位置可以从第二个参数 nPos 得到
SB_THUMBPOSITION	用户将指示块拖到了特定的位置并松开了鼠标，具体位置可以从第二个参数 nPos 得到
SB_ENDSCROLL	用户按住滚动条端点处的按钮或它本身(不是指示块)一段时间后松开了鼠标键
SB_LINEUP	滚动条的当前位置减 1
SB_LINELEFT	同 SB_LINEUP，但是针对水平滚动条的
SB_LINEDOWN	滚动条的当前位置加 1
SB_LINERIGHT	同 SB_LINEDOWN，但是针对水平滚动条的
SB_PAGEUP	滚动条的当前位置减去应用程序定义的一页所代表的数值
SB_PAGELEFT	同 SB_PAGEUP，但是针对水平滚动条的
SB_PAGHDOWN	滚动条的当前位置加上应用程序定义的一页所代表的数值
SB_PAGERIGHT	同 SB_PAGHDOWN，但是针对水平滚动条的

程序清单 15.4.1 是对 WM_VSCROLL 消息进行处理的源代码示例。在识别了正确的滚动条和对其进行的操作类型后,就采取适当的措施来更新滚动条的当前值。水平滚动条的当前值也会随着垂直滚动条的更新而相应更新。因此,如果用户拖动了垂直滚动条,水平滚动条的指示块也会移动。

【程序清单 15.4.1】 对 WM_VSCROLL 消息进行处理。

```
void CScrollDlg::OnVScroll(UINT nSBCode,UINT nPos,CScrollBar * pScrollBar)
{
if(pScrollBar->GetDlgCtrlID() == IDC_SCROLLBAR1)
{
int nCurrentPos = pScrollBar->GetScrollPos();
  switch(nSBCode)
  {
    case SB_THUMBTRACK:
    case SB_THUMBPOSITION:
      pScrollBar->SetScrollPos(nPos);
      break;
    case SB_LINEUP:
      pScrollBar->SetScrollPos(nCurrentPos - 1);
      break;
    case SB_LINEDOWN:
      pScrollBar->SetScrollPos(nCurrentPos + 1);
      break;
    case SB_PAGEUP:
      pScrollBar->SetScrollPos(nCurrentPos - 5);
      break;
    case SB_PAGEDOWN:
      pScrollBar->SetScrollPos(nCurrentPos + 5);
      break;
    }
    m_ScrollBar2.SetScrollPos(2 * pScrollBar->GetScrollPos());
  }
  CDialog::OnVScroll(nSBCode,nPos,pScrollBar);
}
```

switch 语句根据 nSBCode 参数的值区分用户的操作。如果正在拖动指示块或者拖动了指示块然后将其松开,滚动条的当前值就会被设置为表示指示块的 nPos 值。如果滚动条上移或下移一行(只需按住滚动条端点处的按钮),则每次将滚动条的当前值增加或减少一个单位。如果单击滚动条的空白部分,说明应该移动一个页的距离,则将滚动条的当前值增加或减少五个单位,以代表一页的长度。

水平滚动条应根据垂直滚动条的变化而变化,是垂直滚动条变化范围的两倍。

CDialog::OnVScroll(nSBCode,nPos,pScrollBar)调用了对话框基类的 CDialog::OnVScroll()函数,让对话框来处理自身的滚动条,以使它能滚动。程序运行结果如图 15.4.2 所示。

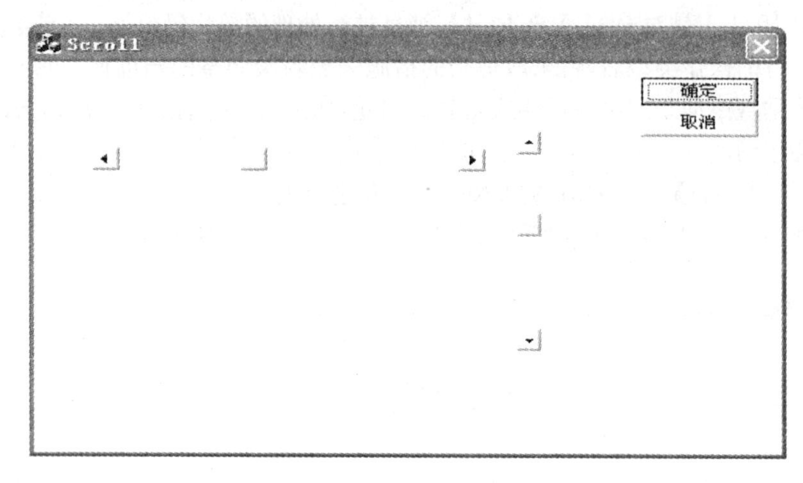

图 15.4.2　滚动条运行实例

15.5　使用滑块控件

滑块控件允许用户拖动控件上的指示块来设定值。在很多方面滑块控件都很像滚动条，如可以设定范围的大小和当前值。不过滑块控件比滚动条还多一些更为成熟的功能和设置。

15.5.1　在对话框中添加滑块控件

和其他控件一样，可以在控件工具箱中拖出滑块控件放置到对话框中。与通常情况相同，可以根据要求设置它的位置和大小，在滑块属性对话框的 General 标签下给控件设置一个合适的 ID，并且在 Styles 标签下设置一些细节，如控件的行为和外形等。

在属性对话框中的 Styles 标签下有两个组合框。第一个是 Orientation，可以设定为 Horizontal 或 Vertical，默认值是水平的。如果设定为垂直的，那么需要调整控件窗口的大小以适应其垂直面。第二个组合框用来设定指针的形状。通常可以设置为 Both，这时的指针将会是一个矩形块；如果设置为 Top/Left，则水平滑块的指针指向上方，垂直的指针指向左边；如果设置为 Bottom/Right 则相反。

另外，对话框中还有以下几个复选框可供选择。

- Tick Marks：选中后会在指针所指的方向上显示出标尺，便于用户更准确地进行值的设定。
- Auto Ticks：选中后会替换标尺，以便响应在滑块范围内的增长值。
- Enable Selection：选中后，会加入一个白色条，它用小三角显示一个选定的范围。
- Border：选中后滑块控件四周会有一条细黑色的边界。

15.5.2　给滑块控件映射变量

给滑块控件映射变量的具体方法与给进度条控件映射变量的方法基本相同，主要的区别在于第(5)步中对 Category 组合框和 Variable Type 的设置。和滚动条相似，滑块控件在此也可以选择 Control 或 Value 两种类型。

如果选择 Value 则将 Variable Type 设置为整型(int)。这样将在选中的目标类中插入一个映射到滑块控件的整型变量。和滚动条一样,这个变量也将根据控件的当前值来更新。

15.5.3 滑块控件的初始化

通过调用 SetRange()函数,分别传入所需范围的最小值和最大值作为函数的参数,可以设置滑块控件的范围值。如果输入"FALSE"值作为第三个参数,则可以禁止默认的自动重画控件设置。调用 SetRangeMin()或 SetRangeMax()函数,分别传入最小值和最大值。可以只设定范围一端的值。相应地,GetRangeMin()和 GetRangeMax()函数可以返回当前范围的值。

通过调用 SetPos()函数可以设置滑块的位置。参数为一个整型值,用来存放在特定范围内滑块的位置。调用 GetPos()成员函数可以获得滑块的当前位置。

与滚动条相似,用户也可以通过按方向键或 Page Up/Page Down 键来使滑块翻动一行或一页。但是使用滑块控件不用像使用滚动条那样,需要明确地处理控件返回的通知消息来更新控件的位置。通过调用 SetLineSize()和 SetPageSize()函数可以设定表示一行或一页的值,这样程序会自动根据键盘操作来更新控件的位置。还可以通过调用 GetLineSize()和 GetPageSize()函数来返回控件当前代表一行或一页的值。

调用 SetTicFreq()函数,传入标记出现的频率可以设定滑块控件上的标记数。比如说希望每 5 个位置点出现一个标记,则程序应该如下表示:

```
m_Slider.SetTicFreq(5);
```

要使 SetTicFreq()函数有效,必须在滑块属性对话框中的 Style 标签下选中 Auto Ticks 选项。通过调用 GetNumTicks()函数可以获得设定范围内的标记数。

15.5.4 响应滑块控件的通知消息

滑块控件会发出与滚动条相同的消息:WM_VSCROLL 和 WM_HSCROLL 来通知父窗口。与滚动条唯一不同的是不需要明确地更新控件的当前值,因为系统会自动进行更新。不过可以利用控件发出的消息来进行其他特殊的操作。

例如,如果想使用一个进度条控件来映射滑块的当前值,就可以添加一个具有标尺的滑块控件,一个进度条控件。然后将滑块(IDC_SLIDER1)映射到一个 CSliderCtrl 型的控件变量 m_Slider,将进度条控件(IDC_PROGRESS1)映射到一个 CProgressCtrl 型的控件变量 m_Progress。添加下面的 OnHScroll()处理函数和源代码可以使滑块控件变化时进度条控件也会随之变化(如图 15.5.1 所示)。

```
void CSliderDlg::OnHScroll(UINT nSBCode,UINT nPos,CScrollBar * pScrollBar)
    {
        if(pScrollBar->GetDlgCtrlID() == IDC_SLIDER1)
        m_Progress.SetPos(m_Slider.GetPos());
        CDialog::OnHScroll(nSBCode,nPos,pScrollBar);
    }
```

使用 GetDlgCtrlID()函数是为了识别滑块，然后调用滑块的 SetPos()函数，根据 GetPos()函数返回的滑块当前值来设置进度条控件的位置。

GetDlgCtrlID()和 GetDlgItem()函数都会根据输入的控件名称来识别控件，并返回一个指向控件的 CWnd 指针。如果在对话框中没有与输入的 ID 相符的控件，则函数返回一个 NULL 值。如果用户想使用返回的指向特定控件的指针，就应该将它传递给 MFC 中与空间相应的类。

如果希望知道操作是行操作还是页操作，可以像使用滚动条那样检查 nSBCode 参数，其可能取值见表 15.4.2。

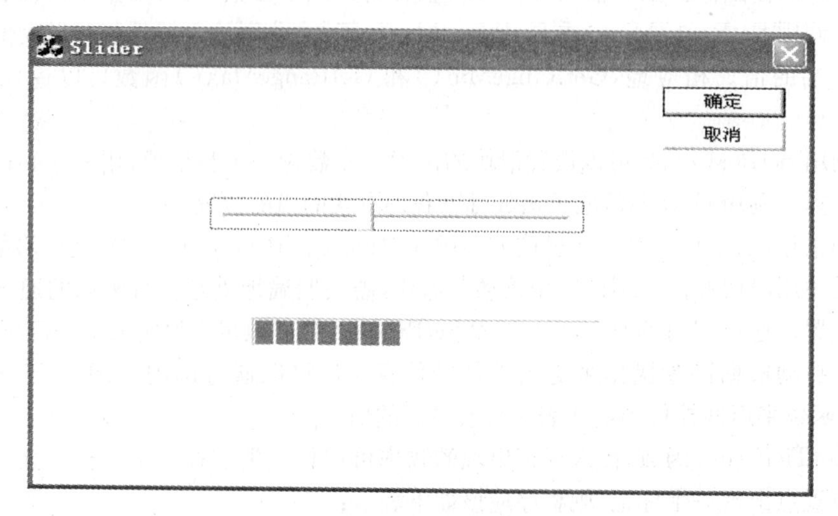

图 15.5.1　滑块控件变化时进度条控件也随之变化

习　　题

一、填空题

1. 组合框是用来________，它有________、________、________三种形式。
2. ________是唯一能显示工程层次关系的列表控件。它采用的是________的结构。
3. MFC 类库中封装列表控件类是________，此类包含了用来________的函数。
4. 滚动条的范围通过调用________类中的________函数可以进行设定。

二、简答题

1. 比较一下列表框、组合框以及树控件这三者之间的异同。
2. 如何给列表框添加项目，具体过程是什么？
3. 可以用哪个函数识别滑块？用哪个函数调用滑块？

三、操作题

1. 用 MFC 向导创建对话框应用程序，实现整数运算器，在对话框中进行加、减、乘、除运算。

2. 编写一个个人信息处理程序，要求在对话框中修改个人信息后，能在消息框中输出字符串，反映对话框中个人信息的内容。

3. 编写一个程序，可以在对话框中使用滚动条修改圆的半径，并随之计算直径、周长和面积，在列表框中显示结果。程序可以处理值为50～200的半径值，半径的初值为100。

4. 编写程序实现一个单词管理器。在文本框中输入一个单词，单击“Add”按钮将字符串加到列表框中；在列表框中选择一个单词，单击“Remove”按钮，可以从列表框中删除该单词。在列表框中双击一个单词，该单词显示在编辑框中，单击“Clear”按钮，清除列表框中所有单词。

5. 在对话框中显示旋转控件、编辑框控件和进度条控件；当通过旋转控件改变与其相关联的编辑框控件中的数值时，进度条控件的显示随编辑框中数值的变化而相应进行变化。单击“退出”按钮，退出对话框，程序结束。

6. 在对话框中显示日期(时间)提取控件，控件中显示指定的时间。当单击对话框中“显示信息”按钮，弹出消息框显示控件中的时间，单击“退出”按钮，退出对话框，程序结束。

7. 在对话框中显示一个IP地址控件和一个下拉列表框控件，IP地址控件中显示指定的IP地址值。选择对话框中的“加入”按钮时，将IP地址控件中的IP地址值添加到下拉列表框中；单击“退出”按钮时，退出对话框，程序结束。

8. 编写一个应用程序，实现一个单词管理器。在文本框中填入一个单词，单击“Add”按钮将字符串加入到列表框中；在列表框中选择一个单词，单击“Remove”按钮，从列表框中删除该单词；在列表框中双击一个单词，该单词显示在编辑框中；单击“Clear”按钮，清除列表框中所有单词。

第16章 Visual C++数据库编程

本章内容提要

Microsoft Visual C++6.0及MFC;建立第一个Windows应用程序;程序分析

16.1 Visual C++开发数据库的特点

Visual C++提供了多种的数据库访问技术:ODBC API、MFC ODBC、DAO、OLE DB、ADO等。这些技术各有自己的特点,它们提供了简单、灵活、访问速度快、可扩展性强的开发技术,这些正是Visual C++开发数据库程序的优势所在,归纳起来主要有以下几点。

(1)简单性:Visual C++ 提供了MFC类库、ATL模板类以及AppWizard、ClassWizard等一系列Wizard工具,掌握它们会达到事半功倍的效果;而且MFC ODBC和ADO数据库接口已经将一些底层的操作都封装在类中,用户可以方便地使用这些接口而无须编写操作数据库的底层代码。

(2)可扩展性:Visual C++提供的OLE和ActiveX技术可以让开发者利用Visual C++中提供的各种组件、控件以及第三方开发者提供的组件来创建自己的程序,从而实现应用程序的组件化,而组建化的应用程序则会具有良好的可扩展性。

(3)访问速度快:Visual C++为了解决ODBC开发的数据库应用程序访问数据库速度慢的问题,提供了新的访问技术——OLE DB和ADO,它们都是基于COM口的技术,使用此技术可以直接对数据库的驱动程序进行访问,这大大提高了对数据库的访问速度。

(4)数据源友好:传统的ODBC技术只能访问关系型数据库,而在Visual C++中通过OLE DB技术不但可以访问关系型数据库,还可以访问非关系型数据库。

Visual C++提供了许多种访问数据库的技术,如下所示:

- ODBC(Open DataBase Connectity)
- MFC ODBC(Microsoft Foundation Classes ODBC)
- DAO(Data Access Object)
- OLE DB(Object Link and Embedding DataBase)
- ADO(ActiveX Data Object)

1. DBC和MFC ODBC

ODBC是为客户应用程序访问关系数据库是提供的一个标准接口,对不同的数据库,ODBC提供了一套统一的API,使得应用程序可以应用所提供的API,访问任何提供了ODBC驱动程序的数据库。而且，由于ODBC已经成为一种标准，所以现在几乎所有的关系数据库都提供了ODBC的驱动程序，从而使得ODBC应用更加广泛。

由于ODBC是一种底层的访问技术，因此，ODBC API可以使客户应用程序能够从底层设置和控制数据库，完成一些高层数据库技术无法完成的功能。但是ODBC PAI代码编制相对来说比较复杂，而MFC ODBC是Visual C++对ODBC API封装得到的，因此可以简化程序设计，但缺点也是不言而喻的，那就是无法对数据源进行底层操作。

2. DAO

DAO提供了一种通过程序代码创建和操作数据库的机制。多个DAO构成一个体系结构，在这个结构中各个DAO对象是协同工作的。MFC DAO是微软公司提供的用于访问Microsoft Jet数据库文件(.mdb)的强有力的数据库开发工具，它通过DAO的封装，向程序员提供了DAO丰富的操作数据库手段。

3. OLE DB和ADO

OLE DB是Visual C++开发数据库应用中提供的基于COM接口的新技术，因此OLE DB对所有的文件系统(关系与非关系数据库)都提供了统一的接口。这些特性使得OLE DB技术比传统的数据库访问技术更加优越。它属于数据库访问技术中的底层接口，在Visual C++中提供了ATL模板来设计OLE DB数据应用程序和数据提供程序。

而DAO技术则是基于OLE DB的访问借口，对OLE DB的接口作了封装，定义了ADO对象，使得程序开发得到简化，它属于数据库访问的高层接口。

16.2 MFC ODBC数据库访问技术

16.2.1 概述

ODBC是一种使用SQL的程序设计接口。使用ODBC让程序的编写避免了与数据库相连的复杂性。这项技术目前已经得到了大多数DBMS厂商的广泛支持。Microsoft Developoer Studio为大多数标准的数据库格式提供了32位的ODBC驱动器，比如SQL Server、Access、Paradox、FoxPro、Excel、Oracle等。如果用户需要用其他的数据库格式，则需要相应的ODBC驱动以及DBMS。

MFC的ODBC类对较复杂的ODBC API进行了封装，提供了简化的调用接口，从而大大方便了数据库应用程序的开发。程序员不必了解ODBC API和SQL的具体细节，利用ODBC类就可以完成对数据库的大部分操作。MFC的ODBC类主要包括如下5类。

- CDatabase类：主要功能是建立与数据源的连接。
- CRecordset类：代表从数据源选择的一组记录(记录集)。
- CRecordView类：提供了一个表单视图与某个记录集直接相连，利用对话框数据交换机制(DDX)在记录集与表单视图的空间之间传输数据。
- CFieldExchange类：支持记录字段数据交换(DFX)，即记录集字段数据成员于相应的数据库的表的字段之间的数据交换。
- CDBException类：代表ODBC类产生的异常。

16.2.2 使用 MFC ODBC 编程建立应用程序

1. 编程模型

相对于使用 ODBC API，使用 MFC ODBC 访问数据库简单得多，其步骤如下：

• 首先创建数据库并在系统中设置好；

• 使用 CDatabase 打开数据源的连接，如果利用 AppWizard 生成一个 ODBC 数据库应用程序，则会自动完成操作。

• 使用 ClassWizard 想到加入由 CRecordset 类派生的用户记录集，完成对数据库表的绑定。

• 创建记录积累对象，如果利用 AppWizard 生成一个 ODBC 数据库应用程序，则会自动在文档类中创建。

• 使用记录集对象对数据库进行遍历、增加、删除和修改等操作。

• 使用 CDatabase 类的 ExecuteSQL 函数直接执行 SQL 命令。

• 使用 CDatabase 类的 BeginTrans、CommitTrans 和 Rollback 函数进行事务处理。

• 使用 CDatabase 类的 Close 函数关闭数据源连接。

2. 使用 MFC ODBC 创建一个用户登录功能模块

(1)建立数据库

这里我们采用 Access 各式的数据库，数据库创建过程如下：

• 创建一个名为 demo01 的数据库；

• 建立一个新的数据表，表名记为 puser，用于存储用户信息。这里我们建立一个用户登录系统的界面，只要存放用户的 ID、用户名、密码以及权限即可。将这些作为表中的字段建立，并存储相应的数据。如图 16.2.1 所示。

puser : 表

	userid	username	userpwd	userable
	1	aaa	aaa	
	2	bbb	bbb	
	3	ccc	ccc	
	4	ddd	ddd	
▶	(自动编号)			

图 16.2.1 Access 数据库表

(2)设置数据源

创建好数据库后我们还要进行配置，以便程序通过 ODBC 数据源来访问刚刚创建的数据库。不同的 Windows 操作系统中数据源的配置过程不尽相同，但差别不是很大，本例以 Windows XP 系统为例。具体操作如下：

①选择开始菜单“控制面板→管理工具→数据源(ODBC)”，弹出“ODBC 数据源管理器”对话框，选择“系统 DSN”选项卡，单击“添加”按钮，如图 16.2.2 所示。

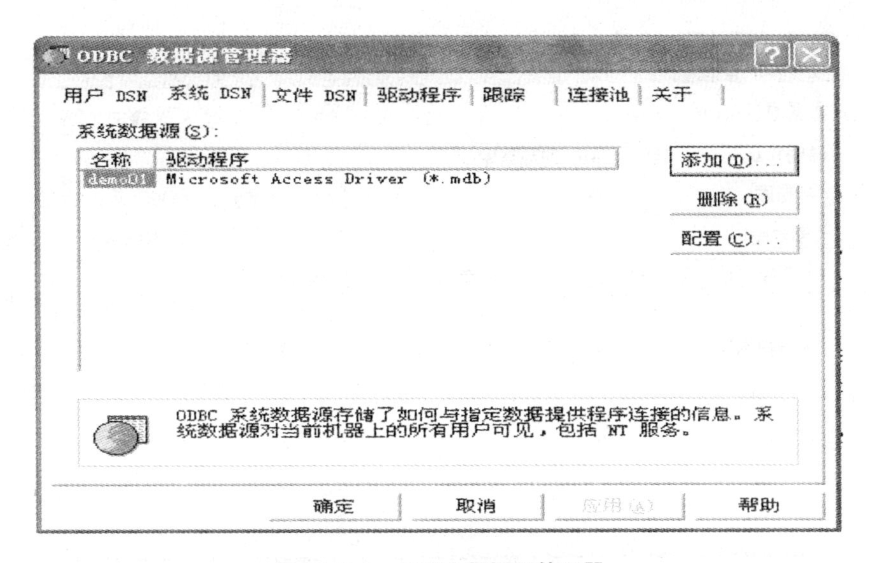

图 16.2.2　ODBC 数据源管理器

②在弹出的"创建新数据源"对话框中，选择"Microsoft Access Driver(*.mdb)"，如图 16.2.3所示，单击"完成"按钮。

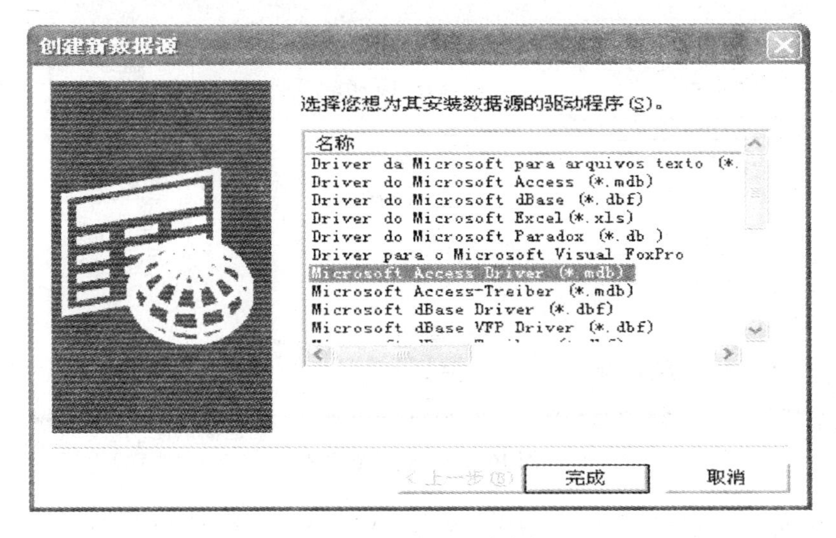

图 16.2.3　创建新数据源

③在弹出的"ODBC Microsoft Access 安装"对话框中，配置数据源属性。如图 16.2.4 所示，依次配置数据源名为"demo01"，说明为"第一个 Demo 的数据库"，当然此处可以省略，我们只是为了更清楚地明白数据源的意义而添加此项的。单击"选择"按钮。

④在弹出的"选择数据库"对话框中选择我们要用数据库的 Access 文件"demo01.mdb"，找到"demo01.mdb"的路径，选中文件，单击"确定"按钮，如图 16.2.5 所示。

⑤此时退回到图 16.2.4 所示的"ODBC Microsoft Access 安装"对话框，可以看到其中的"数据库"标签后面增加了一行"E:\zdc\demo01\demo01.mdb"，这就是本例数据源所对应的数据库，单击"确定"按钮。

⑥此时退回到图 16.2.2 所示的"ODBC 数据源管理器"对话框，可以看到已经存在了名为"demo01 Microsoft Access Driver(*.mdb)"的数据源。单击"确定"按钮，结束数据源的配置过程。

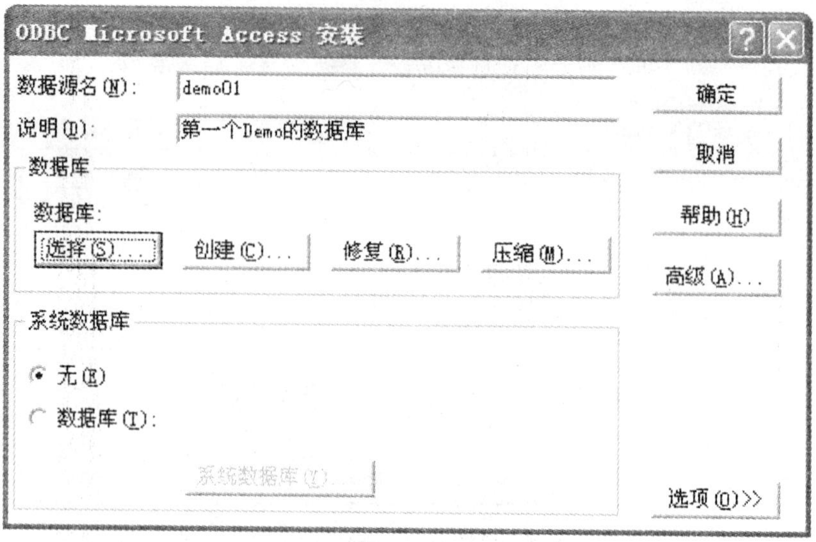

图 16.2.4　ODBC Microsoft Access 安装

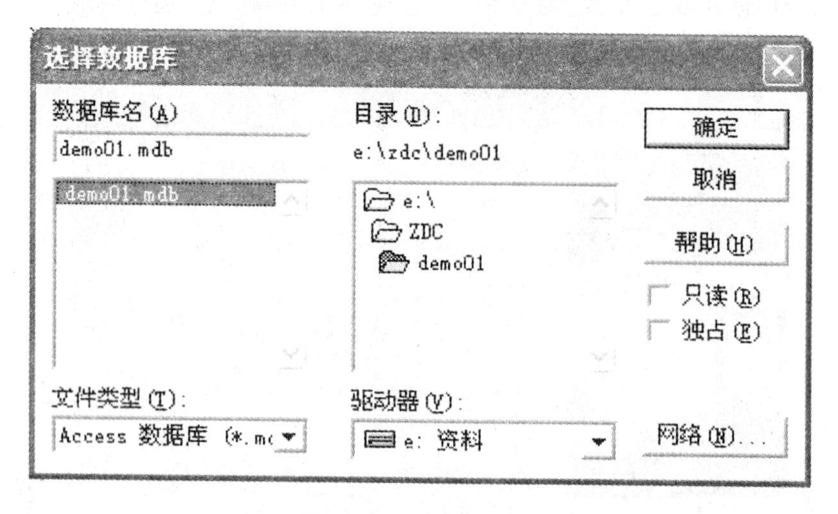

图 16.2.5　选择数据库

至此数据源的配置过程完成，后面需要进行 Visual C++的程序编写了。

(3)制作用户登录模块

①打开“Microsoft Visual C++ 6.0”，选择“File→New”命令菜单，弹出“New”窗口，选择“Projects”选项卡后在列表中选择“MFC AppWizard(exe)”，确定工程名称为“Demo01”，并选择工程存放路径。

②在如图 16.2.6 所示的“MFC 应用程序向导—步骤 1”对话框中，选中“基本对话框”项，我们要创建的是一个用户登录界面，建立一个登录对话框即可。其他保持默认值，单击“下一步”按钮。

③在“MFC 应用程序向导—步骤 2”对话框中，保持各选项的默认值，单击“Next”按钮。

④在如图 16.2.7 所示的“MFC 应用程序向导—步骤 3”对话框中，选择第三项“您希望使用 MFC 库吗?”为“作为静态的 DLL”。其他各项保持默认值，然后单击“下一步”按钮。

⑤在如图 16.2.8 所示的“MFC 应用程序向导—步骤 4”对话框中，保持各项默认值，然后

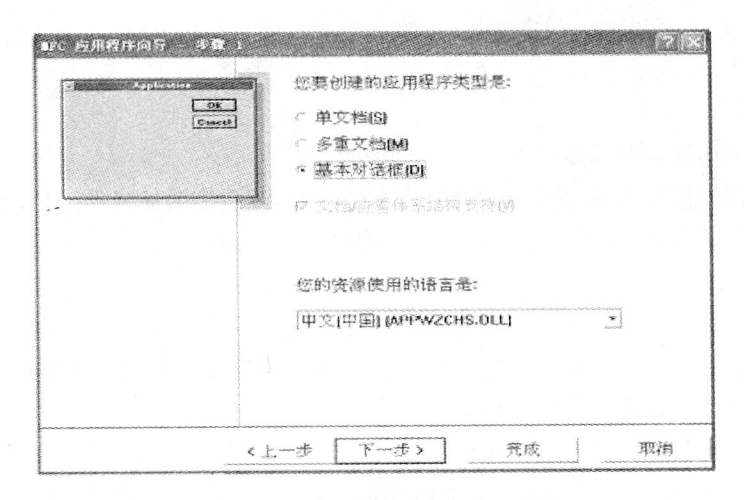

图 16.2.6　MFC 应用程序向导—步骤 1

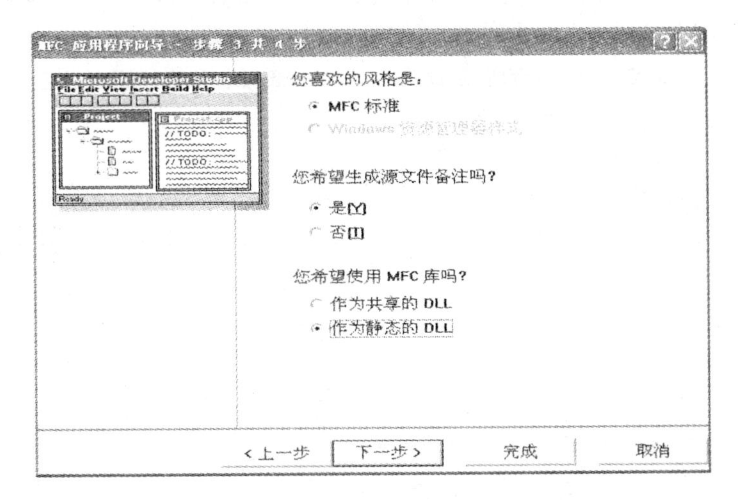

图 16.2.7　MFC 应用程序向导—步骤 3

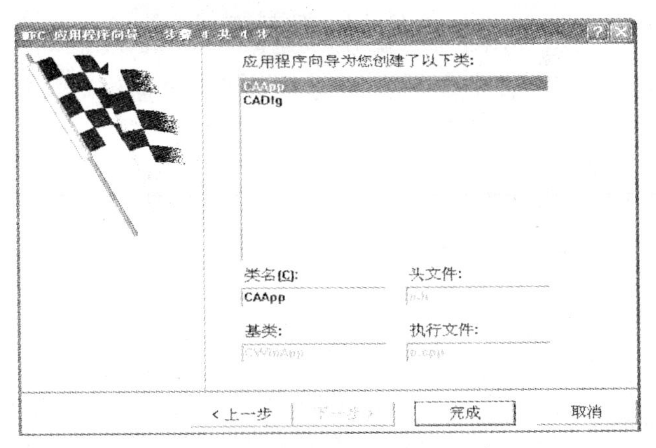

图 16.2.8　MFC 应用程序向导—步骤 4

单击“完成”按钮。

⑥在最后弹出的对话框中，单击“确定”按钮，完成工程的创建。

至此，基于对话框的工程创建出来了，整个工程包含一个程序“Demo01”，整个程序包含一个默认的对话框。

(4)编辑对话框资源

将主编辑区切换到要编辑的对话框上，如图 16.2.9 所示，

将需要用到的控件拖到要编辑的对话框中，通过更改它们的属性名的值，编辑为想要的形式，如图 16.2.9 所示，即为我们要实现的一个用户登录界面。

(5)添加变量

要想让对话框类中的变量接受对话框上控件的输入或向对话框输出，必须将控件与相应的变量关联起来，以简化“控件—变量”之间频繁的数据交换，在我们要实现的用户登录界面中要为用户名和密码的输入作控件变量关联。

①为输入用户名的编辑框控件进行变量关联。选择“查看→建立类向导”菜单命令，在弹出的“MFC ClassWizard”对话框中，切换到“Member Variables”选项卡，如图 16.2.10 所示，然后在 Class name 下拉框中选择“CDemo01Dlg”项，并且在 Control IDS 单选框中选择“ID_USER_NAME”，最后单击“Add Variable”按钮。

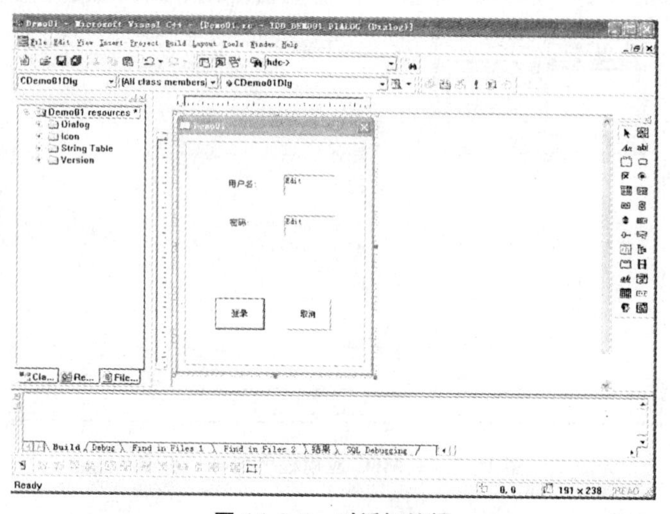

图 16.2.9　对话框编辑

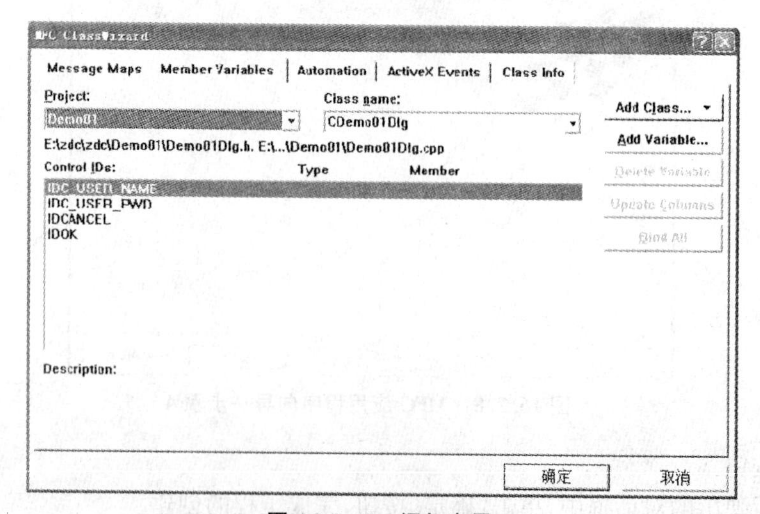

图 16.2.10　添加变量

②进行变量定义。如图 16.2.11 所示，在弹出的“Add Member Variable”对话框中，依次在“Member variable name”框中输入“m_username”，在“Category”下拉框中选择“Value”项，在“Variable type”下拉框中选择“CString”项，最后单击“OK”按钮完成设置。

Add Member Variable

Member variable name:

m_

Category:

Value

Variable type:

CString

Description:

CString with length validation

OK

Cancel

图 16.2.11　变量定义

③重复以上步骤，为输入密码的编辑框控件设置一个变量 m_userpwd。

④在这个例子中只要为以上两个控件连接变量就足够了，完成所有的变量配置后在“MFC ClassWizard”对话框中单击“OK”按钮保存刚才的设置，这样才可以起作用。

(6)连接数据库

我们需要创建一个 CRecordSet 类的派生类 CUserRecordset 类来操作数据库“Demo01.mdb”的表“puser”。

①创建 CUserRecordset 类。将 WorkSpace 切换到“ClassView”选项卡，如图 16.2.12 所示，在“Domo01Classes”位置右击，然后选中“New Class”菜单命令。

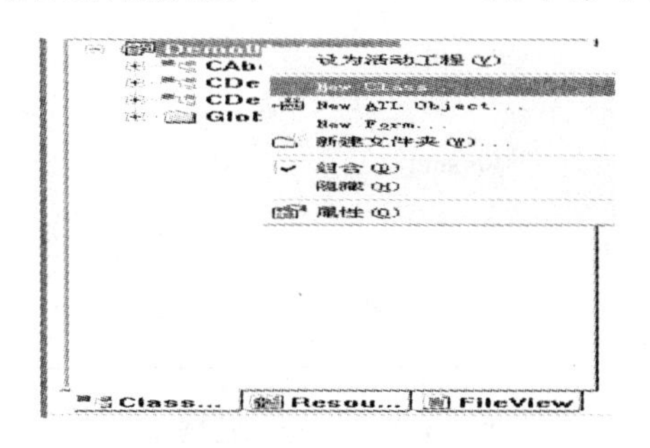

图 16.2.12　添加新类

②从 CRecordSet 派生新类“CUserRecordset”。在弹出的如图 16.2.13 所示的对话框中，依次在 Base class 下拉框中选择“CRecoedset”项，在 Name 下拉框中选择“CUserRecordset”，然后单击“确定”按钮。

③选择数据源。在弹出的 Database Options 对话框中，在 Datasource 单选框中选择 ODBC 数据源类型，然后在 ODBC 数据源的下拉框中选中“demo01”，其他选项可以保持默认值，如图 16.2.14 所示，最后单击“OK”按钮。

④在弹出的对话框“Select Database Tables”中选择数据表，如图 16.2.15 所示，选中前面

创建的表“puser”，单击“OK”按钮，这时我们可以看到在图 16.2.12 所示的位置自动增加了一个“CUserRecordset”。

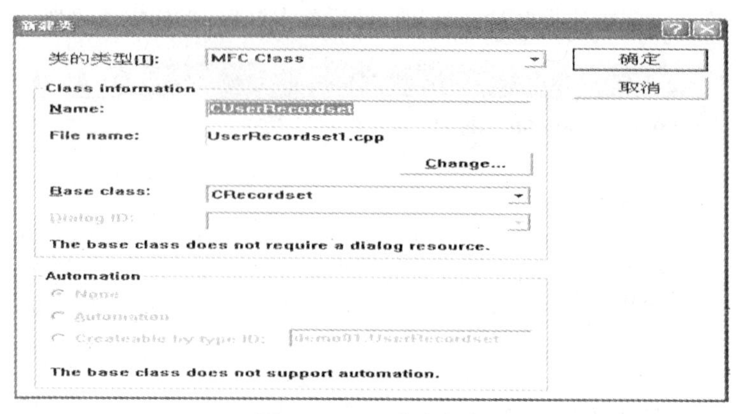

图 16.2.13　定义新类

到现在为止我们已经创建完了连到数据库的类“CUserRecordset”。这时在工作区的“ClassView”窗口中我们可以看到在新添加的派生类“CUserRecordset”中已经自动定义了 4 个变量，如图 16.2.16 所示，这 4 个变量正好与我们创建的表“puser”中的字段同名，并且类型也是一致的。这是 MFC 自动添加的变量，以绑定我们刚才选中的表中的字段。需要说明的是，如果表中字段的名是中文，则 MFC 会自动创建 m_column1、m_column2 等这样的变量名来对应表中的字段。

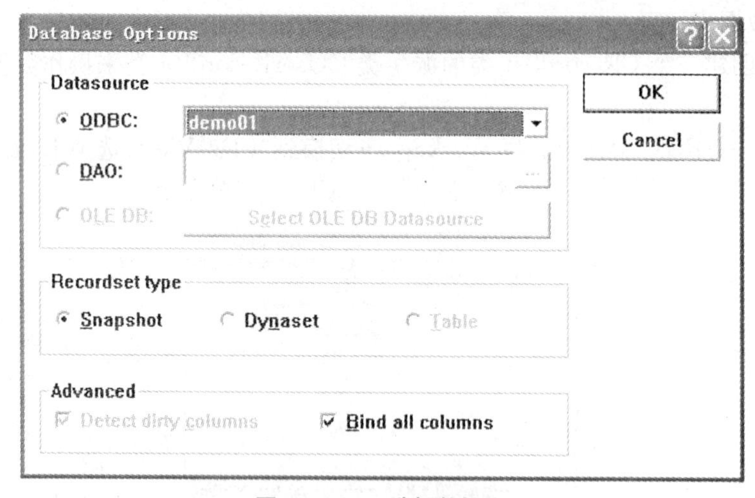

图 16.2.14　选择数据库

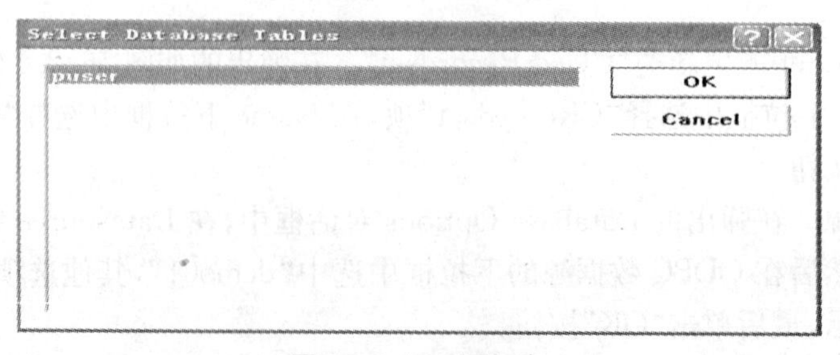

图 16.2.15　添加表

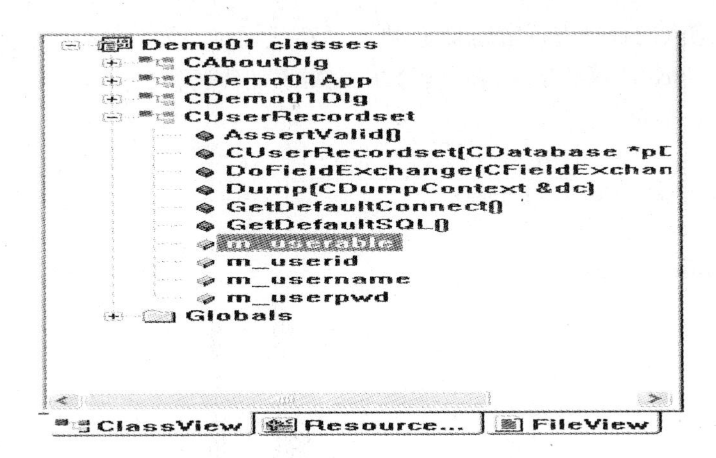

图 16.2.16　系统自动添加的变量

(7)增加“确定”按钮的消息响应代码

在我们创建的用户登录界面中,要求单击“确定”按钮时,程序能进行密码验证的操作,这就要求为“确定”按钮增加一个响应“鼠标点击”的函数,实质就是重载“确定”按钮的“OnOK”函数。

①选中“View→ClassWizard”菜单命令,在弹出的“MFC ClassWizard”对话框中,选中“Message Maps”选项卡。

②增加消息响应函数。在弹出的如图 16.2.17 所示的对话框中,依次在 Class Name 下拉框中选择 CDemo01Dlg 项,在 Object IDs 单选框中选择 IDOK 项,在 Message 单选框中选择 BN_CLICKED 项,然后单击“Add Function”按钮来为此消息增加消息响应函数,此时会弹出一个确认框,保持其中的默认值并确认。操作完后我们可以看到在图中新增加了一行“OnOK ON:IDOK:ON_CLICKED”,这就是新增加的消息响应函数。

“取消”按钮的响应函数与此类似,只不过它是重载了“OnClose”函数。保存刚才的设置,消息响应函数就添加完成了。此时切换到“WorkSpace”的“ClassView”选项卡,在“CDemo01Dlg”类中,可以看到其中增加了一个“OnOK”函数。

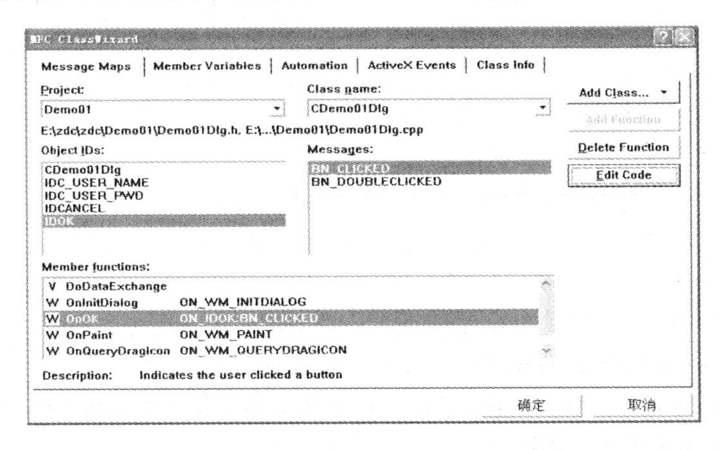

图 16.2.17　添加按钮函数

(8)编写“密码验证”代码

以上我们只是为“确定”按钮添加了一个响应鼠标单击消息的函数,如果我们要求在单击此按钮时能够对输入的数据进行密码验证，则必须在此响应函数中增加用于密码验证的代码，在编辑区打开“OnOK”的函数定义，在此函数中编辑添加代码如下：

```
void CDemo01Dlg::OnOK()
{
    // TODO: Add extra validation here
    UpdateData(TRUE);
    CUserRecordset  m_user;
Try
{
if(m_user.IsOpen());
m_user.Close();
m_user.m_strFilter.Format(" username ='%s' and userpwd ='%s'",m_Uname,m_Upwd);
m_user.Open(CRecordset::snapshot,NULL,CRecordset::none);
if(m_user.IsEOF())
    {m_user.Close();
    AfxMessageBox(" 密码错误,请重试!");
    return;
    }
else
    {m_user.Close();
    AfxMessageBox(" 登录成功!!");
    }
}
catch(CDBException * e)
{
    e->ReportError();
    return;
}
    CDialog::OnOK();
}
```

下面解释一下其中用到的部分函数和方法。

• UpdateData(TRUE)：将表单中控件的输入内容更新到所关联的变量上，也就是让两个编辑框控件的变量 m_username 和 m_userpwd 获得输入值。

• CUserRecordset m_user：生成一个 CUserRecordset 类的实例 m_user，用以操作数据库中定义的表“puser”。

• Try{…}Catch{…}：用以捕获意外，用 CDBException 类的实例来捕获数据库中可能出现的错误，e—>ReportError()；表明将错误报告到界面上。

• if(m_user.IsOpen())；m_user.Close()；判断 puser 记录集是否打开，如果打开的话则关闭，以保证后边的操作能正确执行。

• m_user.m_strFilter.Format(" username= '%s 'anduserpwd= '%s '",m_Uname,m_Upwd)：定义查询语言，其对应规则为：“username= m_Uname and userpwd= m_Upwd”。

• m_user.Open(CRecordset::snapshot,NULL,CRecordset::none)：执行查询操作。

• if(m_user.IsEOF()){…} else {…}：判断是否已经查询到表的末尾，如果是的话表明没有符合的用户，用户名或密码错误，否则提示登录成功。

• m_user.Close()：操作完后要及时关闭数据库，保证其他操作的正确执行。

• AfxMessageBox("密码错误，请重试!")：利用标准信息框，输出警告信息。

注意：要记得 UpdateData(TRUE)，否则可能得不到输入的数据；另外要急得及时关闭数据库，否则后续的打开操作可能无法执行。

(9)编译

选择菜单"Build→Rebuild All"即可编译程序。我们看到在调试区出现了大堆错误，因为其中忘了两点重要的内容：

①选择 WorkSpace 的 FileView 选项卡，在编辑区打开文件"Demo01 files\Header Files\StaAfx.h"，在其中加入下面的内容：

```
#include<afxdb.h>
```

这是与 CRecordSet 调用相关的头文件声明。

②打开文件"Demo01 files\Source Files\Demo01Dlg.cpp"，在其中加入下面的内容：

```
#include " UserRecordset.h"
```

这是与 CUserRecordset 调用相关的头文件声明。

因为在程序中调用了 CRecordSet 类，又在 CDemo01Dlg 中调用了 CUserRecordset 类，因此必须要作相应的头文件声明。

重新编译，可以看到显示没有错误，编译成功。

单击图 16.2.18 中的红色感叹号来运行程序。

图 16.2.18

此时可以看到我们编辑的用户登录界面，输入用户名和密码并登录，如图 16.2.19 所示。

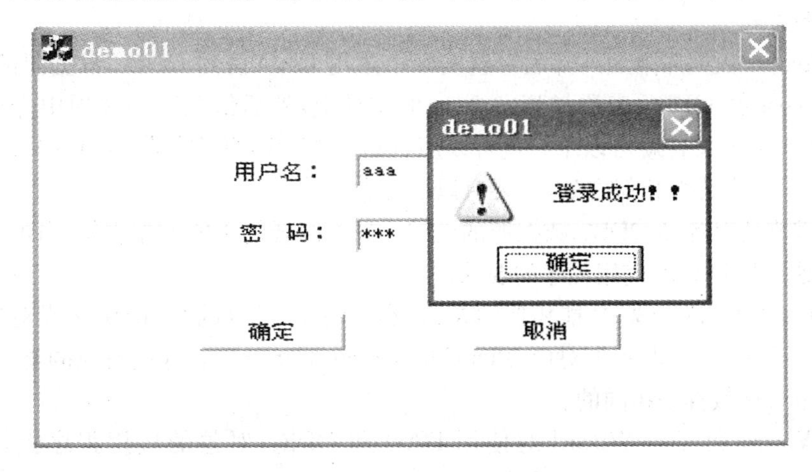

图 16.2.19　用户登录界面

至此，整个用户登录系统模块制作完成。

16.3 使用DAO技术访问数据库

16.3.1 概述

数据访问对象(Database Access Object,DAO)使用Microsoft Jet数据库引擎来访问数据库。Visual C++6.0提供了对DAO的封装,MFC DAO类封装了DAO的大部分功能,从而Visual C++6.0程序就可以使用MFC DAO类方便地访问Microsoft Jet数据库。

Microsoft Jet是一种数据管理组件,许多数据工具(如Access)都是通过它实现其功能的,同时,通过Jet引擎可以访问数据库中的数据和数据库结构定义。DAO通过Microsoft Jet数据引擎提供了一套对象,包括数据库对象(Database)、表定义(TableDef)、查询定义对象(QueryDef)和记录集对象(Recordset)等。MFC DAO封装了DAO的功能,说到底是通过Microsoft Jet数据引擎来访问系统和用户数据库中的数据的。

一般来说,基于DAO的MFC类比基于ODBC的MFC类处理功能更强。因为基于DAO的类可以通过ODBC驱动,也可以通过自己的数据库引擎(Jet)存取数据。

DAO提供了一种通过程序代码创建和操作数据库的机制。多个DAO对象构成一个体系结构,在这个结构里,各个DAO对象协同工作。DAO支持以下4个数据库选项:

(1)打开访问数据库(mdb文件)。mdb文件是一个自饱含的数据库,它包括查询定义、安全信息、索引、关系,当然还有实际的数据表。用户只需指定mdb文件的路径。

(2)直接打开ODBC数据源。这里有一个很重要的限制,不能打开以Jet引擎作为驱动程序的ODBC数据源,只可以使用具有自己的ODBC驱动程序的DLL的数据源。

(3)用Jet引擎打开ISAM型(索引顺序访问方法)数据源。即使已经设置了ODBC数据源,要用Jet引擎访问这些文件类型中的一种,也必须以ISAM型数据源方式打开文件,而非ODBC数据源方式。

(4)给Access数据库附加外部表。这实际上是用DAO访问ODBC数据源的首选方法。首先要用Access把ODBC表添加到一个mdb文件上,然后依照第一选项中介绍的方法用DAO打开这个mdb文件就可以了。也可以用Access把ISAM文件附加到一个mdb文件上。DAO与ODBC类有许多相似之处,主要有以下几点:

①两者都支持对各种ODBC数据源的访问。虽然两者使用的数据引擎不同,但都可以满足用户编写独立与DBMS应用程序的要求。

②DAO提供了与ODBC功能相似的MFC类。例如DAO的Cdatabase类对应ODBC的Cdatabase类,CdaoRecordset类对应ODBC的Cracordset类等。这些对应的类功能相似,它们大部分的成员函数都是相同的。

③AppWizard和ClassWizard对使用DAO和ODBC对象的应用程序提供了类似的支持。

一般来说,基于DAO的MFC类比基于ODBC的MFC类处理功能更强。因为基于DAO的类可以通过ODBC驱动,也可以通过自己的数据库引擎(Jet)存取数据。但是,ODBC和DAO访问数据库的机制是完全不同的。

ODBC 的工作依赖于数据库制造商提供的驱动程序，使用 ODBC API 时，Windows 的 ODBC 管理程序把对数据库访问的请求传递给正确的驱动程序，驱动程序再使用 SQL 语句指示 DBMS 完成数据库访问工作。

类 CdaoDatabase 提供了一个和 MFC ODBC 类 Cdatabse 类似的接口，但它们之间有区别，表现在 Cdatabase 是通过 ODBC 和 ODBC 驱动程序存取数据的，而 CDaoDatabase 则是通过数据存取对象存取数据的。

DAO 则不需要中间环节，它直接利用 Microsoft Jet 数据库引擎提供的数据库访问对象集进行工作。因此缺少了中间环节，直接访问数据库，所以速度比 ODBC 快。

16.3.2 使用 DAO 技术访问数据库

本例是实现一个特殊的浏览器，数据库中存有被禁止的网址，访问时，如果是被禁止的网址则禁止访问，如果不是则可以浏览该网址且可以记录访问网址的情况；并且可以往数据库中添加删除禁止访问的网址。本节介绍的例子不是单个的模块，而是一个比较简单但完整的系统，而且它涉及了多个表的操作，包括对数据库的读取和写入。

1. 设计数据库

创建一个 Access 数据库，命名为 Demo02，创建两个表，pDomain 和 pLog 分别用来存储被禁止的网址和访问网址的记录，如图 16.3.1 和图 16.3.2 所示。

pDomain: 表

	DomainID	DomainName	DomainType
	1	163.com	0
	2	211.211.0.1	0
	3	sina.com	0
▶	(自动编号)		0

图 16.3.1 Access 数据库表 pDomain

pLog: 表

	LogID	LogType	LogInfo	LogTime
▶	(自动编号)	0		

图 16.3.2 Access 数据库表 pLog

注意：要把 Access 数据库格式转换成 1997 年以前的版本，否则 Visual C++无法辨认数据库的格式。

2. 制作浏览器

(1)创建 VC 工程

首先要创建一个基于 HtmlView 的工程，其步骤如下：

①选择创建一个新的"MFC AppWizard(exe)"工程，此处我们命名为 Demo02。

②在"MFC 应用程序向导—步骤 1"对话框中，设置程序类型为第一项"单文档"。

③在"MFC 应用程序向导—步骤 2"到"MFC 应用程序向导—步骤 4"对话框中选择默认值。

④在“MFC应用程序向导—步骤5”中，将第三问“您希望使用MFC库吗?”选中“作为静态的DLL”如图16.3.3所示。

⑤在“MFC应用程序向导—步骤6”对话框中，选择“基类”为“CHtmlView”类，如图16.3.4所示，单击“完成”按钮，完成工程创建。

3. 实现“网页浏览”功能

在此，我们不仅要实现网址访问的功能，还要做一些辅助工作，以便为后边的设计做准备。

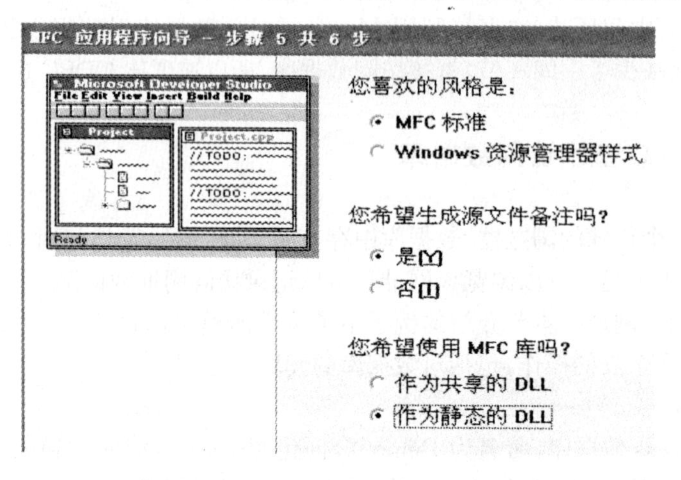

图 16.3.3　MFC 应用程序向导—步骤 5

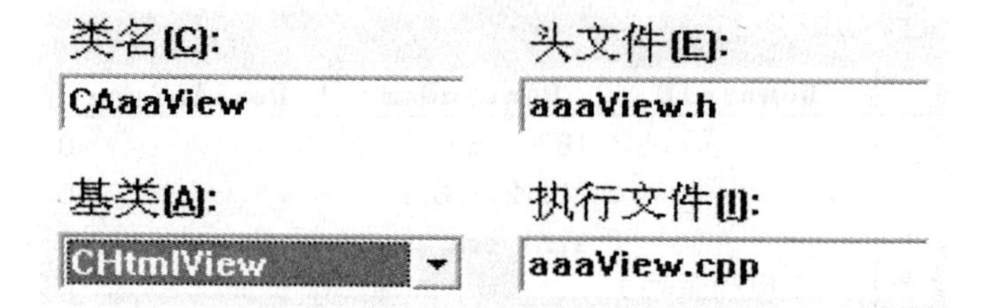

图 16.3.4　选择基类为 HtmlView

(1)首先把AppWizard创建的一些不必要的内容删除。

①去除工具条和状态栏等。切换到“WorkSpace | ClassView | Demo02 Classes | CmainFrame |OnCreat(LPCREATSTRUCT lpCreateStruct)”，找到下面几行注释并删除，如图16.3.5所示。

②去除菜单中的各项，仅保留“帮助”菜单即可。

③把窗口的标题改为“网址浏览器”，切换到“WorkSpace | ClassView | Demo02 Classes | Cdemo03App | ::InitInstance()”编辑区，修改如下代码：

```
//The one and only window has been initi
m_pMainWnd->ShowWindow(SW_SHOW);
m_pMainWnd->SetWindowText(" 网址浏览器");
m_pMainWnd->UpdateWindow();
```

(2)实现浏览器的功能。因为我们在建立工程的时候选择的视图基类为CHtmlView，所以View本身已经具有显示网页的能力了，只是我们还需要提供一个输入网址的对话框，并且在输入网址之后，能够在CHtmlView中显示相应的页面。

①制作一个对话框用来输入网址。切换到"WorkSpace|ResourceView|Dialog"右击选择"插入 Dialog",更改对话框的名称和 ID,并且将系统自动生成的两个按钮改为"确定"、"取消"。

```
int CMainFrame::OnCreate(LPCREATESTRUCT lpCreateStruct)
{   if (CFrameWnd::OnCreate(lpCreateStruct) == -1)
        return -1;
/*  if (!m_wndToolBar.CreateEx(this, TBSTYLE_FLAT, WS_CHILD | WS_VISIBLE
        | CBRS_GRIPPER | CBRS_TOOLTIPS | CBRS_FLYBY | CBRS_SIZE_DYNAMIC)
        !m_wndToolBar.LoadToolBar(IDR_MAINFRAME))
    {   TRACE0("Failed to create toolbar\n");
        return -1;      // fail to create
    }
    if (!m_wndStatusBar.Create(this) ||
        !m_wndStatusBar.SetIndicators(indicators,
          sizeof(indicators)/sizeof(UINT)))
    {   TRACE0("Failed to create status bar\n");
        return -1;      // fail to create
    }
    // TODO: Delete these three lines if you don't want the toolbar to
    //  be dockable
    m_wndToolBar.EnableDocking(CBRS_ALIGN_ANY);
    EnableDocking(CBRS_ALIGN_ANY);
    DockControlBar(&m_wndToolBar);*/
    return 0;
}
```

图 16.3.5　删除不必要的代码

②为该对话框加入一个新 Edit 控件用来输入网址,为该对话框建立新类 CurlDlg,并作变量映射,为 Edit 控件添加一个变量 m_strUrl,类型为 Cstring。

③在菜单中加入"浏览网址"的菜单项。注意设置 ID 为"ID_MENU_BROWSER"。并且给菜单加命令函数:CMainFrame∷OnMenuBrowser()。

④在类 Cdemo02View 中增加一个函数方法:public void GoUrl(Cstring strUrl),并在函数体中加入如下代码:

```
void Cdemo02View:: GoUrl(Cstring strUrl)
    {
        Navigate2(strUrl,NULL,NULL);
    }
```

⑤在类 CmainFrame 中增加一个指针变量,保存 Cdemo02View 的实例,定义如下相关变量:

```
public Cdemo02View * m_pHtmlView;
public:
    //定义一个 Cdemo02View 类型的指针变量,以记录 Cdemo02View 实例的指针
    Cdemo03View * m_pHtmlView;
```

注意在文件上方加入 Cdemo02View 的类引用声明:class Cdemo02View;。

⑥在 Cdemo02View∷OnInitialUpdate()函数体中,加入 CmainFrame∷m_pHtmlView 的初始化:

```
void Cdemo03View::OnInitialUpdate()
{
    CHtmlView::OnInitialUpdate();
```

```
    //将 CMainFrame 的 m_pHtmlView 指针变量指向 Cdemo03View 的实例
    CMainFrame * m_Frm = (CMainFrame * )::AfxGetMainWnd();
    m_Frm->m_pHtmlView = this;
```

同样要注意在文件上方加入相应的引用声明：# include“MainFrm. h”，另外还要在Cdemo02View 的“Demo02View. h”文件中加上声明：class Cdemo02Doc；。

⑦在 CmainFrame:: ::OnMenuBrowser()函数中增加如下代码，完成访问网页的功能：

```
void CMainFrame::OnMenuBrowser()
{
    //TODO:Add your command handler code here
    curIDlg m_urIDlg;
    //弹出网址对话框，取消则退出
    if(m_UrIDlg.DoModal()! = IDOK)
       return;
    //确定则显示该页面
    m_pHtmlView->GoUrl(m_UrIDlg.m_strUrl);
}
```

需要注意的是还应该在相应的文件上方加上两个引用声明：

```
//增加 Demo03View 的引用声明
# include " Demo03View.h"
//增加 cUrIdlg 的引用声明
# include " VrIDlg.h"
```

至此，网址访问功能完成了，可以编译运行，在对话框中输入网址可进行浏览。

4. 进行网址限制

我们的目的是希望该浏览器能够对数据库中存有的非法网址进行限制，所以只实现浏览功能还远远不够，我们现在加入网址限制的代码。

进行网址限制要做以下几个工作：

- 对用户输入的网址进行解析，得到其中的域名，如“163. com”。
- 将域名同数据库中的记录匹配一下，如果数据库中有该域名，则是非法的，禁止访问。

下面我们来分别作这几项工作。

(1)在 CmainFrame 中增加一个函数方法：public void GetValidIPAddr(char * szIPAddress)，注意其数据类型。此函数的功能是把一个字符串中的“http://”和“www. ”去除，此函数只是一个算法的问题，与数据库操作无关。代码如图 16. 3. 6 所示。

创建一个 CDaoRecordSet 的派生类 CDomainDaoSet。切换到“WorkSpace | ClassView”，在 Demo02Classes 右击，选择加入“New Class”，注意选择基类“Base Class”为“CDaoRecordSet”，数据源方式选择“DAO”，并选择数据库为“Demo02. mdb”，如图 16. 3. 7 所示，单击“OK”按钮，最后再选择表为“pDomain”。

注意在“StdAfx. h”文件中加入引用 CdaoRecordSet 的声明，如下：

```
//DaoRecordSet 的引用声明：
# include<afxdao.h>
```

(2)在 CmainFrame::OnMenuBrowser()函数体中显示网页的代码之前，加入如下代码：

```
void CMainFrame::OnMenuBrowser()
{
```

```
void CMainFrame::GetValidIPAddr(char *szIPAddress)
{   //基本思想:将URL访问的http://头和www.去掉,剩下部分作为域名
    int i,nLength=strlen(szIPAddress);
    int nPos=0;
    for(i=0;i<nLength;i++)
        szIPAddress[i]=tolower(szIPAddress[i]);
    if(nLength>=7 && (strncmp("http://",szIPAddress,7)==0))
    {   nPos+=7;
        nLength-=7; }
    if(nLength>=4 && (strncmp("www.",szIPAddress+nPos,4)==0))
    {   nPos+=4;
        nLength-=4; }
    if(nPos!=0){
        for(i=0;i<nLength;i++)
            szIPAddress[i]=szIPAddress[i+nPos];
        szIPAddress[nLength]=0;}
    char *c=strchr(szIPAddress,':');
    if(c!=NULL)
        *c=0;
    c=strchr(szIPAddress,'/');
    if(c!=NULL)
    return;
}
```

图 16.3.6　解析网址代码

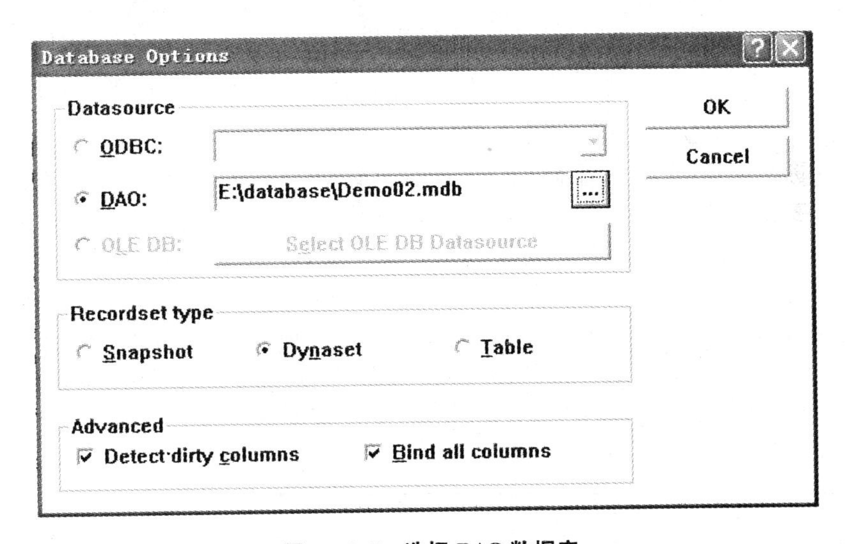

图 16.3.7　选择 DAO 数据库

```
// TODO: Add your command handler code here
CUrlDlg  m_UrlDlg;
//弹出网址对话框,取消则退出
if(m_UrlDlg.DoModal()! = IDOK)
    return;
    //确定则进行网址解析
char szURL[255];
//将用户输入的网址复制到 szURL 中
```

```
    memcpy(szURL,m_UrlDlg.m_strUrl.operator LPCTSTR(),sizeof(char[255]));
    szURL[254] = '\0';//末尾置零避免出事
    GetValidIPAddr(szURL);//解析网址为域名

    CDomainDaoSet m_DomainDaoSet;//判断网址是否在数据库中存在
    CString m_strSql;
    BOOLm_Flag = FALSE;
    try
    {
        if(m_DomainDaoSet.IsOpen())
            m_DomainDaoSet.Close();
        m_strSql.Format(" select * from pDomain where DomainName = '%s'",szURL);//标准的SQL语句
    m_DomainDaoSet.Open(AFX_DAO_USE_DEFAULT_TYPE,m_strSql,0);
        if(! m_DomainDaoSet.IsEOF())//输出匹配查询条件记录,直到记录为空
            m_Flag = TRUE;
        if(m_DomainDaoSet.IsOpen())//关闭记录集
            m_DomainDaoSet.Close();
    }
    catch(CDaoException * e)//意外捕获
    {
        e->ReportError();
        //e->Delete();
        return;
    }
    if(m_Flag)
    {AfxMessageBox(" 您访问的网址不被允许!");}
    else
        m_pHtmlView->GoUrl(m_UrlDlg.m_strUrl);
}
```

同样需要注意的是,必须在本文件“MainFrm.cpp”上加入 CdomainDaoSet 的引用声明:

```
#include " DomainDaoSet.h"
```

至此,“网址限制”的功能增加完成。

5.记录非法访问

在此系统中我们要实现对非法网址访问情况的记录,当用户访问非法网址时,不但要发出警告,而且还要记录下对该网址的访问情况,将访问情况记录到表“pLog”中。因此要为“pLog”表建立一个基于 CdaoRecordSet 的类,然后利用这个 DaoRecordSet 向 pLog 表中写入非法访问的记录。

(1)创建一个 CdaoRecordSet 的派生类 CLogDaoSet,操作方法与建立 CdomainDaoSet 的方法相同。

(2)在 CmainFrame:: ::OnMenuBrowser()函数体中增加如下代码,实现“记录访问”的功能,如图 16.3.8 所示。

此处同样要在本文件“MainFrm.cpp”中加入 CLogDaoSet 的引用声明:

```
#include " LogDaoSet.h"
```

这样向表中添加访问记录的功能已经实现。

```
if(m_Flag)
{   CLogDaoSet m_LogDaoSet;
    if(m_DomainDaoSet.IsOpen())
        m_DomainDaoSet.Close();
    //此处我们预留LogType 0,1为程序启动退出，2为非法网址访问记录
    try
    {   m_LogDaoSet.Open(AFX_DAO_USE_DEFAULT_TYPE,NULL,0);
        m_LogDaoSet.AddNew();
        //然后编辑该条记录的内容
        m_LogDaoSet.m_LogType = 2;
        m_LogDaoSet.m_LogInfo = szURL;
        //更新时，要判断当前是否能够进行更新操作
        if(m_LogDaoSet.CanUpdate())
            m_LogDaoSet.Update();
        if(m_LogDaoSet.IsOpen())     //关闭记录集
            m_LogDaoSet.Close();
    }
    catch(CDaoException*e)
    {   e->ReportError ();
        return;
    }
    AfxMessageBox("您访问的网址不被允许!");
}
```

图 16.3.8 记录访问代码

6. 查看非法访问记录

我们还要实现查询非法访问记录的功能。单独用一个对话框来显示，利用控件 List。

(1)增加一个菜单命令“查看访问记录”。切换到“WorkSpace|Resource View|Demo02 resources|Menu|IDR_MAINFRAME”的编辑状态，增加菜单“查看访问记录”，将 ID 设为“ID_MENU_LOG”。

(2)为此菜单增加菜单命令函数:CmainFrame::OnMenuLog()。各项保持默认值即可。

(3)增加一个对话框。切换到“WorkSpace|Resource View|Demo02 resources|Dialog”的对话框资源编辑，增加一个对话框。并且生成新的对话框类，利用 MFC Wizard，生成一个基于 Cdialog 的类 CLOgDlg。

(4)在对话框中添加一个 List 控件，并且设置该控件的属性，在“Styles”选项卡上设置“查看”为“报告”，“排序”为“无”，并选中“单个选择”，其他保持默认值，如图 16.3.9 所示。

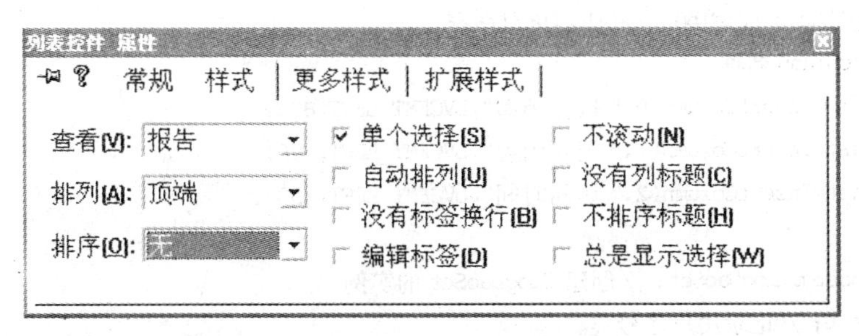

图 16.3.9 List 控件属性

(5)为 List 控件作变量关联。方法和为 Edit 控件作变量关联相同，需要注意的就是“Categery”选择“Control”，“Variable type”选择“CListCtrl”，如图 16.3.10 所示。

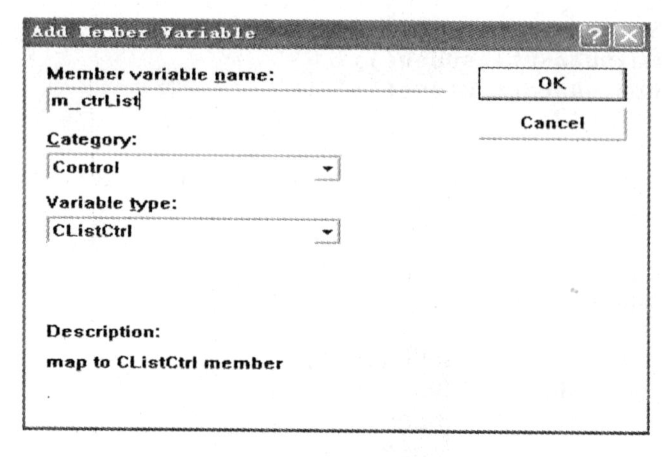

图 16.3.10 定义变量

(6)在对话框类 ClogDlg 中，增加一个 ClogDlg::OnInitDialog()函数方法。利用类向导可以很容易完成函数的添加，选择“Class name”为“CLogDlg”，“Messages”为“WM_INITDIALOG”，如图 16.3.11 所示。

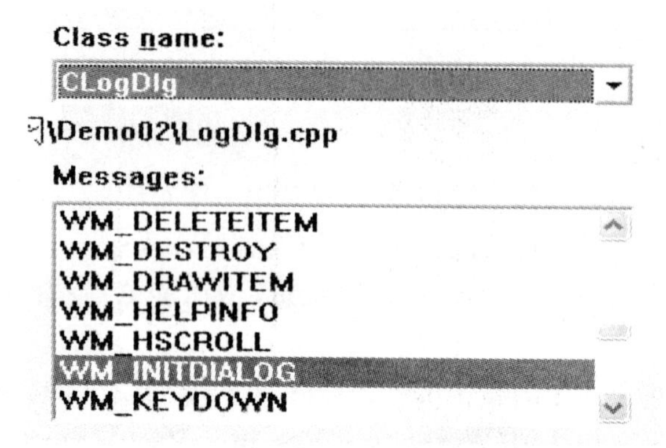

图 16.3.11 添加 OnInitDialog()函数方法

(7)在 ClogDlg::OnInitDialog()函数体中完成显示对话框的初始化函数，增加代码如下：

```
BOOL CLogDlg::OnInitDialog()
{
    CDialog::OnInitDialog();//初始化对话框
    //设置 column 名称
    m_ctrlList.InsertColumn(0," 操作类型",LVCFMT_LEFT,80);
    m_ctrlList.InsertColumn(1," 记录内容",LVCFMT_LEFT,120);
    m_ctrlList.InsertColumn(2," 访问时间",LVCFMT_LEFT,150);

    CLogDaoSet m_LogDaoSet; //创建 CLogDaoSet 的实例
    int i = 0; //记录用户序号
    CString m_strSQL,strTemp;
    try
```

```
{
    if(m_LogDaoSet.IsOpen())
        m_LogDaoSet.Close();
    //设置查询条件
    m_LogDaoSet.Open(AFX_DAO_USE_DEFAULT_TYPE," select * from pLog order by LogID DESC",0);
    //输出匹配上查询条件用户记录,直到记录为空
    while(! m_LogDaoSet.IsEOF())
    {
      //将 LogType 转换
      switch(m_LogDaoSet.m_LogType)
      {
        case 2:
        {
          m_ctrList.InsertItem(i," 访问非法网址");
          break;
          ;
        }
        default:
        {
          m_ctrList.InsertItem(i," 未知操作");
          break;
          ;
        }
      }
      m_ctrList.SetItemText(i,1,m_LogDaoSet.m_LogInfo);
      //记录游标移到下一条记录
      strTemp.Format(" %d年%2d月%2d日%2d时%2d分",m_LogDaoSet.m_LogTime.GetYear
(),m_LogDaoSet.m_LogTime.GetMonth(),m_LogDaoSet.m_LogTime.GetDay(),m_LogDaoSet.m_LogTime.GetHour
(),m_LogDaoSet.m_LogTime.GetMinute());
      m_ctrList.SetItemText(i,2,strTemp);
      m_LogDaoSet.MoveNext();
      i++;
    }
    //关闭记录集
    if(m_LogDaoSet.IsOpen())
      m_LogDaoSet.Close();
  }
  //意外捕获
  catch(CDaoException * e)
  {
    e->ReportError();
    //e->Delete();
    return FALSE;
  }
```

```
        return TRUE;
}
```

在“LogDlg. cpp”中加入相关引用：

```
#include " LogDaoSet. h"
```

(8)回到菜单函数 CmainFrame::OnMenuLog()函数，在其中加入调用 ClogDlg 对话框的代码：

```
void CMainFrame::OnMenuLog()
{
    //ToDo:Add your command handler code here
    CLogDlg m_LogDlg;
    m_LogDlg. DoModal();
}
```

在“MainFrm. cpp”上方，加入 ClogDlg 的引用声明：

```
    #include " LogDlg. h"
```

至此，“查看非法访问记录”功能也已经实现，各功能模块都设计完成，运行程序，可以得到结果，如图 16. 3. 12 所示。

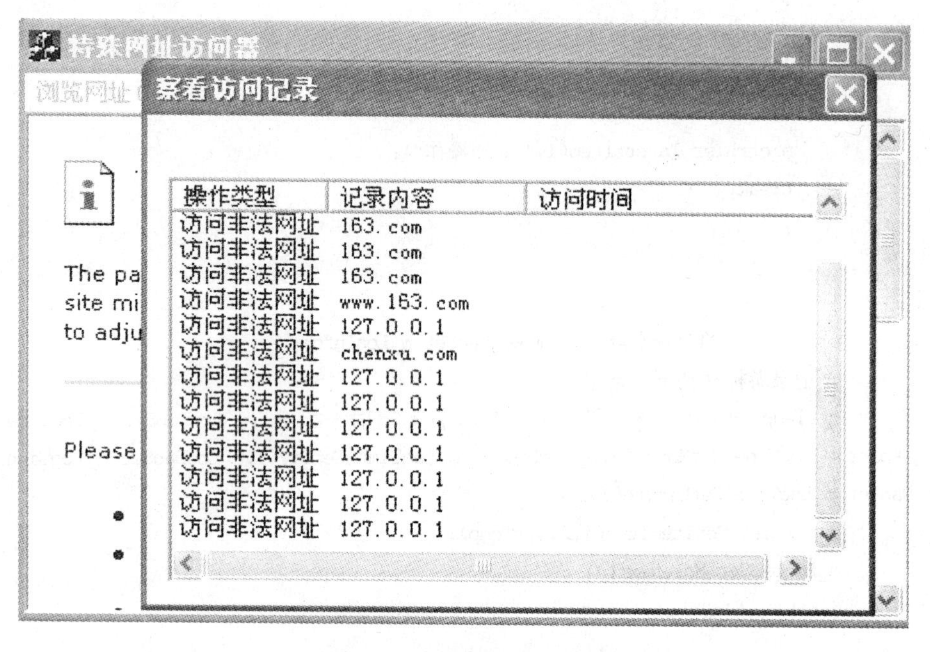

图 16. 3. 12　程序运行界面

16.4　OLE DB 和 ADO 技术概述

16.4.1　OLE DB 技术

OLE DB 是 Miscrosoft 的新数据库接口，它是基于 COM 的。其特点在于它提供了一个调用数据库文件的统一接口，它既可以访问关系数据库，又可以访问非关系数据库。利用

OLE DB,客户端的开发人员在进行数据访问时只需要把精力集中在很少的一些细节上,而不用弄懂大量不同数据库的访问协议。简单地说,OLE DB 是一种技术标准,它存在的目的是为了给用户提供一种统一的方法来访问所有不同种类的数据源。OLE DB 的核心内容就是要求各种数据存储都提供一种相同的访问接口,使得数据的使用者(应用程序)可以使用同样的方法访问各种数据,而不用考虑数据的具体存储地点、格式或类型。而且由于它是基于 COM 对象的结构,所以含有 COM 模型的所有优点,例如接口灵活、系统稳定、健壮性好等,最重要的是 OLE DB 提供了高的数据库的访问速度。

OLE DB 标准的具体实现是一组 C++ API 函数,就像 ODBC 标准中的 ODBC API 一样,所不同的是,OLE DB 的 API 是符合 COM 标准的、基于对象的使用 OLE DB API,可以编写能够访问符合 OLE DB 标准的任何数据源的应用程序,也可以编写针对某种特定数据存储的查询处理程序(QueryProcessor)和游标引擎(CursorEngine),因此 OLE DB 标准实际上是规定了数据使用者和提供者之间的一种应用层的协议(Application-Level Protocol)。

OLE DB 将传统的数据库系统划分成多个逻辑组件,这些组件之间相互独立又相互通信,组建模型中的各个部分被冠以不同的名称,例如,数据提供者(Data Provider)、数据服务提供者(Data Service Provider)、业务组件(Business Component)、数据消费者(Data Consumer)。

由于 OLE DB 和 ODBC 标准都是为了提供统一的访问数据的接口,所以曾经有人疑惑:OLEDB 标准是不是替代 ODBC 的新标准?答案是否定的。ODBC 标准的对象是基于 SQL 的数据源,而 OLE DB 对象是则是范围更广泛的任何数据存储,包括邮件数据、Web 上的文本或图形、目录服务(Directory Service),以及主机系统中的 IMS 和 VSAM 数据。从这个意义上说,符合 ODBC 标准的数据源是符合 OLE DB 标准的数据存储的子集。符合 ODBC 标准的数据源要符合 OLE DB 标准,还必须提供相应的 OLEDB 服务程序,就像 SQL Server 要符合 ODBC 标准,还必须提供相应的 SQL Server ODBC 驱动程序一样。

16.4.2 ADO

ADO(ActiveX Data Object)是 Microsoft 数据库应用程序开发的新接口,是建立在 OLE DB 之上的高层数据库访问技术。ADO 技术基于 COM,具有 COM 组件的诸多优点,可以用来构造可复用应用框架,被多种语言支持,能够访问关系数据库、非关系数据库及所有的文件系统。另外,ADO 还支持各种客户机/服务器模块与基于 Web 的应用程序,具有远程数据服务(Remote Data Service,RDS)的特性,是远程数据存取的发展方向。

ADO 封装了 OLE DB 提供的接口,是基于 OLE DB 模型之上的更高层应用,比起 OLE DB 提供者,ADO 的接口可以使程序员在更高级别上同数据交互,并且保留了 MFC/ODBC 和 DAO 的特性。ADO 技术不仅可以应用于关系数据库,也可以应用于非关系数据库。可以用统一的方法对不同的文件系统进行访问,大大简化了程序编制,增加了程序的可移植性。另外 ADO 的对象模型简化了对象的操作,因为它并不依赖于对象之间的相互层次作用。大多数情况下可以只关心所要创建和使用的对象,而无须了解其父对象。例如,在 OLE DB 的操作中,必须先建立数据源和数据实用程序之间的连接才能打开一个行集对象,而在 ADO 中可以直接打开一个记录对象,而无须先建立与数据源的连接。

总体来说 ADO 技术主要有以下几个特点:

(1)易使用。ADO 是高层数据库访问技术,所以相对于 ODBC 来说具有面向对象的特点。同时,在ADO对象结构中,对象于对象之间的层次结构不是非常明显,这也给编写数据库程序带来许多便利。

(2)可以访问多种数据源。和OLE DB一样,它可以访问关系型和非关系型数据库,具有很强的通用性和灵活性。

(3)访问数据库效率高。由于它本身是基于OLE DB的,所以继承了OLE DB的特点。

(4)方便的Web应用。ADO可以以ActiveX控件的形式出现,方便了Web应用程序的应用。

(5)技术编程接口丰富。ADO支持VC、VB、VJ、JavaScript、VBScript等脚本语言。

(6)程序占用内存少。由于ADO是基于组件模型对象(COM)的访问技术,所以,ADO生成的应用程序占用内存少。

习　　题

一、填空题

1. Visual C++ 提供的三种数据库访问技术是________、________、________。

2. ODBC类中的CDatabase类的主要功能是________________。

3. ________是Miscrosoft的新数据库接口,它是基于COM的。

二、简答题

1. 使用Visual C++开发数据库程序的优势是什么?

2. DAO与ODBC类之间有什么相同和不同?

3. 使用DAO技术访问数据库的一般步骤是什么?

三、操作题

1. 仿照16.2节编程实现一个特殊的浏览器,数据库中存有被禁止的网址。

2. 使用MFC ODBC创建一个图书馆借书功能模块,在程序界面中,通过输入读者名和书名,并单击“借书”按钮,程序即可将信息存入数据库,并在下方显示当前读者借阅的所有书名。

3. 使用ADO实现一个查询工具,数据库中存有公司所有员工的详细资料,如姓名、密码职务、年龄、工资、登录次数等,要求用户按用户名和密码进行登录,程序可以实现修改密码以及查看资料的功能,并且只有职务为“经理”的用户才有权限查看所有的资料,否则只能查看本用户名所对应的相关资料,最后系统会对每个用户名的登录次数更新并显示。

4. 设计一个应用程序,可以实现学籍管理功能。其中学生信息包含学号、姓名、出生日期、家庭住址、班级。可以实现如下功能:

(1)添加新生,并自动为新生按顺序分配学号;

(2)输入姓名,可查找学生的学号、出生日期、家庭住址等信息。

(3)删除学员信息;

(4)统计各班学生人数;

(5)浏览学员信息。

第 17 章 ACIS 的简介与环境配置

本章内容提要

ACIS 的基本概念；ACIS 的运行环境；配置运行环境

几何造型是 CAD/CAM 技术的基础，随着 CAD/CAM 技术的应用范围不断扩大，人们对相应的软件系统的要求越来越高，这种要求不断地推动几何造型理论和方法的更新与发展，从普通的球体、棱柱体等规则形状的表示到自由曲面的设计，再到基于图像的三维模型重建，几何造型技术的应用领域不断扩大，而其复杂性也越来越高。

我国在高档图形系统开发方面与世界发达国家有一定的差距，造成这个结果的主要原因就是图形系统的技术复杂性。图形系统的基本技术包括：平面几何、解析几何、微分几何以及数值逼近等数学技术和软件技术。而这些技术的发展不是一蹴而就，而是按层次分阶段的发展，由于这个原因，现在世界上主要的图形核心软件平台包括 ACIS 等，而许多商业化图形软件系统源自 ACIS 这些图形平台，如 Autodesk 公司的 MDT5.0、AutoInventor 以及其他一些产品、老牌的 CAD 软件 CadKey 等。

ACIS 作为一个世界级的几何造型平台，集成了当今先进的造型方法与技术，以它为基础开发图形系统或者作为学习研究几何造型技术的工具都可以获得事半功倍的效果。ACIS 一词由英国剑桥博士 Ian Braid 及其同窗 Alan Grayer、导师 Charles Lang 三人的名字的第一个字母再加上 Solid(实体)的第一个字母组合而成。

本书用两章篇幅简要 ACIS 的概念，着重通过实例，迅速地引领大家迈入 ACIS 殿堂之门，让大家很快学会它的简单应用。

本章主要介绍 ACIS 的概念与如何配置环境，第 18 章将向大家展示一些几何造型实例。

17.1 概　　述

本节主要介绍 ACIS 的实质、存储格式以及它与应用程序的函数接口。

17.1.1 什么是 ACIS

ACIS 是一个基于面向对象软件技术的三维几何造型引擎，它是美国 Spatial 公司的产品。它可以为应用软件系统提供功能强大的几何造型功能。

ACIS是用C++技术构造的,它包含了一整套C++类(包括数据成员和方法)和函数,开发人员可以使用这些类和函数构造有关某些终端用户的2/3维软件系统。ACIS可以向应用程序提供一个包括曲线、曲面和实体造型的统一开发环境,它提供了通用的基本造型功能,用户也可以根据自己的特殊需要采用其中的一部分,也可以在这个基础上扩展它的功能。

在ACIS中集成了线框造型、曲面造型以及实体造型方法,而且这些造型方法可以在一个统一的数据结构中共存,因此,一个ACIS实体可以用上述方法中的一种和多种同时表示。

从应用角度看,不准确地说,初学者(尤其是在C++环境下的ACIS的初学者)可以把ACIS看成C++环境中的一个图形开发类库,而C++是它的运行环境(当然ACIS有自带的运行环境Scheme,这将在本章17.3节讲到)。

17.1.2 SAT文件

ACIS提供了文件处理功能,它可以将模型信息保存到磁盘文件中,当然也可以从这些文件里读出并恢复保存的模型信息。这些文件的格式是公开的,这样非ACIS软件系统就可以使用这些信息。例如,一个非ACIS应用程序如果把ACIS模型信息转换到另外的系统中去,就需要了解ACIS存储文件的格式,反之亦然。

有两种ACIS存储文件格式:标准的ACIS文本文件(文件扩展名为.sat)和标准的ACIS二进制文件(文件扩展名为.sab)。这两种格式的唯一不同是一个为ASCII文本格式而另一个为二进制格式,这两种文件格式的组织结构是统一的。

17.1.3 应用程序与ACIS的接口

C++应用程序与ACIS的接口可以通过应用程序接口(Application Procedural Interface,API)、C++类及其直接接口函数来实现。对于Microsoft的Windows平台,开发人员也可以在微软基本类库(Microsoft Foundation Class,MFC)中使用ACIS接口(17.3节讲的就是在VC++环境下如何配置ACIS及构建应用程序框架)。

1. API函数

API函数是应用程序和ACIS的主要接口,它是应用程序用来产生、修改和接受数据的主要方法。API函数将造型功能和一些应用程序特征结合在一起,如参数错误检查和返回操作等。这些函数保证不同版本之间的一致性,这个一致性对一些低级的ACIS数据结构做了改变也要得到保证。

2. 类

类接口是指用于定义ACIS模型中几何体、拓扑以及其他特性的C++类的集合。应用程序可以通过这些类中的公共和保护数据成员和超越函数(方法)直接与ACIS通信,开发人员为了实现特殊目的,可以从ACIS的类派生出特殊用途的类。类接口在不同版本之间可能存在不同。

3. 类的直接接口函数

这类函数提供了直接调用造型操作的功能,它不具备API函数的应用支持特征,因此这些函数不保证不同版本的一致性。

17.2 ACIS的概念

本节介绍 ACIS 中应用到的一些与 C++、几何造型以及数学方法有关的概念，其中一些概念在第 18 章有更详细的介绍。

17.2.1 ACIS和C++

ACIS是用C++构造的图形系统开发平台，它包括一系列的C++函数和类(包括数据成员和方法)。开发者可以利用这些功能开发面向终端用户的三维造型系统。

ACIS是一个实体造型器，但是线框和曲面模型也可以在ACIS中表示。ACIS通过一个统一的数据结构来同时描述线框、曲面和实体模型，这个数据结构用分层的C++类实现。ACIS利用C++的特点构造了标准的、可维护的接口。API函数在不同ACIS版本之间保持一致性，而类及其接口函数则可能改变。

ACIS中应用到的主要C++概念包括：数据封装、类构造重载、构造复制、类方法和操作符重载以及函数重载等。

C++没有提供描述几何体的数学基本类，ACIS提供了一些C++基类实现这个功能，并且利用C++的特性可以对它进行了扩充，这样ACIS就可以支持任意几何体的定义和构造功能。

17.2.2 实体和模型对象

实体(Entities)是ACIS中最基本的对象，它由C++中的ENTITY类实现，所有的实体对象具有一组相同的功能，例如，实体本身的信息保存功能、自身复制功能以及调试功能。所有的高级ACIS模型对象都继承于ENTITY类。模型对象(Model Objects)可以是任何能保存到ACIS的SAT文件和能从SAT文件恢复的对象。ACIS的模型对象由派生于ENTITY类的不同层次的类实现。

需要说明的是，这里所说的实体与实体造型中的“实体”不是一个概念，后者指“实心体”。

17.2.3 属性和维度

属性被用于给实体附加数据，每个实体可以没有或有多个属性。C++中的ATTRIB类直接继承于ENTITY类，它提供了所有属性共享的数据和功能，包括用户定义属性和系统属性。ATTRIB类执行将属性列表附加到模型实体的常务性操作。属性可以是简单数据、指向其他实体的指针、与某个应用程序的链接或可变长度数据。许多属性执行派生于ATTRIB类的特殊任务。

对象的维度是为了确定对象上一点所需的个数。一个点需要一个参数表示，则其维度为一，需要两个参数表示则其维度为二，依次类推。换句话说，线上的点是一维的，面上的点是二维的，体上的点是三维的。在ACIS中，一维指线(如直线)，二维指面(如平面)，三维指实体

（如方块或球体）。ACIS 中的对象的维度与它所在的空间的维度没有关系，例如三维空间里的一维曲线仍然是一个一维实体。当不同维度的对象在同一个模型中表示的时候，混合维度就出现了。ACIS 明确地表示混合维度的对象并允许混合维度操作。一个物体可以包括三维区域、二维区域和一维区域。如图 17.2.1 所示，就表示了一个合法的 ACIS 模型，它含有两个实体球、两个球体轴心线以及链接平面，整个模型存在于三维模型空间，而面是二维实体，轴心线是一维实体。

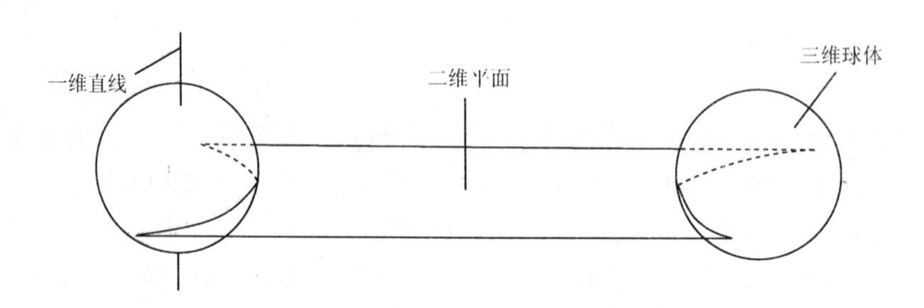

图 17.2.1　实体、平面和线框

ACIS 允许在三维区域包含线和平面，这些线和面不必与实体区域的边界相连，可以是封闭和开放的。被包含的面表示实体区域里的一个裂缝或一个非常窄的空间，也就是说二维区域不在实体的点集合中。被包含的线表示实体区域内的一个无限小的小洞，也就是说一维区域不在实体的点集合中。

17.3　ACIS 的环境配置

本节主要介绍 ACIS 的运行环境及其配置。如前所述 ACIS 的运行环境，从大方面分有两种：Scheme 和 C++，若再细分，C++又可分为 Windows 控制台程序和 Visual C++的可视化的 AppWizard 程序。首先，把 ACIS 光盘中的 acis 目录下的文件复制到用户的计算机硬盘上。

17.3.1　Scheme 环境及其运行

Scheme 是一种派生与 LISP（一种公共程序开发语言）的解释型程序开发语言，它为应用程序开发提供了快速原型方法。这种语言与其他解释型语言（如 BASIC、Prolog）的不同之处是它的执行效率非常高。由于它是解释型的程序开发语言，所以用它编写的程序不需要编译和链接就可以在解释器中直接运行，开发者可以通过一些简单的练习而快速地掌握它。Scheme 非常适用于控制任务，如用户交互命令的处理等。

Scheme 解释器又称为 Scheme ACIS 接口驱动扩展（Scheme ACIS Interface Driver Extension，Scheme AIDE）。这个应用程序在一个命令窗口中接收 Scheme 命令，而在图形显示窗口中显示该命令的执行结果。Scheme AIDE 通过对 Scheme 命令的解释与 ACIS 进行数据交换。初学者可以利用 Scheme AIDE 来熟悉 ACIS 的基本功能、测试某些思想或者产生应用程序原型。

Scheme 语言与 C++语言相比有三个特点：没有指针、不需要头文件以及可以进行交互式程序设计，程序员可以在解释器中立即执行这些程序，从这个特点来看 Scheme 更像 BASIC 和 Prolog 等程序设计语言。

运行 ACIS Scheme 解释器的步骤如下：

(1)在 ACIS 根目录中的 bin 子目录里，找到程序 acis3d.exe，该程序就是 Scheme AIDE 的可执行程序，同时也是 ACIS Scheme 解释器。

(2)按下述命令格式运行该程序，-p 后面的内容是解释器的加载路径，该路径指定的目录里含有初始化文件 aisinit.scm：

d:\acis\bin\nt\acis3dt.exe - p d:\acis\scm\examples

在 Windows 中，我们也可以选择“开始”→“运行”菜单，将上述命令输入到命令编辑框里，从而运行该程序。

初始化文件 acisinit.scm 里含有一些很有用的功能，如视图旋转和缩放功能，在 ACIS Scheme 的任意显示视图里，可以通过鼠标左键进行旋转操作，用右键进行放缩操作，左键、右键同时使用可以进行移动操作。

17.3.2 用 Windows 控制台环境编译 ACIS 程序

本书的示例程序可以运行在 UNIX 和 Windows 平台上，编译和链接的详细过程对于每个平台可能有所不同。下面介绍 Windows 平台上 C++例程(本节的例程环境是 Windows 控制台程序，即 Windows 中运行的 DOS 程序)的编译和链接方法。

假设用户的计算机已经安装了 Windows(Windows 98/2000/XP 或者 Windows NT)操作系统和 Visual C++ 6.0 以及相应的 ACIS 系统。

(1)默认的 ACIS 调试动态链接库位于〈acis_dir〉/lib/NT_DLLD/路径中(其中〈acis_dir〉是 ACIS 系统的安装路径，如 d:\acis)，扩展名为.DLL，将这些文件复制到系统路径 Windows/system 中，或者按下述方法在系统环境变量 Path 中：

①右击“我的电脑”；

②选择“属性”菜单，出现“系统属性”对话框，选择“高级”选项卡；

③单击“环境变量”按钮，在系统变量列表框中选择“Path”；

④单击“编辑”按钮，在“变量值”里输入“<acis_dir>/lib/NT_DLLD”(<acis_dir>要根据具体的 ACIS 安装路径设置，如 d:\acis)；

⑤单击“确定”按钮。

上面是 Windows NT 和 Windows 2000 中的设置方法，在其他 Windows 操作系统中，用户可以通过编辑引导目录里的 autoexe.bat 文件的方法来加入上述路径，如在 Windows 98 中，可以在“开始”菜单中，选择“运行”，再输入“msconfig”，即可出现 autoexe 文件的对话框；或者单击“开始→程序→附件→系统信息→系统配置实用程序”，即可弹出“系统配置实用程序”对话框，选择其中的“autoexe”选项，即可配置环境变量“Path”(方法同上面③～⑤步)。

(2)启动 Visual C++ 6.0。

(3)打开“File”菜单，选择“New”菜单项，出现 new 对话框。

(4)选择 new 对话框中的 Project 选项卡，在列表框中选择 Win32 console Application，并在 Project Name 文本框中输入工程名(如“My”)，在 Location 文本框中输入保存路径名称，单击“OK”按钮，出现 Win32 Console Application Step 1 of 1 对话框。

(5)选择“An empty project”单选项，最后单击“Finish”按钮。

(6)打开 Project 菜单组，再打开 Add to Project 菜单组，选择 Files 菜单项，出现 Insert-Files Into Project 对话框，选择 block. cxx 文件，最后单击“OK”按钮，将该文件加入到当前工程之中。

(7)打开 Visual C++的 Build 菜单组，选择 Set Active Configuration 命令，出现 Set Active Project Configuration 对话框，在 Project Configurations 列表框中选择 My-Win32 Debug 选项。

(8)打开 Visual C++的 Project 菜单，选择 Settings 命令，出现 Project Settings 对话框，确认工程名(本例为“My”)被选中。

(9)选择 C/C++选项卡并选择 Category 下拉列表框中的 Preprocessor 选项。

(10)在 Preprocessor Definitions 文本框中输入“NT”和“ACIS_DLLD”。

(11)在 Additional Include Directories(其他包含目录)文本框中输入以下内容：

```
〈acis_dir〉/cstr,〈acis_dir〉/kern,〈acis_dir〉/base
```

上述内容要根据使用的 ACIS 组件作相应的修改。

(12)选择 C/C++选项卡并选择 Category 下拉列表框中的 Code Generation 选项。

(13)选择 Use run-time library(运行库)下拉列表框中的 Debug Mulithreaded DLL。

(14)选择 Link 选项卡并选择 Category 下拉列表框中的 Input 选项，在 Additional library Path(附加链接路径)文本框中输入：〈acis_dir〉\lib\NT_DLLD。

(15)打开 Visual C++的 Build 菜单，选择 Build my. exe 命令，就可以得到一个可以运行的控制台程序了。

17.3.3 用 ACIS AppWizard 生成 ACIS 应用程序框架

ACIS AppWizard 可以产生一个应用程序框架，它的使用方法与 MFC AppWizard 类似。下面就一步步来说明如何利用 ACIS AppWizard 在 Microsoft Developer Studio 6.0 中建立自己的第一个基于 MFC 的 ACIS 应用程序。

(1)配置环境变量。

在 Windows NT、Windows 2000、Windows XP 中：

①右击“我的电脑”；

②选择“属性”菜单，出现“系统属性”对话框，选择“高级”选项卡；

③单击“环境变量”按钮，在系统变量列表框中选择“Path”；

④单击“编辑”按钮，在“变量值”里输入“＜acis_dir＞/lib/NT_DLLD”(＜acis_dir＞要根据具体的 ACIS 安装路径设置，如 d:\acis)；

⑤在系统变量列表框下单击“新建”按钮，在“变量名”里输入“A3DT”，“变量值”里输入“＜acis_dir＞/object”；

⑥在系统变量列表框下单击“新建”按钮，在“变量名”里输入“ARCH”，“变量值”里输入“NT_DLLD”；

⑦单击“确定”按钮。

把 ACIS AppWizard(即 ACIS 的 Object\amfc\aw-i386 下的 AcisAW. awx)复制到装有 Microsoft Developer Studio 6.0 的 Common\MSDev98\Template 目录下。

(2)启动 Visual C++ 6.0。

(3)打开 File 菜单,选择 New 菜单项,出现 new 对话框。

(4)选择 new 对话框中的 Project 选项卡。

(5)从 Type 选项组中选择 ACIS AppWizard,在 Name 文本框中输入工程名称(如 My),单击"OK"按钮,出现 ACIS AppWizard Step-1 对话框,选择 Multiple Document(多文档界面)单选按钮。现在 ACIS 只支持多文档界面和单文档界面,单击"Next"按钮,出现 ACIS AppWizard Step-2 of 7 对话框。

(6)接受 ACIS AppWizard Step-2 of 7 对话框的默认设置,单击"Next"按钮,出现 ACIS AppWizard Step-3 of 7 对话框。

(7)ACIS AppWizard 的第 3 个对话框中选择 Full-Server 单选按钮和 What other sup-port would you like to include 复选框中的 Automation 选项。选择"Next"按钮,出现 ACIS AppWizard Step-4 of 7 对话框。

(8)ACIS AppWizard Step-4 of 7 对话框中有一个可选步骤,单击"Advanced"按钮,出现 Advanced options 对话框。在 File extension 文本框中输入 ACIS 模型文件的后缀. SAT,单击"Close"按钮返回 ACIS AppWizard Step-4 of 7 对话框,单击"Next"按钮出现 ACIS AppWizard Step-5 of 7 对话框。

(9)ACIS AppWizard Step-5 of 7 对话框中选择 use a shared DLL(使用共享 DLL)单选按钮,单击"Next"按钮,出现 ACIS AppWizard Step-6 of 7 对话框。

(10)ACIS AppWizard Step-6 of 7 对话框中选择 AMFC 提供的一些常用功能,用户一旦选取了其中的某个功能,系统就会自动生成相应的代码。这些功能包括:

- Doc Editing-Undo/Redo/Clear(文档编辑);
- View Editing-Cut/Paste(视图编辑);
- View Commands-Top/Right/Front/…(方向视图命令);
- View Commands-Zoom/Pan/Orbit/…(视图缩放命令)。

(11)接受 ACIS AppWizard Step-7 of 7 对话框中的默认设置,单击"Finish"按钮,出现 New Project Information 对话框,单击"OK"按钮,这时新的 ACIS 应用程序框架就是构造完毕,为了使程序能够正确编译,还要进行一些必要的辅助工作。

(12)把 acismfc(在 object/amfc 目录下)整个复制到新工程所在的目录里,然后在 Visual C++的 File View 选项卡的 Source Files 文件夹里新建一个文件夹,并把它命名为"ACIS MFC",再在该文件夹中创建一个名称为"Tools"的文件夹。右击 ACIS MFC 文件夹并选择"Add Files to Folder"菜单项,把 acismfc 目录(在新工程所在目录里)中的 *. cxx 文件加入到该文件夹里。再右击 Tools 文件夹并选择"Add Files to Folder"菜单项,把 acismfc/tools 目录(在新工程所在目录里)中的 *. cxx 文件加入到该文件夹中。

(13)打开 Visual C++的 Project 菜单,选择 Settings 命令,出现 Project Settings 对话框,确认工程名(本例中为"My")被选中。根据程序类型选择配置类型(Win32 Debug、Win32 Release 或者 All Configurations,一般选择 Debug)。

(14)选择 C/C++选项卡并选择 Category(类别)下拉列表框中的 Preprocessor(预处理)选项。

(15)在 Additional Include Directories(其他包含目录)文本框里输入以下内容:$(A3DT)\ag, $(A3DT)\amfc, $(A3DT)\blnd, $(A3DT)\law, $(A3DT)\base,

$(A3DT)\bool，$(A3DT)\br，$(A3DT)\clr，$(A3DT)\covr，$(A3DT)\cstr，$(A3DT)\ct，$(A3DT)\eulr，$(A3DT)\fct，$(A3DT)\ga，$(A3DT)\gi，$(A3DT)\gl，$(A3DT)\ihl，$(A3DT)\intr，$(A3DT)\kern，$(A3DT)\ofst，$(A3DT)\oper，$(A3DT)\part，$(A3DT)\pid，$(A3DT)\rbase，$(A3DT)\rem，$(A3DT)\skin，$(A3DT)\swp（每项间不能有空格）。

上述内容可能会因使用不同的ACIS组件或ACIS版本而有增加。

(16)选择C/C++选项并选择Category(类别)下拉列表框中的Code Generation选项。

(17)选择Use run-time library(运行库)下拉列表框中的Debug Multithreaded DLL或者Multithreaded DLL(根据工程设置的类型Win32 Debug/Release而定)。

(18)选择Link选项卡并选择Category(类别)下拉列表框中的Input选项，在Addi-tional library path(附加链接路径)文本框里输入：$(A3DT)\lib\$(ARCH)。

(19)选择Source File文件夹里的my.rc文件。

(20)选择Resources选项卡。

(21)在Additional resource include directories(附加资源路径)文本框里输入：$(A3DT)\amfc。

(22)打开Visual C++的Build菜单选择Build my.exe命令，就可以得到一个可以运行的AMFC程序了，该程序可以打开ACIS的模型文件，还可以进行不同方式的观察操作和当前图形的打印预览以及打印操作。

习　　题

一、填空题

1. ACIS是________公司的产品，是用________技术构造的。

2. ACIS有两种存储文件格式：标准的ACIS文本文件（文件扩展名为________）和标准的ACIS二进制文件（文件扩展名为________）。

3. ________是为了确定对象上一点所需的个数。

二、简答题

1. Scheme语言有什么特点？它的解释器位于哪里？

2. 在Windows 2000系统下，配置环境变量的一般步骤是什么？

三、操作题

1. 练习使用Scheme语言运行一些基本的命令语言。

2. 练习用ACIS AppWizard生成ACIS应用程序框架。

第 18 章　Hoops 简介

本章内容提要

Hoops 的基本内容；基本的、简单的 ACIS 几何造型知识；实例程序

ACIS 从实用角度而言（不准确地说），是一个大型的专门用于几何造型的类库，而它的运行环境正如第 17 章所述，是 Scheme 和 C++；但是，自从 Tech Soft America 公司开发出 Hoops，高版本的 ACIS 的运行环境就多了一层 Hoops 3D Application Framework（Hoops/3dAF）的渲染引擎，不过要继承在.net 平台下（当然，以往低版本的的运行环境仍然可以在 Visual C++6.0 下运行）。本章将先就 Hoops 进行简要介绍，再对 ACIS 的 Scheme 程序、C++的 Windows 控制台程序和 C++的 AppWizard 应用程序，进行实例讲解。

18.1　Hoops 的简介

Hoops 3D Application Framework（Hoops/3dAF）是由 Tech Soft America 公司开发并由 Spatial 再次销售的产品，该产品为当今世界上领先的 3D 应用程序提供了核心的图形架构和图形功能，这些 3D 应用程序涉及 CAD/CAM/CAE、工程、可视化和仿真等领域。有了 Hoops/3dAF，用户就站在一个高起点上，能够快速和有效地开发和维护高性能的用户应用程序。用户通过将 Hoops/3dAF 集成到相应的软件开发中，可以更好地管理开发成本、优化资源和缩短产品上市时间。

18.1.1　Hoops 的发展历史

Spatial Technology 公司成立于 1986 年，并于 1990 年首次推出 ACIS。ACIS 最早的开发人员来自美国 Three Space 公司，而 Three Space 公司的的创办人来自于 Shape Data 公司，因此 ACIS 必然继承了 Romulus 的核心技术。ACIS 的重要特点是支持线框、曲面、实体统一表示的非正则形体造型技术，能够处理非流形形体。ACIS 是用 C++构造的图形系统开发平台，它包括一系列的 C++函数和类（包括数据成员和方法）。开发者可以利用这些功能开发面向终端用户的三维造型系统。ACIS 是一个实体造型器，但是线框和曲面模型也可以在 ACIS 中表示。ACIS 通过一个统一的数据结构来同时描述线框、曲面和实体模型，这个数据结构用分层的 C++类实现。ACIS 利用 C++的特点构造了标准的、可维护的接口。API 函数在不同 ACIS 版本之间保

持一致性，而类及其接口函数则可能改变。ACIS中应用到的主要C++概念包括：数据封装、类构造重载、构造复制、类方法和操作符重载以及函数重载等。C++没有提供描述几何体的数学基本类，ACIS提供了一些C++基类实现这个功能，并且利用C++的特性可以对它进行了扩充，这样ACIS就可以支持任意几何体的定义和构造功能。

但是，对于3D应用程序需要的更高级的图形功能（如隐藏线消隐、高级渲染和贴图、动画、文字处理、2D矢量图输出、高级动画等）或需要对图形性能进行优化时，单纯依靠ACIS的造型库就有些力不从心了。

为了使用户能够快速开发出高品质的3D应用程序，Spatial公司不仅提高了ACIS造型组件、InterOp数据接口组件，还和著名的可视化组件开发商美国TSA公司进行紧密合作，提供Hoops可视化组件的授权和技术服务，使用户可以在更高层次的图形平台上开发3D软件，从而提高了软件产品的竞争力，降低了开发成本并加快了产品上市速度。

Hoops组件是建立在OpenGL、Direct3D等图形编程接口上的高级应用程序框架，可以较便捷地为3D图形开发提供较高级功能的图形开发平台，可以更好和更有效地对3D造型进行显示、贴图、消隐等高能渲染功能的实现。

18.1.2 Hoops的结构

Hoops不仅为软件开发人员提供了强大的图形功能，如高质量的模型显示、便捷的人机交互、包括OpenGL和Direct3D在内的多种渲染管道的支持、高级渲染、2D图形的矢量化输出、动画、动态干涉检查意见图形数据流化处理等；此外，Hoops中还内嵌了多边形优化和大模型处理等技术，能够大大提高3D可视化的性能。另外，Hoops开发包中提高的大量应用程序级的实例源代码，可以帮助用户在很短的时间内搭建出商业级的3D图形应用程序。

Hoops组件按功能可进一步分为Hoops/3dAF、Hoops/Stream以及Hoops/Net三个子组件，其中Hoops/3dAF组件是一个3D图形应用程序框架，采用了保留模式的图形数据库和多种渲染管道来管理和绘制图形对象；Hoops/Stream组件可以用来对场景图数据进行流化处理；Hoops/Net组件则可以用于网络协同。这三个子组件既可以单独授权，也可以结合在一起使用。Hoops及Hoops/3dAF的结构框架如图18.1.1所示。

由图18.1.1可知，Hoops 3D应用程序框架（Hoops/3dAF）是3D造型显示渲染的主要实现平台，它包括一套用于建立商业化3D图形应用程序的工具箱。Hoops /3dAF提供了基于一系列模型应用程序组件的建筑函数，这些函数可以加快开发速度，保持高性能的设计，可视化和engineering packages。Hoops /3dAF使的每一个组件可以独立于系统平台，而且可以在Windows、UNIX、Linux、Mac OS X and the Internet之间提供广泛的交叉平台解决方案。

Hoops 3D Application Framework（Hoops /3dAF）包括以下5个部分：

（1）Hoops 3D Graphics System是一个特色鲜明的场景图应用程序接口，Hoops /3dGS不是一个应用程序而是一个工具包，它封装了高度优化的数据结构和用于2D和3D图形数据的创建、编辑、存储、操作、查询和渲染的算法。

（2）Hoops Model View Operator library（Hoops /MVO）是模型、视图、操作类，这些类是构造3D应用程序功能（如鼠标操作等）的基础。

（3）Hoops GUI Connectors（Hoops /GUI）是一系列连接不同GUI工具包的集成模块，可以连接有Windows的MFC、UNIX的Motif Toolkit等。

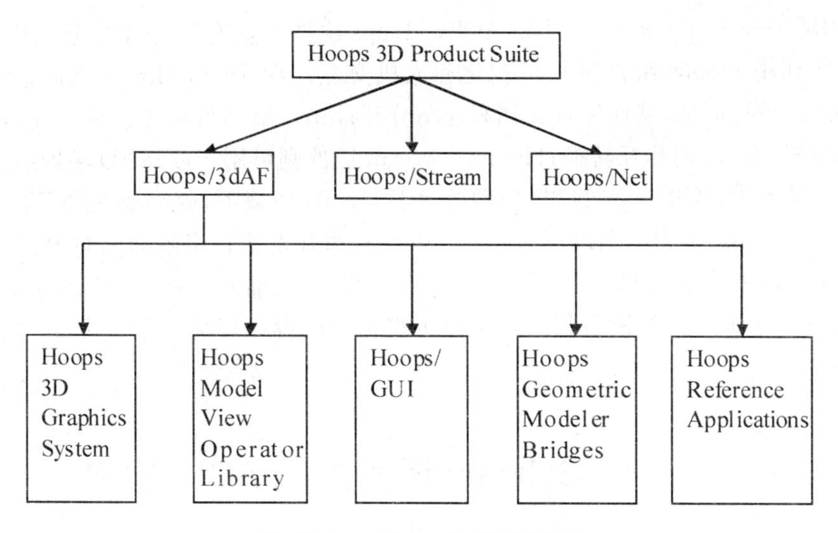

图 18.1.1 Hoops/3dAF 框架图

(4)Hoops Geometric Modeler Bridges(Hoops /GMB)

介绍与几何造型引擎(如 3D ACIS、Parasolid、Granite、Only)紧密集成,大大简化了基于实体和基于曲面的应用程序的开发。

(5)Hoops Reference Applications 以源代码的方式提供了丰富的例子,详细说明了 Hoops /3dAF 的基本架构和使用方法,以及如何使用 Hoops /3dAF 成功开发应用程序。

18.1.3 Hoops 和 ACIS、InterOp、Direct3D/OpenGL 之间的关系

Hoops 组件不但可以单独用于 3D 模型的可视化,而且可以和其他造型内核(如 ACIS)和数据接口组件(如 InterOp)结合使用。图 18.1.2 所示,非常直观地说明了 Hoops 和 ACIS、InterOp 之间的关系以及如何使用这三个组件来构建 3D 应用程序的基本框架。

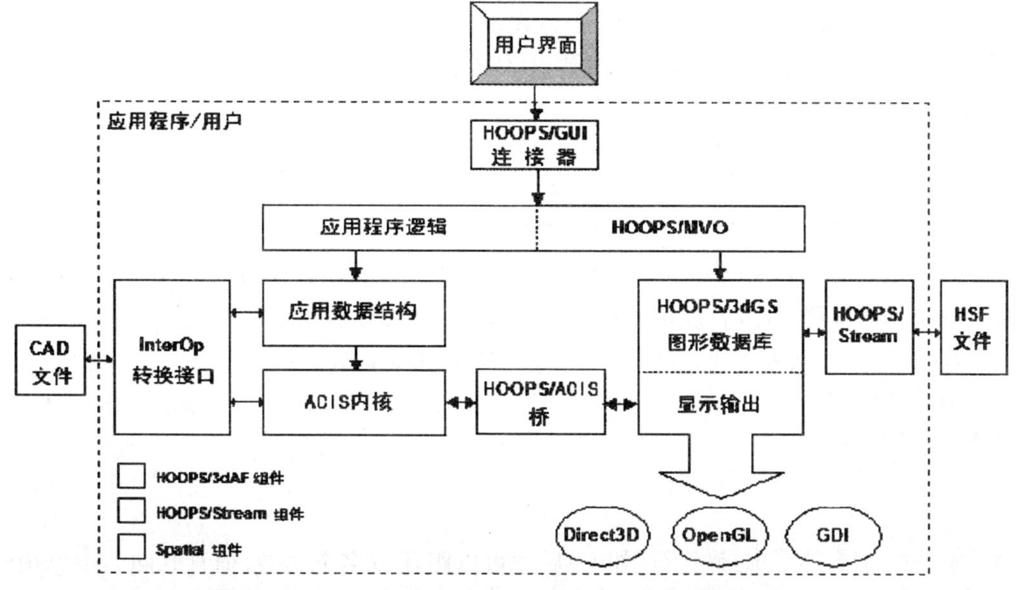

图 18.1.2 Hoops、ACIS 和 InterOp 开发 3D 应用程序的框架

3D应用程序通过Hoops /GUI和ACIS、Hoops组件建立连接，从而实现利用ACIS内核进行造型，并利用Hoops组件进行可视化和人机交互。ACIS和Hoops之间通过Hoops / ACIS bridge来进行通信，从而实现文档和视图分开；InterOp组件用于读写实现ACIS模型和其他格式3D模型之间的相互转换；Hoops /Stream组件则可用于读写3D场景图数据。

不过，如果要让ACIS建立的3D造型显示于Hoops环境下，就需要在.NET平台下配置ACIS及Hoops环境，因为本书以Visual C++ 6.0为开发平台讲解面向对象、MFC、连接数据等相关知识，这里就不对Hoops环境的配置做介绍了；后面几节将对ACIS用scheme语言及在Visual C++ 6.0的控制台程序环境及可视化应用程序环境下的开发3D造型，讲解一些程序实例。

18.2 用Scheme语言生成ACIS程序

本节主要介绍Scheme语言的使用规则，简要讲解其基本概念如表达式、变量、函数、简单几何造型功能等，并附有可以直接运行的例程代码。

18.2.1 Scheme语言基础语法

ACIS中的Scheme解释器是用C++设计的，ACIS中的几何造型功能通过对标准Scheme命令的扩展实现，这些扩展命令也是用C++设计的，它们支持ACIS中的高级造型功能，如模型着色和零件管理功能。

与C++相比，Scheme是一种快速程序设计语言，而且简捷易学。Scheme语言的语法规则很少，总结如下：

(1)通过交互地调用Scheme过程来执行程序；

(2)Scheme过程及其参数都被包含在一对圆括号里；

(3)圆括号里的部分被称为Scheme表达式；

(4)表达式中包含过程名称和过程参数，具体格式如下：

(过程名称〈参数1,参数2,…〉)

(5)分号“;”引导的部分为程序注释。

如何运行ACIS Scheme解释器，请参看17.3.1节。

1. 表达式

由于Scheme是一种解释型的程序开发语言，其表达式只能在解释器中执行。运行ACIS的Scheme AIDE解释程序后，就可以在它的“acis〉”提示符下输入表达式，在表达式的结束处按回车键就可以执行该表达式。以下是几个典型的算术表达式：

```
acis〉输入:( * 5 6)
按回车键输出:30
acis〉( * 5 6 7)
210
```

在Scheme的表达式中，操作符(如 *)后面可以跟任意多个参数，但是其间一定要用“空格”隔开；并且一个表达式里可以包含一个或者多个表达式，例如：

```
acis〉(*(+ 1 2)(* 5 6))
90
```

理论上，表达式之间互相嵌套的层数是没有限制的，程序员只要匹配好括号就行了。

上面表达式的例子中使用了两个标准的 Scheme 内部过程进行乘法和加法运算，而 ACIS Scheme 还扩充了 ACIS 造型器专用的过程，用户可以按照上述标准 Scheme 过程方法调用这些造型过程，如下面命令可产生立方体：

acis〉输入：(solid:block(position 0 0 0)(position 10 10 10))

回车输出：#[entity 1 0]

上述命令产生了一个正方体，如图 18.2.1 所示，共调用了两个 ACIS Scheme 过程(position 和 solid:block)，#[entity 1 0]是该正方体的默认名称。

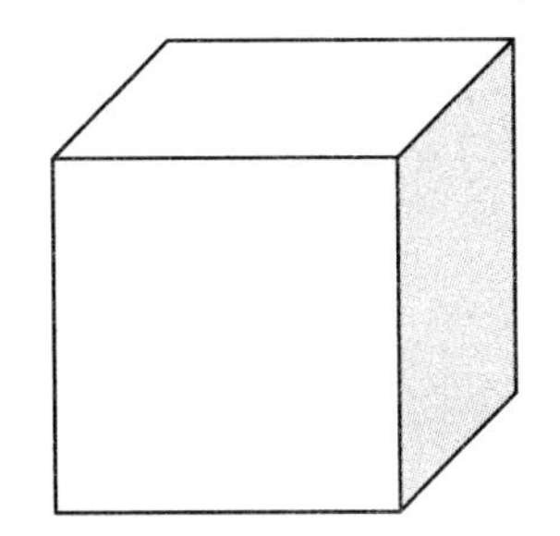

图 18.2.1　ACIS Scheme 过程的例子

其中，position 用于定义图形顶点坐标，solid:block 用以产生位于 position 间的正方体。

2. 外部描述符

Scheme 表达式产生的每个对象都有一个外部描述符和一个内部描述符。虽然外部描述符看上去比较简单，它在与用户交互过程中有重要作用。它会将一个过程的执行结果反馈给用户，例如我们前面举的一些例子中，如果表达式的计算结果不被用作其他表达式的参数，也就是说该表达式未被嵌套在其他表达式中，则 Scheme 解释器自动将表达式执行结果的外部描述符输出，对于算术运算来说其外部描述符只是一些简单的数字，如 30、210、90 等。

ACIS 的对象也具有外部描述符，当一个含有 ACIS 造型功能的过程被调用后，它所产生的 ACIS 对象的描述符就会被解释器输出，其一般格式如下：

#[type_of_object<参数>]

下面，我们看一个关于 ACIS 对象的例子：

(1)产生一个 position 对象

```
acis〉(position 10,20,30)
#[position 10,20,30]
```

这个 position 对象的外部描述符表示了一个 x=10、y=20、z=30 的坐标点。

从 ACIS 的 ENTITY 类派生的对象的外部描述符与 position 对象的外部描述符类似，稍微复杂之处就是，这些东西被组织到所谓的零件(PART)单元中。在 ACIS Scheme 解释器开始运行时，它会自动产生一个编号为 1 的默认零件。下面就是关于 ACIS 的 ENTITY 对象的 Scheme 例子。

(2)产生一个长方体

```
acis〉(solid:block(position 0 0 0)(position 10 10 10))
#[entity 1 0]
```

过程 solid:block 产生了一个 ACIS 实体对象，#[entity 1 0]是它的外部描述符，该描述符由两部分组成，即实体号(1)和零件号(0)，实体号可以作为其他过程的参数。

(3)删除一个实体

```
acis>(entity:delete(entity 1))
()
```

注意："()"表示空元素，Scheme 语言的列表结构中会自动地在列表末尾增加它。

3. 变量

在 Scheme 语言中可以用变量名称记录变量的数值，如 17.1.1 节中的例子所示，一个过程的返回值，如果不保存在一个变量中，没有多大用途。Scheme 语言中的变量和过程都可以用一个符号表示，定义变量和过程的操作符是 define，它可以命名一个表达式，语法如下：

```
(define〈名称〉〈表达式〉)
```

下面是两个变量定义的例子。

(1)定义数值变量 p

```
acis>(define p(* 10 10 10))
p
acis>p     ;调用变量 p
1000
```

(2)定义 ACIS 变量 p1

```
acis>(define p1(position 10 10 10))
p1
acis>p1     ;调用变量 p1
#[position 10 10 10]
```

上述例子中 p 是一个数值变量，p1 是一个 position 对象变量。

4. 函数

Scheme 语言中的函数定义也是通过 define 命令实现的，语法如下所示。在这个例子中，函数参数 x 是一个局部变量，即只有在定义它的函数中有意义。

定义函数"square"：

```
acis>(defiine(square x)(* x x))
square
acis>(square 6)
36
```

用 define 命令产生的函数以及变量是全局性的，对于一些简单的任务(用 30～50 行程序即可以完成的任务)，完全可以使用这个命令进行处理。而从程序的可读性和避免变量名的冲突来说，还需要其他一些更复杂的处理。

18.2.2 Scheme 语言简单操作

1. Scheme 中的读/写操作

在 ACIS Scheme 解释器里进行 SAT 文件的读/写操作要比 C++中的操作简单得多，下面就是一个完整的 SAT 文件的读写过程：

(1)产生一个 BODY 对象(solid: block(position 0 0 0)(position 10 10 10))

(2)将它保存到 save. sat 文件中(part：save“E:/save. sat”)；

(3)将 BODY 删除(part：clear)；

(4)从文件 save. sat 中读入刚保存的实体(part：load“E:/save. sat”)。

注意：此时，如果使用 17. 3. 3 中 ACIS AppWizard 生成 ACIS 应用程序，如 My. exe，运行它就可以用它打开 E 盘中的文件“save. sat”，看到如图 18. 2. 1 所示的正方体。

在 ACIS Scheme 中，所有的实体都被放置在一个称为零件(part)的对象中，SAT 文件的读写操作都是通过这个对象的函数来完成的。虽然与 C++的方法不同，但是它们所生成的 SAT 文件都是一模一样的。

2. 用 Scheme 产生基本几何体

用 ACIS Scheme 可以很快捷地产生基本几何体，如在 ACIS Scheme 解释器里输入如下命令就可以产生一个球体：

```
acis>(view：gl)                    ;生成一个视图窗口
acis>(solid：sphere(position(0 0 0)20))
#[entity 1 1]                      ;零件 0 中的第一个实体
```

下面是几个产生基本几何体的函数：

```
solid：block(position 左下角顶点坐标)(position 右上角顶点坐标)    ;立方体
solid：sphere(position 圆心坐标)半径                              ;球体
solid：cylinder(position 下圆心坐标)(position 上圆心坐标)20       ;圆柱体
solid：cone(position 下圆心坐标)(position 顶点坐标)25 0           ;圆锥体
```

3. ACIS Scheme 中的集合运算

ACIS Scheme 中的集合运算与 C++中的集合运算基本一样，唯一不同的是它可以将多个实体一起进行运算，这要比 C++中的一次只能计算两个实体方便。下面是一个例子，为了与 C++进行比较，这里仍然对两个圆柱进行求并运算。

(1)两个正交的圆柱

```
(define c1(solid:cylinder(position 0 0 -50)(position 0 0 50)20))
(define c2(solid:cylinder(position 0 0 -50)(position 0 0 50)20))
```

(2)t1 是将实体沿与 x 轴垂直的方向旋转 90°的函数

```
(define t1(transform：rotation(position 0 0 0)(gvector 1 0 0)90))
(entity：transform c1 t1)          ;把 c1 旋转 90°
(define cross(solid：unite c1 c2))  ;c1 和 c2 两个圆柱将被删除
```

4. ACIS Scheme 中的布尔运算

ACIS Scheme 中提供了强大的布尔运算功能，不仅有效实体之间可以进行布尔运算，其他的一些几何实体之间也可以进行布尔运算。下面是一个平面与双圆锥体之间的布尔运算。

生成两个顶点重合的圆锥，即顶对顶，并将它们进行求并运算，然后将其结果与一个平面进行差运算：

```
(define c1(solid：cone(position 40 0 0)(position 0 0 0)25 0))     ;产生圆锥 c1
(define c2(solid：cone(position -40 0 0)(position 0 0 0)25 0))    ;产生圆锥 c2
(define c3(solid：unite c1 c2))                                    ;求并
(define plane(face:plane(position -100 100 5)200 200(gvector 0 0 -1)))
                                                                   ;产生平面 plane
```

```
(define cut(sheet: face plane))                    ;生成平面片
(bool: subtract c3 cut)                            ;求差
```

在上述例子中为了在一个三维实体和一个二维平面片之间进行布尔差运算，没有使用适用于三维实体的 solid:subtract 函数，而是使用了更通用的 bool:subtract 函数。

18.2.3 Scheme 语言总结

一个完整的 Scheme 程序由表达式和定义组成。这里，我们总结一下 Scheme 语言中的定义格式。

定义可以出现在程序的顶部，这时的定义被称为声明。定义也可以作为一个主程序的开始，如一个函数或者过程的开始。定义的格式有如下 4 种。

(1)(define〈变量〉〈表达式〉)，这是一种基本定义格式，一般变量的定义就是这种格式；

(2)(define(〈变量〉〈形式参数〉〈程序体〉))，如定义局部函数的 lambda 语句就是这种定义格式，下面计算阶乘的数值函数的定义就采用了这种定义方式：

```
(define factorial(lambda(num)
(if( = num 0)1( * num(factorial( - num 1))))
```

注意：(define(〈变量〉〈形式参数〉)〈程序体〉)，这种格式也是一种常用的函数定义的格式方法。以这种格式定义上面例子里的 factorial 函数，程序如下：

```
(define(factorial num))
(if( = num 0)1( * num(factorial( - num 1))))
```

(3)(begin(〈定义 1〉〈定义 2〉…)，这也是一种基本的定义格式。它可以同时定义多个变量。

本节主要介绍了 Scheme 语言的一些基本编程常识和几个基本几何造型的生成，在利用该语言进行系统开发时需要注意如下几个 Scheme 编程的特点：

①变量与表达式的执行顺序，如果要让程序严格按照编写顺序执行，必须使用 let * 或者 begin 函数；

②圆括号的数量既不能多也不能少。如(newline)是正确的，而((newline))则是一个错误表达式；

③由于 Scheme 解释器对程序语句进行的检查不能返回出错程序所在的行号，所以一个函数或者过程不能太长，否则就会给程序的调试带来麻烦；

④在 let 表达式中产生的 BODY 对象，在函数或者过程结束后不能被自动删除。

18.3 用 Windows 控制台环境编译 ACIS 程序

本节主要通过几个实例程序讲解在 C++中如何用 Windows 控制台环境编译和运行 ACIS 程序，同时给出几个在此环境下的简单几何造型的例程。

18.3.1 ACIS C++程序基本结构

在 18.2 节中介绍了 ACIS 平台上用 Scheme 语言进行系统开发的一些常识，而利用

C++在ACIS平台上进行系统开发时，除了遵循C++语言的规定之外，还要注意ACIS的一些特点，下面是一个典型的ACIS C++程序结构：

```
#include <系统头文件>                         //含有系统函数的声明
#include" ACIS 头文件"                      //含有 ACIS API 函数和类的声明
void main()
{
    api_start_modeller(0);                  //生成内部数据结构
    api_initialisze_" 组件";

    //API 函数和直接函数调用
    api_terminate_" 组件";
    api_stop_modeller();                    //删除内部数据结构
}
```

关于如何用Visual C++进行ACIS程序的编译和连接，在17.3节中已有详细讲解，这里不再赘述。

ACIS一共提供了生成7种基本形状的方法，包括4种旋转曲面体(球体、圆锥体、圆环以及圆柱)和3种多面体(立方体、棱柱以及棱锥)。

下面是用API函数生成一个立方体的C++程序，该程序首先生成一个立方体，而后用ACIS中的调试功能将这个立方体的数据写入磁盘文件中。

```
#include <stdio.h>
#include" construct/kernapi/api/cstrapi.hxx"          //声明了构造 API 函数
#include" kernel/kernapi/api/api.hxx"               //声明了 start 和 stopAPI 函数
#include" kernel/kerndata/top/body.hxx"              //声明了 BODY 类
#include" kernel/kerndata/data/debug.hxx"            //声明了一些调试函数

void main()
{
    api_start_modeller(0);                      //生成内部数据结构
    api_initialisze_constructors();
    BODY *block;                                //定义一个 BODY 实体
    api_make_cuboid(100,50,200,block);          //造出一个立方体
    FILE *output = fopen(" cube.dbg"," w");     //生成 cube.dbg 同时打开一个文件
    debug_size(block.output);                   //用 debug_size 把 block 写入打开的文件
    fclose(output);                             //关闭文件
    //API 函数和直接函数调用
    api_terminate_constructors();
    api_stop_modeller();                        //删除内部数据结构
}
```

上述程序经过编译和连接就生成了一个可执行程序，运行它就可以生成一个立方体(当然还看不到它，但是可以通过程序生成的文件cube.dbg的内容看到该立方体的数据结构)。这就可以看到第一个用ACIS开发的图形程序，虽然它很简单，但是它确确实实是一个ACIS应用程序。下面是该程序的执行过程分析：

(1)启动造型器，它将产生一些基本的ACIS数据结构，在调用其他任何ACIS功能之前

必须进行这个处理；

(2)初始化应用到的组件，由于ACIS组件之间存在一定的依赖关系，如果程序中使用两个组件，而其中一个组件是建立在另一个组件之上的，那么只需要初始化这个组件，ACIS会自动将另一个组件初始化；

(3)声明一个指针，该指针被指向将生成的BODY对象；

(4)调用ACIS的API函数构造几何体；

(5)打开一个文件；

(6)调用调试功能中的函数debug_size将block的数据结构以及其中每一部分所占的内存空间写入(5)中打开的文件中；

(7)关闭文件；

(8)中断组件，释放组件所占用的资源；

(9)停止造型器。

运行该程序后将生成cube.dbg文件，用一个文本编辑器打开此文件，其内容如下：

```
1 body record,          32 bytes
1 lump record,          32 bytes
1 shell record,          40 bytes
6 face records,         264 bytes
6 loop records,         192 bytes
24 coedge records,     1056 bytes
12 edge records,        864 bytes
8 vertex records,       192 bytes
12 curve records,      1344 bytes
8 point records,        384 bytes
Total storage 5360 bytes
```

可见函数api_make_cuboid至少产生了85个对象，每个对象都需要一定的内存和一个指针来表示它们。

18.3.2 模型文件的读写

因为一个单一的几何造型系统不可能提供所有用户需要的功能，这时会出现下述情况，用户在一个造型系统中生成零件的模型，而在另一个系统(如有限元分析系统)进行模型分析，当这两个系统之间交换模型数据时，就需要一个可以被两个系统都接受的文件格式；而目前，一般以ACIS文件格式为标准；ACIS的模型文件一般被称为SAT文件，它包括文本文件(.sat)和二进制文件(.sab)，ACIS的API函数api_save_entity_list可以生成SAT文件。

1. 写SAT文件

```
//该程序生成一个棱柱并将其保存到一个文件里
#include <stdio.h>                                      //含有函数printf的声明
#include" construct/kernapi/api/cstrapi.hxx"               //声明了构造API函数
#include" kernel/kernapi/api/api.hxx"                    //声明了start和stopAPI函数
#include" kernel/kerndata/top/alltop.hxx"                  //声明了BODY类
#include" kernel/kerndata/lists/lists.hxx"                   //声明了一些调试函数
```

```
#include" kernel/kerndata/savres/fileinfo.hxx"              //声明了 fileinfo 类

void save_ent(char * ,ENTITY * );              //声明子函数
void main()
{
    api_start_modeller(0);                      //生成内部数据结构
    api_initialisze_constructors();

    BODY *pris;                                //定义一个 BODY 实体
    api_make_prism(100,150,200,7,pris);        //造出一个 7 棱柱
    save_ent(" E:/save.sat",pris);              //调用 save_ent 函数把 pris 写入磁盘文件

    api_terminate_constructors();
    api_stop_modeller();                        //删除内部数据结构
}

void save_ent(char* filename,ENTITY* ent)
{
    FileInfo info;
    Info.set_product_id(" shanshi - sdnu");
    Info.set_unite(1.0);                          //设置尺寸单位为毫米
    api_set_file_info(File|FileUnits,info);
    FILE *fp = fopen(filename," w");
    if(fp! = NULL)
    {
      ENTITY_LIST* savelist = new ENTITY_LIST;
      savelist->add(ent);
      api_save_entity_list(fp,TRUE, * savelist);      //TRUE:sat,FALSE:sab
      delete savelist;
    }
    else printf(" 不能打开文件\n");
    fclose(fp);
}
```

上述程序中有 5 个关键步骤：

(1)产生一个实体，此处为一个 BODY 对象；

(2)将实体加入实体列表 ENTITY_LIST 中，可以加入多个实体对象；

(3)产生 FileInfo 对象，该对象定义了文件的头部信息；

(4)调用 api_set_file_info 设置文件头部信息，在生成模型文件时这些信息会被自动加入到文件的头部；

(5)调用 api_save_entity_list 将实体的 ASCII 信息写入文件。

注意：函数 set_units 是设置尺寸单位的函数，不同的参数对应不同的单位，如下所示：－1.0＝未定义 1.0＝mm 10.0＝cm 1000.0＝m 1000000.0＝km 25.4＝英尺 304.8＝英寸 914.4＝码 1609344.0＝英里。

2. 读 SAT 文件

将磁盘上的 SAT 文件读入到内存中的操作是由 api_restore_entity_list 函数完成的。该函数的使用与写 SAT 文件的 api_save_entity_list 函数完全一致：

```
//读 SAT 文件
ENTITY_LIST new_bits;
FILE *save_file = fopen(" save_file"," r");
api_restore_entity_list(save_file,TRUE,new_bits);
BODY bod = (BODY *)new_bits[0];                    //列表中的第一个实体
```

对于一个 ACIS 开发的入门者来说，经常犯的错误是忽略从文件恢复的模型中通常会含有变换矩阵这一 ACIS 常识。为了避免对 BODY 对象进行复杂的矩阵变换，可以使用 api_change_body_trans(BODY *,NULL)函数根据 BODY 对象的变换矩阵来更新对象中的几何体，同时将 BODY 对象所包含的 TRANSFORM 对象设置为 0 矩阵。

18.3.3 ACIS C++程序小结

C++环境是 ACIS 程序的主要编译和运行的平台，而 ACIS 的 AMFC 类库提供了丰富的几何造型函数库，同时 ACIS 自身具有蒙面、富贵、网格面、扫掠一句昏话等多种实体造型和变形造型技术，由于本书的目的只是为广大 C++爱好者指出一条通向 ACIS 殿堂之门的大路，就不再介绍这些技术，有兴趣的读者，可以仔细查阅 ACIS HELP 帮助文件，相信会受益匪浅的。下面给出 ACIS 的 7 种基本几何体的函数。

(1)立方体

```
api_make_cuboid(length(x),width(y),height(z),BODY)
api_solid_block(position(左上角顶点坐标),position(右下角顶点坐标),BODY)
```

(2)球体

```
api_make_sphere(半径,BODY)
api_solid_sphere(position(圆心坐标),半径,)
```

(3)圆环体

```
api_make_torus(外环半径,环宽,BODY)
api_solid_torus(position(环心坐标),外环半径,环宽,BODY)
```

(4)圆锥体

```
api_make_frustum(height(z),length(x),width(y),顶部半径,BODY)
api_solid_cylinder_cone(position (顶部圆心坐标),position(底部圆心坐标),
                        m*M_PI(底部长轴),n*M_PI(底部短轴),
                        0(顶部半径),
                        NULL,BODY)
```

(5)圆柱体

```
api_make_frustum(height(z),length(x),width(y),顶部半径,BODY)
api_solid_cylinder_cone(position (顶部圆心坐标),position(底部圆心坐标),
                        m*M_PI(底部长轴),n*M_PI(底部短轴),
                        0(顶部半径),
                        NULL,BODY)
```

(6)棱柱

```
api_make_prism(height(z),length(x),width(y),棱数,BODY)
```

(7)棱锥

```
api_make_pyramid(height(z),length(x),width(y),顶部半径,棱数,BODY)
```

从上述函数形式可以看到,ACIS中产生基本几何体的API函数有两种,它们的前缀分别是"make"(如api_make_cuboid)和"solid"(如api_solid_block),这两种函数的不同点在于前者产生的几何体位于原点,而后者产生的几何体可以在任何位置。函数api_solid_cylinder_cone是一个典型的"solid"型函数,它将两个位置点(position对象)作为输入参数,几何体的具体尺寸由这两个参数得出,而"make"型函数api_make_frustum需要一个明确的尺寸数值作为输入参数。ACIS之所以设计这两种函数,主要是为了将有数不胜任的位置作为几何造型函数的参数而直接产生几何体。这种功能可以提高几何造型系统的交互性能,这一点在进行系统开发时会体会到的。

18.4 用ACIS AppWizard生成应用程序框架

ACIS AppWizard可以产生一个应用程序框架,这在17.3节有详细的讲解,本节主要是通过几个简单的实例程序,引领读者迅速掌握用ACIS AppWizard编写简单应用程序的方法。

18.4.1 用ACIS AppWizard生成第一个可视化几何造型

按照第17.3.3节的讲解,一步一步地操作,就可以得到一个可执行文件my.exe,用这个文件我们就可以打开任何SAT文件,而本节的内容是在这个文件中添加一些函数,从而构造出一些简单的可视化的几何体。

首先,在myView.h文件顶部添加如下头文件:

```
#include "acismfc/acisview.hxx"
#include "baseutil/vector/acistol.hxx"
#include "baseutil/option/option.hxx"
#include "baseutil/vector/vector.hxx"
#include "baseutil/vector/unitvec.hxx"
#include "baseutil/vector/transf.hxx"
#include "blend/kernapi/api/blendapi.hxx"
#include "boolean/kernapi/api/boolapi.hxx"
#include "constrct/kernapi/api/cstrapi.hxx"
#include "gihusk/api/gi_api.hxx"
#include "gihusk/cam_ent.hxx"
#include "gihusk/dl_ctx.hxx"
#include "gihusk/dsp_utl.hxx"
#include "gihusk/view_mgr.hxx"
#include "part/pmhusk/api/part_api.hxx"
#include "part/pmhusk/actpart.hxx"
```

```
#include " part/pmhusk/hashpart.hxx"
#include " part/pmhusk/part.hxx"
#include " part/pmhusk/roll_utl.hxx"
#include " kernel/acis.hxx"
#include " kernel/geomhusk/acistype.hxx"
#include " kernel/geomhusk/entwray.hxx"
#include " kernel/geomhusk/getowner.hxx"
#include " kernel/geomhusk/efilter.hxx"
#include " kernel/geomhusk/wcs_utl.hxx"
#include " kernel/kernapi/api/api.hxx"
#include " kernel/kernapi/api/api.err"
#include " intersct/kernapi/api/intrapi.hxx"
#include " constrct/kernapi/api/cstrapi.hxx"
#include " cover/kernapi/api/coverapi.hxx"
#include " skin/kernapi/api/skinapi.hxx"
#include " operator/kernapi/api/operapi.hxx"
#include " offset/kernapi/api/ofstapi.hxx"
#include " kernel/kernapi/api/kernapi.hxx"
#include " kernel/kerndata/data/entity.hxx"
#include " kernel/kerndata/lists/lists.hxx"
#include " kernel/kernutil/law/law.hxx"
#include " kernel/kernapi/api/api.err"
#include " kernel/kerndata/top/face.hxx"
#include " kernel/kerndata/geom/transfrm.hxx"
#include " kernel/kerndata/top/alltop.hxx"
#include " kernel/kerndata/top/edge.hxx"
#include " kernel/kerndata/top/body.hxx"
#include " kernel/kerndata/top/wire.hxx"
#include " kernel/spline/api/spl_api.hxx"
#include " kernel/kerndata/geometry/getbox.hxx"
#include " kernel/kerndata/geom/curve.hxx"
#include " kernel/kerngeom/curve/curdef.hxx"
#include " kernel/kerndata/geom/plane.hxx"
#include " kernel/kerndata/geom/point.hxx"
#include " kernel/kerndata/geom/straight.hxx"
#include " faceter/api/af_api.hxx"
#include " faceter/meshmgr/ppmeshmg.hxx"
#include " faceter/attribs/refine.hxx"
#include " faceter/attribs/af_enum.hxx"
#include " sweep/sg_husk/sweep/swp_opts.hxx"
#include " sweep/kernapi/api/sweepapi.hxx"
#include " acismfc/tools/sldtools.hxx"
#include " acismfc/tools/crvtools.hxx"
#include " euler/kernapi/api/eulerapi.hxx"
```

```
#include "rnd_husk/api/rnd_api.hxx"
#include "acismfc/tools/geom_if.hxx"
```

注意:对于本程序来说,以上头文件并非全需要,仅需其中一小部分而已,但是,对以后添加复杂功能或技术的程序,很多头文件是很常用且必不可少的,读者以后深入研究时会体会到的,这里不再详述。下面是编程详细步骤:

(1)启动 Visual C++ 6.0。

(2)打开 File 菜单,选择打开工作区间菜单项,出现打开工作区间对话框。

(3)在该对话框中选择 My 文件夹下的 my.dsw 并打开。

(4)在 my-Microsoft Visual C++中,选择左下方的第二项 ResourceView 选项卡,双击 my resource—Menu 下的 IDR_MAINFRAME。

(5)在右边编辑框的菜单栏中添加 Test 菜单项,并创建其下拉子菜单项 cylinder,将它的标识符(ID)设置为 ID_TEST_CYLINDER。

(6)保存并关闭所有窗口。

(7)打开 Visual C++主菜单中的 View 菜单,选择 ClassWizard 命令,出现 MFC ClassWizard 对话框。

(8)选择 Message Maps 选项卡。

(9)从 Class Name 下拉列表框中选择 CmyView(因为工程名称为“My”)。

(10)在 Object Ids 列表框中选择 ID_TEST_CYLINDER。

(11)单击“Command”按钮,再单击“Add Founction”按钮,然后单击弹出对话框的“OK”按钮,最后单击“Edit Code”按钮,系统就自动转到 Void Cmy::OnTestCylinder 函数的编辑界面。

(12)加入如下代码:

```
// TODO: Add your command handler code here
    BODY *cyli;                    //圆柱体的 BODY 对象
    api_make_frustum(20,5,5,5,cyli); //height,x,y,顶部半径,BODY
    Save(cyli);                    //调用保存子函数
    Invalidate();                 //显示新画的图形
```

此时如果按“Ctrl+F5”组合键,程序会显示 Save()函数未曾定义的错误,下面我们就添加该保存子函数:

①选择 ClassView 选项,打开 my classes—CMyView 文件夹,右击“CMyView”,选择 Add member Founction,函数类型为 void,函数描述是 Save(void *item)。

②系统自动转入此函数编辑界面,加入如下代码:

```
if(item = = NULL)return;
PART * pPart = GetDocument()->GetAcisDocument()->Part();
pPart->add((ENTITY *)item);
```

(13)这样最终完成了该程序的全部编写,可以单击“!”按钮执行程序,其结果是一个长 20mm(默认单位),半径为 5mm,以坐标原点为圆心的绿色(默认色)圆柱体。

注意:运行后出现文档界面,单击 Test 下拉菜单的 Cylinder,开始出现的图形只是一个绿色的圆面,这是因为程序默认的是实体的俯视图(Top);只要单击“View”下拉菜单的 Orbit 就可以旋转实体,单击“Pan”就可以拖拉等(读者可以试用其他的菜单选项,看有什么功能)。

18.4.2 对可视化几何造型进行简单操作

18.3 节我们造出了一个简单的几何造型，但是它的颜色和位置都是默认或固定的，那么我们如何根据自己的意愿来操作它呢？本节我们就学习，怎样给几何体着色、移位和旋转。

1. 着色

(1)选择 ClassView 选项，打开 my classes—CMyView 文件夹，右击 CMyView，选择 Add member Founction，函数类型为 void，函数描述是 SetColor(void * body, double r, double g, double b)。

(2)系统自动转入此函数编辑界面，加入如下代码：

```
if(body = = NULL)return;
api_gi_set_entity_rgb((ENTITY * &)body,rgb_color(r,g,b));
```

其中，api_gi_set_entity_rgb 是着色函数，(ENTITY * &)body 指定实体，body，rgb_color(r, g, b)进行着色。

(3)在 Void Cmy::OnTestCylinder 函数中 Save()调用上面，添加如下：

```
SetColor(cylinder,0,0,0);
```

运行后，圆柱体将变黑色；如果用(1,1,1)，则会成为与背景色相同的白色；用(0.9,0.9,0.9)就是银灰色等，读者不妨自行调试，这里不再赘述。

2. 移位

(1)选择 ClassView 选项，打开 my classes—CMyView 文件夹，右击 CMyView，选择 Add member Founction，函数类型为 ENTITY *，函数描述是 MoveEntity(ENTITY * &pre, vector trass)。

(2)系统自动转入此函数编辑界面，加入如下代码：

```
ENTITY * new_body = NULL;
api_copy_entity((ENTITY * &)pre,(ENTITY * &)new_body);
transf movee = translate_transf(trass);
api_transform_entity((ENTITY * &)new_body,movee);
return new_body;
```

其中，api_copy_entity 是复制函数，(ENTITY * &)pre 是原实体，(ENTITY * &)new_body 是新实体；transf movee＝translate_transf(trass)是定义移方向和大小的函数；api_ transform _entity 是移位函数，把(ENTITY * &)new_body 按 movee 规则平移。

(3)在 Void Cmy::OnTestCylinder 函数中 Save()调用上面，添加如下：

```
cyli = (BODY * )MoveEntity((ENTITY * &)cyli,vector( - 26,0,0));
//vector( - 26,0,0)表示沿 x 轴向负方向平移 26 个单位
```

运行后，原圆柱体就会被平移至底面圆心在(－26,0,0)位置。

3. 旋转

(1)选择 ClassView 选项，打开 my classes—CMyView 文件夹，右击 CMyView，选择 Add member Founction，函数类型为 ENTITY *，函数描述是 RotateEntity(ENTITY * &pre, vector acis, double arc)。

(2)系统自动转入此函数编辑界面，加入如下代码：

```
ENTITY * new_body = NULL;
```

```
api_copy_entity((ENTITY *&)pre,(ENTITY *&)new_body);
transf roti = rotate_transf(arc,acis);
api_transform_entity((ENTITY *&)new_body,roti);
return new_body;
```

其中,api_copy_entity是复制函数,(ENTITY *&)pre是原实体,(ENTITY *&)new_body是新实体;transf roti=rotate_transf(arc,acis)是定义旋转方向和度数的函数;api_ transform_entity是旋转函数,把(ENTITY *&)new_body按roti规则旋转。

(3)在Void Cmy::OnTestCylinder函数中Save()调用上面,添加如下:

```
cyli =(BODY *)RotateEntity((ENTITY *&)cyli,vector(0,1,0),M_PI/2);
//vector(0,1,0)表示沿与y轴垂直的平面,1指按顺时针方向,M_PI/2旋转90°
```

运行后,原圆柱体就会以原点为中心顺时针旋转90°。

18.4.3 对可视化几何造型进行布尔运算操作

在这千奇百怪的大千世界里,充满了各式各样的几何体,单靠ACIS提供的这7种基本几何造型是远远不能满足需要的;于是,ACIS也提供了将简单实体经过剪切和连接形成小实体的方法,这种方法用数学概念描述为集合运算,通常称为布尔运算。下面将简要介绍三种基本的布尔运算:求并、求交及求差。

1. 求并

在Void Cmy::OnTestCylinder函数的编辑界面中,在Save()前加入如下代码:

```
BODY *cyli1;                          //定义另一个圆柱体的BODY对象
api_make_frustum(100,5,5,5,cyli1);   //height,x,y,顶部半径,BODY
api_unite(cyli,cyli1);                //求两圆柱的并集,结果保存在cyli1中
Save(cyli1);                          //调用保存子函数
```

2. 求交

将上述代码中的api_unite(cyli,cyli1);换成api_intersect(cyli,cyli1);即可。

3. 求差

将上述代码中的api_unite(cyli,cyli1);换成api_subtract(cyli,cyli1);即可。

通过本小节的学习,大家不难发现,其实C++控制台程序和AppWziard应用程序是相通的,基本几何造型函数、布尔运算函数以及其他的API函数在这两种环境下是通用的(因为都是C++平台),不过AppWziard应用程序能可视化,更友好些。

ACIS的几何造型技术丰富多样,提供的方法、函数也纷繁复杂,本书因为篇幅和笔者水平所限,仅仅为读者指出其路,打开其门而已;有兴趣的读者可以沿着这条路继续深入其境,相信定能大开眼界,满载而归。

习　题

一、填空题

1. Scheme是一种________的程序开发语言,其表达式只能在________中执行。

2. Scheme 语言中的函数定义是通过________命令实现的。
3. ACIS Scheme 中的集合运算与 C++中的集合运算基本一样，唯一不同的是________。

二、简答题

1. 简要概括一下 Scheme 语言的语法规则。
2. ACIS 提供的生成 7 种基本形状的方法分别是什么？
3. 在 ACIS 中，三种布尔运算分别是怎么实现的？

三、操作题

1. 使用 Scheme 语言产生一个定长的长方体。
2. 用 ACIS AppWizard 生成两个可视化几何造型，如圆与椭圆，并进行布尔运算。
3. 运用第 17 章和第 18 章学过的关于 ACIS 的相关知识，自己尝试编写一个程序，该程序运行以后可以产生一个房子的几何造型，房顶由一个三角形构成，在房顶右侧有一个长方形的烟囱，房子是一个正方形，在房子中间的合适位置装有一个椭圆形的窗子和长方形的门。

参考文献

［1］许华，张静. C＋＋程序设计项目教程. 北京：北京邮电大学出版社，2012.

［2］詹海生，李广鑫，马志欣. ACIS的几何造型技术与系统开发. 北京：清华大学出版社，2002.

［3］阎光伟，彭文，徐琳茜. 基于案例的Visual C＋＋程序设计教程. 北京：清华大学出版社，2012.

［4］仇芒仙，朱蓉，魏远旺，等. C/C＋＋程序设计案例教程. 北京：清华大学出版社，2012.

［5］郭炜. 新标准C＋＋程序设计教程. 北京：清华大学出版社，2012.

［6］刘建舟，徐承志，陈荆亮，等. C＋＋面向对象程序设计. 北京：机械工业出版社，2012.

［7］赵永发，由大伟，杨丽，等. Visual C＋＋开发宝典. 北京：机械工业出版社，2012.

［8］谢贤芳，古万荣，等. 零基础学Visual C＋＋. 3版. 北京：机械工业出版社，2012.

［9］［美］Bruce Eckel，Chuck Allison. C＋＋编程思想. 北京：机械工业出版社，2011.

［10］Stanley B. Lippman，Josee Lajoie，Barbara E. Moo. C＋＋ Primer. 4版. 陈硕，译. 北京：电子工业出版社，2012.

［11］孙鑫. Visual C＋＋深入详解(修订版). 北京：电子工业出版社，2012.

［12］陈慧南. 算法设计与分析：C＋＋语言描述. 2版. 北京：电子工业出版社，2012.

［13］Michael Main，Walter Savitch. 数据结构与面向对象程序设计(C＋＋版). 4版. 金名，等，译. 北京：北京邮电大学出版社，2012.

［14］王斌君，卢安国，赵志岩. 面向对象的方法学与Visual C＋＋语言. 3版. 北京：北京邮电大学出版社，2012.

［15］［美］Walter Savitch. C＋＋面向对象程序设计. 第7版影印版. 北京：北京邮电大学出版社，2011.

［16］李爱华，程磊. 面向对象程序设计(C＋＋语言). 北京：北京邮电大学出版社，2010.

［17］李健. 编写高质量代码：改善C＋＋程序的150个建议. 北京：机械工业出版社，2011.

［18］黄品梅. C＋＋程序设计教程——化难为易地学习C＋＋. 北京：机械工业出版社，2011.

［19］胡超，闫玉宝. 亮剑Visual C＋＋项目开发案例导航. 北京：电子工业出版社，2012.

［20］邵兰洁，徐海云. C＋＋程序设计上机指导与习题解答. 北京：北京邮电大学出版社，2012.

［21］方超昆. C＋＋程序设计教程学习与实验指导. 北京：北京邮电大学出版社，2009.

［22］刘维富，陈建平，葛建芳. C＋＋程序设计学习与实验指导. 北京：清华大学出版版

社,2012.

[23] 温秀梅,高丽婷,庞慧. C++语言程序设计教程与实验学习指导与习题解答. 3版. 北京:清华大学出版社,2012.

[24] 胡超,闫玉宝. 由浅入深学 Visual C++:基础、进阶与必做300题. 北京:电子工业出版社,2012.